# 國際管理

## International Management

### Cross-Culture Dimensions

原著：
Richard Mead

黃正雄　校閱
李茂興　譯者

弘智文化事業有限公司

# 原書序

本書探討國際管理的理論與實務，除了指出文化因素如何影響組織行為之外，也檢視跨越國界的經理人需要何種管理技能。

在不同的社會裡，人們在做成決策與執行計畫方面，會根據不同的優先考量與價值觀。這些差異影響著經理人在上司／部屬、同事間、協商、面對供應商與顧客、向顧問公司諮詢等關係中的作法與態度。

在所有這些關係中，都會浮出三個問題：

- 何時文化因素會有顯著的影響力？
- 何時其他因素會有更大的影響力？
- 這些不同因素的重要性如何權衡？

這些問題將會是本書的焦點。

## A：本書的對象

本書的目標對象包括：

- MBA 與其他管理科系的學生
- 對於跨文化關係有興趣的學生
- 對於（一）專案發展、（二）跨文化溝通、（三）策略規劃、（四）人力資源等議題有特殊興趣的經理人與學生。

國際企業的發展意味著，今日的企管學生日後極可能在不同的文化中工作，因而需要跨文化的管理技能。這對於在多國籍企業的總部上班與外派人員而言是真實的寫照。文化差異存在的事實，是今日的經理人須面對的一大挑戰。

## B：本書獨特處

除了國際管理教科書所探討的核心主題之外，本書尚有許多具有原創性的特色。

由於外派經理人很快就會感受到派駐地文化的不同，本書第四章探討經理人如何將這些印象正式化，如何自己進行文化的分析，以及如何針對對他而言屬於非理性的行為提出一致的解釋。

第六章討論跨文化的企業倫理議題，且環繞著價值觀的衝突來切入各個主題。第十七章探討家族企業，這是 MBA 課程很少注意的領域，但是隨著東南亞國家的發展無法以西方或日本的資本主義模式來解釋，該領域已逐漸受到重視。

第十二章論及的庇護關係也同樣受到忽視。這個現象反映了美國及其他認為偏袒親友的作法不當等文化的價值觀。但是此一態度忽略了在世界上許多地方，庇護是關係之管理的有力途徑且為人接受。不管國際經理人如何看待庇護關係的議題，也都必須認清此等現象並能予以適當地因應。

## C：本書第二版的特色

本書第二版在內容上全面更新，新的主題包括：知識型公司、風險管理、經由團隊工作來激勵員工、企業使命宣言、企業再造、以及披露 Trompenaars（1993）的研究貢獻。此外，增添了一章來探討文化如何影響策略規劃，並對於變革的因素做更多的強調。

第二版另一項特色是提供了 19 個個案研討，並附上問題供小組討論，這將有助於磨練讀者的管理技能，使理論與實務得以銜接。

### D：章節結構

本書共分爲四個部份，各突顯探討的焦點。第一部寬廣地探討文化在商業環境中扮演的角色，而第四部則討論多國籍公司的用人與訓練課題。下圖指出各部份的銜接情形：

*I*.國家文化 ⟶ *II*.文化如何影響組織內部的配置安排 ⟶ *III*.組織內部的配置安排如何影響策略 ⟶ *IV*.策略的執行：人力資源管理議題

各部份的章節請詳見目錄。

### E：教學上章節的選擇

教學上章節的選擇應考慮的因素包括：學生對於國際管理特殊的興趣、課程的時間、其他管理課程的內容、學生的經驗。茲列表如下以供參考，其中的代號則說明如下：

P：精讀

S：略讀

ECCI：重要的跨文化議題

HC：一個學期的課程

GM：一般管理

NGPD：非政府的專案發展

CCC：跨文化溝通

SI：策略議題

HRM：人力資源管理

IMLT：針對語文教師開闢的國際管理課程

| | | ECCI | HC | GM | NGPD | CCC | SI | HRM | IMLT |
|---|---|---|---|---|---|---|---|---|---|
| 第一部 | | | | | | | | | |
| 1 | 國際管理與文化 | p | p | p | p | p | p | p | p |
| 2 | 文化的比較 | p | p | p | p | p | p | p | p |
| 3 | 文化的變遷 | | | | p | s | p | | |
| 4 | 自己作分析 | | | | p | | s | | p |
| 第二部 | | | | | | | | | |
| 5 | 組織文化 | | | s | | p | | p | s |
| 6 | 文化與道德 | | | s | s | p | | s | s |
| 7 | 跨文化的溝通 | p | p | p | p | p | p | p | p |
| 8 | 文化與組織結構 | | p | p | | p | | | |
| 9 | 跨文化的激勵 | | p | p | | p | | | p |
| 10 | 文化與紛爭處理 | | s | p | | p | | | p |
| 11 | 協商 | | p | | p | p | | | p |
| 12 | 文化與庇護關係 | | | | | p | s | | s |
| 第三部 | | | | | | | | | |
| 13 | 變革的規劃 | | s | | p | | p | | s |
| 14 | 策略的規劃 | | | s | p | | p | p | |
| 15 | 國際合資 | | p | s | | | p | p | |
| 16 | 總公司與子公司 | | p | p | s | | p | p | |
| 17 | 家族企業 | | | | | | p | s | s |
| 第四部 | | | | | | | | | |
| 18 | 跨國用人政策 | | p | | s | | s | p | s |
| 19 | 外派人員的訓練 | | | p | | | | p | p |

表0－1

# 校閱序

放眼二十一世紀，企業競爭全球化的現象已是必然的潮流，企業經營愈來愈走向無國界的管理。環視歐美日各國企業的全球化發展過程中，「大者恆大」已成爲企業競爭的普遍結果，全球前4000大跨國企業的貿易額，即佔全球總量的三分之二強。國內企業如不加緊腳步做好全球化發展的準備，則勢必沈沒在此波企業全球化的洪流中。因此，向成功的全球化企業進行學習觀摩以充實企業知識能耐，是企業當前刻不容緩的事。這本《國際管理》書籍兼具理論與應用性，尤其對專業經理人想眞正深入瞭解企業跨國管理的必要與核心議題—「地域與文化差異性」對國際管理的衝擊，本書提供了既實用且豐富的素材。

跨國企業的管理議題中，最難以理解部份便是對地域文化的瞭解。近年來的研究亦指出，文化差異性的認知能力及適應力是海外經理外派失敗的首要原因。本書《國際管理》除了探討基本的國際管理議題之外，對跨文化的概念與理論之探討著墨最力，直指跨國企業經理人所最應重視、也最難管理的部分，可說是有志成爲專業經理人之理想閱讀材料。作者並輔以許多完整的各國企業案例、事件之介紹，能大幅提昇讀者對文化隱誨艱澀內涵的理解，同時得以一窺跨國企業文化的堂奧。

由於弘智出版社不遺餘力於英文學術教材之譯作開拓，於付梓之際，請我事先閱讀原文譯作，其審慎翻譯態度，讓我在閱讀譯稿之同時，對譯者李茂興先生學術譯作豐富、譯文流暢，且能忠實傳達原作者之理論內涵，心生敬佩，並對本書譯者之辛勞和譯作之貢獻以及弘智出版社之熱心促成本書出版，表達個人的衷心敬意。

黃正雄　識于
長庚大學 企業管理研究所
2001年 7月

# 企管系列叢書—主編的話

黃雲龍

弘智文化事業有限公司一直以出版優質的教科書與增長智慧的軟性書爲其使命，並以心理諮商、企管、調查研究方法、及促進跨文化瞭解等領域的教科書與工具書爲主，其中較爲人熟知的，是由中央研究院調查工作室前主任章英華先生與前副主任齊力先生規劃翻譯的《應用性社會科學調查研究方法》系列叢書，以及《社會心理學》、《教學心理學》、《健康心理學》、《組織變格心理學》、《生涯諮商》、《追求未來與過去》等心理諮商叢書。

弘智出版社的出版品以翻譯爲主，文字品質優良，字裡行間處處爲讀者是否能順暢閱讀、是否能掌握內文眞義而花費極大心力求其信雅達，相信採用過的老師教授應都有同感。

有鑑於此，加上有感於近年來全球企業競爭激烈，科技上進展迅速，我國又即將加入世界貿易組織，爲了能在當前的環境下保持競爭優勢與持續繁榮，企業人才的培育與養成，實屬扎根的重要課題，因此本人與一群教授好友(簡介於下)樂於爲該出版社規劃翻譯一套企管系列叢書，在知識傳播上略盡棉薄之力。

在選書方面，我們廣泛搜尋各國的優良書籍，包括歐洲、加拿大、印度，以博採各國的精華觀點，並不以美國書爲主。在範圍方面，除了傳統的五管之外，爲了加強學子的軟性技能，亦選了一些與企管極相關的軟性書籍，包括《如何創造影響力》《新白領階級》《平衡演出》，以及國際企業的相關書籍，都是極值得精讀的好書。目前已選取的書目如下所示（將陸續擴充，以涵蓋各校的選修課程）：

## 企業管理系列叢書

### 一、生產管理與作業管理類

1.《生產與作業管理》（上）（下）
2.《生產與作業管理》（精簡版）
3.《生產策略》
4.《全球化物流管理》

### 二、財務管理類

1.《財務管理：理論與實務》
2.《國際財務管理：理論與實務》
3.《新金融工具》
4.《全球金融市場》
5.《財務資產評價的數量方法一百問》

### 三、行銷管理類

1.《行銷策略》
2.《認識顧客：顧客價值與顧客滿意的新取向》
3.《服務業的行銷與管理》
4.《服務管理：理論與實務》
5.《行銷量表》

四、人力資源管理類

1.《策略性人力資源管理》

2.《人力資源策略》

3.《管理品質與人力資源》

4.《新白領階級》

五、一般管理類

1.《管理概論：全面品質管理取向》

2.《如何創造影響力》

3.《平衡演出》

4.《國際企業與社會》

5.《策略管理》

6.《策略管理個案集》

7.《組織行爲管理》

8.《組織行爲精要》

9.《品質概論》

10.《策略的賽局》

11.《新興起的資訊科技》

六、國際企業管理類

1.《國際管理》

2.《國際企業與社會》

3.《全球化與企業實務》

我們認爲一本好的教科書，不應只是專有名詞的堆積，作者也不應只是紙上談兵、欠缺實務經驗的花拳秀才，因此在選書方面，我們極爲重視理論與實務的銜接，務使學子閱讀一章有一章的領悟，對實務現況有更深刻的體認及產生濃厚的興趣。以本系列叢書的《生產與作業管理》一書爲例，該書爲英國五位頂尖教授精心之作，除了架構完整、邏輯綿密之外，全書並處處穿插圖例說明及140餘篇引人入勝的專欄故事，包括傢俱業巨擘IKEA、推動環保理念不遺力的BODY SHOP、俄羅斯眼科怪傑的手術奇觀、美國旅館業巨人 Formule1 的經營手法、全球運輸大王 TNT 、荷蘭阿姆斯特丹花卉拍賣場的作業流程、世界著名的巧克力製造商 Godia、全歐洲最大的零售商 Aldi 、德國窗戶製造商Veka 、英國路華汽車Rover的振興史，讀來極易使人對於生產與作業管理留下深刻印象及產生濃厚興趣。

我們希望教科書能像小說那般緊湊與充滿趣味性，也衷心感謝你(妳)的採用。任何意見，請不吝斧正。

我們的審稿委員謹簡介如下(按姓氏筆劃)：

**朱麗麗　副教授**

主修：美國俄亥俄州立大學哲學博士

專長：教育科技

現職：國立體育學院 教育學程中心 副教授

經歷：國中教師

教育部 助理研究員

台灣省國民學校教師研習會 副研究員

**尙榮安　助理教授**

主修：國立台灣大學商學研究所 資訊管理博士

專長：資訊管理、策略管理、研究方法、組織理論

現職：東吳大學企業管理系助理教授

經歷：屏東科技大學資訊管理系助理教授、電算中心教學資訊組組長(1997-1999)

## 吳學良　博士

主修：英國伯明翰大學 商學博士

專長：產業政策、策略管理、科技管理、政府與企業等相關領域

現職：行政院經濟建設委員會，部門計劃處，技正

經歷：英國伯明翰大學，產業策略研究中心兼任研究員(1995-1996)

行政院經濟建設委員會，薦任技士（ 1989-1994）

工業技術研究院工業材料研究所， 副研究員(1989)

## 林曾祥　副教授

主修：國立清華大學工業工程與工程管理研究所 資訊與作業研究博士

專長：統計學、作業研究、管理科學、績效評估、專案管理、商業自動化

現職：國立中央警察大學資訊管理研究所副教授

經歷：國立屏東商業技術學院企業管理副教授兼科主任(1994-1997)

國立雲林科技大學工業管理研究所兼任副教授

元智大學會計學系兼任副教授

## 林家五　助理教授

主修：國立台灣大學商學研究所組 織行爲與人力資源管理博士

專長：組織行爲、組織理論、組織變革與發展、人力資源管理、消費者心理學

現職：國立東華大學企業管理學系助理教授

經歷：國立台灣大學工商心理學研究室研究員(1996-1999)

## 侯嘉政　副教授

主修：國立台灣大學商學研究所 策略管理博士

現職：國立嘉義大學企業管理系副教授

## 高俊雄　副教授

主修：美國印第安那大學 博士

專長：企業管理、運動產業分析、休閒管理、服務業管理

現職：國立體育學院體育管理系副教授、體育管理系主任

經歷：國立體育學院主任秘書

## 孫　遜　助理教授

主修：澳洲新南威爾斯大學 作業研究博士（1992-1996）

專長：作業研究、生產/作業管理、行銷管理、物流管理、工程經濟、統計學

現職：國防管理學院企管系暨後勤管理研究所助理教授（1998）

經歷：文化大學企管系兼任助理教授（1999）

明新技術學院企管系兼任助理教授（1998）

國防管理學院企管系講師（1997 - 1998）

聯勤總部計劃署外事聯絡官（1996 - 1997）

聯勤總部計劃署系統分系官（1990 - 1992）

聯勤總部計劃署人力管理官（1988 - 1990）

## 黃正雄　博士

主修：國立台灣大學商學研究所 博士

專長：管理學、人力資源管理、策略管理、決策分析、組織行為學、組織文化與價值觀、全球化企業管理

現職：長庚大學工商管理系暨管理學研究所

經歷：台北科技大學與元智大學EMBA班授課

法國興業銀行放款部經理及國內企業集團管理職位等

## 黃家齊　助理教授

主修：國立台灣大學商學研究所 商學博士

專長：人力資源管理、組織理論、組織行爲

現職：東吳大學企業管理系助理教授、副主任，東吳企管文教基金會執行長

經歷：東吳企管文教基金會副執行長(1999)
國立台灣大學工商管理系兼任講師
元智大學資訊管理系兼任講師
中原大學資訊管理系兼任講師

## 黃雲龍　助理教授

主修：國立台灣大學商學研究所 資訊管理博士

專長：資訊管理、人力資源管理、資訊檢索、虛擬組織、知識管理、電子商務

現職：國立體育學院體育管理系助理教授，兼任教務處註冊組、課務組主任

經歷：國立政治大學圖書資訊學研究所博士後研究(1997-1998)
景文技術學院資訊管理系助理教授、電子計算機中心主任(1998-1999)
台灣大學資訊管理學系兼任助理教授(1997-2000)

## 連雅慧　助理教授

主修：美國明尼蘇達大學人力資源發展博士

專長：組織發展、訓練發展、人力資源管理、組織學習、研究方法

現職：國立中正大學企業管理系助理教授

## 許碧芬　副教授

主修：國立台灣大學商學研究所 組織行為與人力資源管理博士

專長：組織行為／人力資源管理、組織理論、行銷管理

現職：靜宜大學企業管理系副教授

經歷：東海大學企業管理學系兼任副教授　(1996-2000)

## 陳勝源　副教授

主修：國立臺灣大學商學研究所 財務管理博士

專長：國際財務管理、投資學、選擇權理論與實務

現職：銘傳大學管理學院金融研究所副教授

經歷：銘傳管理學院金融研究所副教授兼研究發展室主任(1995-1996)

銘傳管理學院金融研究所副教授兼保險系主任(1994-1995)

國立中央大學財務管理系所兼任副教授(1994-1995)

世界新聞傳播學院傳播管理學系副教授(1993-1994)

國立臺灣大學財務金融學系兼任講師、副教授(1990-2000)

## 陳禹辰　助理教授

主修：國立中央大學資訊管理研究所博士

現職：東吳大學企業管理學系助理教授

經歷：任職資訊工業策進會多年

## 劉念琪　助理教授

主修：美國明尼蘇達大學人力資源發展博士

現職：國立中央大學人力資源管理研究所助理教授

**謝棟樑　博士**

主修：國立台灣大學商學研究所 資訊管理博士

專長：資訊管理、策略管理、財務管理、組織理論

現職：行政院經濟建設委員會

經歷：國立台灣大學資訊管理系兼任助理教授(1999-2001)
文化大學企業管理系兼任助理教授
證卷暨期貨發展基金會測驗中心主任
中國石油公司資訊處軟體工程師
農民銀行行員

**謝智謀　助理教授**

主修：美國Indiana University公園與遊憩管理學系休閒行爲哲學博士

專長：休閒行爲、休閒教育與諮商、統計學、研究方法、行銷管理

現職：國立體育學院體育管理學系助理教授、國際學術交流中心執行秘書
中國文化大學觀光研究所兼任助理教授

經歷：Indiana University 老人與高齡化中心統計顧問
Indiana University 體育健康休閒學院統計助理講師

# 目錄

# 第一部

# 國家文化

## 簡介　第一部 國家文化

在第一部中，我們將探討國家文化如何影響組織成員的行為。任何國家文化的特性皆是在與其他文化相比之下才會顯現出來，且時常面臨改變，但改變的過程通常是緩慢的。

跨文化的經理人必須發掘他的工作地點的文化特性，並對文化改變過程的重要性進行評估。當學者的理論模型不能有效適用時，經理人應該學會自己進行分析。

## 第一章　國際管理與文化

國家文化問題

本章定義國家文化，並說明國家文化對國際企業環境之影響。混合文化的團隊同時帶來問題與機會，國際經理人必須了解他所處環境的文化，以解釋及預測員工的行為，但是要如何獲得了解呢？這個問題將在第二至第四章探討。

## 第二章　文化的比較

如何透視文化？

經理人可以透過學者專家所提出的模型來瞭解他國文化。本章討論五個模型，這些模型不可能完全符合每位經理人的需求，因此本章也探討如何利用看似沒有顯著特色的文化訊息來解釋在特定公司裡經理人真正關心的行為。

## 第三章　文化的變遷

但是文化可能轉變

當文化變遷時，學者所發表的模型會過時，這是採用模型的缺點之一。本章將說明為什麼區別表面的趨勢與重大的變遷會相當重要，並討論在某些情況下，環境因素如何影響變遷的過程。

## 第四章　自己做分析

所以，自己做分析

二、三章給我們的啟示是，當學者的模型無法代表你所處特定環境的文化時，你必須自己做分析。本章描述如何以各種資料來建立分析架構，其中的資料來源包含局外人與局內人所提供者。

第一章

# 國際管理與文化

引言
文化的定義
文化多元化的管理
國際企業管理與文化
對經理人的涵義
摘要
習題

# 1.1 引言

本書說明爲什麼國際經理人必須了解**國家文化**。國家文化影響著經理人與員工的決策及對角色的詮釋方式。國家文化之間的差異雖然能創造出企業成長與發展的機會，但是如果不同文化的成員無法相互了解，文化差異也可能造成嚴重的問題。

本書並不主張國家文化是影響人類行爲的唯一要件，行爲亦受以下因素影響：

- 內在因素，包含策略、組織文化、歷史、成員個人心理因素等。
- 外在因素，包含市場、競爭、科技見 1.3.5 。

但即使文化對行爲只有間接的影響，我們仍然不能忽視文化因素的重要性。例如，在 A 文化裡，X 公司對某產品進行了一項研究，分析結果顯示產品需求不久後就要下降，因此管理當局決定停止生產該產品，著手研發新產品，這項轉變表示資源將投資在新工廠、新技術上。

在某個層次上，我們可以說上述的新策略是根據研究報告顯示的客觀統計數據決定的，但即使是最中立的統計數據也常有不同的應用方式。然而，是哪些因素影響著對資料的詮釋呢？策略又是如何規劃與形成的呢？

該策略反映出對風險高度容忍、對規劃相當樂觀的文化，但另一些文化的成員詮釋資料的方式可能會完全不同。假設在 B 文化裡，Y 公司面臨相同的狀況──類似產品的需求下降，但 Y 公司的成員不喜歡改變，對於規劃是否能控制未來也抱持悲觀的看法，於是 Y 公司將資源投入在改善產品品質、增加廣告預算上，至於研發新產品的方案則遭到永久的擱置。

國際經理人必須判斷，文化對他感興趣的事件之影響有多直接，對詮釋的影響有多深遠，也就是說，他必須判斷：

- 國家文化和其他因素相比是不是重要的因素；
- 規劃一項反應時，國家文化應該佔多少的比重；
- 在執行一項反應時，如何應用對國家文化的了解。

## 1.2 文化的定義

學者對「文化」下過數百種定義，Hofstede(1984)的定義大概是最廣為管理學界熟知的一種，他認為文化是：

> 心智活動的集合體，能區別一個文化團體的成員與另一個文化團體的成員之差異……以此意義言之，文化包含價值體系，價值觀是文化的基本組成要素之一。(*p.21*)

此定義暗示

- 文化為一團體特有，不屬於其他團體。
- 文化影響團體成員的行為，使其行為一致、可預測。
- 文化來自後天學習，並非與生俱來；文化會代代相傳。
- 文化包含價值體系。

1.2.1 — 1.2.5 將詳細說明這些定義，1.2.6 將討論上述定義未涵蓋的文化層面。上述定義著重於國家文化，不完全適用於組織文化，組織文化將另於第 5 章討論。

### 1.2.1 文化與團體

上述第一點提到：文化為一團體特有，不屬於其他團體。這表示：

・不同的社會團體有不同的文化。

・不同的社會團體對相似的情境可能有不同的反應方式。

例如，有一次某醫療慈善機構向一家美國企業的員工募款，每個員工於是各自決定自己願意捐獻的金額，在募款前後也都沒有和其他人商量。數週後，巴拿馬子公司也決定募款給同一家慈善機構，員工們不確定自己應該捐多少，於是進行團體討論，詢問主管意見以決定金額，最後決定階級相同的員工捐獻同樣的金額，階級較高的主管捐較多，總裁則捐最多。這說明兩個不同的團體對於相同的情境可能有完全不一樣的反應方式——諸如做個人的決定，或做集體的決定（這也反映出階級意識的程度）。

國家的概念可用來區分不同的文化，如美國、葡萄牙、日本等。本書大部份的討論將使用國家作爲分析單位，但這可能引發一些問題。

美國包含白人、黑人、亞裔、西班牙裔、美國原住民等子團體，僅籠統地討論美國文化是不是有意義呢？像美國文化這種一般化的說法是有使用限制的，例如，如果是在波士頓或邁阿密兩個城市之間擇一作爲新工廠的設置地點，在這樣的情況下，比較有必要將不同地點的人們視爲不同的族群來進行次文化分析；反之，若只是在美國與他國間進行選擇，美國次文化之間的差異就顯得無足輕重了。

區別清楚團體之間的差異，通常比過度強調或假設有共同的認同感來得安全，特別是當認同感根本不存在時。1997 年 6 月，前英國殖民地香港被移交給中華人民共和國，在此之前有衆多的研究結果顯示，香港與中國之間的文化認同存在著差異，本書也認爲這樣的差異確實存在著，即使在香港已回歸中國的今日亦然。

當權者具有利用文化同質性的政治動機，歐洲聯盟(European Union)即是一個實例，因此有越來越多的歐洲人擔憂官僚體制的規章將無視於他們對於文化認同的要求。在 1996 年，《經濟學人》(*The Economist*)(一份支持歐洲聯盟的期刊) 報導：

> 歐洲執委會(*European Commission*)去年所進行的一項民調指出，有半數的英國、葡萄牙及希臘人民認為他們處於一個純國家的界限中，三分之一的德國、西班牙及荷蘭人民也這麼認為，這項調查似乎正明確地鼓吹著「歐洲化」(*Europeanness*)。[1]

歐洲聯盟的官員聲明歐洲文化具有一致性，因爲這將帶給他們更大的控制力。

簡言之，分析「文化團體」所面臨的限制，取決於進行分析的理由；當比較國家內的組織文化時，你極可能將每個組織視爲不同的團體；在比較不同職業的文化時，每個職業會被視爲不同的團體。本書討論的主題是國際企業，因此我們將著重於國家文化的差異，「文化」這個字將被用來指國家團體的價值觀。本文的目的主要在於說明國家之下亦可細分爲其他組織或子團體，以及在適當的時候應該加以區別。

### 1.2.2 一致且可預期的影響

1.2 節所提及的第二點爲，文化將影響個體的行爲，使個體的行爲趨於一致、可預測。在某種程度而言，這表示當你熟悉某種文化時，你可以合理的預期該文化的成員在慣例情形下的合理行爲。例如，當你熟知 X 文化時，你可以預期：

- X 文化的勞動人口對於新的獎勵方案會如何反應。
- X 文化的協調者會如何回應威脅，如何決定讓步。
- X 文化的管理人員如何因應被調派國外的管理課題。

但這樣的預期仍有限制。人們對於某文化的了解不可能完全透徹，也不可能保証預期精確度。很少情況能套用公式，因為行為可能受到其他因素的干擾，而這些因素也都會影響預期的正確性。圖1.1顯示許多影響企業政策的外在環境因素，但忽略個人人格的影響。這些優先於國家文化的特徵包含：

- 性別刻板模式　William與Best(1982)曾針對男性與女性不同的行為特質，進行了一項國際性的研究，研究結果顯示，在受訪的25個國家中，男性與女性的行為皆有明顯的差異，此外，在國家之間也廣泛地存在著不同的觀點。
- 性別角色意識型態　性別刻板模式反映出人們對於男性與女性應有的人格特質的看法，性別角色意識型態則指出人們對於男性與女性應該如何表現其行為舉止的態度。(Berry et al., 1992, pp. 62-4)

在國家文化中，價值觀也受到以下因素的影響：

- 自然環境：地理位置與特色。
- 社會階級，相關因素包含教育。
- 次文化。

而對於個人具特別影響力的因素包含：

- 家庭人數以及關係。
- 基因遺傳與成長過程。
- 年齡：個人價值觀會隨年齡增長而改變。
- 心理：雖然個人的行為受其所屬團體的影響，但是文化的分析重點不在於個人的行為，個人行為較適合依個體心理學來解釋。

所有的文化團體中都一定有特殊份子存在。舉例而言，所有的國家都有利己主義者，同時也有熱心貢獻於團體者；在所有的文化中也都有工作狂、遊手好閒者、罪犯、隱士、外向者、領導者、追隨者等等。經理人必須培養良好的心理學技能，以預期個別的員工在不同的狀況下會如何表現，但必須注意的是，不能只憑著對於某個人的感覺或經驗了解，來預期團體的行爲，也不能只依照文化模型的基礎來預期一個人會如何表現。

### 1.2.3 文化是後天學習的

Hofstede對文化第三個定義的含意在於：文化不是潛藏在基因中與生俱來，人們學習文化。以國家文化爲例，你在剛出生的前幾年裡就開始廣泛的學習文化，並且在五歲以前，就已經是使用母語的專家了。人們經由學習，內化善盡某些職責的價值觀，這些職責包含：

- 與家庭裡的其他成員互動
- 努力獲得獎勵與規避懲罰
- 爲了實現自己的想法與他人協商
- 製造衝突與避免衝突

這些價值觀經由團體裡的其他成員傳遞給你，這些成員包含父母、其他成年人、家人、學校、機構、朋友等。角色的扮演在不同的社會裡會有差異，在日本，孩子的培育主要由母親負責，而在北歐斯堪地那維亞，雙親對於幼兒的培育則扮演同樣重要的角色。

無論是由誰來扮演培育幼兒的角色，大部分的教導過程都在不知不覺中進行，這是一種更眞實的學習（當你開始學習語言時，不會意識到你正在融入團體的文化中），因此這些價值觀便成爲人們的第二天性，並且實實在在的影響人們日後的生活。因爲文化是在嬰幼兒時期就開始不知不覺地學習，它的影響特別根深柢固。

### 1.2.4 價值觀

Hofstede在文化的定義中包含了價值體系，在這裡我們將價值觀定義為團體對於「事情應該如何」(how things ought to be)的假設。人們也許根本無法清晰地表達出這些假設，甚至不會刻意去思考這些假設。我們已經知道人們在孩童時期的早期就開始學習文化中的價值觀，在具備思考力前就開始接受價值觀，因此這些價值觀是根深柢固並且很難改變。

正因為價值觀根深柢固，它們對於行為的影響力是很強大的。讓我們舉一個例子，從前在印尼教書的時候，我注意到一個現象，在中午下課時間，學生們會等待他的朋友圈子裡所有的成員都到齊後，才一起下課去吃午餐。當我問他們為什麼時，他們卻難以表達出確切的答案，這是因為他們認為「應該如此」，並且視之為理所當然。後來我告訴他們英國或美國的學生通常是一個或兩個人一起離開，就算要等待一群人集合一起離開，也只會多等幾分鐘，印尼的學生們覺得這樣做相當奇怪且不友善。

團體裡成員的行為直接反映出他們的價值觀；在上述個案中，集體主義的影響力，遠遠凌駕個人自由安排午餐時間的需求，它影響了所有社交與工作場合中的優先順序、對團體忠誠的要求，以及個人在團體中的關係。

讓我們以同樣的背景再舉一個例子，這個例子將告訴我們對共同利益的認知、上焉者與從屬者之間的距離如何應用在個人的生活上，以及這些共同的認知如何轉化到工作中。報紙上的一個故事討論了女傭與她的印尼雇主間的關係[2]，這個女傭被一個家庭僱用：

> 女傭必須具備謙卑的觀念與聽話的態度，以緩和對於可能的「剝削」產生任何不適應感……。

「女傭絶對不應該遭到虐待，但她們同時也不能和主人處於平等的地位，否則她們會開始爬到你的頭頂上，不把你放在眼裡，而這就是問題的根源。」一個印尼人說。

正因為這個顧慮，導致即使是最開明的印尼人，仍然謹慎保持著傭人與主人間冷淡疏遠的關係，女傭可以坐在她的雇主旁與雇主一起看電視，但是她應該知道自己的位置是地板。

她可以使用電話，但不應該打太久的私人電話。

我曾經問過一群印尼經理人，這些習俗如何應用在在地工作的外國人身上，他們的意見如下：

這是印尼人民的文化，人們必須友好地對待彼此，但也不能忘記自己的身分地位……我們必須充分了解自己，我們是誰，做或不做什麼會最合體統，了解你的地位對你而言最安全。我們並不想強迫他們坐地板，屈辱他們的自尊，或使他們看起來就是比我們階層低，事實絶非如此，只是他們應該知道自己該有的位置。

「你不應該虐待你的印尼員工，但也不需要給他們太安逸的時間，有時候當他們感覺自己與你很親近，並喪失對你的尊敬時，你就有大麻煩了。只要合理的對待他們就可以了。

## 1.2.5 看法

Hofstede說文化包含價值觀，這帶來了一個問題：文化是否包含了其他的內涵。文化也受到意識中的看法之影響，但什麼是在團體中眞正能激勵行爲的因素呢？意識中的看法，相較於潛意識中的價值觀而言，其影響通常較不可靠。

個人的看法指引他如何思考事情是什麼或應是什麼（你也許會想要區別看法、態度、意見的不同，但這些區別在這裡並非必要），重點在於人們的行爲常常不是依據看法去進行，因此看法只是一項對於未來行爲的微弱預測指標。例如，大部分國家的人民都信奉某些宗教信仰，而所有宗教都譴責殺人與偷竊行爲，但是謀殺仍發生在所有國家中，以及大部分的人在某些時候也都犯過或大或小的偷竊行爲。

讓我們舉一個以工作場所爲背景的例子。大部分的經理人都同意與部屬的溝通是有益的，並且有許多經理人宣稱「我的辦公室大門永遠敞開，你們隨時可以來找我談論你所遇到的問題」，他們的確這樣想，但是你知道實際上，上述言論對於多少經理人是可靠的呢？實際發生的情形常是這樣：

- 他／她很忙，請你在其他時間再來；或
- 他／她告訴你，你的問題不重要，不要再浪費時間了；或
- 他／她聽你述說，但同時也在想其他事情；或
- 他／她認真的聽你說，也承諾要幫忙，可是後來又忘記了。

在這些情況下，人們的行爲與意識中的看法不符合，即看法對於行爲的預測力相當薄弱。

總而言之，雖然文化包含了看法（以及態度、意見等），但這些和價值觀相比是較不可靠的，正因如此本書將著重於價值觀的討論。但是有一個重點要特別注意，價值觀必須存於意見中，因爲（大部分的）人們都不擅長描述他們內心最深處的價值觀，而且這些是很難感受到的，分析者不能指望靠詢問很直接的問題，如「你的價值觀是什麼？」，來獲得他想知道的事情。在第二章，我們將探討如何透過行爲的分析，得知人們的價值觀。

## 1.2.6 文化的其他層面

文化的其他層面，可能不精確地反映了價值觀，這些層面包含：

- 有形的文化
- 宗教
- 政治與經濟思想

**有形的文化**如藝術、工藝，能立即反映出製作者的個人心理，但只能間接反映該文化團體的價值觀。文化的意涵可能很難辨認，即使對於一個頗具經驗的社會學家或藝術家亦然。一般而言，國際經理人不被期望具有這樣的技能，然而如果經理人顯示一些他對於在地藝術或工藝（包含在地的烹飪）所具備的知識與興趣，那麼他可能比較容易予人好印象。

有形的文化也包含**技術**，現代科技跨越了文化，但是重要的差異在於他們選擇與使用的優先順序。國際經理人的問題在於：

- 誰選擇了這樣的技術？
- 是誰在使用它？
- 使用的情形如何？
- 使用該技術的目的是要達成什麼？
- 該技術需要做何種修正？為什麼？

當不同的文化對於上述問題有不同的回答時，國際經理人必須解釋為什麼。

團體的宗教信仰表達了一系列倫理的信念，這是理想化的，並不是人們實際上如何表現行為的描述。在許多情形下，宗教確實影響了人們的價值觀，但並不是必然會影響。例如，佛教徒強調溫和節制與尋找中庸之道的重要性，但是曾有一個有教養的泰國人指出市民們的行爲與宗教信仰間的矛盾：

> 特徵上，*Muang Petch* 人適合擔任 *nak-leng*（捍衛者），殺人與報復是這個遊戲的名字，除了以古老的方式保衛個人榮譽外，不需要遵守任何特別的教條。我們是相當極端的人民，以奇怪的思考方式認為大部分的人民都是虔誠的佛教徒。[3]

此外，除了印度教的情形之外，世界上主要的宗教都是由好幾種國家文化共同構築而成的：

- 基督教最廣爲信仰，大部分的基督教徒分布在歐洲與美國，在非洲的人數也急遽上升中。
- 回教的主要區域在非洲、阿拉伯國家、地中海沿岸、以及印尼，近年來回教基本教義(fundamentalism)在伊朗、巴基斯坦、阿爾及利亞等地有逐步擴張的趨勢。
- 印度教在印度是最普遍的信仰，教義著重於個人靈魂精神的修養，而非辛勤工作與創造財富。
- 佛教的信奉者主要在中亞、東南亞、中國、韓國與日本，它與印度教同樣著重靈修勝過財富的創造。這些宗教的後續發展顯示，這樣的教義不一定會妨礙正常的經濟活動。
- 儒家主要信仰者在中國、韓國、日本，強調忠誠、上位者與下屬間互惠的義務，以及誠實對待彼此，影響了這些區域中家族企業的發展。

相同的宗教可能跨越國界而爲人們信仰，這表示信仰的不同（如基督教徒與回教徒）不見得能精確的反映國家間文化的差異（如秘魯與摩洛哥）。事實上，在大部分的國家裡，有相同的宗教信仰並不能使他們的文化也相同。

**政治思想**：政治領導人爲了使其政權合乎正統，會宣稱其政治體系精確地反映了大部分的文化（也許沒有政治領導人會承認此點，但這不是重點）。實際上，這樣的思想將爲文化帶來扭曲的說法。

政治制度代表一系列的信念，這些信念只有在能精確反映文化時才可能成功。政治的革命不一定反映根本價值系統的改變，Adediji(1995)曾在奈及利亞官方文件「民主的過渡期」裡提到這一點(1992)：

> 民主不能靠命令來完成，它不像即溶咖啡；沒有即溶的民主，不可能在一天之內就由極權主義轉變為民主。民主不只是投票箱、政黨或機構的外部標誌，它是一種生活方式、一種文化，深深影響了社會中的各個階層，以及人們努力的方向。

## 1.3 國際管理與文化

本節將討論國際企業管理的觀念與應用，及探討文化如何成爲影響國際經理人做成決策時的因素。國際管理可定義爲，在國際化的環境中執行管理技能的程序，意即國際經理人在一個文化夾雜的環境中，扮演標準的管理角色。

Mintzberg(1975) 對於經理人的角色作了以下描述：經理人扮演著多重的角色，如領導者、頭臉人物(figurehead)、傳播訊息者、談判者、分配資源者及處理危機者等。影響個別經理人執行每一項管理角色的因素包含：

- 他／她的個人心理
- 他／她對職務的責任感

- 企業的文化與歷史
- 國家文化：在某些國家裡，經理人被期望的角色著重於控制及指導，在另外的地方，則著重於協助與參與。

國際經理人通常受雇於企業部門，這表示他們參與了一些跨越國界的營利活動。他們也可能受雇於國際組織、政府機構，或非政府組織(non-governmental organizations, NGOs)，從事非營利的相關活動。

## 1.3.1 國際企業

合作與競爭越來越明顯的特徵是，綿密的聯絡網連繫著國家、公司以及其他組織，而人們則處於相互依賴的世界經濟體系中。在世界的185個國家裡，幾乎每個國家的進口占總消費量之比例，較50年前皆有大幅度的提昇。

跨國公司在國際化的基礎上進行生產與行銷，而這些公司時常位於離總公司所在國很遠的地方。在1980年代中期，來自母國以外的公司之生產量，就已超越母國國際貿易的數額，這些國外的產出是由位於不同國家的子公司以及策略聯盟達成的。在1990年代，新加坡最大的私人企業是奇異電器(GE)──一家美國公司。

跨國企業活動的成長反映了許多因素，包含：

- 運輸的快速發展。
- 政治與經濟管制的放寬。
- 跨國貿易陣營的形成，如北美自由貿易協定(NAFTA)、歐洲聯盟(EU)、東南亞自由貿易區(AFTA)、南美貿易協定(ANDEAN)。
- 通訊網路的發展（電子通訊意謂著鉅額的金錢可以透過電子形式即時地在國際金融市場中進行交易）。
- 企業為了因應競爭，不斷研發新科技、進行新投資，以及開發新市場。企業爲了生存已無法再將營運限制於單一國家市場，必須進行國際市場的開發。

## 1.3.2 國際性競爭

大型企業透過子公司及與國外合作伙伴共同組成的合資公司，共同建立起一個網絡，以進行國際化的企業營運。但國際化的發展不只限於大型企業，即使是小公司也會感受到來自國外的競爭壓力，並且也會針對如何與外國公司競爭而進行決策。但他們可能因受限於資源出口的限制，而採取加盟或授權生產等方式力求進一步發展。

並不是只有較富裕或已開發國家才有發展國際性企業聯盟的動機，新進的開發中國家的企業也正在學習在國際化生產及行銷的基礎上求生存。過去，開發中國家進行國際化成長所面臨的主要限制，在於他們缺乏國際市場的經驗，但這一點已隨著電子媒體，包括網際網路的發達，而變得更容易克服了。

在今日的商業世界，再也沒有企業能夠享有其本土市場的固有利益[4]。當企業面臨國際競爭時，在母國的優勢將快速消失，企業必須培養國際觀才能生存，進而繁榮發展。

## 1.3.3 全球化產品與服務

有些公司發展了全球化的產品或服務，以展現他們的國際觀，也就是，他們以相同的商品及相同的形象包裝，行銷到世界各地的市場。麥當勞就是一個例子，在世界各地，電視廣告播送著同樣的主題，愛家的男人與他的孩子們一起愉快的享受漢堡大餐；「對男人做溫暖而模糊的描述」在美國是很典型而常見的，但是這樣的宣傳活動卻在日本震撼了許多人，因爲在日本傳統上：

父親被描繪成冷淡的工作狂，而且通常不曉得他們的孩子在做些什麼。事實上，愛家男人是一種更寬廣的產品意象，它被推廣為「世界性的品牌」，協調為一致性的形象，並且將目標描準全世界的消費者。[5]

其他以全球爲銷售基礎的品牌包括海尼根(Hennessy)白蘭地、勞斯萊斯(Rolls Royce)汽車、可口可樂(Coca Cola)、萬寶路(Marlboro)香煙以及Levi's牛仔褲。大部分的公司在不同國家的市場行銷時，皆必須將其產品或服務進行差異化，以滿足不同的需求。全球化產品及服務的發展將遭到以下障礙：

- 品味及需求的不同。大部分的產品都無法在完全沒有改變的狀態下跨越文化的鴻溝。
- 具有多種用途的產品比較難進行國際化行銷，起士可爲一例。它是一種在許多文化中皆頗受歡迎的食物，用途隨著文化不同也有很大的差異。在法國它是晚餐後、點心前的食品；在荷蘭，它和早餐一起食用；在英美，人們則在午餐時間食用起士。(p.97)
- 世界各地產業規範的歧異。
- 管理全球企業的障礙。
- 子公司須發展自己的能力及在地知識。

Nike也曾經經歷過傳達全球性印象的問題。該企業發現「它破除墨守成規文化的印象，並不如預期地能普遍接受於全世界」，這表示他們的市場應該差異化。

你交待你的實驗室進行一項全球性的考察，測量腳並研究腳的各種分類；你僱用了德國、日本與巴西籍的員工，以他們的文化見解作為指南；你柔和了廣告中暴力的意象……。[6]

## 1.3.4 全球體系

企業可能會藉著在子公司裡複製總部的系統、架構、組織文化等，來追求全球性的認同。理論上，這樣的複製將使得被派往國外的國際經理人，能與在母國中有同樣的機會與挑戰。

然而，一個完全全球化的體系很難達成，甚至當策略是在全球化的基礎上形成時，由於仍須在地方施行，必須考慮到在地的因素及在地環境的反應。我們以一個在新加坡企業中工作的美國經理人爲例，該企業從事亞洲經濟與財務的研究。該經理人評論「沒有任何事物比金錢更全球化了，資訊與技術都可以用金錢交換」，但這並不能簡化他作爲一個經理人的任務：

> 經理人與員工溝通的技巧在新加坡顯得特別複雜。一個小小的工作團隊常常包含了五種以上的文化（新加坡人、香港中國人、馬來西亞人、美國人及澳洲人），大家都必須為了達成相同的公司目標，設法找出相同的立基點。

國際經理人同時身負著對於總部及在地營運的責任；在高度極權的全球化企業裡，被派至國外的經理人必須完成總部所規劃的策略與系統；在分權化的企業中，他至少要面對總部所定下的財務目標，必須爲在地的問題尋找適當的解答，無論是管理勞動力、與客戶、上游供應者進行談判，或解決當前公司環境中所發生的種種其他問題。此處我們以「思考全球化，行動在地化」(Think Globally. Act Locally.)作爲總結（這句話是Derek Torrington在1994年出版的國際人力資源管理一書的副標題）。

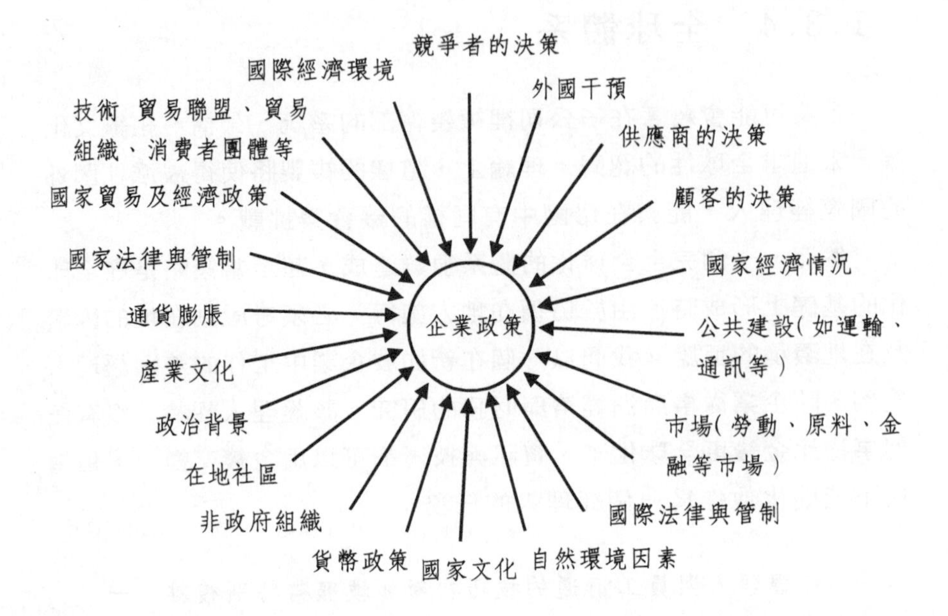


圖1.1 外在環境

## 1.3.5 企業環境

企業所做的決策受到以下因素的影響：

- 內在因素：策略、目標、營業範圍、及管理系統與組織文化等；
- 外在環境因素。

圖 1.1 顯示外在環境的因素，這些因素包含國家環境的因素（如公共建設、國家貿易及經濟政策）及國際環境的因素（如外國政府或跨國企業的外來干預）。

## 1.3.6 相關因素

環境因素對於公司的決策過程有顯著的影響力。例如，在A國裡，AmexCo 是一家水果加工廠，產品主要銷售至A國首都，主要**競爭者**位於較偏遠地帶，運輸及**通訊**系統較差，使得 AmexCo 可以輕易與之競爭。AmexCo 支付的薪資在政府規定的最低薪資標準之上，可以毫無困難的由在地的**勞動市場**中招募新員工。它的利潤處於上升的狀態，經理人與員工則在相同的**國家文化**下持有相同的價值觀。他們都不喜歡不確定性與模糊兩可，在工作場合中，這樣的價值觀表現在厭惡激進的改變，與對於工作保障的需求上。

到目前為止，未來似乎仍然光明，但是接著有幾個新的因素擾亂了這個平衡。國家**經濟**景氣變好，**通貨膨脹**率下降，大選過後新政府承諾將推行**新經濟政策**，包含推動交通建設等**基礎建設系統**，這將使競爭者更容易行銷商品至首都；而更糟糕的是，一個熱帶風暴狠狠的肆虐了 AmexCo 大部分原料來源地的農田，這表示作物沒有完全遭到破壞的**供應商**，可能會提高他們的售價。

經理人想要避免忠實**消費者**對於轉嫁成本的反感，唯一的選擇似乎只有裁員及採用最新技術了，但是問題在於裁員可能嚴重影響留下員工的士氣，並且打擊公司與**本地社區**間的良好關係。

我們可以歸納出三個重點：第一點，沒有一項因素可以單獨考慮，在本例中，政治情勢的變動影響經濟的結果，政府承諾改變基礎建設的情況，影響了公司的競爭力；第二點，每個因素都是中立的，在不同的情況下，可能帶來機會，也可能造成威脅，適當的研發新技術將為企業帶來優勢，而競爭者擁有新技術就變成我方的一項劣勢；第三點，企業對於這些因素的影響力很微弱，在考慮國際環境的情形下，企業的影響力則更為薄弱，以下是一個例子。

### 1.3.7　相關因素：一個個案

1996年，國際的競爭壓力迫使德國汽車公司 Daimler Benz 決定停止提供資金給一家虧損累累的荷蘭飛機製造公司 Fokker 。Fokker 陷於資金來源中斷的處境，曾經希望韓國三星公司(Samsung)出資購併，但荷蘭政府表示尚未準備承諾這樣高額的財務保證，使得三星公司對這項購併案喪失了興趣，直到三月最後期限截止時，仍沒有任何人出價，於是 Fokker 終於宣佈破產。

位於北愛爾蘭的一家加拿大公司 Shorts ，生產的機翼主要供應 Fokker 公司，Fokker 的破產直接造成 Shorts 公司喪失 1460 個工作機會，而 Shorts 同時也是貝爾發斯特（Belfast,北愛爾蘭首府）裡最大的雇主之一，據統計，Shorts 每減少一個工作機會，皆將爲貝爾發斯特社區帶來進一步的工作流失，Fokker 的失敗意謂著貝爾發斯特在地該年度將損失 2500 萬英磅的收入！

這個個案顯示了國際競爭、國家的經濟政策（反映在個案中荷蘭政府拒絕提供財務擔保）以及德國、荷蘭、韓國、加拿大和英國等企業的決策，所共同引發的一場經濟災難，而眞正蒙受損害的貝爾發斯特地區的個人，對於影響生計的大事之發生過程，卻絲毫沒有半點影響力。

### 1.3.8　企業環境的文化因素

以下我們將討論文化因素如何帶來機會與威脅。假設你的員工們的價值觀是一致的，則他們在團隊裡的生產力將會比較高，如果任務是在團隊中執行的，他們的團結將爲你帶來優勢；但是換個角度而言，如果任務不適合以團隊合作的方式來完成，而必須在個人競爭的基礎上進行，上述的文化特性卻可能造成問題。

## 1.3.9 跨文化的管理技能

爲了調適各種文化，經理人必須具備跨文化的管理技能。技能可定義爲「表現一系列行爲的能力，這些行爲與達成職務績效的能力有關」(Torrington 1994, p.98)。國際經理人須具備的能力在於他必須能夠：

- 了解文化的本質，以及文化如何影響人們在工作環境中的行爲。
- 了解各種特定的文化，以及各種文化下人們特有的價值觀（國際經理人應該不斷的探討自己的價值觀，因爲若不預先了解，就不可能加以比較。）
- 認清各種文化之間的不同。
- 了解哪些文化因素如何影響企業的組織結構、系統及優先考量等作爲。
- 了解其他文化背景的組織結構、系統、優先考量等。
- 考量某個文化的組織結構、系統及優先考量在其他文化中可以執行得多好，並以同樣的方式反向考量。

經理人必須懂得適時調整他的目標與技能，以因應各種特別的情況。

根據 Beamish 和 Calof(1989)對人力資源與其他領域之經理人所進行的一項調查顯示，經理人將溝通技能評爲國際經理人最重要的技能，其次是領導技能、人際關係技能、適應力／彈性，再其次是功能性與技術性能力、技術性知識（分別居於 12 項中的 8 與 11）。

本書（5-12 章）認爲，跨文化的技能直接與管理體系相關(Bigelow,1994)，這些技能包含：

- 與其他文化的成員溝通
- 在組織中管理
- 激勵與獎賞
- 解決衝突
- 協商

具備這些技能的經理人將可能擁有較好的管理生涯，而具有種族優越感的經理人、及不能或不願意與來自其他文化的員工溝通的經理人，則可能面臨管理機會的限制。

我們以一句話作爲總結：**經理人不能期望能強迫其他文化的員工接受自己的文化規範**，也不能輕易的使員工認同自己所認知的價值觀較其他文化優越；這不是一項道德論述，而是一件事實。殖民歷史說明了強權國家不斷嘗試將其價值體系強制灌輸給其他人種，但事實證明他們失敗了；試圖將自己的行爲規範強制加諸在不同文化員工身上的組織，亦將面臨艱難的戰鬥。

## 1.4 文化多元化的管理

多元化管理的優勢與困難，可以藉由成員來自兩種以上文化的工作團隊中的多元化管理來闡述。多元化管理的成功將帶來經濟利益。一個企業如果能夠吸引、保住並且激勵不同文化的人們在企業中一起努力，則企業的成本結構、組織架構、創造力、問題處理、對於改變的適應力等各方面勢必將較具競爭力。

### 1.4.1 綜效

文化多元化帶來的最主要優勢是綜效(Synergy)。當兩個以上的個人組成團隊一起合作的總產出，大於分別進行工作的產出之和時，我們稱工作團隊具有綜效。我們舉一家生產行動電話的公司爲例，他們面臨了一項挑戰，必須針對子公司所在地X國消費者的特別需求，設計一個新的機型。

當地的銷售人員相當明白在地的需求情形，例如是哪些人購買他們的產品、消費者願意支付多少、以及應該透過何種管道進入市場等，但是他們缺乏現代化調查知識，也不熟悉總部設計新產品的資源能力；而總部的行銷人員了解技術，並且熟悉R&D（研發）情形，但他們對在地市場的經驗與接觸卻不足；如果將兩方面的專業結合起來，這樣的團隊將能夠爲X國正在成長的年輕市場特別設計出符合其需求的行動電話，解決的辦法是透過能產生綜效的程序來進行。兩方的團隊如果分別進行，都將無法設計出具有創意的產品。

## 1.4.2　任務因素

與任務相關的因素，影響著文化多元化團隊與單一文化團隊創造力方面的差異。文化多元化團隊在執行解決複雜問題的任務時，其表現可能較單一文化的團隊傑出；但由於文化多元化團隊通常需要時間解決一起工作的障礙，因此他們在日常任務上的表現可能就沒有這麼傑出了。一項進行17週以上的實驗(Watson et al. 1993)顯示，當新團隊成立時，文化多元團隊將無法立即有成功的表現，但是隨後將趕上，事實上在某些方面他們的表現都比單一文化的團隊好（如確認問題的觀點、產生替代解決方案等）；一般而言兩者的表現差不多，但對於開放性的任務，需要產生一系列可能的解決方式時，文化多元化的團隊表現得較好。

隨著時間的過去，經驗將協助文化多元化團隊的人們打破種族、性別、職務以及體制的歧視，但這些效果永遠無法精確計算，並且文化多元的團隊隨時存在著一種基本風險，即如果它成功了，無論對立即的結果或未來商譽的創造皆是有利，但如果它失敗了，負面的刻板印象將受到強化。

總之，在以下的情形下，文化多元化團隊將比較可能產生綜效：

- 當任務的結構性強，而多元化是一項優勢時；
- 當任務屬非常態性，且有開放性的解答時；
- 高層經理人給予精神上與行政上的支持，並給予團隊足夠的時間克服不可避免的過程障礙。
- 提供多元化的訓練。
- 承諾將給予團隊成員獎勵。

### 1.4.3 文化因素

在文化裡，人與人之間的關係會影響他們對於團隊活動的參與。Cox、Lobel等人（1991）針對亞裔、非裔、西班牙裔以及英裔美國人組成的團隊進行實驗；前三種代表集體主義(collectivist)或向心力較強的文化，而最後一種則代表個人主義(individualist)的文化（我們將在第二章詳細討論集體主義與個人主義的文化），他們發現了：

- 由集體主義的成員組成的團隊和主要由個人主義成員所構成的團隊相比，前者的表現較團結。
- 在進行任務時，如果期望他們進行團體合作行爲，集體主義的個人傾向於提升其合作行爲的水準，而個人主義者則否。這樣的模式同時發生在多文化與單一文化的團隊中。

一般而言，組成分子的背景多樣化時，成員有以下特徵時，團體較可能合作成功：

- 重視交換不同的觀點；
- 能合作建立進行團體決策的機制；
- 能尊重與分享彼此的經驗；
- 珍惜跨文化的學習機會；
- 能容忍不確定性與致力於克服團隊合作所出現的無效率。

對於跨文化的團隊而言，學習與別人一起工作的過程必須經由結構性的學習與訓練來培養。(Berger, 1996)

### 1.4.4 替代方案：忽略多元化

然而，要成功地管理多元化絕非易事，而且由於調適時間、訓練成本及錯誤的發生等等因素使得多元化變得相當昂貴；跨文化的關係可能產生緊張及誤解，此乃不同文化的成員對於事物的優先順序之價值觀不同，再加上語言與文化的不同，因此容易造成嚴重的誤解。

避免管理文化多元化的另一方式是忽略之，這表示管理階層：

- 忽略員工之間的文化差異
- 低估文化差異的重要性

在以下的情形下，上述的政策將被採行：

- 經理人缺乏處理多元化的技能及資源。
- 任務本身不提供任何由多元化能獲得正向的效果。
- 負面的效果大於正面的效果。
- 拒絕承認多元化的存在似乎可以減低負面的效果。

這樣的政策在不同的文化團隊執行不同的任務及享有獨立的資源時才可能成功，但當團隊以及團隊成員必須互相整合、共同合作時，隱藏的矛盾會因爲未認清文化間的差異而顯現出來。

忽略文化多元的政策很容易失敗，採用它將可能造成競爭優勢的喪失。我們可以進一步主張，文化多元化已經成爲一種常態，拒絕承認將可能造成徹底的失敗。

## 1.5 對經理人的涵義

在 1.5 節之前的內容如何實際應用到你的組織呢？請回答以下的問題：

1. 在你的組織裡，有哪些部門具有多種文化的象徵？哪個文化可以代表呢？
2. 在每個部門裡，文化多元化是受到管理或被忽略呢？
3. 如果它受到管理：
   - 哪些任務分派給多元文化的團隊呢？
   - 從多元化身上得到什麼利益呢？
   - 產生哪些問題？
   - 文化多元化如何受到更好的管理呢？
4. 如果它被忽略而未受到管理，是爲什麼？這樣的障礙如何克服？

## 摘要

本章重點在於探討國際經理人爲什麼需要了解文化。

在 1.2 節我們定義**文化**。文化是一個團體所獨有，它影響著團體中的成員，使他們的行爲一致且具有可預測性，並且是經由學習得來的；本書提到文化時皆使用此一定義。1.3 節中，我們討論**國際管理**的範圍，以及文化因素在企業環境中的影響有多顯著。國際經理人的課題在於確認文化環境，並對各種文化因素予以適當回應，另外我們還探討經理人所需具備的跨文化技能。1.4 節說明了在適當的管理之下，**文化的多元化**將爲組織帶來利益，但只是將各種文化的人員組成跨文化團隊並不表示一定會產生綜效，如何適當管理將是一項挑戰。

## 習題

在某個文化中受歡迎或正常的行為，在另一個文化中可能不受歡迎或被認為不正常。

1. 寫下一些在你的文化中人們會歡迎的行為，並猜測在何種文化中該行為會不受歡迎？以及探討為什麼會不受歡迎？

   例如，如果你屬於北歐英語系統的文化，你可能會將「愛好競爭」的特性認為是受歡迎的，但在某些其他文化裡，則將愛好競爭的特性視同侵略，認為這樣的特性容易造成衝突與分裂而厭惡。做此解釋的文化，將特別強調和諧與團結的重要性。

2. 列出五項在你的文化中視為不受歡迎的行為，並猜測為什麼在其他文化中這樣的行為會受到歡迎？這能告訴你他們的價值觀嗎？

## NOTES

1 "The man in the Baghdad café," *The Economist*, November 9, 1996.

2 Yang Razail Kassim, "Domestic help in Indonesia: the good, the bad and the indispensible," *Straits Times*, June 16, 1989.

3 Piya Angkinand, "Of fear and honour," *Bangkok Post*, January 25, 1991.

4 Peter Martin, "No more cosy backyards," *Financial Times*, March 7, 1996.

5 Yumiko Ono, "McDonald's touches Japan with its images of father," *Asian Wall Street Journal*, May 9–10, 1997.

6 Roger Thurow, "Going abroad, Nike finds it's a different ball game," *Asian Wall Street Journal*, May 6, 1997.

7 In this book, the expression "the Anglo cultures" is used to refer to the mainstream cultures of Australia, Canada (outside Quebec), New Zealand, the United Kingdom, and the United States.

第二章

# 文化的比較

引言
文化的導向(Kluckhohn-Strodtbeck)
文化的背景脈絡(Hall)
文化、經理人的社會地位與功能(Laurent)
文化與工作環境(Hofstede)
顧問的貢獻(Trompenaars)
對經理人的涵義
摘要
習題

## 2.1 引言

在日本的大學裡，學生們認爲參與社團比課業表現更重要：

> 他們喜歡選修不要求出席率的課程，以便花更多的時間參加社團活動。的確，社團很重要，許多有遠見的僱主重視社團表現而非成績。一位公司發言人表示，「如果學生擔任過社團的社長，那麼他可能受過較多協調團隊合作的磨練，並且較能在承受壓力下工作，我們將不要求他們交成績單。」[1]

個人與團體之間的典型關係因文化而異。日本人給予成功團隊的成員相當高的評價，他們在孩提時期就開始學習對團體忠誠，並實實在在地影響了個人往後在教育與職業生涯裡的行爲。美國人則重視個人的責任感與個人發展的機會。

這表示在美國工作的日本人，將不能期望得到與在日本時相同的同事關係，同樣的，在日本的美國人也不能期望自己個人主動積極的表現，能得到與在家鄉裡相同的讚賞。

本章將討論文化的比較分析及其在管理上的應用。

## 2.2 文化的導向：Kluckhohn-Strodtbeck 模型

Kluckhohn 與 Strodtbeck(1961)所發展的比較模型具有相當廣泛的影響力，他們認爲文化團體的成員們對於世界和其他民族所持有的觀點具有一致性，不同的文化可以根據幾項觀點爲基礎來比較。

該模型指出六種基本導向，這些導向顯示出標的文化團體對於人類處境的認知，每一種基本導向皆有一系列的變化或可能的解答。該模型廣為後來的學者所引用，如Trompenaars(1993)(見2.6）。

表2.1的每一項導向接著皆以美國主流文化為例（主觀的）來陳述。

| 導向 | 變動的範圍 |
| --- | --- |
| 1. 人的本質是什麼？ | 善（可以改變╲不可以改變）<br>惡（可以改變╲不可以改變）<br>善與惡的混合 |
| 2. 人與自然的關係為何？ | 人類支配自然<br>和諧相處<br>人類從屬於自然 |
| 3. 人和他人的關係為何？ | 世襲的（階級關係）<br>並行的（集體主義）<br>個人主義 |
| 4. 人類活動的型態為何？ | 行動<br>存在<br>自制 |
| 5. 人類活動的焦點放在何種時間上？ | 未來<br>現在<br>過去 |
| 6. 人類對空間的概念為何？ | 私有的<br>公共的<br>混合 |

表2.1　文化的導向

導向1：
人的本質是什麼？

美國文化的解答：
善與惡的混合

美國主流文化的樂觀面認爲，任何成就都是可以努力達成的，人性也可以透過努力達到完善的境界—每年發行數以百萬計的自學書籍與錄影帶可作爲說明；至於爲了避免衝突而訂定的法律規範則說明了對人性的悲觀面。

導向2：
人與自然的關係為何？

美國文化的解答：
人類支配自然

美國人一直成功支配著自然界，美國太空總署(NASA)的探索更代表人類征服太空的企圖。支配的需求也表現在規劃與塑造組織文化的嘗試上。

相比之下，阿拉伯文化對於改變世界的嘗試則顯得較爲宿命，他們認爲人類爲了獲得成就與避免災難所能做的努力是微不足道的。1990 年，在前往回教聖城麥加的年度朝聖之旅中，一條隧道突然坍塌，超過 1,400 名朝聖者在混亂中慘遭壓死，沙烏地阿拉伯官方寧可相信這是「上帝的旨意」，也不願追究是否有人爲破壞或其他原因存在。

> 「這是上帝的旨意，它支配世上的一切。」國王 *Fahd* 告訴沙國安全當局，「這是命運，他們若不在那裡喪生，亦將於註定的時刻在其他地方死去。」[2]

導向3：
人與他人的關係為何？

美國文化的解答：
個人主義

美國文化強調個人主義，認爲滿足感主要來自個人的成就，盡力發揮個人的機會與才華是每個人的義務。體育競技活動被視爲對個人品質的測試，當 Tiger Woods 以 12 桿的成績贏得 1997 年高爾夫球公開賽的優勝時，一名觀衆評論說：

> 這名年輕人達成的是一項驚人的成就・・・我喜歡他主要是由於他的舉止風度，這麼年輕的孩子就能將自己管理得如此傑出。你也觀賞了這場高爾夫球賽，再多的評論都是不必要的。[3]

美國文化的解答：
行動

### 導向 4：
### 人類活動的型態爲何？

自我認同是透過行動與成就而獲得的，爲了讓他人認同這些成就，它必須顯而易見且可以衡量。在商業界中，財務報表就提供了一種衡量成功的方式。

佛教文化則相信輪迴說，認爲個人現世的身分與境遇，皆由前世的善行所決定，任何的奮鬥都無意義，只有藉著行善積德，避免罪惡的行爲，才能幫助自己在下一次的輪迴裡轉到較好的境界。

美國文化的解答：
未來

### 導向 5：
### 人類活動的焦點放在何種時間上？

美國人相信更美好的將來可以藉由規劃與控制加以達成，但是這樣的觀點可能是短期的。一項針對美國 CEO 進行的調查，請他們判斷他們的公司與其他美國、歐洲以及亞洲公司相比，對於未來的遠見如何，受試者認爲他們的企業相較於其他歐洲競爭者而言，較缺乏遠見，甚至和亞洲相比亦然。（Poterba and Summers,1991）[4]

在以過去爲導向的文化裡，決策的標準建立在過去所學到的經驗上。某一年新年，泰國某佛寺的住持鼓勵泰國人「從過去中學習」：

> 至高無上的元老……號召泰國人民以過去的經驗為

師，並奉之為未來的指引。[5]

泰國的經濟成就證明以過去爲導向不一定表示是頑固的保守主義，過去導向的文化在企業界也可能非常成功。

過去導向的文化對於年長者給予極高的尊敬，一位日裔的美國經理人建議：

> 如果你在日本有任何惹上政府部門的麻煩，儘快和年長者討論，日本的官僚都很尊重老年人，當我有問題時，我常會與退休的老部屬討論我的狀況。[6]

**導向6：**
**人類對空間的概念為何？**

| 美國文化的解答：<br>私有的 |
|---|

當同事的辦公室門關閉時，美國人會認爲是禁止進入；先敲門是一種很尋常的習慣，即使敲門後你沒有等待裡面的人邀請，就轉動門柄亦然。門外貼「會議進行中」的告示，將被解讀爲不願意被打擾，請勿進入。

在德國，辦公的空間比美國更加隱密。德國人不喜歡開放型的辦公室，他們喜歡在大門緊閉的私人辦公室中工作，但是在中華人民共和國，空間幾乎完全是公共的，任何隔離的私下活動都會遭到懷疑：

> 隱私權在中國並不是一項為人熟悉的觀念，甚至隱私在中國話裡通常有輕蔑的意思，暗指自私或偷偷摸摸。[7]

## 2.2.1 簡表

表 2.2 摘要了 Kluckhohn-Strodtbeck 模型的內涵。

表 2.2 管理上的啓示

| 導向 | 選擇 | 管理上的啟示 |
| --- | --- | --- |
| 1. 人的本質是什麼？ | 善 | 對於他人的動機與能力感到樂觀；Y 理論；鼓勵參與；信任；重視直接的溝通。 |
| | 惡 | 悲觀的；X理論；懷疑同事、部屬以及協商的合作伙伴；喜好隱瞞。 |
| | 善與惡的混合 | 運用介紹人與顧問；樂觀的態度與行為間的矛盾—例如，溝通的價值受到重視，但是每個訊息都將遭到律師的調查。 |
| 2. 人與大自然間的關係為何？ | 人類支配自然 | 控制與規劃（特別在上述所提的樂觀情形下）；利用自然環境與企業環境來滿足個人的願望；設法塑造組織文化。 |
| | 和諧相處 | 共存的；尋找共同的立場；厭惡開啟工作場所裡的鬥爭；尊重不同的生物。 |
| | 人類從屬於自然 | 宿命論；認命的接受外在環境的控制；厭惡獨立的規劃；對於改變組織文化感到悲觀。 |
| 3. 人和其他人之間的關係為何？ | 世襲的（階級關係） | 尊重權威及在年齡、家庭、性別等背景上較具資歷者；多層級的組織；在層級的基礎上進行溝通。 |
| | 並行的（集體關係） | 團體裡的關係影響了對於工作、上級以及其他團體的態度；以懷疑的態度對待其他團體的成員；意圖驅使個人脫離團體，或打破團體界線的組織與學說將遭到厭惡。 |
| | 個人主義 | 人們主要將自己視為獨立的個人，而非團體中的組成份子；要求一種能提供個人追求成就與地位的機會之體系；有趣的工作較可能受到重視；鼓勵競爭；平等的自我意象；不拘形式的。 |

續表 2.2

| 導向 | 選擇 | 管理上的啟示 |
| --- | --- | --- |
| 4. 人類活動的型態為何？ | 行動 | 重視績效，也重視財務上或其他衡量績效的方式；工作是個人生活的主要成份；務實的態度。 |
| | 存在 | 身份主要取決於出生、年齡、性別、家族，而非個人的成就；重視感受；規劃通常是短期的；重視自發性。 |
| | 自制 | 著重於自我控制；努力追求感覺與行動間的平衡；往內心自我詢問。 |
| 5. 人類活動的焦點放在什麼時間上？ | 未來 | 以未來的規劃為優先；過去的績效較不重要；重視改變、生涯規劃、訓練。 |
| | 現在 | 以目前的現況優先，並做為規劃的基礎；長期的計畫易受調整；重視當下所受的影響。 |
| | 過去 | 將過去視為典範；尊敬有經驗者；在規劃時從過去中學習；要求連續性；敬重年長者。 |
| 6. 人類對空間的概念為何？ | 私有的 | 尊重個人的所有權；重視私密性；尊重私人的聚會；社交距離。 |
| | 公共的 | 懷疑私下進行的活動；社交的親近性視為理所當然；重視公衆的聚會。 |
| | 混合 | 區別私人與公衆的活動。 |

## 2.2.2 反例

當你讀完上一小節之後，你可能會想到一些反駁以上論點的反例，但這些並不會使這個模型變得無效。社會人類學並不主張一個文化團體中的所有成員都會表現出相同的行為，任何的文化都有歧異性，甚至在更具高度一致性的文化（如日本）中亦然。日本文化中有很強的工作倫理，但是有一群由30個「精神自由的男性與女性」卻做了一個理性的抉擇，他們決定要脫離團體生活：

> 他們自稱為*donkame*或麻木的烏龜……所有人都決定放棄老鼠般的競賽，轉而以一種更輕鬆的方式生活，像烏龜一樣……這個團體的基本方針很簡單，他們的領導人48歲的Nobumitsu Doi說道：「設法避免做一些你不想做的事。」[8]

次要的文化變異可以與主流的文化加以區別。當我們分析以下項目時，次要文化變異的觀念會很有用：

- 文化次團體的行為
- 異常情境下主流團體

這告訴我們只根據主流模式來建立輪廓是不夠的，並不能完整地描述出在所有的情形下、所有的次團體、任何的時間之文化。

## 2.2.3 應用比較模型

Kluckhohn-Strodtbeck模型有其弱點，經理人的批評是：

- 作者並未直接涉及管理的研究，且並未描述在管理上的應用。
- 導向與選項並未精確定義。
- 詮釋受限於主觀。

然而，受Kluckhohn-Strodtbeck模型影響深遠的Trompenaar(1993)研究之成功，證明了K-S模型仍然提供了一種相當有用的文化比較工具。這顯示：

- 以一般性的用語，文化可以依各個獨特的構面來比較。
- 比較模型可以應用在跨文化的管理上。
- 國家文化主要變異的分析，在各方面，並不能精確地預測：
  - (a) 次文化弱勢族群的價值觀。
  - (b) 不同產業及組織所持有的價值觀。
  - (c) 異常情況下的價值觀。

無論如何，我們必須定一個附加條件。由於在描述不同的文化時，某個構面會有不同的意義，因此並沒有精確的比較基準點。例如，個人主義的觀念在美國與中國的內涵不同—因爲整個背景脈絡不同。比較模型的這個限制將適用於本書全書中。

## 2.3 文化的背景脈絡(Hall)

假設有個客人進入你的辦公室說：今天天氣涼涼的，則背景脈絡(context)將影響這句話應如何解讀。如果他前一天曾經抱怨過炎熱的天氣，那麼說天氣涼可能表示天氣變好；而如果他很喜歡熱天，那麼天氣變涼就可能使他失望，也許會要求你調高暖氣的溫度。

人們根據共有的資訊來詮釋和表達訊息，這些資訊包含文化裡的價值觀。價值觀將文化團體的成員連結在一起，影響他們如何參考背景脈絡以維持彼此的關係。也就是說，成員對於背景脈絡的經驗將影響他們如何溝通，而不同的民族對於背景脈絡的反應也不同。對於某特定文化團體的行爲之優先考量有興趣的分析者，必須設法了解他們的背景脈絡，以及成員有哪些體驗，這是 Hall(1976)所提模式的主要論點。

Hall 區別了**高度背景脈絡**(high-context)與**低度背景脈絡**(low-context)的文化。高度背景脈絡文化的成員在表達和詮釋資訊時，相當依賴外在環境、情境以及非口語行為。文化團體中的成員打從一出生，就開始在溝通時參考背景脈絡的線索來詮釋對方的含意，許多眞正的意思時常是間接表達的。在某些語言（如阿拉伯、中國、日本）裡，婉轉的表達方式受到重視，了解婉轉表達的能力也同樣重要。但是在低度背景脈絡的文化中，環境比較不重要，非口語行為也時常被忽略，因此溝通者必須提供更明確的資訊。在管理的溝通上，直率的風格較受重視，會盡量避免模糊性。

## 2.3.1 高度背景脈絡的文化

高度背景脈絡的文化具有以下特性：

- 人際關係相對而言是長期而持久，人與人之間具有深厚的私人關係。
- 因為許多溝通是經由共有的代碼來進行，所以其溝通對於例行的情境是經濟、快速、效率。高度背景脈絡的文化會完整地利用溝通的脈絡線索：

> 日本人確信這一點：他們認為以人類的聰明才智，應該可以根據論述中前後文的關聯性，發覺在該論述中作者真正要表達的所有重點。(*Hall 1983, p.63*)

在高度背景脈絡的文化中，人們使用了範圍相當廣泛的表達方式，遠較英美文化平常使用的表達方式為多。

> 很多日本人確信他們可以在完全不說半句話的情形下

彼此溝通，這被稱為「*Haragei*」或「腹語」。

有人主張因為日本文化的高度一致性，使得日本人可以透過尖銳的凝視、漫不經心的一瞥、偶爾的嘀咕及意味深長的沉默，來傳達他們的意思，而外國人通常被排除在這樣的溝通之外。[9]

- 當權者對於部屬的行爲通常必須負起責任，這將加深上級與部屬間的忠誠度。
- 成員之間的協定傾向以口頭表達，而非以書面形式爲之，這表示書面的契約只是「最好的預測」。在日本，一項合約簽定後，日本人可能會要求進一步的改變，這將會給美國的談判伙伴帶來困擾。

「美國人的反應將是憤怒或苦惱，因為他們將合約視為約束，是在變動、不確定的世界裡的一項穩定的成分。」(*Hall 1987, pp. 128-9*)

很多日本合約中皆包含一項條款，說明如果情況改變，合約將可以重新協商。

- 圈內人(insider)與外人(outsider)受到嚴格的辨別；外人指家庭、氏族、組織以外的成員與外國人。
- 文化模式根深柢固，並且改變遲緩。

## 2.3.2 低度背景脈絡的文化

低度背景脈絡的文化具有相反的特性：

- 人際關係相對而言持續的時間較短，深厚的人際關係通常被視爲寶貴而稀有。
- 訊息應該清楚明確地表達，使得聽者可以不需依賴對於背景脈絡的推論，而能了解發話者眞正的含意。人們很少依靠非口語的溝通密碼進行溝通。低度背景脈絡的英美文化傾向於認爲，以清晰的邏輯觀念表達意見是最好的方式。

- 協定傾向以書面形式表示，而非口頭協定。低度背景脈絡的文化將合約視爲不可更改、法定的約束，他們依賴書面的法定制度來解決爭端——這反映在他們法律界的規模與架構上。1987 年的資料顯示，在美國每 10 萬人之中就有 279 名律師，同時間在英國每 10 萬人裡有 114 名，在西德爲 77 名，法國爲 29 名，而在日本只有 11 名。[10]
- 圈內人與外人的區別較不明顯，這表示外國人會發現適應上比較容易，將促使移民者更願意取得國籍。
- 文化型態改變得較快。

## 2.3.3 Hall 模型的應用

Hall的模型建構在對質性的洞察，而非量化的資料上，而且沒有針對不同的國家加以評等。高度背景脈絡的文化，一般而言包含日本、中國、韓國、越南、其他亞洲國家及中東地區地中海沿岸國家等。

沒有任何一個國家特別位於某個極端，所有的國家在不同的點同時都有高度背景脈絡與低度背景脈絡的文化行爲。低度背景脈絡的英美國家在某些團體裡也具有緊密的成員關係，如扶輪社(Rotary Club)和 Masons 都是較其週遭環境更高度背景脈絡的組織，這提供成員一個在組織與社會中長期培養勢力與影響力的機會。

法國是一個兼具高度與低度背景脈絡文化的例子，圈內人與外人受到嚴格的區別，能說道地的法語很重要，但是不講情面的官僚組織則和低度背景脈絡文化中的一樣典型。

這個模型對於了解不同文化的成員如何發展商業關係、與圈內人及外人協商、以及執行合約是很有用的。例如，它協助解釋為什麼高度背景脈絡的東南亞文化中的家族企業，與低度背景脈絡的英美文化中的企業相差這麼大。（見第17章）

## 2.4 文化、地位與功能(Laurent)

Andre Laurent 所進行的跨文化研究，考察了人們對於權力與關係的態度。Laurent(1983) 針對九個歐洲國家（瑞士、德國、丹麥、瑞典、英國、荷蘭、比利時、義大利、法國）以及美國經理人的價值觀進行分析，他使用了四個參數：對於組織是政治系統、職權系統、角色形成系統、以及階層關係系統的知覺。Adler, Campbell 以及 Laurent(1989)後來又繼續在中華人民共和國、印尼以及日本蒐集到更多的資料。

這項研究將管理視為經理人表達他們的文化價值觀之程序，以下是調查的三項重點：

- 經理人將他的地位應用到工作場所之外更廣泛的場合有多遠。
- 經理人跨越組織層級的容許程度。
- 經理人扮演專家相對於扮演促進者的角色比例。

### 2.4.1 更廣泛的場合中經理人的地位

對於以下陳述：「經理人透過他們的專業活動，在社會中扮演著重要的角色」，各國受試者同意的百分比如下所示：

| | |
|---|---|
| 丹麥 | 32% |
| 英國 | 40% |
| 荷蘭 | 45% |
| 德國 | 46% |
| 瑞典 | 54% |
| 美國 | 52% |
| 瑞士 | 65% |
| 義大利 | 74% |
| 法國 | 76% |

(*Laurent 1983, p.80*)

這些發現顯示在法國與義大利的經理人大多將其地位帶到工作場所之外，但是丹麥與英國的經理人則較不能利用其在組織的地位去影響非工作上的關係。一位英國的經理人，在參與的足球俱樂部中，可能必須聽命於他的足球隊長；相對的，法國或義大利的經理人就可能比較不會遇到這樣的情形。

一位印尼的經理人，以個人的觀點解釋爲什麼印尼文化和美國文化不同。他認爲美國的主管與低階層的員工，在工作場所之外，彼此可以非常親近。

> 他們仍然彼此尊重，因為他們將工作關係與私人關係劃分為兩回事，但是在印尼，如果一個人在工作場合中非常受尊敬，在辦公室外的私人生活中，他仍然同樣的受到敬重。在印尼的文化中，他是一位主管，無論他到何處，部屬們仍然會認為他是上司，即使在非上班時間亦然，並且他們不需要在下班時間特別表現得和上班時間不同。

最後的一項論點是：經理人如何表達他的職權，會直接影響部屬表達自己如何受到控制的感受。這給國際經理人帶來一個啓示：不適當的表達職權可能會帶給在地文化部屬的困擾。

## 2.4.2 跨越層級

建構組織層級的價值觀，會影響資訊溝通的種類、方式和對象。「爲了孕育有效率的工作關係，跨越層級的界線通常有其必要」，在各個國家裡，不同意以上陳述的比例如下：

| | |
|---|---|
| 瑞典 | *22%* |
| 英國 | *31%* |
| 美國 | *32%* |
| 丹麥 | *37%* |
| 荷蘭 | *39%* |
| 瑞士 | *41%* |
| 比利時 | *42%* |
| 法國 | *46%* |
| 義大利 | *75%* |
| 中華人民共和國 | *66%* |

(*Laurent 1983 p.86*；*Adler* 等人 *1989*, *p.64*)

這些差異有何實質意義呢？例如，瑞士員工會跨越層級界線，直接與公司裡其他資訊來源接觸，以創造更好的效率與速度；然而如果他們在義大利公司工作，義大利主管會將這種跨越階級關係的行爲視爲是不服從與威脅。(Adler 1986, pp. 33-4)

另一方面，若義大利人到了瑞士公司，仍拒絕透過其他管道取得資訊，就會顯得不夠積極主動。義大利人認爲正確地認識職權與權限是比較有保障的，他們了解誰應該和誰討論什麼話題，以及如何進行這樣的溝通。因此，義大利公司偏向金字塔型，明確劃分階級架構與權力中心；而瑞士公司則可能存在著好幾個權力中心。

## 2.4.3 專家型經理人相對於促進型經理人

Adler 等人(1989)對於 13 個國家的經理人進行調查：「部屬工作上可能遇到的大部分問題，經理人手中都應有正確的解答，這對於經理人而言很重要。」同意以上陳述的百分比爲：

| | |
|---|---|
| 瑞典 | *10%* |
| 荷蘭 | *17%* |
| 美國 | *18%* |
| 丹麥 | *23%* |
| 英國 | *27%* |
| 瑞士 | *38%* |
| 比利時 | *44%* |
| 德國 | *46%* |
| 法國 | *53%* |
| 義大利 | *66%* |
| 印尼 | *73%* |
| 中華人民共和國 | *74%* |
| 日本 | *78%* |

(*Adler* 等, *1989*, *p. 69*)

在傳統的亞洲企業裡，主管必須能提供技術問題的專業答案。因爲部屬無法輕易挑戰他的意見，部屬傾向於重視主管的看法，更勝於同儕的建議，無論品質如何。

無法回答問題的亞洲經理人將失去威信。由於團隊和諧取決於主管能否維持階級地位，他若喪失威信將可能危及整個團隊的安全與個別成員的利益，因此維持主管的威嚴對部屬有利，這表示他們可能將問題侷限於主管能勝任的主題上。

反之（如瑞典），經理人能妥善運用他人的專業能力，比自己回答所有技術問題來得重要。瑞典人對尋求他人意見的限制較少，這表示在印尼公司工作的瑞士人，將沮喪地發現無效率的情況正發生在印尼同事身上，他們拒絕詢問他人意見，甚至不願尋求管理體系以外其他同事的幫助，當他這麼做時，反而會被認爲缺乏忠誠與尊重。

瑞典經理人使用階層的建構來促進問題的解決與整合，印尼人則將階層結構認爲是一種管理權限歸屬的暗示。因此當規劃一項專案時，瑞典人會先確定必要的功能，再尋找適當的人來完成；印尼人則較重視社會和諧，將以在不同的情況下誰會涉入這項專案作爲優先的考量。在印尼人的關係裡，沒有觀察人際關係並保護團體利益的團隊，無異是將個人的利益置於危險境地，如此團隊裡的成員將不可能有效地共同合作，除了目前的專案將受影響之外，未來的關係也會有不良的影響。

## 2.5 文化與工作場所(Hofstede)

Hofstede的研究進一步顯示國家文化如何影響工作場所中的價值觀，本書將重點放在 1980a 、 1984a 、 1991 版本的 IBM 研究，這些發現證明了：

- 與工作相關的價值觀並不是通用的。
- 當跨國企業企圖在其所有外國子公司推行一致的規範時，潛在的價值觀仍將繼續留存著。
- 在地的價值觀將決定總部所定的規範做何詮釋。
- 這表示，跨國企業在其子公司身上強制一致推行其規範時，將同時面臨引起危機與無效率的危險。

Hofstede的研究比較了多種文化間與工作相關的價值觀。他針對 50 個國家共 3 大區域中 IBM 各個分公司裡的 116,000 名員工，進行態度的研究（這些區域包含東非地區：衣索比亞、肯亞、坦尙尼亞以及尚比亞；西非地區：迦納、奈及利亞、獅子山；以及阿拉伯國家：埃及、伊拉克、科威特、黎巴嫩、沙烏地阿拉伯），根據四個彼此獨立的構面來比較這些不同的文化，這四個構面是：

- 權力距離　在層級系統中，不同層級的個人之間的距離。
- 規避不確定性　規避未來的不確定性之需求強度。
- 個人主義與集體主義　個人與同儕的關係。
- 陽剛與陰柔　社會中角色與價值觀的區分。

## 2.5.1　權力距離

Hofstede 對權力距離的研究顯示於圖 2.3 橫軸，表示權力距離在澳洲、以色列最低，在馬來西亞最高。這個構面表示不公平的程度高低，以及獨立與依賴程度，並顯示文化如何協調成員間的不平等。在某些文化裡，自然、物理以及知識的差異將造成政治、經濟、社會地位的不平等，而這些不平等將長久存在於世襲的基礎上；其他的文化則設法減少成員之間的權力距離，以及領導者的權力。一位澳洲的政治研究家發現：

> 澳大利亞人總是有一種將長得太高的罌粟花剪斷的傾向，除了運動明星之外，我們總是特別愛嘲諷我們的領袖們。11

這個說法顯示出該文化對於挑戰階級制度的想法能包容的程度，以及文化成員如何積極地嘗試降低階級間的差異。

在權力距離小的地方，學生們重視獨立更勝於服從，與其說階級具有存在的正當理由，不如說它被視為是一種方便性的安排；經理人重視實際與系統性，他們承認需要支援，並且可能會在訂定決策前，事先與部屬商量；部屬不喜歡嚴密的監督，喜歡親自參與的

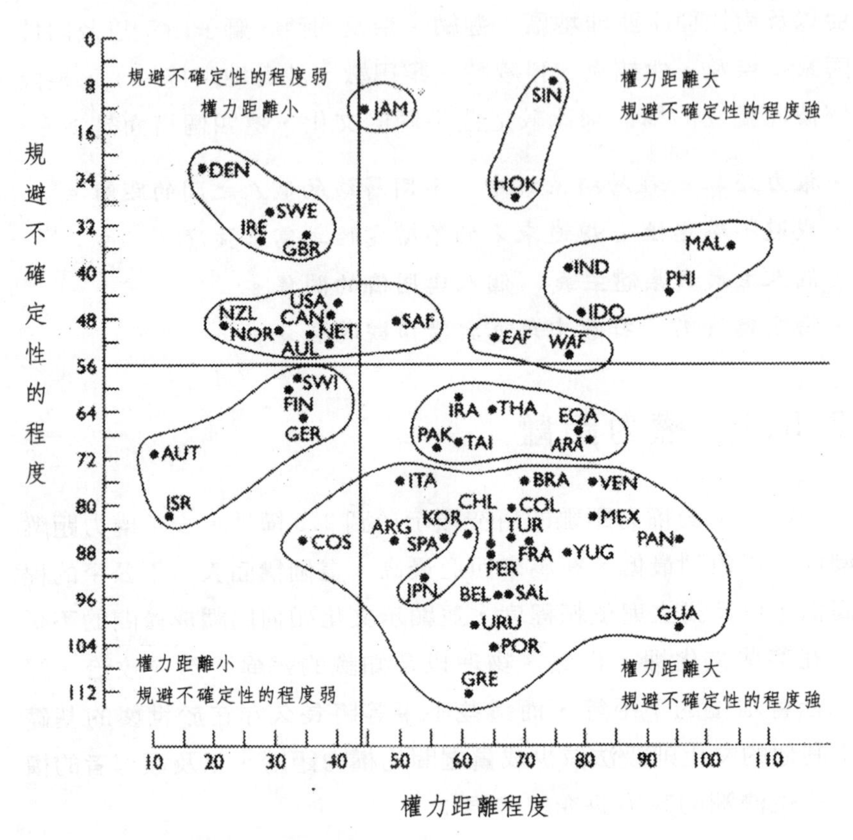


圖 2.1 規避不確定性與權力距離(Hofstede 1991)

上司，相對的他們也較不怕提出與上司不同的意見，他們認爲這樣比較容易彼此合作。上級與下屬間的相互依賴也較受重視。在富裕且權力距離較低的文化裡，專業性的教育與其說是用來顯示社會地位，不如說是取得專家權力的管道。

在北歐國家裡，人們致力於減少不平等；北歐人認爲沒有人能永遠成功，也沒有人會永遠遙遙落後。一位新聞工作者描述了他們的想法如下：

所有人都應該追求中庸的立場……在挪威的學校裡，

表 2.3 國家和區域的縮寫

| 縮寫 | 國家或區域 | 縮寫 | 國家或區域 |
|---|---|---|---|
| ARA | 阿拉伯語系國家（埃及、伊拉克、科威特、黎巴嫩、利比亞、沙烏地阿拉伯、阿拉伯聯合大公國） | ISR | 以色列 |
| ARG | 阿根廷 | ITA | 義大利 |
| AUL | 澳洲 | JAM | 牙買加 |
| AUT | 奧地利 | JPN | 日本 |
| BEL | 比利時 | KOR | 南韓 |
| BRA | 巴西 | MAL | 馬來西亞 |
| CAN | 加拿大 | MEX | 墨西哥 |
| CHL | 智利 | NET | 荷蘭 |
| COL | 哥倫比亞 | NOR | 挪威 |
| COS | 哥斯大黎加 | NZL | 紐西蘭 |
| DEN | 丹麥 | PAK | 巴基斯坦 |
| EAF | 東非（衣索比亞、肯亞、坦尚尼亞、尚比亞） | PAN | 巴拿馬 |
| EQA | 厄瓜多爾 | PER | 秘魯 |
| FIN | 芬蘭 | PHI | 菲律賓 |
| FRA | 法國 | POR | 葡萄牙 |
| GBR | 英國 | SAF | 南非 |
| GER | 德國 | SAL | 薩爾瓦多 |
| GRE | 希臘 | SIN | 新加坡 |
| GUA | 瓜地馬拉 | SPA | 西班牙 |
| HOK | 香港 | SWE | 瑞典 |
| IDO | 印尼 | SWI | 瑞士 |
| IND | 印度 | TAI | 台灣 |
| IRA | 伊朗 | THA | 泰國 |
| IRE | 愛爾蘭 | TUR | 土耳其 |
| | | URU | 烏拉圭 |
| | | USA | 美國 |
| | | VEN | 委內瑞拉 |
| | | WAF | 西非（迦納、奈及利亞、獅子山） |
| | | YUG | 南斯拉夫 |

資料來源：Hofstede(1991)

他們不為未滿 *13* 歲的孩子打分數，課堂上傳達著以下的訊息—不實行獎懲，而且教師會在生活中親身實踐，作為兒童的榜樣，這是公開的教育方針—使教育變得有如正常的生活一般。[12]

這些非精英主義與非競爭式的價值觀，實踐在健全的福利政策上，這些福利制度保障了每個人一生的生活。在企業界，傳統的競爭方式仍然存在於管理階級及員工之間，但是競爭程度不如世界上其他地方激烈。在挪威，員工參與的權利可以回溯到上一世紀，有50個員工以上的企業，至今員工仍擁有選舉三分之一以上董事席的權利。

窮人與富人的權力距離與收入差距之間，存在著一些關聯性；一項針對 18 個國家所進行的調查顯示，這些差距在瑞典、芬蘭、丹麥最低[13]。但是這並不是絕對的，在 1995 年低權力距離的美國，具有最高的收入差距，收入在前 10% 的美國 4 個成員的家庭，平均年收入爲美金 65,536 元，而收入末 10% 的家庭年收入只有美金 10,923 元，瑞士是收入差距第二大的國家。

在權力距離高的地方，也發現相反的情形；員工根據經理人的要求（或他們自以爲經理人的要求）處理他們的工作，經理人相對地顯得較不體恤下屬的感受，但是喜歡視自己爲仁慈的決策者。員工發現和上級合作比和同事合作容易。一項 McKissick 針對中東國家的企業所進行的個案研究發現：

職權被清楚的表達，職位及階級相當受到尊敬。近年來一些鼓勵團隊合作的嘗試進展相當緩慢，原因是員工們對於參與有效能的團隊合作頗為躊躇。*(McKissick, ms., p.2)*

在五種權力的來源中，暴力權與對照權比獎酬權、專家權、及合法權還受重視。小孩們相當尊敬父母，在中國大陸：

> 搖滾樂（西方國家叛逆年輕人的音樂）不能切入中國的文化，因為世代之間的衝突幾乎不存在。[14]

## 2.5.2 規避不確定性

這個構面衡量的是，文化如何使其成員社會化爲較容易接受模稜兩可的情境，並且忍受未來的不確定性。規避不確定性之需求強的文化成員有容易緊張的傾向，並且花費很多精力「與未來作戰」。

規避不確定性之需求較低的文化，成員較不容易緊張，工作壓力較低，較能接受挑戰，並且較不會情緒化地抗拒改變。以瑞典人爲例，他們抑制情緒，將羞怯視爲正面的特質，而多話則是負面的特質。[15] 在企業裡，他們重視理性勝過感情用事。瑞典的企業相當熱衷於採用新技術，陳舊與無效率將遭到無情的批判，只要有足夠的論據支持裁員，企業裡的董事會將極可能接受這樣的提議。

在這些文化裡，年齡低於平均值的經理人佔著較高的職位，對於上司忠誠只被認爲是小小的美德，管理生涯較專業生涯受青睞，其中通才的經理人更受偏好；組織間的衝突被認爲是自然的，妥協是達成和解可被接受的作法，經理人會在必要時打破正式的規定，並繞過階層結構。對外國人會有點懷疑是否能做好經理人的角色。Shane(1995)發現這些文化中的成員，比較具創業精神與創新性，並且更可能贊成改變。

相反的狀況發生在具有強烈規避不確定性的需求時，員工特別重視工作保障、生涯路徑、退休津貼以及健康保險，清楚的條例規章是受歡迎的；經理人會發布明確的命令，部屬的主動權受到較嚴格的控制，有經驗的經理人是受歡迎的。

反對者可能被控告蓄意散播混亂與謠言。在科威特，一位政治家曾經警告：

> 既然選戰的倒數計時已經展開……謠言將充滿這個角力場，同時將伴隨著反駁以及不可靠的聲明，這些將不會有益於科威特。[17]

在日本，職場上的精英份子可能仍然希望自己能終身受僱於同一個老闆—並且通常很樂意接受。Nomura 證券的總裁以該公司不同的僱用制度爲例，說明美國和日本員工面臨文化問題時的不同反應：

> 在 *Nomura*，依美國的僱用制度是按照合約來決定。在這個制度下，我們準備支付最好的薪資；相對地，日本的僱用制度非常傳統——一步一步來，我們的日本員工寧願捨棄目前部分的薪水，享有未來受僱及收入的保障，此外每隔幾年每個人應在同時獲得升遷；如果美國員工願意接受日本的制度，我們同樣樂意給予這樣的條件，但是直到今日，仍然沒有半個美國人簽署這種合約。(*Schrage 1989, p.74*)

## 2.5.3 個人主義與集體主義

本節探討個人與所屬團體的關係。個人主義的文化強調個人的成就與權利，希望每個人將焦點放在滿足個人的需求上。競爭是可預料的，例如，美國人隨時準備上法庭，以保障個人權利、對抗權威與他人。

個體決策比團體決策更受重視，個人有權以不同於多數人的方式思考或表達意見。經理人致力開創而非從衆，和公司不會有強烈的情感連結。當組織與自身利益相符時，他會保持忠誠，這表示忠誠是可以計價的。

社會哲學反映出社會普遍的態度，而非特定團體或家庭的需求（見2.6.1小節，第4點），並瀰漫著一種應對所有人「公平」的概念。1995 年前，有 8 千萬個美國人由於各種原因自願擔任無償的義工，[18] 這些時間他們也可以用來增加個人的財富上，這表示個人主義並不等於貪婪。

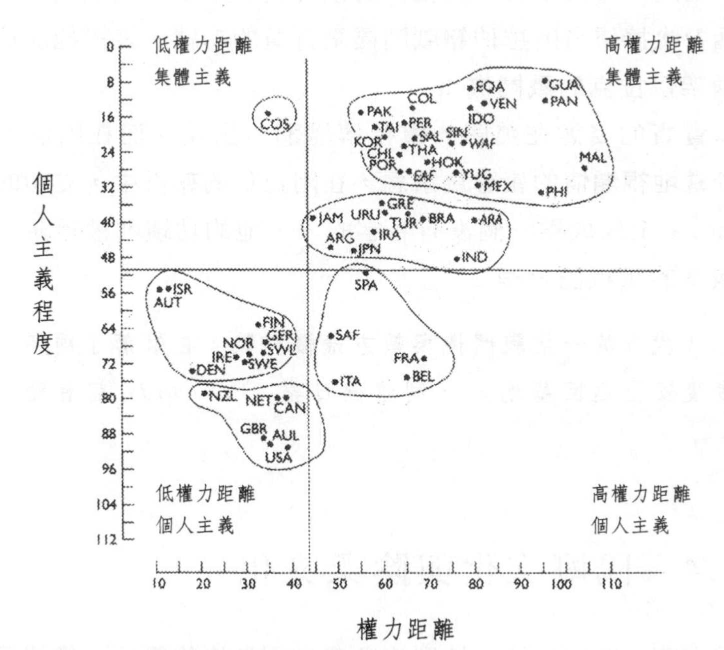


權力距離

**圖 2.2 個人主義與權力距離(Hofstede 1991)**

個人主義與集體主義的主要區別在於誰做成決策，是個人或團體，以及這又如何影響績效。Earley(1989)發現集體主義者（中國、以色列人）獨立從事或與外團體成員配合時，表現較無效能；而個人主義者（美國），進行團隊工作（包括與內團體或外團體成員配合）的表現則不如獨立工作好；這給經理人的啓示是，若能協調好不同的內團體之活動，則文化多元化的團體較可能產生綜效。

在集體主義的文化裡，內團體與外團體的區別鮮明，這表示利他主義可能只限於對同一個團體內的其他成員，對團體的忠誠相當受重視，且被認爲比效率還重要。

個人主義與集體主義的文化對於個人成就的不同態度，可以舉美國與較偏向集體主義的沙烏地阿拉伯爲例來說明。在 1991 年波斯灣戰爭期間，一位沙烏地阿拉伯的飛行員立下了一項戰績，美國電視網極力吹捧這名阿拉伯籍戰鬥機飛行員的功績，表揚他成功地擊落了兩架伊拉克的戰鬥機：

他以貴賓的姿態在美國的電視傳播網中出現。而在阿拉伯當地，由於當地視煽情的報導爲禁忌，在阿拉伯的報紙中，立功的飛行員 Shamrani 只成爲一個沒有名字的人，他的功績則被隱藏在官方軍事報導的呆板語言裡：

> 「『我方的一架戰鬥機與敵方飛機交戰，在擊落了兩架敵機後安全返回基地』，利雅德日報 *Al-Riyadh* 記者報導。」[19]

## 2.5.4 陽剛文化與陰柔文化

在「陽剛」的文化裡，性別的角色受到嚴格的區分，價值觀與成就（定義爲認同與財富）相關，而實際的權力運作決定了文化的理想。經理人較不重視服務的理想，團體決策比個體決策還受重視，以及期望男人果斷且具有競爭性。

在「陰柔」的文化裡，性別角色的區別較不嚴明，男女擁有較平等的機會從事相同的工作，主要的價值觀都認同女性角色，成就是以人際接觸來衡量，而不是權力與財富，而且追求個人的動機會較弱。成員強調彼此之間相互的關係，而較不重視競爭。個人的才華遭到懷疑，對外人與反對英雄會予以同情，以及企業不應該干涉員工的私人生活。

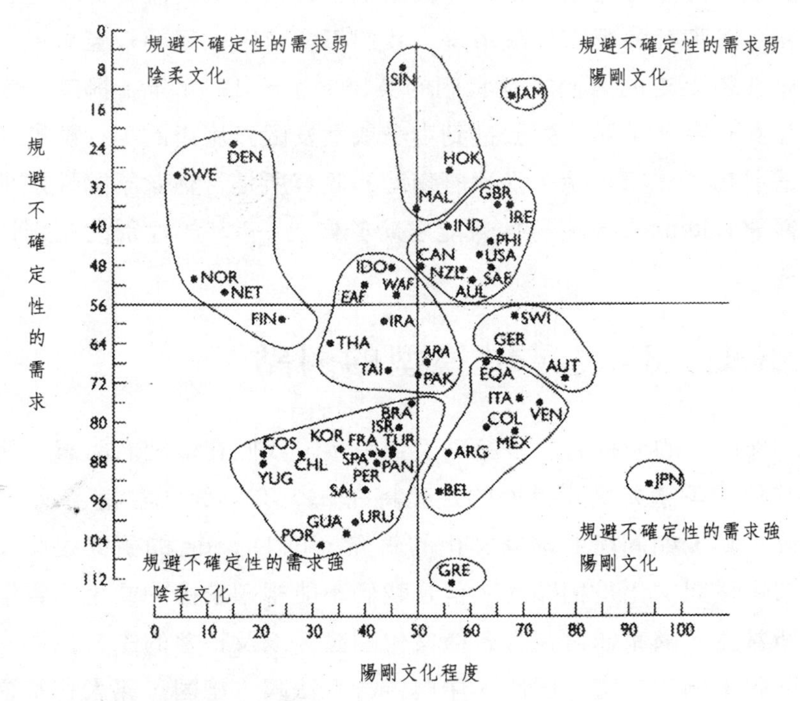


圖 2.3 規避不確定性與陽剛文化(Hofstede 1991)

把陽剛與陰柔標記爲陽剛與中性可能更適合。Hofstede 關心的重點在於區分某些差別待遇（陽剛的）與非差別待遇的的實務。陽剛文化較會區分關係工作與其他關係—且比較偏好前者。

Hofstede的研究把日本評爲陽剛文化的程度較高，這個論點爲England(1986)的研究證實。England 的研究顯示日本員工強烈認同「工作是生活的重心」（分數爲 7.78 ，滿分 8.0），高於美國(6.94)與德國(6.67)；一個對日本經營者進行的調查顯示，有 77.5% 的人認爲與公司同事一起喝酒，是他們在工作之餘最喜愛的活動。[20] 已婚的日本男性花在家庭的時間較少，平均每個禮拜天只花 26 分鐘做家事，12 分鐘陪他的小孩玩。[21]

一個報紙上的故事支持了 Hofstede 的論點，故事中顯示瑞典、挪威、丹麥等北歐文化最不具陽剛特質，或最具陰柔／中性特質。一名丹麥社會學家評論道：「我們不會特別敬佩超級巨星或英雄……在街上走的人們就是我們的英雄。」[22] 1995 年，挪威一家受虐婦女收容所，開始對於遭到妻子或女友毆打施虐的男性開啓大門，這引起了一項辨論，受政府資助的收容所是否應該不論性別地幫助需要幫助的人，或男性只能求助於自己——基於性別的差別待遇。[23]

## 2.5.5 Hofstede 模型的弱點

Hofstede的分析有許多論點受到爭議，我們在這裡討論三個問題，其他的爭議如文化構面的定義將在 2.5.6 小節中討論。

第一點，如同所有國家文化的研究，Hofstede 的研究也假設了國家領域與文化是相關的，但是我們不能視國家裡的文化同質性爲理所當然。國家通常包含各種文化團體，以及社會的主文化與次文化團體，例如美國、巴西、瑞典皆含有法國、德國、義大利及羅馬文化的成份；比利時含有法國、法蘭德斯（荷蘭語的方言）語系的成份；西班牙則含有巴斯克（位於庇里牛斯山西部）、加泰隆尼亞（西班牙東北部）地方文化的成份。1990 年代南斯拉夫的分裂就提供了一個實例，證明了在不同的文化之間試圖建立起一個緊密的政治單位是沒有用的。1996 年 9 月義大利北部的聯盟宣布從南方的領域中獨立，則是另一個例證。

第二點，Hofstede 的資料來源來自單一產業（資訊業）以及單一跨國企業(IBM)，基於兩個原因我們認爲這將造成誤導；在任何一個國家裡，IBM 員工所呈現的價值觀只是某個小團體（有教養的，通常是中產階級，居住在城市裡）所特有的，其他的社會團體（如無專業技術的勞工、公家機關的員工、家族企業者等）的代表性不夠（這個代表性的問題在只以任何一家公司爲資料提供者時都會發生；只從一個小範圍裡抽樣所產生的問題也是一樣糟）。

此外，不同文化的人基於不同的理由爲 IBM 工作。在美國，在跨國企業裡獲得一份終生職業一般而言是受到盼望的，在其他地方可能就不見得如此，我們在 17.4 節中會介紹香港人通常將目標放在設立他們自己的公司，爲自己的家庭努力，在一家外資的跨國企業中工作幾年可能被認爲是有利的訓練，但並不是長期的目標。

第三點，在 Hofstede 的研究中有**技術性困難**存在。直覺上使人聯想到上面所提及的內容有一部份重疊了。例如我們發現：

| （低權力距離）： | （高權力距離）： |
|---|---|
| 權力大的人設法讓自己看起來不是那麼有權力。 | 權力大的人會設法使自己令人印象深刻。(*Hofstede 1991, p.43*) |
| （陰柔文化）： | （陽剛文化）： |
| 每個人都會是謙虛的。 | 男性會是果斷、有野心、堅毅難惹的。(*Hofstede 1991, p.96*) |

假設你到一個你完全不認識的國家（該國家在 Hofstede 的研究中也沒有貢獻任何資料），你發現該國經理人通常會聽從有知識的部屬之意見，那麼你認爲這是低權力距離的效果，或陰柔文化的效果呢？

### 2.5.6 定義構面：例如個人主義／集體主義構面

技術問題也發生在構面的層次上，任何比較性的研究爲了使定義出的構面能用在不同的背景之下都有定義構面的問題。在這裡我們用一個實例來檢驗個人主義／集體主義這項構面。

前文已經提過Hofstede應用英美的個人主義觀念，也就是按成就與競爭來討論，但是也可能有其他值得討論的重點。在一篇對未來展望的文章中，Czarniawska(1986)指出美國文化的個人主義，是比合作更加優先的一項選擇，Brummelhuis(1984)則以避免及不信任權威，來解釋泰國文化中的個人主義：「個人專注的事物並不是經常是自我實現與自主權，而是適應社會與世界環境」(pp. 44-5)。如果個人主義並沒有唯一的觀念，經理人不能假設英美文化的個人主義特質不存在於其他集體主義的文化中。同樣地，他也不能將個人主義評分高的所有文化都理所當然地視爲會激勵人們追求個人成就。

同樣的，「集體主義」的行爲在某個地方與其他地方可能有不同的內涵，例如日本的集體主義是以組織爲基礎，但是中國的集體主義則是以家庭爲基礎。在日本的情況下，將家庭利益置於日系跨國企業的利益之上的台灣員工，會被認爲不忠心且不能完全信任。

### 2.5.7 Hofstede模型的優點

然而，Hofstede模型的這些弱點，並不能遮掩它在比較文化與將文化分析應用在實用的管理問題上等優點。

- 資訊母體（IBM員工）在跨越國家時有施予控制，這意味著可加以比較。因此，雖然推論到同一個國家文化裡的其他職業團

體有困難，但是仍然具有在國家之間做比較與對照的優點。（參見 2.5.5 的第三點）

- 四個探討深層文化價值觀的構面，在國家文化之間做了明顯的比較。
- 每個構面的內涵都相當有意義，詢問資訊提供者的問題，皆是對國際經理人很重要的議題。
- 沒有其他的研究詳細比較這麼多國家文化之間的差異，簡言之，Hofstede 的模型是現有模型中最好的。

## 2.5.8 Hofstede模型的應用

Hofstede的研究發現，在應用與調整到特定的情境與需求上，是非常寶貴的，並且它提供了進一步分析與研究的一個起點。第四章我們會說明經理人除了這個模型外還需要做哪些研究，並建議一個基本的研究系統。在這裡我們先介紹如何應用 Hofstede 模型的一般性指南。

首先，探討你的環境與 Hofstede 樣本環境的相同與相異處（在同一個國家裡），並確定這些差異如何影響將模型應用在標的人力資源上，尤其要尋找：

- 次文化的差異
- 產業的差異
- 組織文化產生的差異

第二，Hofstede 模型指出文化團體裡「大部分」的成員在日常情況下較可能採行何種導向，並不是在所有情境下，都可以肯定而快速地應用這個預測。我們主要關切的應該是解釋正常狀況下的行爲，而非例外情況的行爲。

假設 Hofstede 的研究所描述的價值觀只被權力精英或從表達

這些價值觀中獲利的人所接受，這是錯誤的。一個較陰柔文化的成員可能預期，在一個像日本這樣陽剛的文化裡，大部分的女人可能會生氣的反對主流文化。但是情形可能不是如此：

一項針對東京 561 所大專院校高年級女學生的調查顯示，這些男女合校裡的大學女生已經預期未來在工作場所中將遭遇性別歧視，但大部分的人似乎不怎麼在意。

- 超過 91% 的人說她們不介意被當作「辦公室裡的花瓶」對待。
- 超過 66% 的人說表現得像個花瓶會使辦公室的氣氛變得較好。
- 有 60% 的人說她們很期待這樣的環境：男人出外工作，女人則待在家裡。

這樣的結果告訴我們，雖然任何一個外人都會認為她們是受害者，但在抽樣中大部份的女人大多還是認同他們共有的文化。這給我們的一個啓示，成員的行為是依照他們共有的價值體系來決定，而不是由外人的價值觀來決定。

如果經理人來自個人主義的文化，他會認為社會與組織結構中鼓勵自我表現和追求成就的優點似乎勝過人際疏離和團體相互競爭的危險。但是就一個集體主義文化的成員而言，他比較重視的會是人際和諧及身為團體一員的身份，可能較不認為個人主義有何優點。

## 2.5.9 Hofstede模型是不是過時了？

偶而有人會主張，不論 Hofstede 在 1980 年所做的研究之正確性如何，到了現在它都已經過時、不適合再應用了。南斯拉夫的分裂就是一個明顯的例子，他當時仍將南斯拉夫視為一個國家單位。

然而，Sondergaard(1994) 利用 Hofstede 的研究方法來討論 61 種工作，發現他所定義的四個構面極為正確；Smith、Dugan 和

Trompenaars(1996)研究了43個國家（包含保加利亞、捷克、匈牙利、羅馬尼亞、前蘇聯以及前共產國家）、8,841個「企業環境」的資料，他們的研究肯定了Hofstede所定義的兩個構面一個人主義／集體主義與權力距離。這些構面可以重新定義爲對團體的忠誠／功利取向以及保守主義／平等主義取向，以更能表達掌控東歐國家的價值觀。Smith(1994)總結道：

> 沒有任何跡象顯示*Hofstede*所描繪出來的文化多元化失效，最近的研究顯示之文化多元化的特性與從前的研究結果相同。(*Smith 1994, p.10*)

Lowe(1996)在香港的環境中檢驗Hofstede所提「美國的理論適用於外國嗎？」的問題，並且發現它們通常不適用，即使美國出產的MBA在香港很受歡迎。簡言之，Hofstede的模型在未來仍然有不能忽視的價值。

## 2.6 顧問的貢獻：Trompenaars

Trompenaars(1993)提供了一組分析文化差異的參數，每一個參數都具有應用在做生意、管理或被管理上的實用價值。

第一段如下：

> 本書內容是關於文化的差別，以及文化的差別如何影響做生意與管理，不是關於如何了解其他文化……永遠不可能了解其他文化，這是我的信念。(*Trompenaars 1993, p.1*)

因此他的書之重點在於，在一個不確定、不能完全彼此了解的世界中，如何與其他文化的成員互動的實務問題。這是爲企業界人士以及顧問所寫的一本實用教科書，不是爲理論家寫的。在管理文化差異性的路途上，並沒有一種最好的方式，每一種方式都同時包含著優點與缺點。

Trompenaars 將他的論點立基於 15,000 個資料提供者對問卷問題的回應，其中有 75% 是經理人，25% 是管理幕僚，代表各領域的公司以及 50 個國家(pp.1-2)。回應被做成可以使用在訓練時的短個案問題，我們援引 Trompenaars 書中的個案問題於下。

### 2.6.1 Trompenaars 的參數

Trompenaars 在他的書中 4-7 章發展了他的參數（以下編號與 Trompenaars 書中的章次相同），內容如下：

**4：關係與規則；通用法則與特別法則。**

通用法則是指將好且正確的規則應用到所有地方，例如，在應用對業績未達配額的銷售員之處罰規則時，不去管他是否提出什麼情有可原的理由，一律依定好的規則加以處罰。特別法則將重點放在義務的關係上，一個銷售員因爲關心他生病的兒子而沒有達到配額標準，那麼他可以被寬恕。

Trompenaars 以三個個案說明。對於內線資訊的探聽，不會將資訊洩漏給朋友（最接近通用法則）的百分比在日本最高，加拿大次之，而最低的三名則是南斯拉夫、阿曼（阿拉伯東南部的王國）與前蘇聯。

**5：團體與個人；集體主義與個人主義。**

「我們與他人產生關係是先了解我們每個人需要什麼，然後設法協商彼此的差異？還是先將公眾與集體的某個良善觀念放在前面呢？」(Trompenaars 1993, p.47)

Trompenaars 由三個問題的回答中獲得答案，在回答一個與改善生活品質相關的問題時，最不重視個人自由的地方是尼泊爾，其次是科威特；最重視的地方是加拿大，其次是美國。

### 6：感覺與關係；中立的與情緒的。

有些文化情感色彩濃，鼓勵表達情緒，有些文化則傾向中立，強調控制與壓抑情緒。

調查結果是由一個問題的答案所得到的，這個問題是「你是否會在工作時公開表達你心情很煩的感覺」，回答肯定的最多是義大利、法國、美國，最少的是日本，其次是德國、印尼。

### 7：與工作的牽涉有多深；侷限的與擴散的。

在侷限導向的文化裡，經理人會分開與部屬的工作關係與私人關係，例如，如果行銷經理在一家俱樂部裡遇見他手下的銷售人員，他們的巧遇可能不太會受到工作關係的影響。而在擴散導向的文化裡，上級與下屬的工作關係將延伸至其他的往來關係。

研究結果由以下問題的調查得到：「經理人願不願意幫老闆粉刷他的房子？」最不願意的是澳洲，其次是荷蘭（侷限導向）；而在中國、尼泊爾、布基納法索（位於非洲）則有最多人表示願意。

### 8：我們如何賦予身分地位。

有些文化是根據成就給予身分地位，其他的文化則將身分地位歸因於「年齡、階級、性別、教育」等等。(p.92)

針對以下陳述：「生活中最重要的事情是，以最適合自己身份的方式去思考與行動，即使你未能完成任何事情」，Trompenaars 將以上問題的答覆歸因於身分地位。研究結果有兩方面，最同意以上陳述的有埃及，其次是土耳其、阿根廷，最不同意的有挪威、美國。

9：我們如何管理時間。

Trompenaars 應用其他學者的研究，區隔序列性文化（時間視爲一序列的事件）與同步性文化（許多事件同時加以巧妙處理），這些涵義我們將在 7.2.8 小節中討論。

10：我們和大自然的關係。

有些文化相信他們可以並且應該控制大自然，Trompenaars 將之歸類爲內在導向，外在導向的文化則強調順著大自然走，並且傾向於：

> 將組織本身視為大自然的產物，將其發展歸功於環境的滋養，以及正常的生態平衡。(*Trompenaars 1993, p. 125*)

研究結果來自受試者對於以下陳述的回答：「發生在我身上的事情，都是我自己造成的」，最多人表示同意的國家是美國，其次是瑞士，最不同意的地方是東德、中國。

## 2.6.2 評論 Trompenaars 的參數

Trompenaars 的研究包含經營企業的一般化涵義。Hampden-Turner 和 Trompenaars(1993)將參數應用在美國、英國、日本、德國、法國、瑞典以及荷蘭等資本主義國家，Hampden-Turner 和 Trompenaars(1997)又將這些參數應用在東亞國家。

我們在 2.6 節曾經提到，Trompenaars 的系統比較符合實用的需求，而非學術的要求。他的方法之優點在於援引了許多學者的想法——包括本章前面提過的學者。Kluckhohn 和 Strodtbeck 的研究結果對於 Trompenaars 的書從頭到尾都有影響，特別是第四、九、十章；Hofstede集體主義與個人主義的想法反映在第四、五章中，權力距離在第八章；Laurent 的研究則影響了第七、八章；Hall 則影響了第九章。

缺點在於 Trompenaars 本身研究的價值有問題。資訊提供者的定義模糊並且缺乏同質性，因此，它只能在文化之間做不怎麼精確的比較。第六章的問題（關於感覺的問題）只收集了來自 11 個國家的回答，而第九章的發現則只根據其他作者的研究。文化的規則性來自於對於個案問題的回應，因此他的模型並不能提供以這些參數爲基礎的比較。

## 2.7 對經理人的涵義

比較你的文化中一家你熟知的組織與另一家其他文化中類似的組織。

1. 複習 Hall 對於高度與低度背景脈絡文化的解釋（請見 2.3 節），並將之應用在兩個組織上。在以下兩項你發現了什麼差異：

   (a)上級與下級的溝通

   (b)同事之間的關係

2. 在這兩個組織裡，以下情形是受到獎勵？還是受到懲罰呢？

   (a) 無論任務是什麼，個人都只遵守他的工作規範做事。

   (b) 個人會違反工作規範，如果他覺得不遵守規範會比較有效率的話。

   (c) 個人會遵守指定的報告程序，無論從事何種任務。

   (d) 個人會違反指定的報告程序，當他認為這樣會比較有效率時。

   請解釋這些差異。

3. 這兩個組織的國家文化背景是否符合 Hofstede 對於該國家文化（或相近的文化）的描述？你可以找出不符合 Hofstede 的線索並提出以下主張嗎？

   (a) 權力距離顯得較寬或較窄？

   (b) 規避不確定的需求顯得較高或較低？

   (c) 關係更偏向集體主義或個人主義？

   (d) 角色的認知更偏向陽剛或陰柔文化？

   你如何解釋這些偏差呢？

## 摘要

本章我們介紹好幾種根據一系列構面所提的跨文化比較模型。2.2 節介紹 Kluckhohn-Strodtbeck 的文化導向模型，2.3 節介紹 Hall 背景脈絡的概念，說明文化如何影響它的成員在溝通與發展關係時對背景脈絡的定義與使用，2.4 節介紹 Laurent 對於社會地位與功能的觀念，2.5 節則介紹 Hofstede 的理論，說明權力距離、規避不確定性、集體主義／個人主義、陰柔／陽剛等分析構面。Trompenaars 提出的指南對顧問的應用涵義則在 2.6 節中討論。

## 習題

應用本章介紹的模型，討論以下所描述的行爲在該文化的背景下屬於典型或非典型，並解釋你的答案。

(a) 在英國，你發現某個資歷很淺的員工是一位具有影響力的政治家之女，因此你將她調遷到更高的職位，她的溝通能力不足而且條件也不夠，然而，這件升遷卻被大部分的員工高興地接受。

(b) 在公司總部，你組織了一個混合文化的工作團隊，其中包含了日本男性與瑞典女性，而領導者則是一位女性，這些人員暫時由東京與斯德哥爾摩分公司借調過來，結果這個團隊的成員不但難以相處，並且生產力低落。

(c) 你被分發到一個在土耳其新購併的子公司，你發現你的部屬不願意聽從你的指點，即使他們知道你的技術能力能夠幫他們解決他們所遇到的專業問題時亦然。

(d) 在澳洲，你大部分的員工寧願以較少的薪資，來換取終身受僱的保障。

(e) 在尼泊爾，一個員工因爲你是社會上的重要人物，而要求你幫忙處理他兒子官司纏身的家庭問題。

(f) 在瑞典，你的子公司處於虧損狀態，你決定引進新技術，這表示要減少對舊技術的使用，並且從頭開始訓練員工。這項改變的結果是不確定的，這項技術可能獲得空前的成功，但是如果失敗了，所有的人都會受害，結果是工會快速地接受你的提案。

## NOTES


1. Susan Chira, "For Japanese students, club spirit outclasses good grades," *International Herald Tribune*, June 30, 1988.
2. Robert Fisk, "1,400 pilgrims killed in Mecca tunnel," *The Independent*, July 4, 1990.
3. Leonard Shapiro, "From Arnie to Jack to the newest master: Tiger Woods," *International Herald Tribune*. April 14, 1997.
4. Steven R. Weisman, "In Japan, the Brazilian 'cousins' get no respect," *International Herald Tribune*, November 7, 1991.
5. " 'Let the past guide the future'," *The Nation* (Bangkok), January 1, 1986.
6. I am indebted to Ms Laurie Sugita for this example.
7. Nicholas D. Kristoff, "Can communists beat the red dragon?" *International Herald Tribune*. February 26, 1992.
8. Hideko Takayama, "Life in the slow lane," *Newsweek*, March 25, 1996.
9. Clyde Haberman, "Some Japanese (one) urge plain speaking," *New York Times*, March 27, 1988.
10. Figures produced by the Ministry of Justice of Japan, 1986, reported in "A law unto itself," *The Economist*, August 22, 1987.
11. "Australians elect to go Howard's way," *Daily Telegraph*, March 4, 1996.
12. Tyler Marshall, "The Scandinavian good life: would a few hurdles hurt?" *International Herald Tribune*, December 15, 1988.
13. "Rich and poor," *Time*, August 28, 1995. The data comes from a survey of 18 industrial countries conducted by the Luxembourg Income Study.
14. Fons Tuinstra (Gemini News Service), "The Chinese show they aren't quite ready to rock and roll," *Bangkok Post*, January 31, 1995.
15. "Cool as a Swede," *The Economist*, May 6, 1989.
16. Alan Elsner (Reuters), "Research says Sweden can banish emotion from life," *Bangkok Post*, January 30, 1989.
17. "No cancellation of power, water bills," *Kuwait Times*, February 11, 1996.
18. George F. Will, "Sprawling, metastasizing, undisciplined, approaching self-parody," *International Herald Tribune*, January 30. 1995.
19. "Saudis keep air force ace out of limelight" (Reuters), *Bangkok Post*, January 26, 1991.
20. "Workaholics rule" (AP), *The Nation* (Bangkok), March 24, 1992.
21. "Inside Japan: live now, marry later is the plan," *Daily Telegraph*, December 2, 1994.
22. Tyler Marshall, "The Scandinavian good life: would a few hurdles hurt?" *International Herald Tribune*, December 15, 1988.
23. "European topics: Norwegian men beating at door of shelter for abused women," *International Herald Tribune*, March 2, 1995.
24. Emily Thornton, "Japan: sexism OK with most COEDS," *Fortune*, August 24, 1992.

第三章

# 文化變遷

前言
認清文化的重大改變
「日本新人類」個案
國外干涉對文化變遷的影響
經濟情勢的改變如何影響文化變遷
新技術如何造成文化變遷
教育如何造成文化變遷
文化會趨於一致嗎？
對經理人的涵義
摘要
習題

## 3.1 前言

文化一直是動態而不穩定的，即使在西元前 400 年亦然。當時 Thucydides 寫下了希臘城邦間的 Peloponnesian 戰爭。在一個個城邦之間，革命爆發了：

> 為了適應情勢的改變，語言也開始改變原有的意義；本來用來指「輕率的侵略行為」一詞，現在則指期望同伴擁有的「勇氣」；「思考未來與等待」成為另一種説別人是「懦夫」的方式；做事前先多方面了解問題，表示他完全不適合行動……由於同伴更容易為了任何理由而走向極端，家庭關係的聯繫就顯得比同伴的聯繫還弱。(*Thucydides*，《*Peloponnesian* 戰爭的歷史》，*Warner* 譯於 *1972* 年，*pp. 242-3*)

Thucydides描述了肇因於連年戰亂之文化變遷。而現在一如當時，價值觀也同樣處於變動的狀態，我們可以用現代的例子來說明。東南亞的經濟發展影響了傳統由緊密聯繫之家庭成員所擁有並共同經營的小企業網絡，傳統家庭成員之聯繫逐漸減弱。在馬來西亞，逐漸增加的兒童人口正「經歷著失落的感受」，很多兒童從家庭中逃離，這些「失蹤人口」從 1992 年的 1,500 人增加到 1995 年的 4,000 人[1]。希臘的情形則不太相同，文化的變遷不是由於戰爭，而是由於經濟發展，但是家庭破裂的結果則相同。

在生活的各個領域中，包含工作場所，人們都必須適應改變。今日的經理人必須培養一種技能，也就是要認清是什麼事情造成價值體系的改變，並預期文化的變遷會如何影響他所屬的企業。例如，文化變遷可能造成下述事項的改變：

- 產品與服務市場；
- 產業：舊的產業消失，新的產業誕生；
- 勞動市場：舊的技術落伍，新的技術成爲新寵；新的社會團體尋找工作。
- 員工的需求：員工要求與主管、同事、部屬間有不同於往昔的關係；需要新的架構與制度來組織與獎勵工作成果。
- 環境：如政治與法令的改變；社會機構必須負擔不同的責任（在馬來西亞的個案中，政府必須投資更多在負責家庭福利、婚姻諮詢、以及處理青少年社會問題等機構上）。

本章將重點放在文化變遷的原因，及其對工作環境的影響。

## 3.2 認清明顯的文化變遷

文化團體在發展時同時需要穩定與改變。一方面，過度的穩定將扼殺對實驗與創造力的需求；另一方面，過度的改變可能導致分裂與社會停滯。

幾個世紀以來，學者不斷試圖尋找穩定與改變之間的平衡。衝突理論家如 Marx 、 Mills 、 Dahrendorf 等，意識到所有社會制度都處於持續的衝突中，相關衝突的論點反映在社會的主流價值觀。功能主義者如 Parsons 、 Merton 將改變形容爲一種調適的過程，並著重於社會制度調適壓力與緊張以尋找新的平衡之自然容量。當社會制度的各個部分密切相關且整合完善時，社會制度將可發揮應有的功能。

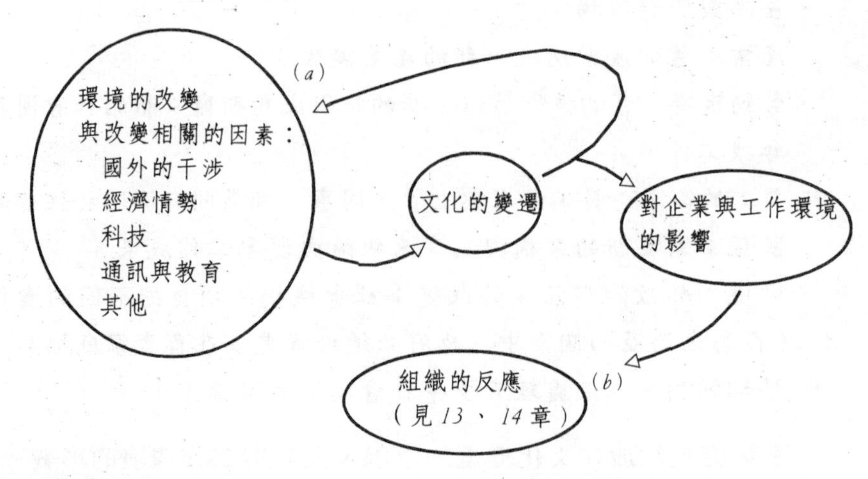


圖 3.1 變遷的過程

圖 3.1 顯示文化的變遷如何影響企業環境。圖 3.1 歸納上節的內容，並進一步介紹以下兩點：

- **改變因素的循環**　箭頭(a)指出環境變化如何導致文化價值觀的轉變，並且導致對環境產生新的認知與環境進一步的改變。這個模式顯示出持續調適的過程。
  例如，美國的勞動成本不斷上升，造成美國電子工廠將其生產設備轉移至墨西哥。因爲女性比男性敏捷且學習較快，工廠雇用較多的女性。勞動力的轉變造成角色逆轉與瓦解，並強迫男性移居國外尋找工作。傳統上「男性的工作」與「女性的工作」之分野瓦解之後，男性主流文化亦趨於瓦解；女性得到較多家庭收入之控制權，並產生對產品與勞務的新需求，這代表著生產者的新機會。
- **組織的反應**　箭頭(b)指出文化的變遷可能迫使組織必須做出明顯的反應。影響組織是否反應的因素，我們將在 3.2.1 小節中討論。

### 3.2.1 爲什麼經理人需要了解文化的轉變？

經理人很少須直接應付價值體系的抽象變化。更確切的說，他們較常回應市場的改變、新的勞動供需、新的勞動力效率等具體因素，但是這些改變通常反映著文化的變遷。能夠認清環境與文化之交互影響過程的公司，表現將遠遠超過競爭者，因爲文化的變遷將帶來成長的機會（取決於公司的行業）。

假設因發生了某個經濟事件造成社會的權力距離降低，變得較不拘禮節，這樣的新價值觀表現在增加對非正式服裝的需求上時，服裝的製造商便擁有新的機會。這些新價值觀對保險公司的業務可能沒有立即的影響，然而，保險需求卻會因爲一些造成社會緊張等事件而提高一例如上升的犯罪與疾病比例、地震洪水等天災的增加等。

文化的變遷也會影響企業的內部安排。假設權力距離逐漸縮小，並假設員工樂見上級與部屬間有更密切的關係，則一家特定的公司如何發展反映這些新情勢的組織結構與制度呢？以下的因素值得注意：

- **產業** 有些產業，如媒體，對文化的調整改變較其他產業（如政府）靈敏。
- **公司的組織文化與歷史** 除非持續實施舊的組織結構會導致士氣低落，否則沒有改變的理由。
- **改變的成本** 如果員工的技能資源很搶手，並且只有激烈的改變才能留住他們，那麼你可能沒有選擇的餘地。但是如果你的人力資源很容易取代，你可能只須進行表面（與便宜）的改革。
- **文化轉變的本質** 它是根本、長期的？或只是表面的呢？如果是根本的，那麼就必須針對該項轉變進行規劃與執行某項回應。

最後一點清楚地說明了爲什麼經理人需要了解文化變遷的本質。當公司繼續以過時的價值觀維持舊的程序與結構時，公司成員將會逐漸流失，就如同公司繼續生產過時的產品或服務會喪失顧客一樣。另一方面，如果公司過度反應文化的轉變，而後來事實證明該轉變只是短期效應，這也會造成同樣昂貴的錯誤。

## 3.2.2 改變與經理人的角色

最後，經理人之所以必須了解環境與文化變遷的關係，是由於該過程會影響經理人的角色定位。

經理人的角色不再只限制於法國企業家Henri Fayol於1961年所描述的規劃(planning)、組織(organizing)、協調(coordinating)、控制(controlling)等四項管理功能。Mintzberg(1975)列出了一些新的管理角色，如頭臉人物(figurehead)、領導者(leader)、連絡人(liaison)、監督者(monitor)、傳播者(disseminator)、發言人(spokesman)、企業家(entrepreneur)、危機處理者(disturbance handler)、資源分配者(resource allocator)及談判者(negotiator)等。近年來的經驗顯示，我們可以在這個清單中加入培訓者(teacher)、內部諮詢者(internal consultant)與知識生產者(knowledge producer)。在社會經歷快速的經濟、文化變遷時，管理者角色的混淆也將造成較重的壓力。Abdoolcarim(1995)所討論的東南亞企業中急速上升的工作壓力即爲一例。

### 3.2.3 管理壓力

已開發國家的管理壓力一部份來自組織減肥的盛行。組織減肥主要的目的在於將經營重心放在核心事業上。在美國，國際商務機器(IBM)將員工數由1987年的406,000人縮減至1995年的202,000人；通用汽車(General Motors)從800,000名員工(1979)裁減至405,000人(1990)；Hughes Electronics則在1985至1995年間裁減了四分之一的員工。[2] 企業裁員時可能必須靠僱用短期的顧問來填補某些不可或缺的職位，這些顧問可能就是他們從前的員工。

中產階級所面臨的裁員新風險，意味著經理人的特殊性與地位面臨更高的不確定性。經理人必須具備更多元的技能，並且越來越需要依賴自身的資源——其中可能包含設定自己的工作時間。

這些新顧問撿拾著短期合約——特別在開發中國家——並對於急速發展的東南亞經濟開始產生效應。亞洲經理人變得較缺乏安全感，因爲企業界逐漸引進西方的聘雇實務，以因應快速改變的市場，以及他們必須和那些西方來的短期顧問競爭。

然而，我們不能確定這個現象是文化上長期性或短期性的改變。裁員的流行風潮可能已經過去了，以上所述三家裁員的企業亦開始增加員工人數，1996年IBM招募了21,000名員工，GM新進了11,000名人員，而Hughes Electronics則增加了8,000人。這樣的逆轉是否代表從前的管理文化與僱用模式會重新興起呢？這個問題引入下節將談論的主題：改變的模糊性與趨勢的詮釋問題。

## 3.3 「日本新人類」個案

本節說明在複雜的社會裡，文化變遷的意義並不明確，這給必須回應的經理人帶來考驗。以下個案來自日本。

傳統的日本職員或「薪水階級」皆相當盡忠職守，只要符合主管與公司的利益，他們可以犧牲夜晚、週末甚至其他假期。但是在1980年代晚期，一種新世代的員工產生了，他們叫做「Shinjinrui」（意即新人類），他們不遵循傳統的行為模式：

> 日本新人類比傳統日本人還直接，他表現得幾乎像個西方人，像個 *gaijin*。他們並非為公司而生，只要找到待遇較好的工作就會跳槽。他們不熱衷加班，尤其當他們和某個女孩有約會時。對於空閒時間的安排，他們自有規劃，但是他們的規劃中可能不包含和主管一起喝酒或打高爾夫。[3]

並不是只有年輕的經理人採用這種新的工作態度。日本某個工會進行了一項調查，發現在250名經理人裡，只有3%仍然偏好延長工時，隨心所欲地將員工調至偏遠、使其家庭分散的地方等傳統管理方式。

如果這些態度真實地反映價值觀，那麼日本文化可能已經轉變，不再偏好無條件的辛苦工作，集體的忠誠度也消失了。以Hofstede的說法來看新人類與企業的關係變得較不講道義、較斤斤計較——這也許反映著更高度的個人主義。Sherry和Camargo（1987）指出，有越來越多的日本人使用個人主義的英文代名詞「I」和「my」，對雇主的忠誠度似乎正在下降。這是否反映著規避不確定性的需求減弱呢？尊重個人自由與拒絕公司干預私人生活的觀念增強是否顯示陽剛文化的程度降低呢？

## 3.3.1 爲什麼日本新人類的趨勢可能不具長期的重要性呢？

這些發展是在日本經濟高度景氣時記錄的，但是否眞正反映了日本文化的根本改變呢？假設日本的角色關係根本上發生變化，一家日本的外資公司是否應該投資新的管理制度呢？這種轉變在經濟不景氣時能維持嗎？或新人類反映的只是短期的趨勢，對於管理並無長期的重要性呢？

一篇報紙報導說明了新人類反抗傳統的行爲爲何無法搬上檯面，也解釋了文化的基礎爲何常會抗拒改變。有些學者懷疑中產階級實際上是否眞的較其他日本人更不重視團體。雖然新人類主張「個人主義」，但在他們的內心裡仍然認同團體：

> 那將是不會改變的，牛津大學教授 *Joy Hendry* 等人類學者說，除非現在的新人類世代徹底背離日本培育幼童的標準方式。
>
> 不像美國與歐洲人鼓勵孩子獨立，日本母親將他的孩子培育成完全依賴家庭，他們不斷警告孩子外面的世界潛伏著多少的危險……最後，這樣的依賴被擴充到「團體」，甚至「國家」，兩者都提供保護，保護人們遠離「外在世界」的「危險」。[4]

## 3.3.2 文化改變遲緩的解釋

爲什麼文化總是改變得這麼慢呢？首先，改變通常是痛苦的；其次，個人在幼童初期就已開始學習價值觀（見 1.4.3 小節），在這樣的年齡下，人們未經任何刻意的努力與抵抗就學到文化，這種學習特別根深柢固，因此在日後的生活中想改變潛在的價值觀會很緩慢。這具有一般化的意義，即除了個人以外，個人所屬的團體也一樣不能輕易改變潛意識的價值觀。

大部分的日本女性希望婚後待在家中撫養小孩，這通常表示她們必須放棄自己的職業（這說明了Hofstede(1991)對日本文化在男女角色方面的認知以男性為主）。在這種文化的特徵下，日本企業不願僱用並訓練未婚女性擔任管理職務的情形就顯得比較合理了，因為她們很可能在結婚後辭職。

在其他地方則有和日本完全相反的例子。傳統的父母角色調換，父親扮演家庭主夫與孩子的撫養者，母親則發展她的職業生涯，這在北歐地區司空見慣，美國人也開始接受這種觀念。（美國勞工局統計資料顯示，1993 年 25-54 歲之間的男性全職在家整理家務的有 325,000 人，在三年內增加了 26%；1997 年人口普查局估計此項人數已達三百萬）。這樣的發展在日本不太可能發生。

此外，在北歐及其他西方國家，即使是很小的幼兒也會送到幼稚園、托兒所或學齡前幼兒遊戲班，這表示他們可以從多種來源學習文化—其中也許包含不同的次文化。但是在日本，培育幼兒仍然是母親主要的職責與特權。學習文化是高度集中的過程，因此由母親所傳遞的價值觀會如此堅持，不願改變並不會太令人驚訝。

### 3.3.3 性別歧視來自教導與學習

男女角色有明顯轉變的線索是模糊的。一方面，有些資料肯定Hofstede 在 1991 年所做的研究（陽剛／陰柔文化的程度），並指出適當的男女角色在日本頗明顯。例如，5 、6 歲的小朋友第一次揹書包上小學時——傳統上男生都會揹黑色的書包，女生的書包則大多是紅色的。在 1980 年代晚期，這樣的區別似乎漸漸瓦解，有些新潮的父母開始給他的孩子揹其他顏色的書包。

但在 1993 年，「超過 90% 的小朋友仍然只使用黑色或紅色的書包[5]」，大部分的父母怕他們的小孩因為與眾不同而被欺負。

> 另一個減緩書包改革的因素是由於 80% 的書包都是祖父母買給小朋友當禮物的，他們傾向做最安全的選擇，顏色的革命可能要留待下一代才能享受。

### 3.3.4 日本女性的僱用

傳統上，經理人與政治家幾乎都是男性。然而，經濟起飛的 1980 年代帶來了傳統歧視瓦解的訊息。在 1989 ，一種女性角色楷模形成了：

> 社會黨領導人鐵蝴蝶(*Takako Doi*)的成功，在日本政治界創造了一種「瑪丹娜旋風」，各個政黨突然開始支持女性議員……。[6]

民間部門接著也跟進。財務壓力警告著，高階管理人才的短缺只能藉由僱用更多女性經理人才能解決，這似乎確定了女性有機會快速爬升到重要的董事席位。（低階勞動短缺問題則藉由僱用非法外籍勞工解決，當時日本的非法外勞有史以來比率最高。）此外，公司急切的想給外國客戶深刻的印象，因此派遣女性經理人擔任海外的職位。因為很多海外職位不受歡迎，被認為像是流放邊疆，公司也希望找到一個不用派遣男性經理人到國外的藉口，因此，派遣女性經理人去可以說是一石二鳥之計。

然而，這些預期是不成熟的。1992 年經濟衰退、股市崩盤意味著公司必須裁減員工、指派較少的職位，女性不成比例地成了犧牲者：

> 豐田汽車今年減少新進人員的人數，中學畢業程度的男性新進員工降低了 7.4% ，即晉用 1,580 人，女性新進

人數則降低了 25.6%，僅晉用 570 人。野村證券今年起將根據去年（1991）女性新進員工人數 800 人減半招募，預計女性員工的總人數在 1997 年時可能降至 3,000 人，大幅低於目前的 5,000 人。[7]

影響僱用與解僱女性經理人的環境因素包含了外國的因素。日本某貸款公司進入高度成長的國外市場時，選擇僱用女性擔任駐外代表，但在該市場成長趨緩時，總部計算成本之後，決定中止開拓外國市場的政策，駐外代表被當地通常是男性的人員取代。這些當地的男性人員傾向遣散女性，並派遣男性取代她們。

## 3.3.5 職業生涯的路徑有變化？

1986年的工作機會平等法創造了一個剛從大學畢業的日本女性能和男性有同樣就業機會的環境，但是她們卻仍然無法有同樣的職業生涯。十年後，女性在勞動市場中的地位並無明顯的改變，雖然 1986 年的法律已通過十年。(Behrman 和 Zheng 1995)

價值觀的改變似乎與男性有關，並且似乎只是表面。雖然女性在政治與企業界佔有一些地位，但是一般而言她們的角色仍然是基層的。1996 年大選前一週，準議員 Sachiyoo Nomura 舉行了一次會談。她是一個：

> 電視談話性節目的名人，並且是一名棒球教練的妻子，她說她還沒有任何政見。
>
> 主要的反對黨新先鋒黨的領袖 *Ichiro Osawa*，邀請她登記為候選人。她的主要條件在於一張廣為人們認識的臉與直率的個性。
>
> 在離開談話節目的位子之後，她就沒有那麼直率了。最近有一次被問到她將帶給日本政治界什麼特質時，她模

糊地說，「建構日本未來母親扮演的重要性」。[8]

這是不是只是一句合乎政治利益的陳腔濫調，並且沒有任何現代日本人會再相信了呢？

### 3.3.6 困惑的感覺

3.3 節到 3.3.5 小節討論的重點在於日本人的性別關係，及這對就業市場的影響。性別關係的模糊變化，與過去幾年來經濟衰退、政治的不確定性，造成了一種困惑與士氣低落的感覺。報紙報導：「只有 23% 的受訪者認爲日本是穩定的，這個比率在 1992 年是 40%。有半數的人認爲國家正在衰退中。」[9]

這不是出人意料之事，因爲日本人對不確定性具較低的容忍度。當他們爲了降低不確定性而感到士氣低落時，他們會覺得經歷的改變就代表著衰退。該篇文章建議採取保守的措施與侵略性的對外政策。

無疑地，日本文化正在轉變—就如同其他工業化國家一樣。但轉變並非簡單的直線過程，往某個方向踏出一步，會伴隨著側邊猶疑的腳步，人們很難明確地描繪未來發展的藍圖。那些以爲新人類現象代表著日本人的價值觀現在已經和英美的價值觀相同，並且以此爲基礎建立日本子公司的英美經理人，可能會犯下一個昂貴的錯誤。

## 3.4 國外干涉如何導致轉變

3.4 至 3.7 節將介紹四種環境因素的改變如何影響文化的變遷。這些因素是：

- 國外干涉（3.4 節）
- 經濟情勢（3.5 節）
- 科技（3.6 節）
- 教育（3.7 節）

### 3.4.1 國外干涉：沙烏地阿拉伯個案

在這裡我們將討論其他國家的干涉對於文化的影響（反過來干涉國的文化可能也會受影響，但是此處不討論）。19 世紀西方殖民者的入侵深深影響了低度開發國家的經濟，但是當時的觀察家並不清楚這些改變的重要性——可能直到今日都還不清楚。我們很難精確的預測國外干涉將如何影響當地文化，茲以 1990-1991 年的波斯灣戰爭爲例。

沙烏地阿拉伯位於戰爭前線，他們接待了大量的聯軍（由美國領導），在戰事如火如荼時期成群的部隊進入沙國，許多沙國或非沙國的公民確信社會價値觀的改變即將發生。中產階級與接受西方教育的人民，希望這場對抗能激勵統治階層的家庭，使他們能以更開放的態度支持宗教、社會、政治組織的自由化，也希望性別角色能受到影響。傳統上，女性極少參與被隔離的勞動市場，而現在Fahd國王建議她們可以取代外國女性，擔任護士、修女或醫事技術人員。

但是一年後，在沙國所參與的戰爭確定成爲獲勝的一方之後，這個國家又回到常軌了；「軍隊對於文化的影響『幾乎是零』，一名西方外交官員表示」[10]。曾有一段時間沙國政府對於西方媒體較開放，但只是短暫的，戰爭結束後，美國有線電視新聞網(CNN)在主要飯店進行的廣播就中斷了。激進的宗教道德守衛員（或 Mutawah）又開始騷擾在公開場合穿得不夠多的沙國與外國婦女，有關當局則背棄了在更多職業領域上僱用女性的承諾。

在阿拉伯文化禁慾與傳統的本質下，冷漠的西方人可能會忽略由內部因素發動改變之可能性，但是 Lacey(1981)指出，該社會已對西方的影響做了不少調適。在 Lacey 撰寫該文之前相當短暫的時間裡，電視上知名的歌手只能在私底下表演，抽煙在公開場合是禁止的（這點和現在的美國相同），而購買香煙時只能偷偷摸摸地在櫃檯下換取樸素的褐色信封。直到 1981 年，回教法定學者會議才裁定允許阿拉伯婦女在未來的新郎面前揭下面紗。

寫作本書之前(1997)，沙烏地阿拉伯仍然很難發現社會、經濟或文化面有變遷之前兆。有些觀察家預期西方自由主義有一天終將獲得最後的勝利，但我們找不到任何理由假設大部分的阿拉伯人希望朝著美國模式邁進。入侵後一年某阿拉伯外交官員表示：

> 「沙烏地阿拉伯確實正經歷著真實的改變。」
>
> 「但是，」他補充，「如果美國人以為這些改變是他們引起的，就太自以為是了，沙烏地阿拉伯的改變是以本身的動力緩慢進行的。」[11]

與其跟隨西方，沙烏地阿拉伯寧願選擇追隨伊朗所領導的回教基本教義派的路線。

### 3.4.2 爲什麼干涉並未造成轉變？

在阿拉伯波斯灣戰爭的個案中，很多觀察家預期西方武力大規模的進駐將爲當地文化帶來立即的危機，以及新價值觀會在調適的過程中慢慢顯露。這些觀察家包含文化的外人及圈內人裡所謂的「專家」，他們預期文化會立即改變，但爲什麼會落空呢？

是以下因素抑制了立即的危機：

1. 盟軍大規模的進駐是短期的——不到一年，而且隔離在大都市外。阿拉伯與盟軍之間的合約是有限制的，不准有文化污染。
2. 這項隔離是慎重而有計劃的；阿拉伯與西方當局同樣害怕不受控制的改變。
3. 阿拉伯的政治架構能夠整合種族與社會的差異。如果有足夠的阿拉伯人了解並贊同「革新」的目標，以及如果傳統與現代價值觀之間的衝突更劇烈一點，舊價值觀才可能會遭到更大的挑戰。

因此替代或衝突性價值觀的調適問題並未發生。因爲一般家庭的相反意見並不明顯，有關當局可以聳聳肩無所謂地面對招待大批外人的短暫不便，然後阿拉伯社會便又回到從前的狀態。

### 3.4.3 干涉會造成影響的條件

以上分析給我們一個線索，藉此線索我們可以了解「外人」的干涉會顯著影響文化的條件：

(a) 該外人是受尊敬的；

(b) 他們時常和當地社會的重要團體接觸；他們創造了關係及角

色楷模，任何想凍結這種接觸的意圖都不易成功；

(c) 當地人明顯地想要改變，但當地的政治與社會結構似乎無法促進這些改變；

(d) 外人意識到並提供他們所需要的改變。

條件(b)、(c)與(d)不存在於當時聯軍干涉阿拉伯的情形。當外人提供一項具體的改變，而當地支持該項改變時，干涉較容易成功。如果沒有獲得優先的支持，干涉的外人必須投入更多的訓練與培養。未有以上條件的歷史案例大多是混亂的，外國干涉通常不會立即受到歡迎。

在香港回歸中國前六個月所進行的一項民調指出，年輕的一代寧願認同自己的社群，這提醒我們：

> 他們並未為中國的統治進行心理調適。
>
> 該民調指出 *15-24* 歲的人有 *62.5%* 將自己定義為香港人，*30%* 說他們是中國人，而有 *6.6%* 說他們兩者都是……。
>
> 「這樣一廂情願的態度是相當不良的，因為在回歸中國社會後，這將減弱他們的參與感」，一名地方自治官員說。
>
> 「香港導向的價值觀將妨礙他們認清在移交之後，香港的發展是與中國息息相關的。」[13]

這清楚地表達了政治變動與文化變遷的關係；如果人民不認同政治的變動，他們的價值觀未必會跟著產生明顯的改變。民調也提供了證據顯示，港人價值觀的偏好與中共當局並不一致。當要求他們從一些重要的權利中加以選擇時，最廣為受訪者選擇的是「人權與自由」——有 59.5%。今日的歐洲聯盟(EU)與中共當局面臨了類似的問題，歐洲人寧可選擇認同他們的本土文化，也不願接受超級大國的價值觀。

這些個案對於國際經理人應該有一些啓示。在國外營運時，要進行變革及創造組織文化的變遷政策，只有在該項變革廣獲支持，才會最具經濟效益。我們將在 13.4.2 小節討論創造或維持這種支持力量的政治程序。

### 3.4.4 決定性的文化干涉

條件(c)、(d)的重要性可以由早期日本的例子來說明。

西元 1853 年之前，日本採取鎖國政策達 300 年之久：禁止外國觀光客，甚至不接納任何離開過日本的本國人。這種隔離持續到美國海軍── Perry 指揮官進入東京灣並拒絕離開爲止。Perry 的「黑色艦隊」深深地震撼了日本的價值觀。藉由公然挑戰權威，Perry 讓幕府大將軍喪失了顏面，使得政治改革變成難以避免，他加速了明治復辟，使封建制度瓦解。

爲什麼這個干預會成爲引發日本文化轉變的催化劑呢？波斯灣戰爭時沙烏地阿拉伯爲何沒發生同樣的效果呢？一個理由是西方強權受到日本人尊敬──條件(a)。人民對於幕府早就存在著有組織的反抗，並對其代表的價值觀反感，而位高權重的貴族也深知政治自由化與經濟發展的重要性──條件(c)，與美國人及其他外國強權保持關聯似乎支持這種發展的可能──條件(d)，似乎只有條件(b)不存在。在 Perry 到達之前，日本人與西方文化只有少數必要的接觸。

美國的干涉並沒有創造出改變的條件，對於封建制度與日俱增的怨恨才是點燃導火線的首要原因。聯軍在沙烏地阿拉伯未能扮演類似的角色之部分原因就在於，大部分的阿拉伯人民並沒有類似的政治或道德情結。

# 3.5 改變中的經濟情勢如何引發文化變遷

本節我們將探討第二個影響文化變遷的環境因素：經濟情勢。

財富與個人主義之間具有普遍的關聯性。一般而言，國家越富有，個人主義的傾向就越高，然而也有例外（如日本與回教國家）。事實上國家的開發程度越高，文化便傾向更高度的個人主義。

經濟發展如何改變個人對於團體的依賴呢？在長期下，又如何調整文化使集體主義屈服於個人主義的價值觀呢？首先，隨著資本主義開始流行，具企業精神的個人開始從他的努力中獲得報酬，接著會有更多冒險進取的社會成員運用自身的資源以保障自己的財富；企業界利用其日漸茁壯的經濟力量「購買」不遵守集體主義之規範的自由，打破遵循團體決策的從衆性，最後這些新中產階級的價值觀遲早會創造出新的規範。

圖 3.2 描述 Hofstede(1983b)所做的研究，說明在 1970 年個人主義／集體主義和 GNP 的關係。當時越貧窮的國家越偏向集體主義，而集體主義程度越高也越容易導致貧窮。由印尼與哥倫比亞的情形可知集體主義與貧窮之間存在著正向的關係；而美國、加拿大、瑞典的實例則證明個人主義與高 GNP 有正向的關係。

這些資料並未證明價值觀與經濟發展之間有任何因果關係，也尚未確實證明以下兩點：

- 以個人主義爲因，會導致更多有利的經濟活動；
- 以經濟發展爲因，會鼓勵更多具個人主義色彩的行爲。

然而，有詳細的證據支持第二個假說。Hofstede 的 GNP 資料顯示 1970 年台灣、南韓、新加坡及香港等亞洲四國仍位居貧窮國家之列，但從那時候起，「亞洲四小龍」成功地開啓了亞太市場的大門，並且領導著亞洲的繁榮。

### 3.5.1 變遷的長期證據

Hofstede(1983a)在第一次研究後四年又持續更新資料，他得到一個結論：在50個調查國家裡，除了巴基斯坦之外，個人主義都有增強的情形，而似乎都伴隨著財富的增加。雖然個人主義與集體主義都有其收斂的極限，但高經濟成長的國家朝個人主義邁進的速度最快。

日本文化朝向個人主義變遷，對日本與他國的關係相對上影響較小，因爲他國文化可能也同時變遷。Hofstede(1991)評論道，「文化雖有變遷，但若其他國家的文化也同時變遷，他們之間的差距仍可能維持不動」。(p.77)

Hofstede其他構面的長期改變比較不容易以經濟因素來加以解釋。就不確定性之規避的構面而言，壓力似乎對大部分的國家都增加了，趨勢是極端國家的差異更加拉大。大部分的陽剛文化變得更陽剛，而陰柔文化變得更陰柔。就權力距離的構面，情形同上，雖然趨勢較複雜。

## 3.6 新技術如何導致文化變遷

金融性財富之所以能促進經濟發展，進而影響社會與文化變遷的過程，實際上是由於該財富被應用在科技創新上。

技術的發展主要有三個步驟：

1. 取得現有的技術，如合資夥伴移轉技術。
2. 調整現有的技術，使其符合當地的要求。
3. 創造新技術。

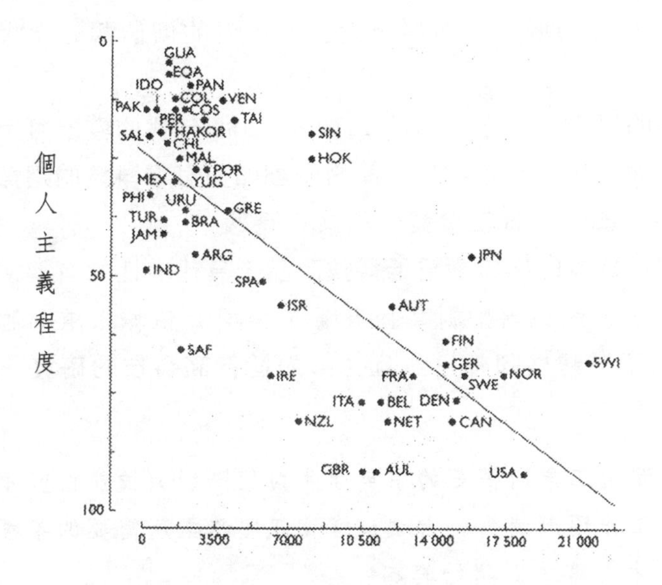


*1987* 年每人年平均國民所得(*GNP/capita*)( 單位為 *10* 美元 )

**圖 3.2 個人主義程度與 1987 年每人年平均國民所得**

沙烏地阿拉伯在短短數年內由淒慘的窮困躍昇爲驚人的富裕。第一筆石油收入在 1933 年進帳，而據統計 1996 年收入已達 478 億美金之譜，比其他 OPEC 石油產國都多。但他們仍是消費多於採用或創造新技術——不像其他經濟起飛的東南亞國家，當地公司都已開始朝向步驟 2 、 3 邁進了，這些較具創新精神的社會，其社會變遷顯得較深遠。

## 3.6.1 在宏觀的層次上，科技如何影響 價值觀？

科技創新必須伴隨著社會樂於對此等創新進行調適。科技的發展對社會的實質影響，決定於在宏觀層次上對此等科技的投資是否適當，以及在微觀層次上新科技對於使用者的價值觀有多大的影響。

以宏觀的層次而言，日本於 1970 與 1980 年代的發展可用以闡明科技政策與文化之相互關係；即價值觀如何影響科技的選擇，以及科技應用又如何影響社會發展與文化調適。

1970年代日本的出口多爲低科技商品，具代表性的有鋼鐵、輪船、紡織品等。因爲害怕對某個市場（美國）依賴太重，他們慢慢將低科技產業轉移國外，並且在國內進行高科技的研發。慢慢地：

> 海濱重工業所需要的中年通才白領階級與技能性藍領階級等工作逐漸消失，大城市裡資訊服務業所需要的年輕專業人才之需求則開始興起。[13]

科技的轉變使得在新產業裡對技能的需求時間縮短，連帶地有越來越多的員工在職業生涯中途遭到淘汰。在其他產業遭到淘汰的人必須經過再訓練才能繼續待在職場上。

過去日本的終生雇用（僱用到退休爲止）相當普遍，不過也不可能涵蓋所有的員工。雖然 Sullivan 和 Peterson 發現在他們的調查中仍然有公司終生雇用「50% 以上的員工」(1991, p.94),但是此一制度已經式微。不景氣使得終生僱用看起來更不經濟，並且越來越少的員工希望維持長久的僱用關係。

經由實務的反映與強化之後，文化價值觀產生了相對應的腐蝕，如長期的承諾、雇主與員工之間的忠誠關係、同一個年度被錄用的同僚團體之間的忠誠關係等。員工在不同雇主之間常常跳槽的比例上升，而常常跳槽與新人類世代有關。

### 3.6.2 在微觀的層次上，科技如何影響 價值觀？

以微觀的層次而言，科技的使用如何影響個體的行為呢？科技賦予組織成員以下的能力：

(*a.i*) 更有效率地製造相同數量之原有產品或服務。

(*a.ii*) 製造更大量的原有產品或服務。

(*b*) 發展新的產品或服務。

(*c*) 發展新的組織結構與制度。

在實務上，大部分的企業會依序執行以上步驟，可能先進行(a.i)再執行(a.ii)，或先執行(a.ii)再執行(a.i)，或只執行(a.i)或(a.ii)，然後執行(b)與(c)。也就是說，使用技術達成現行生產目標之經驗將刺激規劃新的生產目標，而這又會導致考慮調整製程，使這些目標與未來的目標都能獲得更好的結果。

步驟(c)可能是為了達成策略目標而執行的，如組織再造(re-engineering)。當對於營運過程相當重要的資訊轉移到技術上時，監督者（原先的資訊提供者）的功能會減弱。當企業裁撤掉監督者之後，便減少了一層低階的管理者。組織扁平化將影響成員對於和上級、部屬與同僚之間關係的經驗。

但是即使在這樣的政策還未實施時，新技術的使用就會引發成員調適彼此的關係（事實上，政策的目的可能就是要合理化這些已經發生的非正式調適）。例如，你的監督者對於新技術的了解比你還少（你是該技術的專家），你可能必須向他解釋該技術的作用，並且花較少時間聆聽他的指示。

創新科技的推行將修正人際關係，以及和工作本身有關的價值觀。在已開發國家裡，年輕的經理人逐漸較少為了工作而將生活奉獻給工作，替代地他們會要求能提供「自我實現」(照西方的說法)的工作。新人類的個案就證明了這一點。

然而，國際經理人不能假設技術給所有的文化都帶來一樣的壓力，也不能假設所有文化裡的人際關係都是以相同的方式隨著技術改變。也就是說，他不能對於科技變革做概括性的推論，並就此認爲所有文化正趨於一致。這一點將在3.8節詳細說明。

## 3.6.3 農業社會的保守文化

科技的重要性可以由缺乏科技的例子來加以說明：即缺少生產技術與機器設備會導致抑制改變，例如，農業社會可能較缺乏發展技術的門路。有些人可能會對來自城市的壓力報以鄉下人粗野的反感——例如，在古巴、墨西哥與中國大陸，他們通常包含了社會中最保守的部份。在巴爾幹半島上……

> 阿爾巴尼亞與羅馬尼亞有三分之二的人口居住在貧窮的鄉下，他們深深地懷疑城市裡所謂「知識份子」所發動的改變。[14]

農人通常會拒絕採用新技術，直到他們認知到一個合理的獲利機會。Kaosa-Ard等人(1989)寫下發生在泰國的事情：

> 農人不會一發現有新技術，就大規模地採用。比較有創新精神的農人通常也只會在小小的一塊地上試用新技術。如果從管理、勞力或資本等角度來看，增加的收入沒有超過額外的成本，那麼這個新技術就不會被全面採用。(*p.136*)

在這一點上，農人的態度和所有明智的人士類似，除非你有證據證明可以從新技術中獲利，不然爲什麼要大規模採用呢？

Kaosa-Ard等人認爲，採用新技術是循序漸進的過程，並指出一項新科技只有在 15 年的修正與調整之後才會完全被採用。成功不只取決於科技固有的價值與它帶來的利潤，也取決於以下的因素：

- 獲得與該技術相關之資訊的門路；
- 傳播的模式與對於農業社會的影響；
- 與市場的溝通與通路（包含運輸）。

## 3.6.4 成功地採用新技術

在一項新技術能被成功採用之前，必須先有關於它的功能及如何使用等資訊，這表示必須先有對潛在使用者傳達資訊的工具。如果沒有這些先決條件，新技術就不會被採用，或雖然被採用，但是卻未能贏得操作者的認同。在這樣的情況下，新技術被採用就不太可能觸發價值觀的調整。

這是國際經理人的課題。僅提供新技術並期望標的操作者自動學習它的應用是不夠的。必須讓操作者：

- 在介紹新技術時，獲知公司目標的完整資訊；
- 獲知如何操作的完整說明；
- 有詢問的機會；
- 得到問題的解答；
- 獲知使用該技術會得到的經濟利益或其他利益。

## 3.7 教育如何引發文化變遷

國家的教育體制是一種正式的制度，團體的文化價值觀透過這樣的制度傳遞給成員、兒童與青少年。此外，教育的結構與方法：

- 反映著何種文化變遷較受到期望等觀念；
- 創造支持或反對變遷的環境。一方面，教育體系的目的在於塑造典型的公民，另一方面，也在創造變遷的發動者。

正式的體制隨著能維護「官方」之價值觀的作用有多大，以及對於培養改變的需求有多強而異。在沙烏地阿拉伯，高等教育採取性別隔離政策，很少有女性能超過高中程度。回教價值觀的引導造成主要的影響，回教認為語言是由神傳下來的，它是精確的，正因如此字典上的定義是無法查出字的有用的差別，因此學校和大學仍然依靠死記的方式教育文字的傳統意義。

南韓、台灣、新加坡及香港等亞洲國家的文化就比較講求實際了。他們承襲儒家重視當下勝於追求來世的價值觀，教育體制教導追求和諧社會秩序的價值觀，敬老尊賢的觀念則藉由教育者與教育制度傳播。但是對技術人才之需求的增加，與對文憑的需求一致，大學的素質可以低落到成為文憑製造廠的地步，以犧牲標準來滿足對於文憑的需求。

授課內容的改革也在東南亞進行著，但是外來的思想比亞洲經驗發揮了更大的影響力。傳統美國 MBA 的授課內容成為現代化的表徵，並強烈影響了管理的訓練，而不在美國 MBA 授課範圍內的本土管理實務則遭到忽略。

已開發國家的正式教育體制則力求培養自由表達的技能與解決問題的能力，但在實務上他們通常有一個艱難的任務，就是要趕上改變的速度。

### 3.7.1 埃及女孩的教育

在這裡我們舉最後一個例子。一份非洲報紙描述埃及女性之教育發展的影響：

> 在北埃及 *Sohag* 管轄的 *Dar El Salam* 行政區，過去人們總是認為女孩子只有在喬裝成男孩時，才准踏出家門，而婦女也只有在結婚或下葬時才可以離家。
>
> 時至今日，這裡的許多村莊裡，「女孩子可以去上學，而年輕婦女則可以在學校擔任教職，甚至擔任校長。」聯合國兒童基金會(*UNICEF*)開羅分會教育官員 *Malak Zaalouk* 博士說。[15]

這個故事談到說服父母將她的結婚計劃延至完成學業後的女孩子，及爭取外出工作後才同意結婚的婦女。

過去限制婦女受教育的原因在於成本與距離，小朋友可能必須走好幾哩路才能走到政府的學校接受教育。

> 一位年長的男士說，「我們希望村子裡所有的女孩、女人與男人都能受教育，但是我們負擔不起，我們怎麼能讓小女孩自己走這麼遠的路呢？」

1992 年聯合國兒童基金會推動一項計劃，在社區之間建立學校，提供免費的學校教育。

> 縮短走路上學的距離是一個對女孩有利的重要因素……*1995* 年之前，已有 *110* 家社區學校在埃及最傳統的地區開始運作，根據計劃於 *1999* 年之前至少還要再設立 *200* 家。

在他們所服務的地區，有 34% 的女孩上這些社區學校，而只有

23% 上政府的學校。

這個個案將 3.4 — 3.7 節所探討的課題串連起來。經濟因素——資金由聯合國兒童基金會提供（UNICEF 同時也是外來的干涉因素），而技術因素則是建立容易到達的免費學校，使農業社會裡的婦女有更多教育的機會，這也將幫助她們更容易進入就業市場。教育與就業兩者皆反映與推動文化的變遷。

## 3.8　文化會趨於一致嗎？

所有的文化或多或少都面臨國外的干涉、經濟情勢改善、科技發展、傳播與教育發展等因素所發揮的壓力，這是否表示價值系統會趨於一致呢？

Child(1981)發現有一派學者主張文化將變得越來越相似，而另一派同樣聲譽卓著的學者則聲稱組織將持續保有他們的差異。大部分研究顯示的一致性主要表現在組織結構與科技等問題上，而人在組織中的行為則相反，趨於差異化。意即相同的結構與科技有不同的應用方式，每個社會的應用方式皆反映與孕育其特有的價值觀。

Porter(1990)指出，各種管理風格在工業化世界中是共存的，是文化因素影響了管理風格的選擇（見 Husted 等人的著作，1996）。本書 8.4 節將說明任務、結構、文化等因素如何交互影響。到目前為止在提到科技時，Hofstede(1984a)同意：

> 科技現代化是推動變遷的重要力量，它引領不同社會朝一定程度相似的方向發展。然而，它不能拭去社會之間的差異。當不同價值體系的社會以不同方式面對科技現代化的課題時，差異甚至可能擴大。(*pp.233-4*)

以下是一個例子。幾年前我在一家美國管理學院教書，後來又去了泰國的學校，在兩個學校裡教的是一樣的MBA課程，學校也都提供寬敞的電腦教室。在美國的學校裡，電腦教室是安靜的場所，學生們沉默地一個人工作。而在泰國的學校中，學生們團隊合作，會有好幾個人圍在一台電腦旁邊的，也有一個人工作的，但都不是安靜無聲；電腦作業引發頻繁的討論，有的是團隊裡的討論，有的是團隊間的討論——例如應該輸入什麼資料？輸出訊息應該如何解釋？等等。美國人與科技的互動，反映了競爭性的個人主義風格；而泰國人的作風則反映了他們高度的集體主義。

最後，Ralston 等人(1997)所做的研究並未發現明顯的證據支持文化一致性或背離，他們推斷雖然全球文化一致的看法長期可能實現，但是在短期內卻不可能。

### 3.8.1 文化的提昇？

某些當代思想家認爲文化的重要性正在增加，而非逐漸降低。他們擔心文化提昇至某種程度，將引發種族競爭的可能。Huntington(1996)認爲在這個現代世界裡，意識型態或經濟因素不是矛盾衝突的根本來源（至少不是主要來源），根本的來源在於文化差異。他相信文化近似的人們與國家將越走越近，而不同文化的人與國家則會越離越遠。

文化衝突與種族主義應該如何避免呢？又該如何建設性地利用文化差異呢？本書採取務實的看法。經濟與企業合作對所有參與者都有益，並將創造信賴與自信；另一方面，想消除文化之實質差異而採行的獨裁與法律等辦法，只有緩慢與謹慎進行才會成功。

## 3.9 對經理人的涵義

在某些條件下，環境的改變會影響行爲，最後將導致文化價值觀的變遷。

1. 在過去幾年來，在你所處的文化環境裡是不是發生過什麼重大的經濟或其他情況的變動呢？（例如，外國干涉、經濟蕭條或繁榮、科技創新、教育改革等）
   這些變動如何影響人們的行爲（如果有的話）呢？
   又如何影響你與以下這些人的關係呢？
   (a) 組織裡其他成員
   (b) 家庭、朋友與其他熟人
2. 你希望這些行爲的改變（如果有的話）造成國家文化的變遷嗎？
   如果答案是肯定的，你希望有何種變遷呢？
   你希望此等變遷是表面的或長久的呢？
   你的組織是否應該規劃出審慎的回應呢？
   如果答案是肯定的，你認爲應該如何回應？
3. 你知道在過去幾年內，其他國家的文化發生過哪些重大的經濟或其他情況的改變嗎？
   - 這些改變如何影響該文化成員的行爲呢（如果有的話）？
   - 你希望這些行爲改變爲該國的文化帶來長期的變遷嗎？

# 摘要

本章探討環境轉變如何造成文化變遷。3.2 節檢視確認重大文化變遷的困難，並說明理論上應該如何適當地回應。3.3 節我們陳述了日本新人類個案，指出現代日本文化變遷的矛盾。

3.4-3.7 四節說明四種不同的環境因素之改變如何引發文化變遷。3.4 節討論國外干涉未能造成文化變遷的情形，並解釋變遷會發生的通則。3.5 節探討變動的經濟情勢與文化變遷之關係，並指出除非財富用在科技的研發上，否則它的影響力可能很有限。3.6 節以國家層面的宏觀角度及公司層面的微觀角度探討新科技的影響。3.7 節則告訴我們教育如何傾向使某文化團體朝向保守主義或改變。3.8 節則討論各種文化是否將趨於一致。

## 習題

這個習題將幫助你練習預測經濟改變對於文化價值觀的影響。

◇ Darana 王國是一個內陸國家，歷史上他們對於外面的世界不太感興趣，（這個王國從來沒有被殖民過）。它被聯合國列爲世界上最貧窮的 20 個國家之一，它的人口有 600 萬，其中有 50 萬人居住在首都 Daraville，除首都外該國沒有任何大城市。

◇ 王國的社會與政治情勢由 16 個傳統的名門家族所掌控，他們擁有廣大的土地，並藉此獲得利益。他們以國家的歷史、獨立及奢華地款待賓客的習俗爲榮。這些家族的經濟足以負擔他們的小孩在西方國家接受中等及大學教育的學費。

◇ 基礎教育的情況良好，有 87% 的男性及 63% 的女性識字。唯一的一所大學教導基本的專業技術。

◇ 最大的雇主是公共事業，77% 的人力受雇於農業部門，此外還有小規模的礦業。此外，私人企業則包含小規模的家族企業。

◇ 典型企業的特色是雇主、中階管理者與員工之間巨大的權力差距。女性通常被雇用在低階的秘書部門。

◇ 名門氏族之外，在 Daranaville 有 91% 的女性勞工受雇於手工陶瓷業（這是所有女性都會的技術）、其他手工藝業以及家庭主婦或佣人。

接著有人發現當地的黏土對於抵抗高熱及張力強度具有罕見的品質，對於廚具、汽車、飛機、太空產業相當有價值，而且這種黏土在世界上其他地方皆尚未發現。這項發現等於是對未來經濟景氣的一大保證，一項預測顯示在未來 10 年內每人每年的平均收入將增加 20% 。

政府收到由國外礦業、製造業與服務業寄來如雪片般眾多的公司設立申請函。

(a) 試預測人民的價值觀長期下會受到的影響。
(b) 政府開發豐富的礦脈以追求國家利益之餘，如何同時保護人民的利益呢？
(c) 假設外國公司計劃在王國裡長期經營〈至少 10 年〉，它可能會採取何種人力資源政策呢？特別考慮以下幾方面的政策：

- 招募新員工
- 訓練
- 激勵、薪酬、懲戒

## NOTES


1 "Runaway minors problem black mark on KL record" (Agence-France Presse), *The Nation* (Bangkok), December 23, 1996.

2 "The year downsizing grew up," *The Economist*, December 21, 1996.

3 "Free, Young and Japanese," *The Economist*, December 21, 1991. This article also cites the case of an employee sacked by Hitachi in 1967 because he refused to do overtime. Only by 1992 did the Supreme Court decide the case – and ruled for the company: "employees are obliged to work overtime, even against their will, if the request is reasonable." So how far does the Court represent true and contemporary values?

4 Ronald E. Yates, "Juppies," *Chicago Trirune*, April 24, 1988.

5 Louise de Rosario, "The colours of conformity," *Far Eastern Economic Review*, June 17, 1993.

6 Robert Thomson, "Future dims for Japanese women" (*Financial Times* – Bangkok Post Service), *Bangkok Post*, August 31, 1992.

7 Robert Thomson, "Future dims for Japanese women" (*Financial Times* – Bangkok Post Service), *Bangkok Post*, August 31, 1992.

8 Juliet Hindell, "The land of the rising grandson," *Daily Telegraph*, October 15, 1996.

9 "The decline of faith and discipline," *The Economist*, November 18, 1995.

10 Rone Tempest, "Change comes, at its own pace, in Saudi Arabia," *International Herald Tribune*, September 4, 1991.

11 Rone Tempest, "Change comes, at its own pace, in Saudi Arabia," *International Herald Tribune*, September 4, 1991.

12 Associated Press, "Poll reveals colony's youth do not identify with China," *Bangkok Post*, January 3, 1997.

13 "A job for life no more," *The Economist*, December 5, 1987.

14 Robin Knight et al., "Communists prevail in the Balkans, for now," *US News & World Report*, April 15, 1991.

15 Kristin Moehlmann, "Girl-friendly Egypt's report card schools improve," *The Ethiopian Herald*, January 29, 1997.

第四章

# 自己作分析

前言
刻板印象與概括化
分析的過程
蒐集和使用資料
發展、檢驗及選擇假說
對經理人的涵義
摘要
習題

## 4.1 前言

有一家美國商學院受邀至俄羅斯為其規劃MBA課程，當委員會開始設計課程時，他們發現一個問題：沒有一位委員造訪過俄羅斯，他們對於在地企業的價值觀幾乎一無所知。為了解決這個問題，他們聘請了一位俄羅斯籍顧問。一直到委員會發表報告的前一週，才發現委員中有一名年輕教授的妻子來自俄羅斯，在離開俄國之前，她曾於政府機構及好幾家公司裡任職，對俄羅斯企業文化的了解甚至比他們聘請的顧問還新穎完整。

該商學院並未倚重她的經驗，因為沒有人想到內部可以找到一位對於最新情勢擁有專業知識的成員。高階經理人從未考慮過在自己的組織中建立起尋找、蒐集與分析知識資產的體制。

本章將討論關於蒐集、分析其他文化之資訊的議題。經理人不可能只依照過去的判斷就能有效管理其他文化的成員，他必須擁有更新其他文化之最新知識的技巧，以避免概括化的刻板印象。

在第二章，我們曾介紹過一些學者專家對文化價值觀的研究，但在某些情形下這些研究會過時或只有部份切題，例如：

- 研究發表後，社會經歷過急速的轉變；
- 你和某個子文化的成員共事，但是該文化並無學者研究過；
- 你需要了解的是特定組織的文化；
- 你必須克服文化衝擊的影響（見18.5節）。

當學者的研究結果不符自己的需求時，就必須依靠自己去調查研究。

本章將介紹經理人進行非正式研究的方法。要得到行為問題的精確解答，嚴密的統計方法是必要的，但是只有少數的國際經理人才擁有進行大型文化研究的資源。以下討論的資料來源與方法所提供的答案可能比較粗略與現成，但是通常已經足夠。

## 4.2 刻板印象與概括化

人們必須對環境做一些概括，以使營運更有效率。假設你正準備訓練一個新團隊，你將依以下的基礎來準備：

- 對他們的標的行爲之認識及其需求之預測；
- 對於他們的資格與能力之假設；
- 從類似團體所獲得之經驗。

如果你沒有這些概括化的資訊，而將他們視爲全新的對象，你的訓練計劃可能完全不恰當。

同樣地，國際經理人也需要培養對於其他文化成員的概括化能力，如果你對於他們的價值觀缺乏認識，這將會很不容易。

### 4.2.1 刻板印象忽略眞實情形

應用刻板印象是對其他民族進行概括化的一種方式。**刻板印象**在此處定義爲固著於過去經驗的一種標準化，將一群人視爲同一個模子刻出來，所有人都相同並且不會隨時間改變。刻板印象不考慮基準之外的改變或例外，它無視於客觀證據，將刻板印象團體的所有成員視爲一個整體。

認爲國際經理人應致力於剔除刻板印象是不切實際的。在面臨一個全新的現實環境時，依據刻板印象是正常的。刻板印象可能是對於新的文化唯一可以獲得的印象。當剛移居國外的人不得不使用刻板印象對難以理解的現象獲取暫時性的見解時，刻板印象提供一個有益的用途——只要他能儘快不再依賴刻板印象。本章討論挑戰與突破刻板印象的思考方式，以發展有彈性的概括化方法。

很多刻板印象立基於國家認同與文化。這裡有一個例子，一個英裔美國人的研究團隊聚集在一起討論德國的統一，結果討論出關於德國人特質的備忘錄，列出的特質包括：

> 沒感情、自戀、具強烈自我同情傾向，並且渴望被人喜歡。另外還提到：不安、好鬥、霸道、自負、自卑情結、多愁善感。另有兩個更深層的德國特性是他們憂慮未來的理由：容忍暴行，把事情做得太過火，以及往往高估的自己力量與才能。[1]

接著，

> 更遠到波蘭的邊界，對於波蘭人的觀感是他們都是懶惰的壞蛋，東德人被認為是潛在的法西斯主義者，捷克人是諂上驕下的勢利鬼，匈牙利人則是倔強而怪異。外人……一直存著對於這些地區的偏見。(*Glenny 1990, p. 7*)

刻板印象也常常根據

- 職業：「警察都像法西斯分子，會計人員都是乏味的。」
- 年齡：「年輕人總是激動的，老人從來不會有什麼新鮮的點子。」
- 性別：「男性都是沙文主義者，同性戀者都是有創意的。」
- 社會地位：「中產階級都是有活力的，上流社會都是腐敗的。」

刻板印象時常會有矛盾，德國人怎麼會同時有「自卑情結」及「往往高估自己的力量與才能」呢？但是雖然荒謬，很多刻板印象仍然一代一代地流傳著。那些目前流傳關於德國人的刻板印象，在一百年前就有了，而關於東歐的刻板印象（如上述 Glenny ,1990）則早於 1939-45 年的戰爭前就存在。

爲什麼刻板印象能持續這麼久並且都沒有改變呢？因爲它們很容易使用，可以保護使用的人，使他們免於對於全新的經驗做出新的反應。它漠視例外於固定印象的情形，或會加以扭曲這些例外情形以符合刻板印象。

假設「每個人都知道」A 文化的成員都很不積極，這個刻板印象會如何解釋某 A 文化的團隊一天工作 16 小時的情形呢？實際情況與刻板印象不同時，他們爲了維持刻板印象的完整，將會貶低實際情況的價值：

「他們不是真的在工作，那是每個人都能做的例行事務。」

「他們只是想創造良好的第一印象，幾個禮拜以後，他們就會放棄了，變得和平常一樣。」

「如果我們得到像他們一樣的好處，工作時間會遠遠超過他們。」

當某個人和刻板印象不太符合時，有刻板印象的人可能會將那個人和整個刻板印象的團體分開。

「你跟那些白人／男人／同性戀者不太一樣。」

接著特別優待這個人，或把他視爲個案。但是刻板印象並未減弱，仍然假設「那些其他的人」符合刻板印象。

上面所舉的例子很多都是負面的刻板印象，但是正面的刻板印象也一樣會造成誤解。例如假設某個團體的所有成員都是「可愛」、「工作勤奮」、「願意接受挑戰」等等，同樣顯示缺乏思考，如果與實際情況不符的話，可能一樣要付出昂貴的代價。

## 4.2.2 刻板印象的成本

刻板印象的誤解可能以各種方式提高公司的成本。1994 年，美國勞動部長 Robert B. Reich 批評歧視女性及少數民族的男性經理人目光短淺；雖然女性佔所有勞動力的 50%，但在公司高層管理職位裡，她們只佔 3%-6% 左右，而少數民族只佔 1%。人爲的阻礙妨礙了這些團體獲得和她們資格相稱的職位，也「妨礙經濟完全發揮成長的潛能。」[2]

當有技能的人在升遷時因性別或種族因素而遭到忽視，他們可能會士氣低落，甚至離職到別處工作。

## 4.2.3 創造性的概括

國際經理人必須按照文化的變遷或新的次子文化提供的證據，不斷重新調整對於其他文化的概念。經理人必須培養有彈性的**概括能力**，這方面的能力越細膩，就越能包容最新的資料。

刻板印象會將新的實際情況強制套入舊的解釋巢臼中；概括化則是動態的，會根據新的經驗重新修正舊的巢臼。它能協助

- 解釋有興趣研究的行爲之原因；
- 解釋行爲的結果；
- 預測類似行爲發生的情況。

表 4.1 顯示刻板印象與創造性概括的差異。

表 4.1 刻板印象與創造性概括

| | 刻板印象 | 創作性概括 |
|---|---|---|
| 刻板印象／概括的來源 | 過去的；既有的 | 對於文化的新經驗 |
| 對其他文化的態度 | 固定，缺乏彈性 | 動態，有彈性 |
| 對新經驗的態度 | 選擇性接受 | 加以解釋 |
| 對於改變與新經驗的態度 | 漠視 | 採用 |
| 對於刻板印象／概括的態度 | 盡可能保護 | 樂於修正 |

## 4.3 分析的過程

國際經理人透過文化分析的過程將可培養創造性概括的能力。表 4.2 顯示這個過程，第一步——確認不一致，將在 4.3.1-4.3.6 小節中討論，其餘的步驟則在 4.4-4.5 小節中討論。

### 4.3.1 不一致的行爲

不一致的行爲指和你對於合理行爲的預期不相符的行爲。某個文化的新移民會注意到並且質疑爲什麼在地文化的行爲和他自己的文化不一致，例如，印度人類學者 Reddy(1989)對於某個丹麥村落進行了一項研究，這個村落表現得相當缺乏溝通，有些人根本不曉得鄰居是誰，當然也不會未經邀請就在鄰居的屋內進進出出，教授所能見到的是小孩子都在孤獨與寂寞中長大。

爲什麼該教授會特別挑丹麥文化的這些面向來談呢？因爲這些和他自己的文化高度不一致。在他的印度家鄉裡，鄰居們經常進進出出對方的屋子，小孩子在延伸家庭中長大，因此個人被教育成要將其他人的利益一起列入考量，以及不以自我來支配人際關係。

表4.2　文化分析的步驟

| |
|---|
| 1. 確認在其他文化中似乎不一致而需要解釋的行為。 |
| 2. 蒐集關於不一致行為的資料。 |
| 3. 導出一組解釋該行為的假說。 |
| 4. 檢驗這些假說。 |
| 5. 選擇最可能的假說，該假說提供的概括能以該文化的眼光來解釋該行為。 |
| 6. 根據進一步的經驗更正或調整假說。 |

同樣地，當以下行爲和自己文化中的正常行爲不相符時，國際經理人也會很快注意到：

- 文化裡的成員如何彼此打招呼；
- 他們如何和主管及部屬溝通；
- 個人如何進行跨部門的溝通；
- 衝突如何發生，如何解決；
- 他們認爲快速完成工作、準時赴約的重要性有多高；
- 哪些因素可以激勵表現。

作爲一個分析者的經理人必須確認並且質疑：

- 未發生在自己的文化，但發生在在地文化中的行爲。例如，印度、斯里蘭卡、泰國、寮國、高棉等亞洲文化的成員可能會合住兩手的掌心放在眼睛的高度，作爲打招呼的方式，這種手勢（北印度語稱爲namaste，泰語稱爲wai）並未在別處使用。
- 在地與自己的文化都有的行爲，但是兩者涵義不同。在西方文化裡，在公開場合牽手通常表示一種親密關係，這如果發生在成年男性之間則不太正常；但是在印度，已婚或已訂婚的伴侶通常不會牽手，但是男性之間（朋友或親戚）通常會。
- 只發生在自己的文化，未發生在在地文化中的行爲。這時候問題在於找出哪些形式的行爲表達著相同的意思。到英美文化訪問的泰國經理人會發現wai不太適當，他會試著了解在各種情形下應該如何表示問候，是應該握手、擁抱、拍拍背、或只是口頭上的問候。

## 4.3.2 理性與非理性

國際經理人需要進行研究，以了解何種行爲以其他文化的角度來看是理性的。

行爲是否理性與背景脈絡有關。理性的行爲，在其背景中

- 會與標的目的產生某種關係
- 可能達成那些標的目的

而非理性的行爲，在其背景中：

- 與標的目的不產生任何關係
- 非常不可能達成那些標的目的

以下是一個國際企業管理的例子。泰國某成功企業家帶著三位助手到公司外開會，這三位助手不常開口，只有在他詢問技術細節時才會表示意見，但是他驚人的記憶力記得大部分的技術細節。這樣的做法相當昂貴，這些助手放下平常的工作，因此外出開一次會議，除該企業家的成本外，還要包含他們的成本。

有一天他和他的助手們前去拜訪台灣客戶，洽談新機械工具的銷售事宜。台灣人同時也邀請一家荷蘭公司來展示他們的競爭商品，該公司只派一位工程師前來，他們的產品比較好，工程師做的報告也相當傑出。然而，台灣人卻選擇和泰國公司做生意，爲什麼呢？

在此背景下，泰國企業家對於沉默隨行者的投資是合理的，他

展現自己掌控了一個忠誠有能力的工作團隊，而且他的權力是有效率的。言下之意，就是他承諾了持續的合作關係。荷蘭人則完全沒有表現出這些，台灣人所知道的就是那名荷蘭工程師可能會在生意做成之前換工作、離開公司，因此，就他們所共享的文化背景脈絡而論，台灣人和集體主義的泰國人做生意就比較合理，他們會覺得這樣比較安全。

當然，有時候你也會在其他文化中發現一些不合理的行爲。所有的國家都有精神病院，裡面住著不能了解該國家之正常行爲模式的人，他們的行爲表現並非朝向標的目標。

### 4.3.3 種族優越感與非理性

具種族優越感的經理人假設只有反映自己文化價值觀的行爲才是理性的，並認爲對於其他文化亦然。當其他文化的成員無法表現出和他預期的模式相符時，他會不自覺地譴責他們的行爲荒謬，而不試著以該文化的角度來了解該行爲。

種族優越的態度是錯的，因爲文化之所以會留存與適應，是因爲他們的成員基本上是理性的。但是有一個實際問題發生了：當你不能以在地文化的觀點來了解行爲，並猶豫是否應將之判斷爲非理性時，你要如何確定不符合*你的*標準之行爲是否理性呢？

非理性的觀念是歸因的。這句話可以改述爲「我不了解你的行爲與結果之間的合理關聯，但是傾向假設它們之間必定有關聯，並且希望在進一步研究後，可以發現這個關聯。」在決定一個行爲合乎理性與否之前，必須先考慮一下背景脈絡。

## 4.3.4 企業的象徵

象徵(symbol)定義爲任何意指其他事物的客體或事件。象徵性包含三個元素：象徵本身、它的含意、及含意與象徵物之間的關聯。接受者必須能完全認清它的含意並將這個關聯加以「解碼」。

象徵有時候和「實質意義」相對，彷彿只有後者才有持久的意義。一份美國報紙對於新英國銀行總裁的任命評論道：

> 象徵意義大過實質意義…… *Geroge* 先生到目前為止都只是宣示細節。上個月他為了美化自己的形象，表示在通貨膨脹上將採取強硬路線，同時宣示在他五年任期內通貨膨脹將不會上揚。[5]

他向該機構的管理當局示範了進一步追求平等的作法。以他的身分地位而言，他應該如傳統統治者而選用勞斯萊斯，但是他卻開積架(Jaguar)跑車。當訊息接收者的認知產生作用時，象徵意義可以產生實質的經濟力量，變得和實質意義沒什麼差別。

電視、廣告、公關等產業相當依賴創造象徵，他們將龐大的金額投資在象徵意義上，並將組織的訊息傳達給員工、企業伙伴及顧客。1996 年百事(Pepsi)可樂一舉砸下 5 億美金執行其藍色計劃——將可樂瓶由紅白藍三色改成炫麗的深藍色，這被描述成史上最昂貴的產品重定位活動。

經理人的工作在於創造象徵，以促使其他人朝著自己期望的結果前進。他所傳達的是能強化組織文化與完成特定任務等目的之訊息。訊息只有在以下條件下才會成功：員工認同經理人的地位，尊重他的決定之正當性，分享同樣背景下的價值觀，有解釋訊息的能力，同意該訊息的風格是適當的，以及相信自己有採取行動的能力。

### 4.3.5 象徵、圈內人與外人

當傳送者與接收者屬於同一個組織文化或國家文化時，他們共同分享了一些象徵性的意義。假設在理想國裡，研究生都想要在理想國管理學院中攻讀 MBA ，他們樂意支付高額的學費，因為他們知道畢業後將可以找到待遇極高的工作，並且理想國的雇主都認同該校的學術地位。但是如果畢業生拿著理想管理學院的文憑到鄰國達拉那找工作，他可能會失望了。達拉那的雇主從沒有聽過這家外國的管理學院，並且不信任這份文憑，因為他們並未和理想國的雇主共享同樣的象徵性背景脈絡。

因此管理象徵若缺少背景的烘托，將喪失經濟力量，在 4.3.2 小節所提的個案（泰國企業家與助手的個案）提供了一個例子。台灣人決定和泰國人做生意而放棄荷蘭人，因為他們共享著集體主義組織裡權威象徵的文化價值觀；但是在個人主義國家如美國，美國客戶就比較不可能認同或優先考慮集體主義文化裡的權威象徵了。美國的主流文化，比起泰國文化而言，與荷蘭文化有較多的共同點，他們分享著共同的象徵性意義。

## 4.4 蒐集和使用資料

有系統的蒐集資料，是發展解釋不一致行為的假說之基礎（表 4.2 步驟 2）。資料是按照一組類別來進行蒐集，此一分類架構不包含明顯的第八類：為什麼行為會發生？因為這個問題是研究目的之總結，不列在資料蒐集的分類中。

表 4.3 資料蒐集的分類

1. 一般會發生什麼事：行為（如管理一個團體、激勵）及相關的主流活動（如策略的規劃、執行相關的程序）。
2. 此等行為如何進行？
3. 誰來參與？
4. 參與者如何貢獻？
5. 使用什麼工具或手段？
6. 此等行為在何處進行？
7. 此等行為在何時進行？

## 4.4.1 問候的分析

我們舉一個實例來說明如何使用上述架構。在 4.3.1 小節中的第一點提到：

文化中的成員如何互相問候？

我們已經注意到在泰國以 wai 問候，這個手勢在西方國家從來沒有見過，西方人一見到這個手勢很快會聯想到握手。我們可以用上述架構來產生相關的資料，並使用表 4.2 模式進一步顯示 wai 在社交與管理背景下的意含。

一般會發生什麼事？

人們在每次見面的開頭或結尾使用 wai 問候時，通常都會適在地伴隨著幾句話語，例如：sawadii ，這句話在歡迎及告辭時都可以使用。除了對人使用外，也可以對具有重要象徵意義的客體使用，例如宗教聖地、意義重大的房子或是某些雕像。

如何進行 *wai*？

做 wai 這個動作主要是要吸引對方的注意，是將兩手掌心併在一起，並低頭將指尖接近鼻尖或眼睛以示尊敬。wai 這個動作做得越深，尊敬的程度就越重，在某些時機下這樣做是必要的。

### 誰來進行 *wai*？

晚輩先對長輩以 wai 打招呼，長輩再回禮。尊卑順序通常由年齡決定，但並非絕對。在一家公司裡，領班先對工廠經理以 wai 問候。工廠經理年輕許多，但是他和老闆有親戚關係。他們也會先對工廠經理的太太以 wai 問候，即使她更年輕。在對僧侶或皇族行 wai 時，年齡並非考慮因素；拜票的政治家會對選民行 wai；而地位相同的人只有在正式的場合或許久未見時才會彼此行 wai 問候，當他們行 wai 的時候，是同時進行的。

Wai 會發生在已經有關係的人們之間，或是希望發展關係的人們之間—例如初次被介紹的時候。

Wai 必須讓對方確認，對方通常會報以 wai 作爲回應。當一個身分地位相近的人不回應對方的 wai ，對方會認爲相當無禮；但是當一個人的身分地位崇高時，對方就不會期望得到 wai 作爲回應，只要有確認注意到的表示就可以了，例如點一下頭。

### *Wai* 在哪裡進行？

你可以在接近另一個人的時候，或是有一點距離的時候行 wai ，例如在房間的兩端。電視新聞播報員會對他們的觀衆正式地行 wai 問候。

### *Wai* 何時進行？

當人們正式或偶然相遇時，會在剛見面及告別時行 wai 。在每天都會相見的狀況下，不會期待以 wai 問候，例如：老闆與秘書，但是他們會在第一次見面的時候交換 wai 。年輕人也會在收到禮物或受到疼愛時以 wai 表達感謝。

### 4.4.2 資料來源

第二章我們介紹過一些比較文化的模型，其他資料來源還包含：

- 官方機構、研究報告等；
- 新聞性資料：報章雜誌、電視、電台、網路及其他媒體；
- 其他外人，包含移民；
- 在地文化的成員。

所有資料都有優缺點，經理人不應毫不懷疑地接受所有資料，應不斷蒐集並檢查各種資料是否正確。

### 4.4.3 官方機構、研究報告等

國際經理人以及學管理的學生，都可以從學術性的資訊中獲益。文化方面的資料通常可以由以下來源獲得：

官方機構包含：

- 本國的商業、外貿、外交等部會；
- 他國的大使館、領事館、貿易使節等；例如日本對外貿易組織(Japanese External Trade Organization, JETRO)；
- 國際組織、聯合國官方機構、國際貿易聯盟(International Trade Association, ITA)、國際貨幣基金(International Monetary Fund, IMF)；
- 外資銀行，如亞洲開發銀行；
- 工商業協會或同業公會。

研究報告等包含：

- 上列官方機構所發行之報告；

- 專業報告；
- 專業年鑑；
- 專業金融出版品；
- 會議及研討會報告；
- 貿易出版物；
- 其他國家的公司所發行的報告，如公司報告、簡訊等；
- 網際網路。

有些資料來源免費提供資訊，有些則可能很昂貴。當使用這些資料時，要注意是否有偏頗之處，例如，政府機構主要的目的是代表國家的利益，以及統計資訊也許有其他的解釋。

### 4.4.4 新聞性資料

新聞性資料很少符合學者的需求，但是通常會提供實務的經理人一些有用的洞察力，只要他能警覺到問題，就可以有效地採用。本節將重點放在印刷品形式的新聞資料上，但是電視、電台也可以應用相同的觀點。

新聞性資料的優點是：

- 資料的提供有連續性；
- 資料新且即時；
- 資訊裡可能會引用民眾的話，可以洞察本地人的想法。

然而，因爲只提供第二手資料，所以有判斷上的困難。一個故事可能反映著偏頗的看法——如受訪者、撰文的記者、編輯以及經營者。這些偏頗可能是故意的，也可能是無心的。

無心的偏頗可能是記者在描述其他文化時不知不覺帶入自己文化的觀點所致。我們舉一個實例，有一次某義大利籍的女記者專訪冰島總統 Vigdis Finnbogadottir 女士，她們的問答清楚地顯示她們來自對女性角色之認知完全不同的文化。記者評論道：

> 冰島人藉著選妳擔任總統，顯示對於記憶中的母親，以及終生等待戰船回音的女性之讚頌。[4]

她清楚地說明了自己的女性主義觀點。與其說她說的是冰島的價值觀，不如說其中包含了更多義大利文化對於女性與母親之角色的看法。（冰島總統繼續解釋爲什麼斯堪地那維亞女性總是在行政上扮演重要的角色，以及爲什麼女性主義和這些完全無關）。

因爲新聞資料都是經過轉述的，要使用這些資料以探求文化價值觀的經理人，心中必須牢記以下幾點：首先，大部分的新聞資料著重行爲（事件），而非價值觀；閱讀報章雜誌對於行爲的描述時應帶著批判的觀點，經常質疑是什麼價值觀衍生出這樣的情形。第二，報章雜誌常著重異常、罕有的事件。報導的第一段這樣描述美國總統民主黨籍的柯林頓在第二次任期內的任命案：

> 總統比爾柯林頓將他的新國家安全團隊命名為「星期四」，並選擇聯合國代表*Madeleine Albright*成為第一位擔任美國國務卿的女性，另外還任命共和黨籍參議員*William Cohen*為國防部長。[5]

任命女性與共和黨員都具有不尋常的色彩，閱讀者一直到第20段才會讀到政策意含：

> *Albright*女士被期待成為一個更坦率、更具行動力的國務卿（和她的前任*Warren Christopher*相比）。

第三，新聞報導是短暫的，大部分的報紙在出版隔天就會喪失意義（學術性研究的上架時間較長）。讀者喜歡明快簡潔的陳述，市場壓力會引導新聞工作者過度簡化複雜的事件，並且說得比已證明的事實更有把握。

### 4.4.5 外人

外人這個詞在這裡指不屬於某目標地方之文化的人（但有可能還是該國家文化的成員）。可提供有用資訊的外人包含曾經在該文化中工作或與該文化成員來往的人；他們相當瞭解該文化，但尚未被完全同化，他們能進行客觀的判斷，和其他文化成員的友誼，不會消減他們進行敏銳、清晰的分析。

有用的外人包含你要出國旅遊時，可以去問的人，例如你的組織裡的某個成員，他曾經在該文化中工作，曾經擔任顧問、大學或研究機構的教師（並且不只限於管理學院）。

在職的經理人可以向外交官或資深的企業界人士諮詢，但是他應該聰明一點，不要只將資料來源限制在具權力與影響力並與在地文化接觸的人，或陳腐的資料來源。不要小看小道消息，在Chechnya戰爭時(1994-5)，平凡的俄羅斯人發現由官方的資料中很難找到可靠的戰鬥消息。根據時代雜誌：

> 莫斯科街頭的小道消息聲稱他們能夠知道更多，靠著搭上更多高級官員的司機與保鏢，勝過參加記者會或甚至是國會會期。[6]

此外，可以結交新聞記者或拜訪學術界人士。在某些社會中，神父與傳教士也是有幫助的。也可以和遊學生與知道社會低層文化的志工談談，以及和注意到細微差異的新移民談談，他們比長期的移民者有更清楚的認知。

### 4.4.6 利用外人的優缺點

利用外人具有優點及缺點，優點是：

- 他不是該文化的一員，比較能客觀地注意到該文化成員視為理所當然的特色；

- 他們同時也是你的文化之成員，與你有共享的價值觀。你們有相同的基礎來分析其他文化，並且你們的語言相通。
- 你可以從他的錯誤中學習。
- 詢問冒犯性的問題時，比較不會觸及在地人的痛處。

缺點在於：

- 外人會有誤解。
- 他們可能無法一窺該文化的全貌；他們只注意到不成比例的微小細節。
- 他們可能對該文化持有刻板印象。

特別在他們不會說在地語言時，他們絕對無法完全分享與了解該文化之價值觀。

特別小心那些徹底與地主國文化隔離的外人團體。在最糟糕的情形下，他們的心智宛如圍城中的難民，表達的會有許多偏執與負面的刻板印象。他們的孤立會更惡化，當他們只由在地官方政府的來源獲得資訊時。

## 4.4.7 利用圈內人

你可以發掘圈內人如何透過以下方式經驗他們的文化：

- 觀察
- 參與
- 面談與詢問

本節著重參與及觀察，面談將在 4.4.8-4.4.11 小節討論。

### 觀察

分析者的觀察是參與及面談前相當有用的第一步。透過主動的觀察，分析者將會有清楚的構想，知道需要什麼資料，並且開始會有下列問題的解答：

- 這項任務是什麼？
- 一般由誰執行這項任務？參與者扮演哪些不同的角色？爲什麼？誰該排除在外？爲什麼？
- 在執行任務時，誰和誰溝通？如何溝通？
- 任務執行得如何？可接受的績效標準爲何？誰來決定？使用何種技術？

觀察（類似資料分析的所有方法）需要有組織性，以便於收集足夠與數量易管理的資料，並且適在地分析資料。你須決定：

- 觀察誰；
- 觀察什麼；
- 觀察哪裡——最佳的場合；
- 何時觀察——時間點與延時；
- 如何觀察——紀錄與有系統地編輯觀察結果的方法；確定觀察結果之可信度與代表性的方法。

在Murray(1997)對埃及的研究中，他討論過觀察與聆聽是了解文化如何解決爭端的工具。

### 參與

在圈內人從事分析者想要了解的活動時，分析者可以加入與圈內人互動。參與可以使分析者能在他們進行工作時，聆聽他們的談話以補強觀察——假設語言相通。但是親自參與不一定總有優點，因爲當參與者注意到有人在看他們時，可能會修正他們的行爲（有意或無意識）。

### 4.4.8 與圈內人的關係

你希望點點滴滴地收集組織中行為的資料，而你的資料提供者通常不願意你提供給其他人看，特別是他們的上級。最有價值的資料應該是在這樣的提議下產生的：「我不認為我應該告訴你，但是……」或「不要告訴她我說過這些」。

道德考量與信任的需求決定了調查者該將調查的眞正理由說得多清楚。資料提供者的社會與教育經驗會影響他們對於外人進行「研究」與「提出問題」時的態度。在某些國家公然扮演「研究」的角色將使你遭到懷疑；此外，當你和某人培養出友誼的關係，後來又被發現你問那些「愚蠢」問題的眞正理由之後，對方可能會有一種受到冒犯、被操縱的感覺，這時研究又跳回對你不利的情形了。

訪談圈內人時敏感度頗為重要，這可以由一個發展獅子山水資源計劃的團隊來說明。他們需要和村民溝通以收集所需資訊，及記錄他們對於改變過程的意見：

> 我們小心地解釋為何進行訪談，盡量不觸怒對方……並依受訪者方便的時間安排訪談，例如，老人選擇下午時段在他們的家中訪談，而年輕人則在他們到農場的路上進行訪談。
>
> 我們發現用小型錄音機比記筆記較不拖延時間。很多受訪者不會讀寫，因此記筆記可能使他們懷疑你到底寫下什麼；如果使用錄音機，訪談內容可以放給受訪者聽，比較不會讓人起疑。(*Scott and Bull 1994, p.14*)

## 4.4.9 利用圈內人的優缺點

能回答你感興趣的行爲問題之圈內人，包含平常會參與該行爲的人與非參與者兩種。從訪談這些團體成員中學習，有優點也有缺點。

優點是：

- 身爲該文化的一員，他們比外人有更多的資訊；
- 他們能以在地文化的角度來解釋行爲；
- 他們能幫你修正你的解釋性假說之錯誤；
- 他們不會有外人的刻板印象。

最明顯的缺點在於，他們會察覺到你是一個外人，而不願意討論他們的行爲。最理想的狀況是，你花時間慢慢培養信任的關係，使他們的懷疑逐漸消失。第二種相反的情形是，圈內人過度急切地討論他們的行爲與價值觀，同時也表達出他們的異議或抱怨；哪些團體會渴望向外國人透漏事情？爲什麼呢？你能多相信他們呢？第三種情況是，圈內人可能會對他們的行爲規範是什麼，以及資料如何詮釋有不同的意見。以下是兩段報紙的節錄，由香港的中國人撰寫：

> 移民者時常抱怨香港的中國人沒禮貌、行為拙劣，我想說的是，事實並非如此，中國人不會認為他們行為粗野，或他們的習慣與傳統令人厭惡。

而第二段

> 我，一個百分之百的大陸中國人，相當討厭香港中國人過份的粗野與沒禮貌。因此不是只有外國人抱怨，本地人也這麼認為。香港人吐口水、亂丟垃圾、插隊、推擠、

在禁煙區吸煙、以吼叫代替說話、張大嘴巴吃東西、嘴裡塞滿食物時說話。[7]

哪一段文字代表規範呢？或他們各代表不同的次文化呢？對規範的爭論可能表示有進一步研究的需要。

第四種可能的情況是，成員未能察覺出一些他們認爲理所當然的特色，但這些特色對於文化不同的外人而言可能顯而易見。第五，圈內人宣稱相信某事，但是做的事卻不一樣。一項調查發現大部分已婚的新加坡人：

說他們相信兩性平等，但是卻要求妻子成為主要的持家者，負責煮菜、洗衣服與洗廁所，一個昨天公佈的調查顯示。

佔97%強的受訪者覺得政府應該平等對待男女兩性……但同時有78%的男性與77%的女性同意丈夫應該是一家之主。[8]

這樣的矛盾發生在所有的文化裡。此例比較有趣的一點是性別角色的認同程度。

第六，圈內人在自己同胞面前表現的是一套，在外人的觀察下又是另一套。

## 4.4.10 非正式詢問的技巧

分析者應培養詢問圈內人的技巧。在收集關於目標行爲的資料，及檢驗與更正解釋性假說時，這些技巧是必要的。當圈內人因爲你的注意而感到滿意時，詢問通常是最有價值的資料蒐集方式，然而它同時也會面臨困難。

在權力距離高的地方，人們預期上位者在他的職務方面是個專家，不需要詢問技術問題。從其他文化來的國際經理人面臨一個問題，怎樣詢問才不會顯示出對方能力不足，以免損及他的地位。

分析者必須建立誠信的氣氛，使對方相信他的詢問不是爲了譴責或懲罰，這表示可能要間接詢問與該活動無關者的解釋。

在詢問時，問題的形式是關鍵。分析者要了解行爲的來龍去脈以及它所反映的價值觀，但是直率地問「爲什麼……？」以探求意義，未必能引出資訊，部分原因在於人們似乎常會覺得「爲什麼」比「是什麼」等問題難回答，以及要解釋你認爲理所當然的行爲並不容易。其次，當人們把「爲什麼」詮釋爲恐嚇時，也比較不容易提供令人滿意的答案，好像詢問者沉默地加上一句「如果你沒有給我一個滿意的答案，會受到懲罰」。在地的部屬可能對於被直接要求解釋心懷戒懼，於是只給予似乎最緩和的答案。這樣的抑制不會產生高品質的資料。

## 4.4.11 訪談技巧

設計來間接推論出意義的訪談，常以**搭鷹架的推移**(Framing Move)開始，這種做法能讓隨後的問題有了背景及建立起親和氣氛。（見Spadley 1979）

假設分析者向帶著沉默隨從參與協商的泰國企業家進行訪談——4.3.2小節描述過（這個例子會應用在以下所提到的所有問題模式中），一個適當的推移可能是：

鷹架

恭喜你這麼成功，我對於你的策略相當感興趣，因爲我們在X國裡做事的方式完全不同，似乎可以從你這裡學習到很多東西。

可以引出對行爲加以描述的問題模式包含：

### 調查的問題

邀請對方點出廣泛的主題，任何可能發展下去的主題。

「我想帶著這麼多隨從，一定有好處吧？」

### 背景的問題

調查標的行為在何時何地是適當的。

「一定有某些協商場合，他們的沉默支援會很重要。」

### 實例的問題

詢問該行為的例子。

「我猜想一定有好幾次，你需要你的隨從參與。」

### 對比的問題

藉由調查替代的行為是否適當來獲得資訊。

「以你的經驗來說，只有你一個人去協商有沒有任何優點呢？」

### 檢查的問題

檢查你對於之前所獲得的資料之了解是否正確。

「我猜想你比較喜歡帶著這個團隊，是因為你之前所說關於公司的話，對嗎？」

調查的問題是開放的，提供自由詮釋的機會，可以在其他的時間點開啓一個主題。背景、例子與對比的問題都是由主題之發展來決定。檢查的問題則是封閉的，詢問是或否的答案，能整理主題內的細節。

以上所示不包含所有可能的問題形式，可能還有一些有效的問題，但是重點是盡可能避免「為什麼？」的問題。

「為什麼你去商談時要帶著一群不說話的部屬呢？」

直接問「爲什麼」通常比間接的問題更具威脅性。

最後，分析者記筆記前應先獲得許可。先簡短地紀錄，訪談過後再自行整理。即使受訪者同意進行攝影或錄音，效果也可能不太好。很多人會在自動化設備運作時「僵化」，並有意或無意地修改他們的話；秘密攝影或錄音是不道德的，不應該這麼做。如果被發現的話，會喪失受訪者以及其他知情者的信任。

## 4.4.12 規範的地位

當一個圈內人告訴你「我們從來不從事X」或「我們應該從事Y」，他們採用了何種規範呢？他們是意味著「法律禁止從事X」？或「我們不喜歡從事X」呢？

以下是幾個遵循X規範的層次：

層次1 法律強制人們服從，不服從將遭受懲罰。

層次2 公司規定強制人們服從，不服從將遭受懲罰；例如：工人回家之前應該先將工作環境清理乾淨，否則將遭到罰款。

層次3 社會壓力強制人們服從，不服從將引起社會譴責；例如：並沒有規定強制工人清理工作環境，但是他們還是會清理，因爲他們共享了組織文化的價值觀以及他們應該如何表現的共同觀念。

層次4 服從會強化社群的意識，但是不服從不會被譴責；例如：準備特定食物以歡渡節慶，蘇格蘭人準備肉餡羊肚以慶祝燒烤節，美國人準備火雞以慶祝感恩節。

## 4.5 發展、檢驗及選擇假說

接著利用蒐集到的資料，建構出一個假說以解釋討論中的行爲。這個過程包含：

- 發展一系列的替代假說；例如對於泰國之wai行爲的研究（見4.4.1小節）有以下的替代假說：
  (a) wai和英美文化裡握手有相同的意義；
  (b) wai表達情感與友誼；
  (c) wai表達在層級體系中的尊敬。
- 以所知的其他文化來評估每個替代假說；
- 利用受訪者（包含圈內人與外人）來檢驗每個假說；
- 排除無法證明的替代假說，即進一步研究受訪者的意見以證明哪些假說是錯的；
- 發展與檢驗選出的假說；

以上(a)和(b)兩個替代假說遭到排除，原因爲：

- 規範顯示wai通常先由晚輩進行，而握手則通常是兩方面都可以先發起。
- 與其說wai是友誼的象徵，不如說是尊敬的象徵；它通常也代表著歡迎、告別、感激、陪罪；已婚的夫婦及小孩很少行wai，除非是正式的場合。

在我們的例子裡，(c)假說（wai表達尊敬）最能解釋資料並且符合泰國文化的一般形象。泰國是階級社會，在這樣的社會裡，長輩與晚輩間的所有關係皆保持著高權力距離，社交的規範固定且衆所週知，wai反映並加強階級間的社會差異。

挑選出來的替代假說應能提出關於該文化的彈性概括，並且能回答「爲什麼？」的問題；以本例而言，爲什麼 wai 值得注意，是因爲它引導分析者正視該文化的價值觀。

對於 wai 的解釋顯示，即使是一個看起來微不足道的表面行爲，也可能反映著泰國文化的基本價值觀；它也引發了進一步的問題，即地位的差距如何表現在泰國的組織裡，例如如何表現在上司與部屬的溝通、指導與控制部屬的活動、同儕間的合作等方面。本節對於 wai 的討論，補充了 Hofstede 模型對泰國的分析資料，見 2.5 節。

### 4.5.1 檢驗

利用額外的資訊可以檢驗假說。我們可以透過行爲何時不適當的例外情形來檢驗假說。以泰國 wai 的反面詢問爲例：

- 泰國人絶對不會如何行 wai？
  進行 wai 的時候絶對不會只把手舉到腰部。
- 誰絶對不會行 wai？
  僧侶絶對不會表示、回應或表示收到 wai（不過在僧侶之間有時候會彼此行 wai）。人們預期他們對於 wai 這樣的形式不表注意以顯示社會地位。
- 誰絶對不會得到 wai？
  成年前的孩童絶對不會得到 wai，除非他們出身顯貴，例如皇室裡的公主或王子。此外，會得到 wai 的動物只有具非凡象徵性意義的動物，例如皇家白象。
- wai 在哪裡絶對不會進行？
  （沒有什麼特定的地點是 wai 絶對不宜進行的）。
- wai 在何時絶對不會進行？
  （沒有什麼特定的時間是 wai 絶對不宜進行的）。

### 4.5.2 修正

在有關行爲的新資料或證據顯示假說不適當或需要修正時，應該修正假說。持續修改先前的解釋這個過程將有益於培養對文化產生眞實且深入的了解。

當進一步的經驗顯示之前斷定的假說不適當時，應重新回到表4.2的模式以確認錯誤的原因。應從最後一個步驟(6)開始，並且往上檢查。

6. 假說是否經過適當修正呢？ 如果答案肯定，到上一個步驟。
5. 是否選擇了最可能的假說呢？ 如果答案肯定，到上一個步驟。
4. 各個假說是否經過檢驗？ 如果答案肯定，到上一個步驟。
3. 各個假說是否經過適當地導出？ 如果答案肯定，到上一個步驟。
2. 是否蒐集到足夠的資料呢？

如果答案仍然肯定，分析者應該著手處理新的不一致處，這表示應該重新進行以下過程：蒐集新資訊、發展替代假說、檢驗、選擇與修正。

## 4.6 對經理人的涵義

1. 國際經理人對於其他文化必須培養有彈性的概括能力，經由：

   - 認清似乎不太一致的行爲；
   - 蒐集關於該行爲的資料；
   - 發展解釋該行爲的假說；
   - 選擇最好的假說—最能概括解釋該行爲的假說；
   - 檢驗上述概括；
   - 根據新證據修正上述概括。

2. 爲了解釋不一致的行爲，經理人可以依以下類別蒐集資料：

   - 一般會發生什麼事？
   - 通常是誰參與？
   - 該行爲如何執行，參與者如何貢獻？
   - 該行爲在何處執行？
   - 該行爲在何時執行？

3. 由以下來源蒐集與分析資料，並在心裡牢記以這些作爲資料來源所衍生的問題：

   - 官方機構與研究報告
   - 新聞資料
   - 外人
   - 圈內人

## 摘要

本章討論以其他文化的角度來了解該文化的必要性，並介紹經理人自己進行文化分析可以使用的一些技巧，這將能補充現有研究報告之不足。

4.2 節說明有效的**概括化**有助於發展出瞭解其他文化的彈性模型，以及**固定的刻板化**則會限制住創造性的回應。4.3 節介紹對不一致行爲進行分析的模型，並探討理性與象徵的意義。

4.4 節著重於**蒐集與應用資料**，資料來源包含官方機構與研究報告、新聞資料、外人與圈內人。分析者也可以藉由參與、觀察及訪談向圈內人學習。我們並介紹訪談的技巧。4.5 節討論**發展、檢驗與修正假說**等問題，以更精確地解釋其他文化的標的行爲。

## 習題

本習題的目的在於使你練習如何分析文化。

詢問一位同事，請他以一般性的角度談他的工作之各個層面，例如，工作如何分配與監督、資源分配的決策、獎勵與懲罰，以及升遷政策等。

1. 找出你沒有完全了解之典型行爲的某個面向，並利用 4.4.11 小節所列之問題形式，準備一系列的問題。
2. 使用這些問題訪問你的同事，目的在於完全了解到底發生了哪些行爲，及背後的價值觀（爲什麼人們如此表現），但不要直接詢問「爲什麼？」的問題。
3. 描述你對於該同事的了解？你的了解正確嗎？

## NOTES

1 "The memo on German reunification," *The Independent*, July 16, 1990.

2 Catherine S. Manegold, "White men blamed for pattern of bias in US businesses," *International Herald Tribune*, September 28, 1994.

3 Erik Ipsen, "Clout at Bank of England?" *International Herald Tribune*, July 1, 1993.

4 "Donna al potere nei paesi Nordici" (Women holding power in Nordic countries), *Corriere Della Sera*, May 15, 1991. I am grateful to Gabriele Udeschini for these insights.

5 Brian Knowlton, "Albright to State; a Republican to Pentagon," *International Herald Tribune*, December 6, 1996.

6 "Russia's in deep," *Time*, January 16, 1995.

7 "Other voices," *Asiaweek*, March 1, 1991.

8 Associated Press, "Singaporeans don't practice what they preach on equality," *The Nation* (Bangkok), December 25, 1994.

# 第一部　個案

# 國家文化

# 第一章　國際管理與文化

## 個案：波士頓銀行

〔本個案探討如何判斷文化何時會成爲環境中的重要因素。〕

Peter 在加入小型的波士頓銀行擔任人力資源經理以前，已在廣告代理商工作多年。在他到任後一個禮拜，該銀行被一家日本銀行收購，日籍管理幹部抵達後，便開始迅速運用他們的職權。

Peter 注意到，他們的行爲有三個面向似乎有點奇怪—至少依他過去的經驗而言，他不確定要如何解釋。

首先，各級同僚之間的關係相當正式，對上級的職責則區隔得相當僵硬。

### 問題

哪些因素可以解釋這些階層關係？

1.銀行業的產業文化。
2.日本文化（與美國文化相比）。
3.日本的經濟政策。
4.職場裡的其他因素。

檢討你的答案，並判斷 Peter 應該如何回應：

(a) 訓練美籍員工去了解日本文化的價值觀。
(b) 訓練日籍員工去了解美國文化的價值觀。
(c) 開始尋找其他工作。
(d) 什麼也不做。

(e) 其他。

第二，所有日籍員工都是男性，而且對女性員工都採取父權作風。

### 問題

哪些因素可以解釋這些父權態度呢？

5.銀行業的產業文化。
6.日本文化（與美國文化相比）。
7.日本的經濟政策。
8.職場裡的其他因素。

檢討你的答案，並判斷 Peter 應該如何回應：

(f) 訓練美籍員工去了解日本文化的價值觀。
(g) 訓練日籍員工去了解美國文化的價值觀。
(h) 開始尋找其他工作。
(i) 什麼也不做。
(j) 其他。

第三，日本的管理階層對於長期規劃沒興趣，也不鼓勵美籍部屬進行策略規劃。

### 問題

哪些因素導致對長期規劃不熱衷？

9. 銀行業的產業文化。
10.日本文化（與美國文化相比）。
11.日本的經濟政策。
12.職場裡的其他因素。

決策

檢討你的答案，並判斷 Peter 應該如何回應：

(k) 訓練美籍員工去了解日本文化的價值觀。

(l) 訓練日籍員工去了解美國文化的價值觀。

(m) 開始尋找其他工作。

(n) 什麼也不做。

(o) 其他。

接著，在購併半年後，日本管理階層宣佈將再出售波士頓銀行，這時就可以清楚看出他們購併的眞正目的，難怪他們不想投資在策略規劃上，以免損及出售。

決策

假設你是 Peter ，而且你早在購併初期就知道按照計劃會再出售，則你會如何回應呢？

重新檢討(k)-(o)的答案。

# 第二章　文化的比較

## 個案：墜機事件

〔以下問題在於測試對Hofstede模型之某個構面的瞭解。〕

一份澳洲報紙報導墜機事件在某東南亞國家的餘波，在地居民隨地撿拾223位罹難者的遺物。一位農婦宣稱她和她的鄰居有權處理任何由天上落到她們土地上的東西：

> 「我們得到的都是應得的，為什麼我們應該把東西還給沒做半點事情的警察呢？」如同盆地裡的其他人民，他們只能依靠土地長出來的東西維生，那名婦人說她也有權利撿拾掉在地上的東西。

這篇報導列舉將近12位侵佔者的言論，其中沒有半個人對自己的行爲表示任何懊悔之意。更確切地說，他們：

> 感到相當得意，因為他們對於這樣的狀況反應很快。比起警察與緊急搜救人員，他們對在地地形熟悉多了……有些侵佔者的勞力成果為警方取回，他們控訴警方搶走自己的財產。「泰國侵佔者的光榮收割」，*Reuters* 報導，雪梨早報，*1991/5/31*。

### 問題

1. 用 Hofstede 的模型（1991，見 2.5 節）判斷可以用哪幾項構面來解釋這種行爲，爲什麼？

2. 你認爲澳洲的新聞記者與讀者會如何反應呢？用Hofstede模型來解釋你的答案。

決策

3. 假設你在這樣的文化下管理一個組織，你發現團隊向心力很強，成員對彼此很忠誠；然而，不同的團隊彼此對立，這將損及公司的一般性利益；你應如何將忠誠感擴充到對公司整體的層次，同時不損及對團隊忠誠的優點呢？

# 第三章　文化的變遷

## 個案：馬來西亞銀行家

〔以下問題要求你比較此處提供的資訊與你對該文化的預期。〕

Anwar 是馬來人，也是馬來西亞國民。在結婚後，他決定開始在位於新加坡的一家小型澳商金融公司任職。他直接的上司 Harvey，也就是總裁，是一個澳洲人。他的同事包含兩個新加坡籍中國人(Jerry 與 Gun-wu)、一個居住在香港的印度錫克教徒、一個英國人與一個美國人。Anwar 在公司裡不會特別覺得有在故鄉的感覺，不過他辛勤工作因爲他明白他正在學習有價值的調查研究技能。

有一天，他的年輕妻子 Halima 前去探望住在 Kuala Lumpur 的雙親，回來後她顯得很高興，因爲和她姐夫談了一席話，「你知道 Jamal 自己開了一家投資公司嗎？有他父親的資助，資金不是問題，嗯，他告訴我他正在找一個一流的傢伙，來管理新的研究部門，而你是第一人選，不過有三個問題，在回教曆九月前他不能提供你工作，還有你必須在跨國的保險領域具備一些專業知識，以及他也不能支付你太多薪水—還不能，初期是這樣。」

允諾的薪水比 Anwar 現在的薪水少很多，然而，他很快地做了決定，並且開始學習新技能，他的新重心讓 Harvey 感到很驚訝：「我們爲什麼涉入金融保險這麼深呢？」Anwar 含糊說一些不明確的答案。三個月後，他提出辭呈，並且搬回 Kuala Lumpur 老家。

他很快適應在 Jamal 手下工作，新專業相當獲得重視，使他漸漸變得更有自信。有一天，他回到新加坡開會，並邀請 Jerry 與 Gun-wu 吃午餐，「爲什麼不來我們公司呢？」他建議，「在這裡比幫 Harvey 工作安全多了，沒錯，Harvey 是個好人，但是我們都知道如果沒有和總部商量，他不能做任何重大決定，而且雪梨那邊說不定明天就決定關閉新加坡辦事處。但是如果爲我工作的話會比較安全，我確定你們的待遇會不錯，而且會覺得像在一個大家庭裡，你們會得到終生的工作。」

Jerry 與 Gun-wu 難掩他們的興趣，他們承諾將非常愼重考慮他的提議。

### 問題

重新回顧 Hofstede 對於馬來西亞文化的評鑑；

1. 本個案如何突顯文化的變遷？
   它是否解釋了文化的連續性？

### 決策

2. Harvey 應該如何回應這些人跳槽離開公司呢？

# 第四章　自己做分析

## 個案：吸煙者

〔本個案探討詢問關於其他文化之資訊時的一個問題。〕

一家日本銀行的副總裁與他的幕僚前去拜訪一家美國銀行，這家美國銀行最近才在紐約設立新分行。在會談的休息時間，他靠近窗戶往窗外擁擠的街道望去，見到鄰棟大樓門口有一群人站在街道上聊天、抽煙。他皺起眉頭，告訴一個助手說他們不能和這家銀行做生意。　他回到會議桌並評論該銀行的辦公室很舒適，「但是，我納悶你們爲什麼搬來這裡，這裡有許多娼妓和皮條客」他說。「哪裡？」驚愕的主人問道。「就在街道上，我可以見到他們。」然後他指向窗外。「那些不是娼妓和皮條客，」美方主管解釋道，「那是我們的員工，隔棟辦公室的員工，我們有禁煙的規定。」他繼續解釋法律管制公共場所的使用，這表示想在休息時間吸煙的員工，按規定只能在外面空氣流通的地方享受他們的嗜好。　談話在尷尬的氣氛中結束。

### 問題

1. 當副總裁詢問時，他預先做了哪些假設？
2. 爲什麼客人與主人會覺得尷尬呢？
3. 他應該問何種問題，使他可以獲得想知道的資訊，同時又可以避免尷尬呢？

決策

4. 如果你是主人，你如何回應原先的詢問，以減少尷尬呢
5. 假設在不久的將來，會有一連串的重要訪客來臨，你害怕同樣的誤解會再度發生，你應該採取哪些對策來避免誤解呢？

# 第二部

# 文化如何影響內部的配置安排

第五章

# 組織文化

## 5.1 前言

在 1980 年代，Aramco（阿拉伯美國石油公司 Arabian American Oil Co.，位於沙烏地阿拉伯）的組織文化以超乎尋常的程度影響了美籍員工。有些員工住在公司周邊地區，形成一個小型的美國城；許多人在公司附屬的學校受教育，然後終生任職於此；公司的餐廳、俱樂部與電影院滿足他們的社會需求，員工難得有需要離開這個地區。除了在美國接受後續的第三階段教育與渡假之外，他們很少受到 Aramco 地區外的文化之影響。

以美國人在阿拉伯文化裡運作而言，這樣的情形並不尋常—Aramco 培養美國認同的作法可能會促進員工受到孤立的感覺。然而，它卻爲資方與員工之間的緊密關係做了最好的示範，這是許多公司都想培養的。本章將討論企業採取行動以建立組織文化的情形，也將探討組織文化與組織所處國家環境的文化之間的關係。

## 5.2 組織文化與國家文化

「組織文化」的研究並不容易，因爲這個名詞尚無廣爲接受的定義。早期研究都著重於描述組織生活主觀的一面，但是近年來重點已轉移到嚴謹的比較(Denison 1996)。此外，組織文化有各種定義且變動著，包含規範(norm)、規定(rule)、氣候(climate)與象徵（symbol，例如組織旗幟）等。

本書所說的組織文化指，在組織裡培養出來的知覺總和。本章將探討 Trompenaars(1993)所列組織文化的三個面向：

(a) 員工與組織之間的一般關係；

(b)定義主管與部屬之關係的垂直或層級職權體系；

(c)員工對組織的命運、意圖、目標與自己在組織裡的地位之一般看法。(pp. 138-9)

(a)強調管理當局與員工之關係的重要性；(b)指出高階經理人有能力藉由操縱組織結構與制度來影響組織文化；但是(c)則指出管理控制並不完全，員工的共同認知可能異於高階經理人試圖灌輸的。管理當局關注的重點與員工的經驗之差異在總公司與國外子公司的關係中可能最大。

## 5.2.1 認知

管理當局與員工所持有的組織認知，包含信念、態度與價值觀，定義如下：

- **組織信念(belief)** 意識裡確定組織裡有某事物存在、或某事物很好。
- **組織態度(attitude)** 意識裡的看法，認為事情為何或應該如何；通常在儀式或使命說明書(mission statement)裡表達。
- **組織價值觀(value)** 對於組織裡「事情應該如何」的潛意識假設，並且是在組織裡養成的。

價值觀的影響最深。在針對丹麥、荷蘭地區20個不同組織的研究報告裡，Hofstede等人(1990)將組織氣候描繪成洋蔥，由一層一層的皮所組成，而在最中心：

> 存在著價值觀，它是一種對於善與惡、美與醜、正常與異常、合理與不合理之廣泛而不具體的感覺——通常是不知不覺，並且很少拿來討論。它不能由討論中觀察到，

但是會影響替代行為的選擇。

而正因爲不知不覺，價值觀更持久，並且不容易改變。在這一點，它們和經由國家文化所獲得的價值觀有一些相似。

## 5.2.2 組織文化與國家文化的區別

組織文化：

- 提供個體成員一種認同感；
- 作爲一種承諾的根源，使人對組織忠誠大於對個人忠誠；
- 作爲一種詮釋現實情況進而塑造行爲的架構。

在這些方面，我們可以寬鬆地將Hofstede(1984a)對國家文化的定義應用來定義組織文化：

> 心智活動的集合體，它區分一個人類團體之成員和另一個的差別……以此意義言之，文化包含了價值體系；價值觀為文化的礎石之一。(*p.21*)

在 1.2 節中，由國家文化的定義導出以下結論：

(a) 文化是一個團體特有的，不是其他團體的；
(b) 文化是後天學習的，不是與生俱來的；
(c) 文化會一代傳一代；
(d) 文化影響團體成員的行爲，使他們行爲一致而且容易預期；
(e) 文化包含價值體系。

這些結論可以用來解釋組織文化：

- 每個組織有它自己的文化，而且沒有兩個組織的文化會完全一樣；
- 組織的成員必須學習組織的文化；

- 當高階經理人決定組織的價值觀應該改變時，會開始教育新的信念與態度；
- 工作場所的價值觀由老員工傳給新員工——可能符合或不符合高階經理人希望建立的價值觀。

我們在應用國家文化的觀念時，會發覺(d)——影響成員的行爲，比較不能成立。一方面，組織文化的影響相當大；另一方面，組織成員如果不能調適自己的知覺與行爲，使之符合組織的主流文化，可能很早就辭職了。

最重要的不同點在於(e)——價值觀的概念。國家文化與組織文化的觀念在這方面是不同的。國家文化的價值觀在幼年早期就已學習，個人根本沒有察覺自己受到文化的制約；然而，組織文化通常是長大後在工作場所才學習，而且只在意識的層次上（相對於潛意識的層次）進行同化。

### 5.2.3 組織價值觀的影響

這引發一個問題，組織文化是不是擁有和國家文化一樣強大的影響力呢？這一點相當重要，因爲如果答案是肯定的，那麼員工就有可能被制約成表現出和國家文化相反的價值觀。例如，個人主義國家文化裡的X公司員工，可以被制約成具有重視團體和諧與避免衝突等集體主義文化的特性。但是如果國家價值觀總是可能否決對立的組織價值觀，那麼高度投資在修改組織文化的系統上，可能就沒什麼意義了；這也關係著總公司對於國外子公司的控制。

學者對於這一點的看法歧異頗大。Schein(1987)主張組織文化可能和國家文化一樣有影響力。Burack(1991)也相信組織文化是：

> 根深柢固的；它提高組織單位之行為模式與內在價值觀的一致性，無論組織單位之地域、功能以及業務的邊界

為何。

Laurent(1986)則質疑組織文化是否會產生這樣的效果，他暗示：

- 組織文化不太可能修改國家文化的價值觀；
- 當國家文化與組織文化衝突時，前者很可能壓倒後者。

最後，Hofstede(1991)指出一個本質上的差異：

> 組織是本質上和國家不一樣的社會系統；因為組織成員通常有權利決定是否加入組織，並且只有在工作時間與組織有關係，加上有一天可能再度離開。(*p.18*)

個人受組織文化影響的程度，主要取決於他待在組織裡的時間長短。常跳槽的人經常換工作，組織文化對他的影響力不可能太大；但是對於一個在公司裡待一輩子的人，影響可能就很大了。小型家族企業對於出生在組織裡的人，也確實能發揮影響力。本章前言的個案就提供了一個實例，說明了一家公司的影響力竟然可以發揮到這種程度——但要注意的是位於國外的Aramco的文化基本上還是屬於美國文化。

本書主張國家文化有較大的影響力——但也可能有極端的個案。在你往後的職業生涯裡，可能會學到（和擺脫）一些組織文化，但是卻無法擺脫國家文化。

### 5.2.4 強／弱的組織文化

組織文化是強大的，當：

- 組織文化具有凝聚性：團體成員共享相同的價值觀、信念與態度；
- 成員彼此之間溝通容易；

・成員彼此依賴來滿足個人的需求。

文化的強度可以由成員對於工作經驗之知覺的一致性看出來（5.2 節 Trompenaar 的觀點(c)）。

### 5.2.5 正/負面的組織文化

當成員支持高階經理人，而且雙方關係良好時，組織文化是正面的；注意 5.2 節 Trompenaars 的觀點(a)，這會發生在：

・成員認為他們和企業的營運成果有利害關係：當企業獲利，他們也會獲利（當企業虧損，個人也會有損失）；
・利潤（如薪俸或其他津貼）與損失被認為公平分享；
・對生產力的要求被認為合理；
・管理階層的做法被認為合理：高階經理人實際並公平地與成員溝通；他們聆聽抱怨，並給予公正的回應。

當文化是負面的，員工與管理當局的關係不良，負面的情形則會發生。

高階經理人會受到強大之負面文化的威脅。員工和資方疏離，不相信管理階層的訊息，認為管理階層不誠實。通用汽車(GM)過去曾經是個個案：

> 通用汽車位於加州 *Fremont* 的工廠，本來是在 *1962* 年以先進設備建構而成，然而，憤怒的工人卻稱之為「戰艦」，除了因為工廠的顏色是灰暗的棕綠色之外，部分原因也在於持續了 *20* 年無止境的紛爭。惱怒的離職者、怠工者、暴力份子時常引發罷工、中斷生產，且每日曠職人數通常高達 *20%*。在這樣的前提下，烈酒和毒品也可以大量買到。(*Wilms* 等人，*1994, p.101*)

### 5.2.6 強且正面文化的意義

當文化強且正面時，管理當局與員工的關係良好，溝通容易、開放、績效良好、鬥志高昂、生產力提昇。本章前言的個案就是一例。

斯堪的那維亞人力公司也是一個文化強生產力高的例子（見 Harung 和 Dahl, 1995）。該公司本來在挪威營運，後來在丹麥、瑞典陸續設立分公司。1995 年以前就已經通過歐洲品質標準(ISO 9002)，是挪威最早，也是最早獲得 ISO 9002 的服務業公司之一。管理當局著重於：

> 培養、維持及確保組織成員持健康、有生產力的價值觀，換言之，核心策略就是要確保強大的文化。(*p.13*)

無條件的顧客滿意因而獲得保證，缺點接近零（顧客滿意度 97%）。

一個能呈現出強大、正面文化的公司能贏得顧客，而且能吸引有才華的員工。管理職位應徵者會尋找名聲良好、並且公司文化符合其需求的雇主。Schneider(1988)引用 Olivetti 公司一位人力資源經理人的話：

> 那些要求自主權的義大利人願意到 *Olivetti* 勝過 *IBM*。他們將 *Olivetti* 的文化描述為不拘小節、結構性低，擁有較多的自由、較少的限制與戒律。(*p.239*)

這暗示那些偏好較正式之組織結構的人會選擇 IBM。

## 5.2.7 視組織文化爲次文化的集合

在 1970 與 80 年代，併購風潮助長企業集團的成長，其高階管理階層試圖透過推行統一的文化，將控制觸角延伸至各子公司。這種情形正逐漸改變。現在有許多英美企業更重視次文化之間的差異，以及因此而產生的策略機會。

文化多元化受歡迎的原因有三點；首先，高階經理人更能區隔與滿足各個市場；第二，可以識別必要與非必要的員工，接著培養前者；第三，個體差異通常象徵個人的創造力。公司主要的資產是人員與人員所擁有的知識：

> 兩年前，通用汽車(*GM*)感到相當苦惱，因為他們發現失去 *Jose Ignacio Lopez* 這員大將就快成為事實，他將轉往福斯汽車(*Volkswagen*)發展。在 *GM* 買下位於底特律的總部時，他為公司省了將近十億美金；而在他離開公司的同時，也帶走了與零件供應商殺價的寶貴知識……後來 *GM* 決定給予員工較大的自由，例如自己設定時間表，依自己喜歡的方式打扮，甚至選擇自己的上司。[1]

當有不同的角色、年資、國家文化（或其次文化）團體存在時，組織文化可以表達爲重疊的次文化之集合。

## 5.2.8 一致性與差異

重疊的次文化概念意味著單位內有共同的知覺，而不同單位之間有一定程度的差異。Kono(1988)曾做以下區分：

- **上層文化(Upper Culture)** 所有成員都接受的價值觀；與團體文化(Group Culture)：每個部門的個別文化；

- **上層文化(Upper Culture)**　高階、中階管理階層的價值觀、思考方式與行爲模式；與**下層文化**(Lower Culture)：普通員工的文化；
- **母國總公司文化與海外子公司文化**

Schein(1996)也區分過組織內的子文化：

- **作業員文化(Operator Culture)**　與實際營運有關之人員的知覺，以人際關係爲基礎。相當重視信任、參與及良好的溝通；
- **總裁文化(CEO Culture)**　CEO與高階管理階層的知覺，具有國際觀；對挑戰與成就需求的追求比人際關係重要；
- **工程文化(Engineering Culture)**　工程師與技術人員的知覺，它們受到工程的吸引，是因爲這方面與人際關係無關。

這些研究提供有用的模型，使我們了解不同的次文化如何共存於一個組織裡，以及各個次文化如何看待自己、公司以及環境。我們可以區別：

- 組織所有成員共同的核心知覺，以及不爲所有成員持有的知覺；
- 不同團體的知覺；
- （某些知覺不被所有成員持有的情形）認知的衝突；
- 在不同單位內部各團體的知覺——包含總公司與子公司。

### 5.2.9　內部風險

**內部風險**(Internal Risk)定義爲內部的事件對企業執行策略、達成目標的能力產生有害影響的一種威脅，例如員工惹來公司必須負責的虧損。在跨國企業裡，風險可能較高，當子公司：

- 比較自主——不受總公司控制
- 遠離總公司——在地理上和文化上和總公司的營運較不相關

企業可以藉由激發正面的文化與設立有效的風險管理制度，來保護自己免於遭受詐欺與失能的風險。風險管理制度能提供關於目前營運的詳細與精確資訊，使管理當局可以將不可避免的風險納入企業的策略目標；在組織文化支持風險管理時，它會是有效能的。以金融機構爲例來說，這表示：

- 管理當局了解業務的各個面向；
- 建立起每個活動的職責，並且加以傳播；
- 營業人員與負責現金流向的人員分開；
- 建立內部稽核與控制的制度；
- 能快速修正弱點。

過去幾年來發生的幾件營業員瀆職造成大型金融機構虧損的案例，可以說明這一點。在霸菱銀行的個案裡，高階經理人不了解衍生性金融商品的操作細節，但是卻給 Nick Leeson 操作自由，只要他能讓公司獲利；他同時受到兩個經理人的監督，一位負責他的職務，一位負責他的營業地區（東南亞）。但如同許多矩陣式結構，沒有一位經理人能完全檢查他的活動；因爲他雙邊進行交易，並結算自己的帳戶，使他可以隱瞞驚人的虧損。

在 Daiwa 銀行的個案中，一個營業員在 11 年多的時間裡，使銀行損失 7 億英鎊。他拒絕休假二或三天以上，因爲怕有人動他的檔案：

> 「如果是在西方的銀行裡，*Iguchi* 厭惡假期的行為可能讓人想問：『他到底在遮掩什麼？』位於東京的德意志銀行金融分析師 *Paul Heaton* 說。「但是在 *Daiwa*，他們

只會說他是『多麼偉大、努力工作的人啊！』」[2]

這種鞠躬盡瘁死而後已的文化，在日本銀行業是相當典型的。Sumito 公司因為一個外匯營業員進行未授權的交易而損失了 26 億美金；Yasuo Hamanaka 安排客戶直接和自己交易，他可以逃過內部稽核的調查，因為他自己就是該團隊的領導者，加上管理與檢查制度都不適當。

## 5.3 組織文化的控制

管理當局對於某些影響國家文化的因素之控制力較大，對另一些因素之控制力則較小。管理當局控制力較大的是：

(a) 組織概況，例如：

歷史和所有權

規模

技術

(b) 資方的焦點，例如：

營運範圍的界定

目標與策略

組織的象徵，包含使命說明書

組織的儀式、典禮、沿革

(c) 正式的結構，例如：

組織圖

溝通、激勵、解決爭端的制度

(d) 技術，例如：

技術的購買與發展

使用技術的優先考量

訓練計劃

但是也另有一些因素會影響員工如何體驗到他們的工作生活，這些可能在管理當局的控制力之外，包含：

(e) 國家文化，包含與工作及工作環境有關的價值觀

(f) 其他環境因素，例如：

經濟環境

市場的力量與行銷

產業因素

(g) 成員對正式的結構與技術之經驗

對於上述(a)-(d)的經驗

(k) 成員的非正式系統，包含：

非正式溝通

規範、慣例、程序、工作環境的傳統

非正式的小道消息、老規矩、歷史

生存與混得好的非正式規則

## 5.3.1 建立組織文化的政策

此處我們著重於管理當局建立組織文化的三種手段：

- 建立有激勵作用的結構與制度；
- 創造適當的管理象徵（5.3.2-5.3.4 小節）；
- 招募確實會有貢獻的新成員（5.3.5 小節）。

Trompenaars 的論點(b)(見 5.2 節）使我們注意到建立有激勵作用的結構與制度之重要性。它們必須：

- 使成員和企業的營運成果產生利害關係；
- 顯示利潤與損失是公平分享的；

- 對生產力設定合理的要求；
- 建立良好的正式關係——管理當局與成員之間適在地溝通。

適當的結構與制度的激勵作用將進一步於 9.6 節中探討。

### 5.3.2 管理象徵的控制

高階管理當局會利用象徵來創造員工的正向承諾，以建立正面的文化。管理當局會：

- 創造象徵，以表達管理當局對核心價值觀的知覺；
- 投射象徵使遍及整個組織；
- 創造對於組織象徵的共識，使負面的感覺消失且成員分享相同的價值觀。

管理象徵包括：

- 儀式與典禮：例如對本月最佳員工頒發獎章；
- 神話：「我們如何得到美國證券交易所的生意」；
- 歷史：早年的經歷、史詩般的奮鬥、英雄與壞人；
- 語言：內部的行話，用以區別局內人與非成員的局外人；
- 使命說明書—稍後討論。

### 5.3.3 策略與使命說明書

企業的**使命說明書**(Mission Statement)是策略目標與志趣的象徵性表示，它以利害關係人(Stakeholders)(員工、顧客與環境)的利益來定義組織，並回答以下問題：

- 我們是誰？
- 我們做些什麼？
- 我們朝向何處？

實務上，使命說明書之長短與內容相差很大，用於各種目的。Bartz和Bart (1996)由一些加拿大的企業找出發佈說明書的理由：

- 指導策略規劃；
- 定義營運範圍；
- 提供共同目的；
- 促進各級員工有共同的期望意識，進而建立共享的價值觀與強大的組織文化；
- 指導領導風格。

使命說明書描述：

> 實務上的準則與企業的哲學觀，關於公司對員工、股東、顧客、環境或社會其他面向應負的責任。(*Langlois 1993, p. 314*)

Leuthesser和Kohli (1997)指出，大部分美國的使命說明書都是內部導向，忽視了與環境溝通的機會。

主要作爲宣傳用的說明書可能淪爲陳腔濫調。有一份期刊向讀者提出挑戰：

> 設法找出一家未在使命說明書或年報裡聲稱其主要資產是員工的公司。[3]

這意味著高階管理當局爲了隱瞞競爭者，並未在說明書裡討論策略的某些面向。

### 5.3.4 使命說明書作爲文化的象徵

使命說明書反映出企業認同的三個面向：

- 作爲組織文化　說明書歸納目標，以告知員工應該如何對於達成策略目標做出貢獻，及設法建立對這些目標的承諾意識。
- 作爲產業的一員　說明書反映組織身處的產業之特性。Gordon (1991)描述驅動產業的文化要素有三種：環境競爭、顧客要求、社會期望。因此說明書表達公司對於其中某一點(或更多)的定位—例如，對顧客與員工宣傳它在市場上的成功(「我們是第一名」)。
- 作爲國家文化的一員　說明書可能不知不覺地反映國家文化的價值觀。西方的說明書內容富資訊性，而日本的說明書則很少有具體的事項：

> 其說明書經常由企業的哲學觀組成……融洽、合作、信任、快樂是關鍵字眼，用以引導員工的態度，並引導員工追求公司更高層次的目標。(*Langlois 1993, pp. 315-16*)

例如，Toyota於1989年主張「好產品與好友誼——與世界一起成長」，Nippon食物包裝公司的信息則是「製作讓人更快樂的食物」。

當管理當局希望傳達組織文化的改變時，就會改變說明書。Nissan：

> 將它的標語由「獨特技術」改成「感受脈搏」，意即尊重顧客的感覺。用這種方式，其企業文化轉為顧客導向，之後，成功的新模式就開始顯露。(*Kono 1990, p.14*)

想要避免文化衰老的日本企業會採取常態性更新文化的策略。Kono (1990)建議每五年更改一次使命說明書。Toyota、GM位於加州地區之合資企業的日本籍總裁指出：

> 我們必須藉由尋找問題與加速改善，以持續「振作士氣」；例如，在*1991*年，當他們開始感到自滿，而品質開始變糟時，*Kimura*推出新的*J-1*計劃：「我們將之視為一個有徽章與旗幟的戰役，使員工每天都可以看見我們的承諾與重視」(*Wilms*等人，*1994*, *p.106*)

## 5.3.5 藉由招募來建立文化

管理當局可以去吸引與招募那些似乎最有可能建立正面文化的應徵者。Benkoff (1996)注意到：

> 由於個人的特質似乎有助於這方面的努力，所以組織去確認應徵者具有相關的需求與性格是有道理的。(*p.748*)

這表示正式評鑑的手段會包含人格測試，以挑選最適合的員工。在集體主義的文化裡，僱用員工的非正式手段可能比正式的手段還重要，在韓國，學校文化扮演一個重要的角色，一方面企業會根據「與文化是否相符」來選擇合適的員工，另一方面應徵者也會選擇學校建議的企業。根據Soon (1995)指出：

> 學生從有經驗的校友得到的建議是，「如果要活得像個人的話，去*Lucky Gold Star*，如果要發展自己的潛能，就去三星公司。」(*p.57*)

## 5.4 知識導向型組織的領導

知識導向型公司在下述的背景中運作：

- 環境的變化越來越快；
- 重要的技能供應短缺，員工所擁有的知識代表一種重要的商品。

這有文化方面的含意。傳統那種維護部門界線內的紀律變得較不重要，高階管理當局賠不起失去專業員工的忠誠。就這項意義而言，員工也擁有所有權。Handy(1995)將他們和俱樂部的會員比較：

> 他們的權利包括他們共享他們所屬的社群之管理權。沒有人可以在他們不希望下而買下一家俱樂部，主要的資本投資與策略行動也需要獲得他們的同意。(*p.48*)

### 5.4.1 領導新的公司

新的文化需要新的領導風格。CEO會比傳統的公司擔負較少的控制責任，並且漸漸會僅負責研擬策略來引導公司。他必須爲企業文化發展出基本概念，並且鼓動員工熱衷這樣的文化。這表示：

- 誘導他們一起發揚這些概念
- 以共享的觀點來領悟這些概念
- 挑戰員工一同參與及執行

Bartlett 和 Ghoshal(1995a)描述領導者的資訊性角色：

> 領導者明瞭必須確保所有員工都有獲得資訊的管道，

因為員工是公司重要的資源，而不是只建立用來幫自己做高層次決策的資訊蒐集系統。(*p.141*)

作者舉美體小舖(Body Shop)的創立者兼總經理Anita Roddick爲例。該公司從位於英國的一家小店面起家，成長到現在於世界400餘國已有700家美體小舖：

*Roddick*在每家小舖裡設置佈告欄、傳真機、卡式錄音機，並不斷傳達各種影像與訊息，鼓勵員工發表意見。她視察各門市時會發表談話、聆聽員工的心聲，並且經常與各地的員工舉行會談，通常是在她家裡。(*p.140*)

領導者與員工之間的權力距離變小了。我們以斯堪的那維亞人力公司的高階管理階層爲例：

由於管理階層由衷信任員工，其主要責任由傳統的命令與控制，轉變成良師益友及提供每個人獲得成功的基礎。(*Harung*和*Dahl 1995, p.17*)

簡言之，新領導者的任命代表著文化成長的機會，但是機會、威脅是一體的兩面，錯誤的任命也可能對文化產生傷害。

## 5.4.2 領導者的文化

新領導風格的概念不是在所有背景下都適用，例如，可能無法應用在人力供給充沛、不需要員工表現創造力（例如政府部門）的高度傳統型家族企業。

文化是多重要的因素呢？Hofstede (1991)的資料指出，成功的領導風格因文化而異。Suutari (1996)對於在歐洲不同國家任職的芬蘭籍人士進行研究，得到有趣的證據支持Hofstede的論點：

一位在德國的芬蘭籍人士指出，北歐人的「溫和」並不適當，經理人必須有權威性，才能得到部屬的尊敬。在法國的經理人則變得較不鼓勵員工參與，因為他很難從法國的部屬處獲得意見，如果他不靠自己做決策，沒人會去做。在英國的經理人則變得較嚴厲，使用命令式的風格。(*p.701*)

領導者只有在符合自己性格的產業裡才會成功？還是他可以不管產業而能依賴內部的資源去取得優勢，進而成功呢？Rajagopalan 和 Datta (1996)歸納道，「我們不能確切地回答究竟是 CEO 選擇產業或產業的條件選擇特定種類的 CEO？」(p.212)。對於這一點，證據仍然模糊不清。

## 5.5 跨國企業裡的國家文化與組織文化

兩個值得探討的問題是：

(a) 在一個國家裡，各種成功的組織文化之差別能有多大？
(b) 企業跨越不同的國家文化時，實施單一的組織文化能有多成功？

在這裡我們先探討(a)：國家內組織文化的變異程度。5.5.1 小節將接著探討(b)。

Hofstede 等人(1990)對於丹麥、荷蘭地區的 20 個不同的組織進行研究。他們對員工進行價值觀調查，發現屬於特殊組織的身分可以解釋調查中大部分的變異情形；在組織裡，文化反映的不只是民族性、員工與經理人的人口統計變數（如年齡、性別、收入等）、產業與市場因素，還包含組織結構與控制制度。「因此組織文化的差異除了導致國家文化差異的因素之外，還包含其他要素。」(p.312)

另一方面，Berry 等人(1992)對於一些文獻（包含 Hofstede 等人(1990)）做了簡短的評論，他們主張：

> 在文化同質性多少有點高的國家裡，組織文化沒有明顯的不同。〔此等研究〕提到的差異較不是文化價值觀的問題，而是比較表面的風格問題。(*pp. 321-2*)

兩項研究得到相反的結論。國際經理人可能必須依照個人的經驗與價值觀，來決定採取何種說法。傾向較樂觀且較強勢的 Hofstede理論之經理人會相信經理人能夠有效地干預組織文化，這暗示總公司在規劃國外子公司的文化時，可以扮演決定性的角色。

至於經驗比較符合 Berry 之概念（組織文化在國家背景下的變化不大）的經理人，事實上接受國家文化比組織某些結構性要素更能決定工作場所裡的價值觀與行為。

### 5.5.1 實施單一的組織文化

本小節探討問題(b)：企業跨越不同的國家文化，實施單一的組織文化能有多成功？

日本與韓國企業通常會在外國的子公司裡建立同於母公司的組織文化；此種文化控制將於 16.3.4 小節討論。近來英美企業較傾向於對子公司實施形式上的控制，讓子公司自己發展，現在已有一些英美公司試圖打破母國文化對各地子公司的影響。迪吉多(Digital)與國際商務機器(IBM)在這方面就做了不少努力。

總公司想在其他國家的文化背景下複製自己的文化，期望能有多高呢？一些專家表示這樣的理想是沒有希望的。Ray (1986)寫道：

> 沒有任何有說服力的證據……證明美國企業對文化的操縱真的起了控制的作用。甚至更不能確定操縱文化的管理策略，在移植到其他文化時，會比在美國實行有效的管理技巧更有用。(*p.295*)

Ray 以員工的知覺來詮釋組織文化的觀念。將詮釋限制在他們能控制的因素上（見 5.3 節：組織概況、資方的利益、正式的組織結構、技術等因素）之高階經理人可能會得到其他結論。

例如，假設總公司的管理階層對子公司的瞭解，只來自偶爾的拜訪及和子公司的管理階層會談，則他們不太可能對在地員工知覺的工作經驗有多大了解。這種忽略文化的問題在以下的情形會更嚴重：子公司的管理階層本身是外來者並且與本地的中階管理人員以下的員工很少接觸。在此種情形下，總公司很難體會到試圖改變子公司所受的限制。

## 5.5.2　總公司與子公司的緊張關係

在雙方面對於子公司之文化體驗不同的情形下，總公司與子公司的緊張關係難以避免。這種緊張關係在高階管理當局的策略與子公司員工的經驗與期望差異大時最具破壞性。

子公司的管理當局所感覺到的緊張最為敏銳。當子公司由本地的經理人統領時，他可能會矛盾於應該忠於本地員工，還是忠於總公司；一位負責任的外籍經理人也有相似的問題，他所面臨的問題較少來自自己國家的文化與在地文化的衝突，較多來自母國的管理幕僚不清楚在地的文化與在在地工作的困難。

一個奧地利人描述她在管理一個小型的奧、泰專案時，在跨越時區的兩種文化之間進行協調所面臨的挫折：

> 我花了一年的時間試著了解泰國文化，並向他們解釋總公司的政策，接著又花了一年的時間向總公司解釋泰國方面的立場。問題是維也納來的人沒有半個在這裡視察超過一個禮拜。下午三點以後他們打電話來，抱怨為什麼妳的屬下不這樣做，為什麼不那樣做，難道不知道奧地利人喜歡事前規劃嗎？妳知道泰國人如何規劃嗎？這當中有落差存在。我必須一再告訴維也納方面這一點。然而甚至在我回家以後，他們還是整晚打來（由於時區不同，泰國的晚上是維也納的工作時間），搞得我精疲力竭！

一位由母國總公司指派且只對總公司負責的子公司經理人可能會傾向只代表總公司的利益，因而不顧在地實際的情況而強制執行總公司的政策，長期而言這將損及公司的利益。

### 5.5.3 文化的平衡點

在一種極端情形下，總公司試圖對子公司的組織結構、制度、文化各方面實行完全的控制；在另一種極端情形下，總公司放手讓子公司自由發展自己的策略與文化——例如，當子公司生產、行銷產品到在地市場時，除了達成總公司所設的財務目標外，不需要負擔向總公司報告的責任。

在兩種極端情形之間，總公司與子公司可以建立組織文化之間的平衡點（見 Nohria 和 Ghoshal, 1994），這表示有更多的共享價值觀，以及認識更多對方知覺的著眼點與目標。總部與子公司培養對於共同利益的了解，是透過各種社會化機制——例如經常性的長期相互拜訪。子公司仍然運用在地的知識與資源，但是以追求整個跨國公司的利益爲目的。

## 5.5.4 融合

Fujita(1990)舉了一個文化平衡的例子。他描述日本企業在併購一家國外公司時，會試圖透過融合的過程建立一個「混合的／問題解決導向的文化」。這個過程可能很慢，而且需要雙方的參與：

> 當生產工程師和領班與日本工人一起合作解決問題時，這個過程會促進組織融合，而此一過程的一再循環將漸漸促成新文化的形成。(*pp.66-7*)

新的文化既不是複製日本總公司的文化，也不是典型的在地文化。文化融合在海外的汽車工廠最活絡，原料與高科技公司平平，食品與製藥公司再次之，而在R&D公司則最不成功。Fujita將R&D公司歸類爲最「個人主義」，他並未對於使用這個字眼多加解釋，但他認爲具高度個人主義文化特性的組織成員，在公司被併購而必須接受組織文化有某種改變時，可能最易採取反抗的態度。

Toyota與通用汽車(GM)策略聯盟後，位於加州的NUMMI〈New United Motor Manufacturing，新聯合汽車製造廠〉之發展是文化融合成功的實例。研究小組發現該公司的蛻變主要來自混合美日文化中最好的部分，並創造新的「第三類」文化之能力。(Wilms等人,1994)生產系統依循Toyota的制度，雖引進一些新的特性，但是主要的特性維持下來。約有85%的員工原本在一家組織文化相當負面的GM工廠裡工作。

但是在公司開始將日本與美國的信念融入一爐時，他們發現一些相互依賴的新原則。

> 一個新興的文化被建立起來……將注意力集中在日本與美國文化本來就一致的地方，同時也公開承認文化的差異，因此*NUMMI*能夠達成建立新文化的共識。(*Wilms*等

人，*1994*，*p.103*）

新的管理階層努力建立員工之間的相互信任。在 1988 年由於銷售下滑導致產量大幅降低 40% 時，他們安排許多員工接受重新訓練，沒有開除任何人，甚至鼓勵員工參與決策過程。這項計劃的成功可以從曠職人數的降低看出來，1985 年 NUMMI 營運的第一年，每日曠職人數的比例由 GM 時代的 20%，下降到只有 2%；而 1993 年的調查顯示「有 93% 的員工以自己的工作爲榮」(Wilms 等人，1994，p.103)。

### 5.5.5 品質的標準取向與文化取向

總公司強制灌輸的組織文化及協調出平衡點的組織文化之差異，可由對品質採標準取向或文化取向來闡明。

品質的**標準取向**指管理當局設立具體可衡量的品質標準，要求達成或超越該標準。而**文化取向**則試圖創造一種工作環境，使員工共同擁有生產高品質的財貨與勞務的價值觀。(Albrecht，1990)

標準取向具有簡化、易衡量的優點，可以較不受領導人員異動的影響，但也較偏向由管理當局主導及獨裁主義，在低權力距離的文化或在鼓勵參與的公司裡，這可以算是缺點。文化取向目的在於灌輸新的文化價值觀，並給予員工一種參與和擁有感。

一項對澳洲航空的文化取向之品質計劃所進行的研究指出，它確實達成了重要的成就，但同時也評論這樣的計劃

> 需要極高的參與，而且很難獲得組織成員真心的接納。直到歷經數年終於建立起新文化之後，它仍然脆弱，因為領導階層的改變可能以戲劇性的方式影響文化改革的方向，有可能逆轉原來的趨勢。(*Shadur 1995，p.124*)

文化取向比較可能在服務業獲得成功，而標準取向則比較適合

製造業，至於國家文化對成功有多大影響力則無法確定。

### 5.5.6 關係的改變

最後，總公司與子公司的管理階層之間的關係與雙方的文化都可能改變。底下我們舉一個例子。

瑞士籍跨國企業雀巢(Nestle)併購美國企業Carnation之後的五年內：

> 當時的*Carnation*總裁*Timm F. Crull*只與雀巢董事長*Helmut Maucher*通過兩次電話，而一年只被叫回*Vevey*總公司拜訪兩次。新老闆很少干預*Carnation*的經營，「可能好幾個月我都沒有和他聯絡，」*Crull*回憶說。[4]

但是當雀巢開始面臨在地競爭者的價格戰時，它將Carnation和其他美國子公司合併成一個每年產能74億美金的食品業巨人。那時候信仰集權化效果的Crull發現自己「一個月在Vevey待上一個禮拜。身爲美國雀巢公司董事長與總裁，他必須緊急改造龐雜、無效率的組織」。

總部與子公司之間的關係會產生改變，以因應子公司狀況的不同，及因應兩者都面臨不同的營運環境。

## 5.6 對經理人的涵義

請針對：

・貴國文化裡你所熟知的一個組織；
・其他文化裡你所熟知的一個組織。

回答問題 1-3 。

並針對跨國總公司與子公司，回答問題 4 。

1. 在每個組織裡，尋找證據證明：
   ・國家文化的價值觀對行爲的影響力較組織文化顯著。
   ・組織文化的影響較國家文化的價值觀顯著。
2. 判斷各個組織的文化是：
   (a)強或弱
   (b)正面或負面
   什麼因素造成文化的強／弱？
   什麼因素造成文化的正面／負面？
   如何使文化更強？
   如何使文化更正面？
3. 在每個組織裡，你分辨出哪些次文化？下列團體的價值觀在哪些方面相似？差異情形又如何呢？
   (a) 高階經理人
   (b) 中階經理人
   (c) 基層經理人
   (d) 工廠的現場主管
   (e) 不同職務的團體
   (f) 不同的工廠／子公司

(g) 總公司員工、外籍員工、海外子公司的在地員工

- 組織如何從這些團體相似的價值觀獲得優勢呢？又如何從相異處獲得優勢呢？
- 相似處會對組織造成什麼損害呢？而相異處呢？
- 如何將這些次文化轉變成組織的優勢呢？

4. 選擇一家跨國企業來回答本題。總公司如何控制子公司的價值觀與行爲呢？

(a) 層級控制的政策有多大影響呢？

(b) 文化控制的政策有多大影響呢？

- 執行這些控制政策會引發哪些問題？
- 這些問題如何解決？

# 摘要

本章討論組織文化的觀念。

5.2 節討論**組織文化**與**國家文化**的差別，及組織文化的強／弱、正面／負面。5.3 節探討管理階層對組織文化的**控制**能有多大，例如藉著創造使命說明書這類的象徵。其他變數的存在顯示完全控制並不可能。5.4 節探討在知識導向型的組織裡，領導與文化的關係。

5.5 節探討國家文化與組織文化對跨國企業的影響。當總公司決定透過文化來控制子公司時，組織文化的價值觀是否能凌駕國家文化是個重要的問題。

## 習題

閱讀以下個案[5]後，請：

1. 分析問題並提出解決方式。
2. 由本個案你是否可以推測 Feraro 先生的信念與價值觀？
3. 假設你是一個顧問，你會提供 Feraro 什麼建議呢？

Luigi Feraro 是一位積極的企業家。五年前他在新加坡創立一家電子公司，並擔任總裁。以下是目前管理團隊的國籍、年資等資料：

|  |  |  |
|---|---|---|
| 總經理： | 瑞士 | 4 個月 |
| 財務經理： | 英國 | 19 個月 |
| 生產經理： | 義大利 | 22 個月 |
| 行銷經理： | 新加坡 | 15 個月 |
| 人事經理： | 新加坡 | 13 個月 |
| 行政經理： | 馬來西亞 | 12 個月 |
| 工程經理： | 台灣 | 8 個月 |
| 研發經理： | 丹麥 | 2 個月 |
| 運輸經理： | 新加坡 | 6 個月 |

公司創立時只有三個員工——Feraro 及兩位新加坡籍的事業伙伴 Hervey Tan 與 Michael Swee，但是在一連串激烈的爭吵之後，兩位新加坡人離開了。

Feraro 說：

> 他們離開一起去開創自己的事業時，對某些產品線我們是直接的競爭者。但即使如此，我仍然虧欠他們很多，他們是勤勞的員工，無論我告訴他們什麼，他們都會有進展，我自己都不能做得這麼好。我從他們那裡學到另一件

事，就是在如此國際化的國家裡的價值觀，這是他們的構想：當我們僱用新員工時，第一個問題是應徵者是否能使公司變得更國際化。」

然而，現在的管理團隊卻發現彼此很難成功共事。會議不太成功。歐美員工的表現傾向比亞洲員工好得多，但他們自己有時候會發現彼此很難溝通。

Feraro 抱怨：

> 我已經試過激勵他們，給他們熱忱，將他們放到飛機的軌道上，但是他們似乎從來不想起飛。我鼓勵他們採取主動及率直的態度，但是他們經常提出一些不切實際的構想，在這種情形發生時，我是必須加以糾正的人。雖然他們每一個人都很有本事，但是卻很難進行團隊合作。

在試圖建立較強的文化時，Feraro 要求財務經理爲高階管理團隊及其配偶或家屬安排一系列的社交活動。第一個活動是在豪華郵輪上共進晚餐，並環繞本島旅遊。Feraro 希望和兩位由布魯塞爾來訪的資深經理人做生意，因此也邀請他們參加。

在那個晚上結束時，他們又散成好幾個小圈子——義大利、台灣、丹麥人一群，瑞士、英國、馬來西亞人一群等等。

## NOTES

1 "It's people, stupid," *The Economist*, May 27, 1995.

2 Robert Guest, "Corporate culture hid loss of £700m," *Daily Telegraph*, September 28, 1995.

3 "It's people, stupid," *The Economist*, May 27, 1995.

4 Amy Barrett and Zachary Schiller, "At Carnation, Nestlé makes the very best . . . cutbacks," *Business Week*, March 22, 1993.

5 This case was suggested by material produced by Professor Fredric Swierczek, The Asian Institute of Technology, Bangkok.

第六章

# 文化與道德

前言
企業道德
道德改變的原因
跨文化的道德
工作場所的道德
認識其他文化的道德
優良的企業公民
對經理人的涵義
摘要
習題

## 6.1 簡介

營運範圍超過 40 餘國的美國服裝製造商 Levi Strauss ，於 1993 年 5 月宣佈將結束在中國大陸大部分的營運[1]，這表示他們將逐步取消與中國地區承包商的合作。該公司的總產量預計將因此降低 2% （約每年 5 千萬美金），該公司所持的理由是中國政府不尊重人權的紀錄。

離開中國大陸的決定具體反映出該公司之組織文化的原則。這個文化表達在數組海外營運的標準上，其中強調對平等之工作條件的承諾。如果國家不能對該公司的原則妥協，他們寧願撤資——如同過去他們在緬甸所做的，及對孟加拉政府的威脅一般。其管理階層相信企業經營應該保持一貫的原則，則員工的士氣會高昂，否則員工的士氣將遭受打擊。

在面對問題時，Levi 做出道德的決定，並忽略反駁的聲音——認為美國應該試著透過積極的經濟參與去影響中國，勝過對人權問題採取堅持的立場[2]。然而，美國企業撤離孟加拉後，後續發展顯示此種政策的效果有時候反而違反初衷。1995 年牛津飢荒救濟委員會(Oxfam)的報告統計出 1993-94 年間由於孟加拉的供應商害怕如果繼續僱用童工將喪失生意，在紡織廠工作的 5 萬名童工約有 3 萬人被開除；這些童工多數由於貧窮被迫賣淫，或從事其他危險性更大的職業，例如焊接。[3]

本章認為道德議題相當複雜，解決道德問題的方案必須將背景列入考慮。道德規範隨著文化而異，經理人不應該假設其他文化與自己會遵循相同的規範。

## 6.2 企業道德

重大的道德醜案牽涉到跨越文化的組織與個人。在執行歐洲聯盟(EU)的農業政策時，騙子與笨蛋使納稅人損失了高達 793 億美金，相當於 1993 年 10% 的總預算；而由於政治因素，歐洲執委會不願意干預太多。[4]

在 1995 年，數量空前的歐聯政治家與執行者因被控涉嫌貪污而離職，包括北大西洋公約組織(NATO)總秘書長 Willy Claes、挪威中央銀行總裁 Torstein Moland、Alcatel Alsthom 總執行長 Pierre Suard。在義大利，兩位前首長遭到調查，分別是 Giulio Andreotti（涉嫌參與黑手黨的犯罪）、Silvio Berlusconi（涉嫌收賄）。而瑞典的代理首長在被控涉嫌濫用一張政府的信用卡後，被迫暫時停止角逐首長之職。

同年在法國，Grenoble 的前市長因收受某企業禮物而被判刑三年，而前部長 Bernard Tapie 因操縱足球賽而被判刑。在德國，65 名 Opel 的現任或前任職員因涉嫌收受供應商之賄賂而遭調查。在西班牙，El Mundo 報指責 Felipe Gonzalez 政府貪污。1996 年，比利時爆發一樁牽連甚廣的兒童性醜聞，這件醜聞又與政治謀殺和貪污有關。1996 年英國保守黨在某次選舉中因爲被認爲貪污腐敗而獲得壓倒性的失敗。

在更遠的地方，墨西哥前總統的親戚 Carlos Salinas de Gortari 遭到控告。在南韓，前總統全斗煥、盧泰愚以及七位企業經營者如 Daewoo 和 Samsung 集團的總裁皆面臨賄賂的指控。

我們如何解釋這些明顯而普遍的不道德行爲呢？這些事件的發生率可能沒有比從前普遍，之所以遭到起訴，是由於大眾對於貪瀆案件的敏感度提高，原因包括：

- 資訊革命使得調查及報告貪污腐敗比以前容易（例如，對於南韓前總統盧泰愚的財務狀況調查，及墨西哥前總統Carlos Salinas de Gortari親戚瑞士洗錢案的調查。）；

- 越來越多人察覺到貪污腐敗的政治、經濟及社會成本；
- 社會中產階級漸漸期望政府和企業界之言行符合更高的道德標準；
- 逐漸提升的國際化使得更多公司的員工意識到其他國家不同的道德規範；
- 工作環境裡文化差異性增加，使得企業不再能將自身文化的道德規範視爲理所當然；
- 政治經濟環境的改變，迫使企業重新思考對於市場的道德作法〔Ryan(1994)曾描述俄羅斯及東歐在共產主義崩解之後，不得不發展出合乎道德的管理方式〕；
- 工作環境的改變：顧客與供應商漸漸傾向於和在社會議題上有良好紀錄的公司做生意，員工也傾向在這樣的公司工作。

## 6.2.1 有道德代表什麼

企業如何創造獎勵道德行爲的組織文化呢？有一個辦法是建立道德規章，並強調無論結果如何，經理人都應該遵守，但是這可能不太實際。

> 最近有一篇關於企業道德的論文建議，「如果在某些情況下，遵守道德將導致公司倒閉，那麼就倒閉吧！」
>
> 然而在現實世界中，沒有任何經營者會願意採行這樣極端的利他主義，將自己的企業放在祭壇上準備犧牲。

而且有一個實際的問題——如何擬定清晰明瞭的規範。例如，假設公司禁止你收受顧客的禮物，這個規定看似清楚，但是在以下情形，拒絕禮物似乎沒那麼容易：

・禮物的形式是請你去餐廳吃飯，或到對方家裡吃飯；
・當顧客是你的家人時；
・在某些宗教慶典，通常會交換禮物時；
・當不收下禮物會造成嚴重的侮辱時，拒收禮物可能讓公司失去一份合約，甚至讓你的同事失去工作；
・你的代理人代表你收下禮物，並且將禮物收入當作費用的減項。

所以絕對的極端可能不切實際。多年來有些專家不斷主張管理沒有講究道德的餘地，並認爲公司的責任是賺取利潤，營業是道德中立的，只要企業不違法，不應以道德的理由限制獲利的機會。Wolfe 於 1993 年重申這個立場。

### 6.2.2 道德與營業

Becker 和 Fritzsche(1987)的研究發現，法國、德國和美國的經理人大多同意長期合乎道德才是良好的營業活動。講求道德的企業比較容易取得內部與外部之利害相關人士的信任，因而建立忠誠度(Hosmer,1994)。

但在實務上，大部份的企業喜歡在理論與實務間採中庸立場(Stark,1993)。營運方式不道德的名聲對公司有害，有道德的聲譽則有利，但是並非全然如此。Schwab(1996)針對 Hosmer(1994)的主張提出反駁，他認爲如果遵守道德保證可以賺大錢，就不需要今天的法律、管制與強制規範了。道德標準的不足給予經理人較寬的標準、較少的限制，至少就短期而言是如此。

### 6.2.3 道德教育

許多學者認爲管理學院與企業界有義務孕育道德規範。Mahoney(1990)建議道德題材應該包含在課程裡的每個科目，而不是像現在這樣的單一科目。

有些企業努力想在員工身上建立起道德觀念，並運用一系列的方法，見McDonald和Zepp(1989)，目的在於提昇道德意識、消除道德與非道德的模糊地帶、培養組織文化與認同感：「我們在這裡做事的方法」。企業可能會寫下指導方針，以規範：

- 什麼營業活動是道德的，什麼是不道德的(例如，談判時何種虛張聲勢可以接受；可以送合作伙伴什麼禮物，什麼時候送禮構成賄賂)；
- 如何說服經理人表現得更道德；
- 如何獎勵道德行爲，及如何避免或懲罰不道德行爲。

這些目標要如何達成呢？Badaracco和Webb(1995)針對哈佛大學MBA應屆畢業生進行研究，所有人都修過哈佛的道德課程；當這些年輕經理人進入公司，他們很快發現高階管理階層的道德理想可能未爲中階經理人完全接受，他們經常接到牽涉不道德行爲的指示——例如篡改研究資料。其他研究發現道德課程沒什麼實際幫助，高階經理人似乎對於基層的現實缺乏接觸，而個人被迫透過自己的反應與價值觀處理自己的道德問題。

若受訓者從小就同時接受宗教與道德教育，且工作環境也支持道德行爲時，則道德教育會最有效。

# 6.3 道德改變的原因

一般性的道德規範是全世界共同遵守的，如各大宗教皆譴責謀殺、偷竊等。但是實際的涵義較不直接，例如，即使是正直、有道德的個人也可能反對禁止接受禮物（見6.2.1小節），特別是和其他文化接觸時。

公司規範可能明示接受禮物不道德，但是如果你不收，其他文化的東道主可能會感到受辱，不願簽約，而如果約沒簽到，有些同事可能會丟掉工作；關心同事的生計不道德嗎？

本書並不是主張道德的價值觀總是相對的，或應該偏好投機取巧的作法，眞正要說明的是，當各種正當的利益衝突時，如何判斷正確的道德規範是複雜的。

前言的個案說明了這種複雜度。一位土耳其企業家的個案則提供進一步的例證。她快80歲了，手下的企業包含不動產、包裝廠、紡織廠以及37間購物中心，但是她的事業起初是以妓院起家的，目前爲止仍有11家：

> 她比從前贏得更多的敬重，因為她個人的特質、她對土耳其政府狂熱的忠誠、對窮人的慷慨，以及一個事實——她去年繳納的所得稅約美金9百萬元。
>
> 「納稅是一種榮耀，」她說。這至少在某方面表達出她對國家的熱愛，「我從沒想過要剝削國家。」[6]

那麼她應該爲愛國、慈善、誠實納稅而受讚揚？還是爲賣淫而受譴責呢？如果應該受譴責，你會和她做生意嗎？在地清眞寺的教宗不願承認她的慈善：

> 「伊斯蘭教裡有一個字——*haram*，意味著禁忌……

觸犯禁忌賺來的錢不能用來供奉阿拉。」這名教宗不願意太嚴厲地斥責 *Manoykyan*，他的前任試過，後來被迫退休。[7]

教宗遇到一個難題。他不允許拿她的錢，然而拒絕可能被詮釋爲侮辱——而 Manoykyan 相當擅長於處理侮辱。這是一個實務難題，還是道德問題，或兩者皆是呢？

選擇正確的道德回應是複雜的，當道德規範因新的政經現實而改變時。以下將說明此點。

## 6.3.1 道德判斷會隨著時間改變

30年前很少美國人認爲吸菸是道德問題，時至今日，吸菸的危險性被廣爲宣傳，菸草業於是蒙上負面的形象。

過去 30 年來，吸毒、酗酒與公然性行爲等禁令逐漸放寬，卻縮緊了對香菸的容忍，換句話說，人們對於反社會與不道德行爲的認知改變了。

問題是**爲什麼**對於吸菸、吸毒、酗酒與色情的容忍度會改變。以下是經濟背景改變造成道德標準改變的實例。

## 6.3.2 經濟背景：日本

在 1960 與 70 年代，日本人很習慣政治家收取政治獻金，只要經濟持續成長，他們似乎願意容忍這種情形。然而，在 1980 年代早期，經濟成長開始減緩。

1984 年，一個叫 Recruit Cosmos 的公司提供衆多議員、公務員、企業界人士購買未公開發行股票的機會，這些股票在 1986 年才公開上市。這不只是內線交易的問題（內線交易在 1984 年的日本並不違法），而是一種形式很誇張的政治獻金。這些官員的投資都得到100%以上的利潤，對很多事件他們都願意偏袒該公司。

以前像Lockheed案之類的醜聞都沒有激起太大反應，但是這次的情況卻引發日本人民的厭惡與不屑。1998年當這件醜聞被揭發時，社會大衆的公憤使得醜聞遭到徹查，政治人物蒙羞，至少一人自殺，連當時的內閣首長也被迫垮台——因爲他個人與醜聞案有牽連，而司法審判過程1995年才塵埃落幕。

這種態度的改變可能有幾個解釋：

- 日本大眾漸漸變得較有道德感；
- 日本政治家越來越貪污腐敗；
- 日本社會大眾對於政治家貪圖私利越來越不能容忍，因為他們覺得自己的利益受到越來越大的損害。

沒有證據顯示日本的社會大衆突然開竅，或政治家的道德突然腐化。第三個解釋似乎比較正確。社會與經濟背景的改變使得人們不再容忍不道德的行爲：

專家同意，如果日本的中產階級沒有開始感覺到自身的煩惱，醜聞的揭發不會激起這麼震撼的效果。

問題在於，大部分的日本人並未感覺富有。日本的經濟成功帶來想法的對立，並且在不久的將來會造成深遠的政治影響……許多剛開始在東京發展的年輕人，買不起房子，或每天必須花好幾個小時工作，他們漸漸開始怨恨那些利用權勢圖利自己，並且似乎不太注意其他人困境的人。[8]

### 6.3.3 政治背景

政治背景的崩潰可能造成社會規範與道德的不確定性。舊機制衰退而新制度可能還不足以監督商業活動。在蘇聯與東歐國家裡，有組織的犯罪集團利用資本主義取代共產主義的政治更迭期間犯罪。道德問題也會發生在人們尚未了解新機制的時候。在俄羅斯：

> 因缺乏合法的市場經濟架構，創造出道德標準的真空狀態，使得俄羅斯的經理人必須在自己缺乏經驗的經濟體制下，做一些特別的判斷。和俄羅斯企業做生意的美國人應該知道俄羅斯人通常都不曉得自己的行為是否正當。(*Puffer* 和 *McCarthy,1995, p.41*)

一項調查顯示，越南政府官員貪污的原因在於公務員的薪水實在少得可憐，使他們被迫收賄以維持合理的生活水準。一份研究顯示，中國大陸也發生類似的問題，缺乏監督企業自由發展之可靠的法律制度。[9]

# 6.4 跨文化的道德

## 文化的價值觀影響道德態度

Sydney Lumet 導演的一部老片《Twelve Angry Men》，內容描述一位陪審員如何爲被告洗刷罪名，說服其他 11 位陪審員認定被告是無辜的。陪審制度反映出低權力距離的價值觀，被告有罪或清白決定於陪審團，而不是法官。在片中主角一個人獨自抗拒其他人的看法，最後終於說服他們轉而接受自己的觀點。這是一部歌頌個人主義的電影，將道德的價值觀與個人對正義的堅持合而爲一。

因爲文化有差異，一個文化裡的標的行爲在其他文化裡的詮釋可能完全不同。高權力距離與集體主義文化的成員在看《Twelve Angry Men》時，剛開始可能會驚訝於這種陪審制度的運作方式，好像在挑戰法官的專業與權威，接著他可能會懷疑這名看起來對團體毫無忠誠的陪審員之態度。

我們再舉一個例子。日本人相當重視對團體忠誠，如老闆與員工之間、總部與子公司之間、以及公司與顧客之間的忠誠。1985年美國讀者文摘決定關閉持續虧損的日本子公司，結果遭到日本工會與部份新聞界人士猛烈的批評。新聞將：

> 母公司描述成有罪，因為它忽略並且背棄了不變的忠誠……工會在紐約時報刊登廣告說：「他們是一家不負責地拋棄日本讀者與自己員工的公司」以及他們的行為『不公平』、『昧著良心』、『不負責任』。」(*Gundling 1991, p.33*)

股東與員工的利益並不一致。日本人重視員工的利益，而美國人則以股東的利益優先，兩方的行爲都符合自己的道德規範。

### 6.4.1 過度概括的危險

因爲X文化的企業界人士比Y文化的更常逃漏稅，所以他們也比較可能會欺騙顧客，這樣的過度概括容易造成誤解。

1980年代晚期至90年代早期，日本爆發一些政商界的舞弊醜聞，其中Recruit Cosmos案、Sagawa Kyubin案和Kinemaru Shin案最有名。但同時期的一份評估顯示，日本的地下經濟（不納稅的經濟活動）大約只佔國內生產毛額(GDP)的5%，低於美英兩國（約7%），更遠低於比例最高的希臘(30%)和西班牙(25%)許多。[10]

希臘與西班牙地下經濟的規模不代表他們生活的其他領域也同樣不端正。一份1992年謀殺發生率的數據顯示，每10萬名希臘人僅1.8人死於謀殺，英國2人，西班牙2.3，美國則有8.4人[11]。回到前面的例子，X文化的企業界人士在與政府稅務人員或生意上的合作伙伴交涉時，採用的可能是不同的誠實標準。

經理人也不應該對於性別做過度推論。一份針對英美兩國學生

所進行的研究顯示，兩個國家裡的女性道德水準都較高。(Whipple 和 Swords, 1992)

### 6.4.2 普同主義

道德的普同主義（universalism）定義爲一種觀念，在這種觀念下只有一種可能的道德規範是每個人都應該遵守的。Hofstede 以個人主義的觀點暗示普同主義：「人們以通行的觀念來評價」(Hofstede, 1984a, p.166)，「法律與權利之前人人平等」(Hofstede, 1991, p.73)。

集體主義的價值觀指出「法律與權利因不同的團體而異」(Hofstede, 1991, p.73)。這暗示兩點：首先，相對於外地人而言，你應該對團體內的成員採取較高的標準；其次，評估不同團體的行爲時，應該採用不同的標準。

許多國家以道德標準爲基礎，將道德決策納入外交政策中。1995 年 7 月，挪威撤回駐 Tehran 大使，因爲伊朗拒絕暫緩英國作家 Salman Rushdie 的死刑。但美國人是唯一相信自己的道德規範應該爲世界共同採用的民族—根據 Vogel(1993)的說法。雖然商業道德在日本與歐洲逐漸廣爲討論：

> 但是沒有任何一個資本主義國家像美國大衆一樣，對於商業行為的道德性保持這麼高的堅持與關心。
>
> 美國企業道德的議題不尋常的可見度，來自美國的商業制度所處的特殊憲法、法律、社會、與文化等背景。此外，美國對於商業道德的態度也是獨特的，比其他資本主義社會更重視個人主義、守法主義與普同主義。

以下舉例說明個人主義與集體主義的態度在實務上有何差別。研究對象是兩組學生，第一組學生是東南亞人，第二組學生是美國人。兩組學生分別被要求評估兩個主角的道德行為，第一個主角是街上的營業員，第二個主角是銀行家。

美國人會先區別坦白（道德）與撒謊（不道德），然後評估兩個主角的行為是否合乎規範。而亞洲人則會先問自己，一般依街上營業員的經驗而言，他們會遵守何種道德規範，而該主角是否符合這個規範；對銀行家也以同樣的方式評估。

### 6.4.3 為什麼不討論道德取向何者為優的議題

本書不探討普同主義取向或經驗取向何者為優，兩者都有哲學上的困難，以下是一個例子。

1995 年 3 月 12 日，奧姆眞理教徒在東京地鐵發動毒氣襲擊，造成 12 人死亡、近千人遭波及。當日本警方開始著手調查時，該教派邀請了美國司法協會重新檢查證據，該協會派代表直飛日本：

> 警告日本警方不得威脅該團體的宗教自由……其中一位美國人告訴聚集在奧姆真理教辦公室中滿屋子充滿敵意與懷疑的日本記者，該教派不可能製造出在襲擊中所使用的罕見的沙林毒氣。他表示，美國方面已經從奧姆真理教所提供的照片與文件中判定這個事實。

在日本文化中，道德判斷傾向於較依賴經驗，是相對的而非絕對的。

我們可以輕易地譴責美方，因為他們未經授權地干擾該案的進行；但是如果美方認為這是道德信念問題，覺得非採取這個立場不可，他們是否就有正當的理由呢？應該進一步譴責美國與其他英美國家對於國際人道組織的支持嗎？如美國援外賙款合作組織(Care)、牛津飢荒救濟委員會(Oxfam)、War on Want 、Save the

Children等，這些機構都在他國扮演干預的角色，而且同樣是未經授權。

國際經理人必須預期其他文化的經理人在做道德判斷時會採用不同的標準，而這樣的選擇則深受文化的影響。經理人的課題在於了解影響道德判斷的因素，以及文化是如何影響的。

## 6.5 工作場所裡的道德

經濟的發展使得雇主與員工之間的道德關係逐漸開始受到立法的保障，這反映權利（由別人處獲得）與義務（提供給別人）相對才能達成平衡的概念。對於每個組織來說，想要運作得更有效率，權利、義務適當的平衡是有實際需要的(Selbourne,1994)。但是這種平衡的精確形式卻因文化而異。

Van Gerwen (1994)描述歐洲的道德：

> 與美國的對應部分是稍微有點不同，如果不是在理論上，至少是在實務上。對於商業道德，一般而言美國人在討論勞工議題時，會明顯地偏向於傾聽經理人的意見，然而歐洲人在定義勞資關係時，拒絕只從雇主的角度來看，反而傾向於重視工人的角色，如同他們完全有權實際參與公司決策的過程一般。

Van Gerwen從歐洲的社會憲章(European Social Chapter)裡面舉例，說明兩個團體互補的權利義務，即一個團體的權利意味著另一個團體的義務，反之亦然。例如，員工有權利得到有品質的工作（工作滿意），也有義務遵守僱用契約，並對公司忠誠；相對地，雇主有義務提昇工作品質，也有權利要求員工達成最低產量，並忠誠地合作。

這樣的制度是否適用於其他的文化背景呢？這可能需要將集體主義與個人主義文化的差異列入考慮，以及權利義務對等的整個概念也要重新定義。集體主義者將雇主與員工的關係視爲以共同利益爲基礎的契約，集體主義者則以道德的角度來看這樣的關係，比如說家庭的聯結(Hofstede, 1991, p.67)。

## 6.5.1 組織的新道德問題

社會的改變會爲組織的道德規範帶來新的問題。以愛滋病(AIDS)在工作場所裡蔓延爲例，企業應該採取哪些步驟來保護受傳染的員工、其他員工、顧客、公司形象以及一般大衆呢？Levi Strauss 發展出一套教育與訓練計劃的模式，藉由提供事實資料以緩和員工的恐懼，並清楚指示經理人對待受感染部屬，以及如何在面對這種負面情形時，仍能維持士氣與生產力。

藉由表現出有道德的領導方式，企業能贏得美名，也能建立起正面的組織文化。AIDS 政策帶來的附加效果除良好的企業形象外，也增加了 Levi Strauss 的營業額，1993 年淨收入比 92 年提高了 36%，直到 1995 年該公司仍持續活躍於世界 60 餘國(Beaver, 1995)。

我們以資訊的議題作爲第二個例子，說明科技的發展非但不能解決道德問題，反而可能使之更加複雜。1996 年遺傳學家宣佈他們發現與基本人格特徵（如忠誠）有關的感覺基因，這引發一個問題，即在員工同意、甚至不同意的情形下，這種基因指紋是否應該讓雇主使用。

在權力距離低的地方，員工可能會相對地希望獲知雇主的基因密碼和「忠誠」的證據，例如在景氣不好擔心飯碗不保時。但是在權力距離高的地方，這樣的要求根本不會被考慮。

在跨越文化阻礙來詮釋這種資訊時，也有實際的問題。首先，忠誠應該對誰呢？在個人主義文化裡，可能是對公司，但是在某些集體主義文化裡，卻可能是對直屬主管盡忠。例如，一位印尼經理人和外籍高階經理人起了衝突，於是他辭職跳槽到某競爭者的公司，並且把他的部屬都一起帶去；這些部屬的行爲應該詮釋爲不忠（因爲他們離開公司，加入競爭者）？還是應該詮釋爲忠誠（因爲他們和主管站在同一陣線）？

其次，如果在某文化裡工作期間平均有10年，在另一個文化裡是5年，則忠誠應該分別持續多久呢？在規避不確定性之需求高的地方，對雇主忠誠通常視爲一種美德；在規避不確定性需求低的地方，就比較不會如此。(Hofstede, 1984a, p.132)

## 6.6 認識其他文化的道德觀

國際經理人如何認識其他文化的道德規範，以利業務往來呢？進行比較分析是一種方式，另外經理人也可以：

- 參考講究道德的機構所建立的制度（6.6.1-6.6.2）。
- 參考非正式的道德責任等觀念，例如亞洲文化裡的「面子」（6.6.3-6.6.4）。
- 採用實証測試（6.6.5）。

### 6.6.1 道德機制的規範

道德機制提供了商業行爲規範的道德指標，這些機制包含：

- 國家的法律制度
- 宗教團體
- 專業協會

- 各種組織及其文化
- 家庭

然而，這些機制在不同的文化裡扮演的重要性不同，經理人不能因爲宗教團體在自己的社會裡相對重要性較小，就假設在其他地方也是這樣。

Badr等人(1982)比較埃及與美國之價值體系的作用，發現證據顯示「個人的價值觀與其管理決策有正向的關係」。由埃及與美國學生分別進行投票，埃及人認爲宗教價值觀的重要性大於經濟、社會、政治價值觀，而美國人則認爲經濟重要性大於政治、宗教、社會價值觀。

## 6.6.2 當道德機制失靈時

不幸地，道德機制的指導只是不完全的；在所有的社會裡，都有人爲了一己之私蔑視法律、挑戰權威；已建立的機制之權威在世界各地仍不斷地遭到威脅。以埃及、奈及利亞等回教社會爲例，回教的基本教義派仍在挑戰政府實施法律制度的權力；其他地方的制度也許沒有直接遭到抨擊，但是或多或少都面臨缺乏道德正統性的危機。

在日本的個案中，一位日本的觀察家評論道：家庭關係的疏離與宗教體系的沒落是恐怖教派——奧姆眞理教成功贏得許多信徒的主因：

> 父親疏於扮演一家之主的角色，他們過度忙於工作，經常將時間花在加班以及通勤上……日本人缺少了某些其他文化所擁有的東西：地位穩固、通過時間考驗且提供道德標準的宗教。日本神道(*Shinto*)沒有道德或教義的規範，佛教退化成一系列送葬的儀式，基督教則主要盛行於

中年人，並且遭到無情的打壓；在這種心靈層面空虛的情形下，任何新的宗教都可能漸漸散佈，並吸收到信徒。[13]

雖然日本的法律典籍禁止不道德的行爲，但是大部份的控訴者寧願藉由直接談判或商業仲裁機構來解決糾紛，也不願上法院解決。Dubinsky 等人(1991)發現，日本的銷售人員與美國和南韓相比，普遍認爲在公司政策裡提及道德議題沒什麼必要性。然而，這並不表示日本的企業界沒有任何道德基礎可言，大公司常扮演領導者的角色，以及說明企業哲學的規範常會提到和睦與誠懇是企業行爲的基本方針(Langlois, 1993)。組織的規範受到父權主義與重視信任的文化所強化。

### 6.6.3 非正式的權威：亞洲文化裡的面子觀念

在亞洲文化裡，企業人士的行爲或多或少受限於會丟臉或可能丟臉的掛慮。面子定義爲一種正面的社會評價，這種評價依個人在社會關係裡的行爲表現而定。面子代表你所屬社會團體之其他成員對你的知覺（與自尊相對，自尊指的是你對自己的評價）。

人們藉由表現出與自己的身份地位相稱的行爲，來保持自己的顏面。在尷尬的時候，會覺得丟臉，例如有某個不太圓滑的人挑戰你的權威或要求確認你的地位時。人們藉由適在地參與團體及表現，來加強自己在團體中的地位。

面子觀念不只限於亞洲，所有文化裡的人都重視自己的面子，但只有在亞洲文化裡，面子才扮演著核心的重要性，保全面子或光耀顏面的需求對於行爲有很大的影響力。各國在這方面的用語強調的重點稍微不太一樣(見 Redding 和 Ng, 1983)：

- 日本：omoiyari（體諒）

・南韓：kibun（人際關係的敏感度）

・馬來人：budi（尊嚴與體諒）

・泰國：krengchai（體諒別人）

・菲律賓：pakikisama（社會接納）

・中國人：lien（良好的品性，臉）和mien-tzu（博得的名聲、面子）

所有的用語都指符合和睦與包容等標準的行為。Hofstede (1991,見第7章)將這些社會的美德與儒家文化連繫在一起，相當於西方對於眞理的關切（Hofstede將日本包含在儒家文化裡，其他學者不認同此點，見Oh,1991）。

## 6.6.4 面子與團體認同

在儒學裡，家族具有首要的重要性(Lee, 1991)。家庭成員之間的信任與義務等價值觀，以及家人對家長的孝道關係是人倫之始；因此，損害家庭關係是違反道德規範的，特別是違反跟家長的關係時，更會使家族的顏面掃地。這種家族關係的價值觀會被帶入家族企業。

面子與集體生產力之間的相互關係，可以由McCann(1992)對泰國某大學的研究來說明。一個學生解釋自己為什麼要抄襲作業：

> 我覺得友誼代表著彼此幫忙，所以我幫我的朋友做一些事情，他們也幫我做作業……而且如果成績不好的話，我會很丟臉，所以我要抄襲作業。

一位泰國教授認為：

> 作弊是很普遍的，但是你必須從學生的角度來看。他們是在互相幫忙，有時候是在考試的時候，有時候是在寫

作業的時候，不過這不重要，都是互助合作，這是你沒有辦法禁止的。

一位英美籍的教授忽略了這些社會意含，並且以自己的工作價值觀來評估他們的行爲：

> 我的學生很懶散、缺乏主動而且不太注意學業。他們總是在交作業前一分鐘才來抄作業，因為他們覺得有分數總比沒有好，真是難教啊！(*pp. 49-50*)

以泰國的價值觀來看，和諧的團體關係顯然比工作效率重要。實際上，團體關係與工作效率之間的矛盾並不嚴重；如果一個集體主義的亞洲團體之內部關係不和諧，組織的運作效率也不可能太好。

### 6.6.5 實證測試

Wertheim(1965)提供一種秘密測試的方法，藉此國際經理人可以判斷交易是否合乎道德標準。如果你的合作伙伴對你施壓，迫使你務必保持交易的機密性，那麼國際經理人就可以判斷以對方的社會或企業文化而言，他所進行的交易可能不合乎道德標準。但是這種秘密測試並沒有這麼簡單，對方要求保密也有另一種正當的解釋，例如爲了不讓競爭者知道我方的動態，以保持優勢。

國際企業可以使用不同的方式來處理社會與道德問題。身爲一位經理人，你可以：

- 堅持自己公司的文化規範，而且拒絕從事公司認爲不道德的行爲(這可能顯示對地主國的文化不尊敬，如果被詮釋爲一種侮辱的話，可能會相當昂貴)。
- 接受其他文化的規範，甚至在其規範與自己文化衝突時亦然

（入境隨俗）。

- 僱用一位仲介者或調停者，授權他處理你與在地企業及官方的關係（提供他一些預算讓他「上潤滑油」，並且絕口不過問這些公關費用花在哪裡）。
- 重新定義不道德行爲，並將之漂白（例如，爲了弄到合約而支付的賄款，可以漂白爲支付給一位正當顧問的費用，即公關費用）。

政府逐漸開始對企業的交易施加限制，規定哪些交易合法或非法。美國政府禁止企業界在他國爲了弄到合約而支付賄款；英國的觀點則是：

> 企業的友誼不應該靠經年累月的貴重禮物來潤滑……「為什麼英國人會這麼可憐？」一位學者說：「因為輿論不喜歡那些出外為生意奮鬥，利用在地的貿易手段來確保自己和在地合作伙伴關係密切的人。在沙烏地阿拉伯，這些手段包括給他們禮物、提供他們的兒子在倫敦的醫療服務這一類的事情，如果你不這樣做，可能會寸步難行。」14

丹麥的情形則完全相反，給外國企業的賄賂在丹麥可以減稅。15

## 6.7 優良的企業公民

越來越多的人認爲，國際經理人必須對企業之外部環境的議題採取道義回應，但是不同企業的環境議題之類型也大不相同。Kanter(1991a)的研究顯示，世界各地的經理人對重視社會議題的程度差異很大，對企業是否應負社會責任也有不同的看法。

Kanter對日本、美國、德國、南韓、匈牙利及墨西哥經理人的研究統計顯示，各國經理人皆認爲員工的教育素質是組織成功最重要的因素（美國 78%）——只有日本人認爲它的影響力居第二，低於自然環境。對於酒與毒品問題的憂慮在美國最高(38%)，在兩個亞洲國家最低（日本 8%，南韓 5%）；在這兩國裡，喝醉酒不怎麼算是丟臉的事，而日本「只有輕微的毒品問題，對吸毒的容忍度低」[16]。GNP 最低的國家對於貧窮問題也最擔心：墨西哥有 41%，匈牙利則有 35%。日本經理人對於環保議題最關心(69%)，而匈牙利則對失業問題最關心(37%)。

該研究接著探討企業對這些社會問題是否應擔起主要的責任或扮演積極的角色。南韓經理人同意採干預態度的比例最高，日本最低。日本人對於改善酒、毒品、城市犯罪、失業、教育等問題顯得最不關心。所有國家的經理人都有心在解決環保問題上扮演主要的角色(德國 97%)。Kanter(1991b)的相關研究顯示，經理人對於環保議題的關心比 20 年前高出許多，是什麼引起他們的興趣呢？

### 6.7.1 優良企業公民的義務與營運

善盡企業公民的義務也可能同時有良好的營運。1992 年，德國通過法律要求企業界應回收所有的包裝、罐子、厚紙板、紙張和塑膠（法國和奧地利稍微修正辦法後也跟進）。

立法前數月，BMW 就已開發出一座每天可拆解 25 輛汽車的工廠，拆解後五分之四的零件可供再利用。汽車回收部門的主管表示：

> 沒有理由抗拒產品回收法……大衆相當支持，而我們也知道這個法案即將施行。[17]

你可能會反駁說，BMW 之所以會選擇做一個好的企業公民，是因爲它沒有更好的選擇（儘管其他競爭者也面臨同樣的問題），而且其研究人員建議這麼做可能獲利，而不是因爲他們具有強烈的道德責任感，覺得就算獲利可能受影響亦無妨。是否這種機會主義可能使其行爲不是眞的那麼有道德，這是道德學家探討的問題，但對於經理人而言，重要的是企業道德如何應用在實務上，並能促進良好的營運。

## 6.7.2 在其他國家做一個優良的企業公民

爲了在在地社區被接受爲一個優良的企業公民，子公司必須遵循在地法律的規定與精神。這表示要支持與以下事項相關的法律：

- 環境與污染防治；
- 雇用女性與弱勢團體；
- 雇用在地公民與外國人；
- 員工福利問題，包括報酬、退休金方案、雇用及解雇程序、訓練；
- 勞資關係；
- 租稅與財務控制；
- 證券與投資；
- 購買在地與國外的原料；
- 購買、租賃與選擇土地、建築物、工廠的地點；

・市場競爭；

・法律規範的其他商業活動。

雖然這些法律與社會規範可能和母國相差很多，但是仍然不宜觸犯在地的規範。

當子公司不能符合在地的規範時，就不太可能成爲受在地歡迎的企業公民。只是贊助在地的社區活動或慈善活動是不夠的；爲了完全被接受，外國企業不但要表現得超出法律的標準，還要勝過在地的競爭者。

## 6.8 對經理人的涵義

試比較一家在你的文化裡你所熟悉的企業和另一文化裡類似的企業。

1. 在兩個組織的工作與休閒時間裡，採行哪些道德規範來管理成員的活動？
   (a) 組織裡何人設定道德規範？
   (b) 這些規範如何傳達給成員？
   (c) 何種道德行爲受到鼓勵？如何鼓勵？何種不道德行爲會被懲罰？如何懲罰呢？
   (d) 這些規範有多模糊呢？
   (e) 應用在不同階級時，一致性有多高？
2. 在兩個組織裡，如何將道德規範教育給成員呢？
3. 檢視以上的答案。比較你對兩個組織的答案，然後判斷
   - 貴文化組織的經理人，在另一個文化的組織裡工作時，可能會發現哪些道德差異呢？
   - 其他文化的經理人，在貴文化的組織裡工作時，可能會發現哪些道德差異呢？
   - 這兩個組織協商時，經理人可能會碰到哪些道德問題？

# 摘要

本章探討現代化組織跨文化營運時的道德決策問題。大部分的企業同意某程度重視道德標準有利於形成良好的企業。6.2 節說明適當的道德標準逐漸成爲企業的課題，實務上的問題在於確認哪些標準應該維持，以及如何在組織中建立這些標準。

6.3 和 6.4 節探討道德標準如何因應政治經濟因素而改變，及道德在不同文化之間的不同。6.5 節討論道德標準在工作環境中的應用。6.6 節討論如何確認其他文化的道德標準，在與另一文化的企業進行貿易往來時，這有實務上的作用。6.7 節探討優良企業公民的觀念，以及企業在不同的國家中如何察覺自己對社會議題的責任。

## 習題

本習題探討在模糊情況下的道德決策問題。

本習題分 A 、 B 兩組學生進行，當 A 、 B 組學生來自不同文化時結論會更有趣。現在請閱讀以下個案，並回答問題。

1. 你到旅行社去詢問理想國組合假期的細節，並且對於彩色小册子與假期的細節印象深刻，價格是 15,000 法郎。

   (a) 旅行社忘了告訴你今年所有旅行社的理想國假期都降價（同樣的假期去年貴 15%），不過有提到「我們的新價格便宜不少」，他的行爲是否道德呢？

   (b) 續(a)，旅行社也忘了告訴你，同樣的假期競爭者只賣 14,400 法郎，他的行爲是否道德呢？

   (c) 續(b)，他告訴你「你可以到處購物，我想隨便在什麼地方應該都能幸運地買到比在地便宜的東西」，他的行爲是否道德呢？

   (d) 續(b)，他告訴你「沒有一家競爭者賣得比我們便宜」，他的行爲是否道德呢？

   (e) 續(d)，後來的調查顯示這家旅行社確實不曉得競爭者賣得比較便宜。這會影響你對(d)的答案嗎？

   (f) 續(d)，後來的調查顯示競爭者也在推出他們的理想國假期，並且說他們的價格比這家旅行社便宜（可是事實上較貴），這會影響你對(d)的答案嗎？兩組學生的答案差異會有多大？哪些因素（包含你的文化）能解釋這些差異嗎？

2. A與B兩組學生分別閱讀下列個案並回答問題。經理人與求職者 B 正在面談。在勞動市場裡 B 的獨特技能供不應求，B 不是唯一擁有這些技能的人，但他是唯一表現出對這份工作確實有興趣的人。A知道競爭者至少會支付B月薪22,000元，A 非常熱切地想說服 B 接受每個月 20,000 元的待遇。A 與 B 分別決定以下問題的解答：

(g) A 告訴 B：「你不是唯一擁有這些技能的人，我也不能一直空著這個職缺，我想你要盡快做決定。」A 的行為道德嗎？

(h) 反之，A 告訴 B：「你不是唯一擁有這些技能的人，我不能讓這個職位空太久，你必須在明天中午以前給我答覆。」A 的行為道德嗎？

(i) 續(g)，A 又說：「如果你到競爭者那裡求職的話，月薪有 18,000 以上就算幸運了。」A 的行為道德嗎？

(j) 續(g)，A 又說：「如果你到競爭者那裡求職的話，月薪可能不到 18,000 。」A 的行為道德嗎？

A 、B 兩組學生一起討論。比較你們的答案，意見的差異有多大？哪些因素（包含你的文化）可以解釋這些差異？

## NOTES

1. "Business and finance," *The Economist*, May 8, 1993; "Business briefing," *Far Eastern Economic Review*, May 13, 1993. The main points here are paraphrased from Beaver 1995.
2. Amy Borrus, "The best way to change China is from the inside," *Business Week*, May 17, 1993.
3. "Human rights," *The Economist*, June 3, 1995.
4. "Incredible edibles," *The Economist*, July 30, 1994.
5. "Management focus: how to be ethical, and still come top," *The Economist*, June 5, 1993.
6. James M. Dorsey, "Diversified Turkish madam seeks respect for her broad holdings," *Asian Wall Street Journal*, July 21, 1993.
7. "Diversified Turkish madam seeks respect for her broad holdings," *Asian Wall Street Journal*, July 21, 1993.
8. Steven R. Weisman, "Japan's days of scandal," *New York Times*, April 15, 1989.
9. "Hard graft in Asia," *The Economist*, May 27, 1995. This article reports on a survey conducted by Political and Economic Risk Consultancy, Hong Kong.
10. "Ghostbusters," *The Economist*, August 14, 1993.
11. "The new world order: Murder, Inc.," *Asiaweek*, October 23, 1992.
12. T. R. Reid, "Tokyo cult finds an unlikely supporter," *International Herald Tribune*, May 10, 1995.
13. Reiko Hatsumi, "Disturbing realities behind the success of a cult," *International Herald Tribune*, May 25, 1995.
14. Hugo Gurdon, "Saudis bearing gifts mean business," *Daily Telegraph*, April 12, 1995.
15. "Hard graft in Asia," *The Economist*, May 27, 1995.
16. Andrew Pollack, "Scandalized in Japan: a flamboyant publisher's rumoured cocaine connection," *International Herald Tribune*, August 31, 1993.
17. Ferdinand Protzman, "Germany to close recycling loop," *International Herald Tribune*, July 6, 1993.

第七章

# 跨文化的溝通

前言
適當的跨文化溝通
單向溝通
雙向溝通
交易模式
對經理人的涵義
摘要
習題

## 7.1 前言

假如有一個衣著寒愴的陌生人在街上靠近你，並說：「我很餓又沒有工作，不能買東西給我的小孩吃，我太太又生病著。」根據這些背景所提供的資訊，你會如何詮釋呢？大部分的人會認爲這個陌生人是在要錢—雖然他並沒有明白要求。

假如有另一個陌生人在街上接近你，這個人衣著光鮮，他說：「我有一個穩當的好工作，小孩在昂貴的學校裡愉快地讀書，我太太也很好。」你就不能做同樣的詮釋，認爲他是來要錢的。如果你無法將任何意圖與這些訊息連結在一起，可能會斷定這個陌生人的行爲是荒謬的。

訊息只有在和背景相稱時才能成功地達成溝通效果。國際溝通中最主要的問題在於發言者（來自 X 文化）與傾聽者（來自 Y 文化）表達和詮釋訊息的方式可能不同，就他們不同的文化優先性而言。也就是說，他們對於溝通的適當性可能有不同的概念。

本章著重於探討如何推論出其他文化之溝通適當性的規則，並說明文化如何影響溝通的優先順序與溝通風格。

## 7.2 適當的跨文化溝通

所有的文化對於理想的溝通方式都持有刻板印象。溝通的困難發生在各文化的成員希望他們的理想模式爲其他文化所了解，並且在表達和詮釋訊息時拒絕讓步。

例如，美國人通常聞名於率性直接的溝通方式，然而，這麼直率的表達並不是在所有的文化背景裡都能一樣有效率。日本人通常會儘量避免可能會造成對方不悅或丟臉的說話方式（以免對方反彈對自己不利）：

例如「*Eii doryoku shimasu*」這句話的意思是「我們應該努力」，看起來似乎已經夠直接了。但是當內閣閣員說這句話時，大部分在國會的聆聽者都會知道，他並沒有打算做什麼……。

一位前國會議員評論道：「任何文明的語言都是模稜兩可的，因為在人類的關係裡，不能夠太直率。」

Imai(1975)記錄了 16 種不直接說「No」的方式。

當這種不直接的風格表現在高度背景脈絡的文化裡時，該文化的人不會有多大的理解問題，然而，卻可能導致其他文化的混淆，例如低度背景脈絡的英美文化：

- 英美人士：「讓我向您介紹我們的塑膠產品好嗎？」
- 日本人：「我會考慮考慮。」

日本人表現出負面的回應，試圖阻止進一步的討論。但是英美人士卻解釋成對方有興趣，並進一步推銷產品，最後氣氛可能會變得尷尬而沉默。

### 7.2.1 適當性

當訊息適當時，它具有說服力，且能達到溝通的目的。這表示在規劃溝通時應對各個因素做最好的選擇。相關因素如下表：

表 7.1 基本溝通模式

由誰溝通：適當的發言者；
說給誰聽：將訊息傳達給適當的人—傾聽者或聽衆；
說什麼：訊息的適當內容；
怎麼說：溝通的適當語言、媒介與風格；
何時說：溝通訊息的適當時間；
在哪裡說：溝通訊息的適當地點。

這表示訊息會喪失可信度，當訊息：

由不適當的發言者傳達　和／或
傳達給不適當的傾聽者　和／或
內容不適當　和／或
使用不適當的語言、媒介與風格　和／或
在不適當的時間　和／或
在不適當的地點時。

對任一變數的選擇，會影響對其他因素的選擇。例如，選擇由誰傳達訊息，會受到傾聽者是誰、傾聽者的需求、訊息內容、地點等選擇的影響（並影響這些因素的選擇）。每個選擇也會受到訊息的目的與相關環境因素的影響——見圖 1.1 。

## 7.2.2 發言者

當接收者認爲傳達訊息的人是適當的人，而且值得信任時，管理方面的訊息會比較有效率。假設你是一家公司的總裁，決定要重組生產部門的營運程序，應該由誰來告訴員工這個訊息呢？你？你的秘書？生產部經理？什麼因素影響你的決定？如果你決定調整午餐休息時間，誰又是適當的發言人呢？

壞消息在任何地方都不受歡迎，經理人可能會將傳達壞消息的責任交代給較小的主管，尤其是在傳達壞消息會造成丟臉的文化裡，這樣的傾向更爲強烈。在 1990 年代日本景氣衰退時期，一群上電視受訪談論股票市場未來的專家：

> 就像毒品販子、強暴受害婦女者或被黑手黨盯上的目擊證人，這些權威的臉受到模糊處理。不管如何，對社會的意義就像水晶一樣清晰：沒有任何一個以團體考量為重的日本人願意與市場衰退的恥辱扯上關係。
>
> 這種不尋常的行為說明了，許多人與公司在股票市場賠錢時會感到困窘與羞愧。[2]

人們不喜歡涉上不受歡迎的事物。在奧姆眞理教教主麻原彰晃首次受審時，被控涉嫌參與東京地鐵毒氣事件，據估計該事件共造成 11 人死亡、超過 3,700 人受害，他的 12 名辯護律師「要求保持匿名，因爲他們不支持眞理教。」[3]

## 7.2.3 傾聽者

將訊息傳達給不對的人也可能造成溝通失敗，即使訊息的內容、媒介、時間、場合等條件都符合亦然。假設你在公司裡擔任助理產品經理，你發現一種製造核心商品的新製程，應該先告訴誰呢？總裁？董事會？股東？你的經理？還是負責執行這些製程的員工？

你不能理所當然地以為在自己文化中控制發言者—傾聽者之關係的規範可以在任何地方都通用。在權力距離小與不確定性之規避需求低的文化裡，你可能會覺得應直接去找總裁，報告你的新製程。但是在相反的文化下，可能沒有選擇的餘地，只能先告訴你的直屬主管。

## 7.2.4 內容

溝通的內容包含要傳達的資訊，但是除非資訊的內容有清楚的目的，否則意義可能不大。通常傳達資訊的目的是為了說服別人（即使是一個漫不經心而友善的問候，也可能具有說服的功能，說服對方你是一個友善的人，以贏得好印象）。

本章前言的故事就是一個例子。第二位陌生人的話雖然字面上的意義很清楚，但是他想要達到的目的則很模糊，所以訊息溝通失敗。也就是說，在傾聽者了解以下兩點時，溝通內容才有意義：

- 訊息傳達的背景
- 傳達訊息的目的

這為國際企業帶來一個啓示。一項商業資訊的重要性決定於它的背景，包含情境、經濟、政治和文化因素。當交易的一方不了解為什麼要接收或提供某些資訊，或對資訊的優先考量跟對方不同時，交易可能會出錯。

例如，西方企業與中國大陸的組織進行策略聯盟時，經歷到許多問題，因為雙方面對於「什麼資訊是必要的」之認知不一致。西方人時常抱怨缺乏「硬性」(hard)的資料與一致的資訊系統(Beamish 和 Wang, 1989)。

實務上，這顯示出西方與共產的中國對於什麼資料才算嚴謹、重要且有說服力缺乏共識。以中國人的角度而言，他們可能覺得自己提供的是有說服力的資訊；當然，也可能只是沒興趣玩西方的資訊「遊戲」，當一堆其他的企業競爭著同一筆生意時；但是如果你不了解他們的背景，就沒有辦法分辨。

因此當發言者依對方的價值觀選擇對方認爲切題的資訊時，訊息才會有說服力。資訊應該以恰當的清晰程度表達，並適在地強調重點—儘可能按照對方之文化的期望來看。

資訊不但要切題，也要有：

- 適當的長度
- 適當的細節
- 適當的順序

並且正如其他面向一樣，「適當」與否主要決定於文化因素。例如，當發言者與傾聽者來自不同的文化時，他們對於什麼資訊重要、有意義的認知不同，因此他們在選擇與排列順序時會有不同的標準。

第一次和其他文化的陌生人溝通時，有經驗的溝通者會很詳細地說出訊息，比說給自己文化的成員聽時詳細許多。隨著時間過去，當共享的價值觀與關係開始建立起來時，重複解釋的要求就會降低。當溝通內容例行化之後，訊息可以較不複雜。

## 7.2.5 語言

有三個因素與訊息如何溝通有關：

- 語言
- 媒介（見7.2.6小節）
- 風格（見7.2.7小節）

在與外國策略聯盟的伙伴協商時，如果你們沒有共同的母語，應該使用什麼語言較適當呢？總公司與子公司之間應該用什麼語言溝通呢？子公司與子公司之間、不同階級之間又應該使用什麼語言呢？

對語言的選擇，受到以下因素的影響：

- 傾聽者的語言；
- 對正式性或非正式性的要求；
- 組織政策與文化；
- 與工作有關的語言。例如英文逐漸成爲資訊工程的語言，即使是非英語系的電腦工程師也非使用英文不可。
- 語言的官方地位。在某些國家，使用國語受法律保護：1994年，法國通過排他性的法律，限制在廣告、廣播以及所有與產品、勞務、工作與公共關係有關的文件只能使用法語。當人民不希望（或希望）使用某種語言時，政府強制使用（或不使用）某種特定的語言將遭到困難—這是Schiffman(1992)在探討瑞士、馬來西亞、印度語言政策的執行問題時所獲得的結論。
- 語言的非官方地位。當對某種語言相對重要性的認知改變時，想要使用該語言的人數也會改變。在1997將屆，香港即將移交中國大陸前夕，英文（殖民政府的語言）的吸引力降低，雖然法律規定在97之後英文和中文同樣享有官方語言的地位。某大學教授評論：

  > 很多一年級的學生告訴我，他們相信在*1997*之後中文將是官方語言，所以他們比較沒有動機學好英文。[4]

  但是實際上，服務業的擴張增加了對英文能力的要求，企業被迫在語言訓練上投資更多。

### 7.2.6 媒介

經理人在選擇傳達訊息的適當形式時，有許多媒介可以選擇。他可以利用當面交談（正式或非正式的會議、電話）、文字（如書面報告、備忘錄、傳眞、電子郵件、網路）以及圖畫，或以上形式的混合。

適當媒介的選擇受到以下非文化因素的影響：

- 傾聽者的身分與人數
- 訊息的複雜性與重要性
- 訊息屬例行性或特殊的
- 距離：澄清的機會
- 精確度的要求與法律上的考量
- 可利用的適當技術
- 費用
- 文化因素

有些文化被認爲「以文字爲主」，有些則被認爲以口語溝通爲主。時至今日，所有發展中或成熟的企業文化都是某些情況使用文字，某些情況使用口頭訊息—兩種情況的分別可能不太相同。對國際企業的課題在於判斷在其他文化的哪些特定情況下使用文字或口頭訊息較適合。

英美文化的經理人在進行內部溝通時，通常較依賴文字（包括電子郵件）。然而，在極重視人際關係（上司、同事、部屬相互間的關係）的文化裡，對於「效率」的概念則不太相同。一次親自會面雖然很耗時間，但可能比文字更有效率；文字較冷酷，也使人的距離較疏離。

一名泰國的財務分析師描述：

和客户會面之後，我必須記下備忘錄（拜訪報告）給老闆看，備忘錄對於投資銀行家很重要。但是和同事或主管直接談我做的事比較容易，我可以告訴他們我的想法……在談話時，可以從表情得知對方的想法，在備忘錄裡，則無法看出對方真正的感覺。

也就是說，只有在沒有選擇時，才會選擇書面形式。同樣地，印尼的中階經理人也表示，雖然他們必須將新政策的詳細計劃寫下來，但通常會在寫出之前先找機會和主管談談計劃的內容。低度背景脈絡的英美文化之經理人的順序可能相反，先寫好報告，建立起構想的正當所有權，然後才進行討論。

即使溝通媒介符合工具性或文化的標準，如果風格不適當，也可能無法說服傾聽者。

### 7.2.7 風格

你和傾聽者之間的權力距離越大，對社會距離與正式性的要求就越大。當你想要縮小權力距離或突顯較小的權力距離時，較適合採非正式的風格。在英文裡非正式的風格為：

- 文法簡單；
- 用語簡短；例如，使用「If anyone asks, I'm in the lab.」代替完整的說法「If anyone asks for me please tell them I will be in the laboratory.」'。
- 隨意：象徵隨意風格的特徵包含
  連音，說話時把字音連在一起
  經常加強語氣：如「very」、「basically」等
  少使用修飾語：如「kinda/kind of」、「sorta/sort of」等。

• 少使用形容詞：「cute」、「super」、「neat」等。

採用非正式風格會讓不以該語文為母語的使用者感到困惑，無法完全聽懂你的話，此時應該選擇符合傾聽者之程度的文法與字彙。同一個字在不同的文化裡，可能有不同的含意。對於法國人來言，「eventuellement」這個字表示可能會或可能不會，然而在英文裡，這個字則指某件事最後一定會發生。英美談判者樂於追求「compromise」（妥協方案）—這個字不是指願意對自己的價值觀讓步；但是在伊朗的字義裡，這兩種觀念很難區別，「compromise」指背叛基本的價值觀。

這樣的差異也發生在同一語言中。當英國人說「table a motion」（把提議列入時間表）時，他指的是將某提議列入會議前的討論；但是美國人則詮釋為該提議將被延後。至於加拿大的法語則還有現代歐洲不再使用的古代詞彙：

> 鼻音比法國人重，喉音則比較少。很多母音不一樣，法裔加拿大人的音比較短。
>
> 魁北克口音的法語對於法國人而言，聽起來簡直像外國話。在魁北克翻譯過的英文電影，如果要給歐洲觀眾看的話，要重新翻譯過。[5]

## 7.2.8 時間

許多學者都曾探討過時間觀念如何影響管理上的溝通。

以下是 Hall 和 Whyte(1961)的區分：

- **預定時間**　指工作應該完成的時間點。
- **商討時間**　指應該花在商務討論上的時間長短。
- **熟識時間**　指在對方願意和你做生意之前，你需要花多少時間了解對方。在低度背景脈絡的文化裡，熟識時間可能短到只需一次會議；在高度背景脈絡的文化裡，則需要投入時間建立「自己人」的關係。

- 約定時間　探討守時的議題。你可以遲到多久，還不需要道歉呢？在英美文化裡，有些經理人覺得約會遲到個五分鐘，不太需要說抱歉。瑞典人就比較特別了：約好 10:00 就是 10:00 整。但是拉丁美洲或阿拉伯的文化，就沒有那麼重視守時了，一直等人來開會不會被視為對個人的侮辱。

第二種探討文化如何處理時間觀點的方式，在於分析文化所遵循的是連續性或同步性的模式（Trompenaars, 1993, pp. 107-24；或見2.6.1小節）。在連續性的文化裡，時間被認爲是可以測量的，一系列事件在各個時段中流過；春夏秋冬的節奏即爲一例。最重要的涵義在於：

- 活動是有次序的
- 以時間表爲主，關係爲輔
- 最近的績效是主要的焦點
- 最初始的計劃較受偏愛

在同步性的文化中，人們同時進行多種活動。這表示：

- 同一時間進行不同的活動
- 以關係爲主，時間表爲輔
- 績效由整個歷史來判斷
- 計劃可以改變

### 7.2.9 地點

地點的因素決定於：

- 在哪裡談生意最適當（例如，在美國你可以在大部份的社交場合談生意，但是在義大利南部則通常不行，因爲商業性質的娛樂場所在那裡較不受歡迎）；
- 哪些不同的生意要在不同的地點談；
- 地點的選擇對於溝通的象徵性意義。

個人工作的空間、他人自由進出的容易度與空間如何裝潢，傳達出權力與地位的訊息。在美國的公司裡，總裁通常坐在頂樓的辦公室（通常在角落），將自己和一般員工分開，以利於和附近的辦公室區別。但是聯邦快遞(Federal Express)在墨西哥子公司的經理：

> 對於快遞工人的監視就比較嚴格了，他在員工自助餐廳隔壁改裝了一間豪華的會客室，以便隨時監看。「在墨西哥，如果你可以看著員工，他們會工作得比較努力，如果工作已經成為你和他們之間的私人關係的話，」*Duenas* 先生說。聯邦快遞延遲送達的比率如今已經降到低於 *1%* 。[6]

在日本的辦公室裡，經理人和部屬經常共用同一間辦公室，經理人可能只用私人辦公室來接見貴賓。

## 7.3 單向溝通

圖 7.1 說明發言者 A 與傾聽者 B 之間的溝通模式。

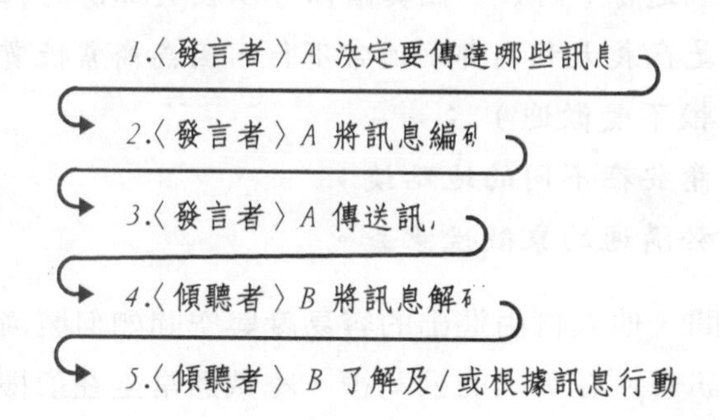


**圖 7.1 單向溝通**

這是一種單向溝通模式，指出溝通過程是直線的。決定傳達哪些訊息、將訊息編碼、傳送等活動，以同樣的次序進行此種過程，並且在前一動完成後才會開始下一動。這個過程是單向的，參與者 B 並沒有傳達相對的口語訊息（也可能在步驟 5 之後才有）。給 B 的訊息很直接，不需要澄清，B 不需要回應。以此種模式指揮工作時，這種工作具有以下特性：

**例行工作**：B 從前已經執行過這項工作，不需要進一步的指導。例如：

A：「Amex 要 10 月的訂單。」

**簡單**：即使 B 第一次做這種工作，或新到任，他仍然可以很容易地根據背景線索判斷工作如何執行。例如：

A 遞出一封信件然後說：「請影印一份，影印機在下個門旁邊。」

**封閉**：這項活動只可能有一種成功的結果。用以上的例子說明，即訂單送出去，文件印好了。

**緊急**：例如救火。

某些英美國家的文化漸漸產生偏見，認為單向溝通的本質不好而且沒有效率，但事實並非如此。在已知工作性質與由誰傳達訊息的條件下，溝通模式是否有效率決定於它的適當性。以緊急事件為例，救火隊員被訓練成直接接受命令，很少詢問，因為在緊急狀況發生時，不容許多餘的雙向討論；但是重新勘驗火場時，情勢不再緊急，雙向溝通模式就比較可能發生。

這些個案說明單向模式是否適當與和工作相關的因素有關，也就是說，工作性質影響溝通模式，文化則是進一步的影響因素。

## 7.3.1 單向溝通如何反映文化

若A與B之間的溝通模式通常是單向的，並且身為主管的A都是扮演發言者的角色，那麼我們可以推測權力距離很大。

當權力距離大，而成員也以保持人際和諧為重時，經理人授權的權利將與職權有關。部屬會小心翼翼地詢問經理人發言中模糊的地方，以免暗示主管第一次說得不清楚，使主管覺得沒面子。批評與建議通常也暗示著挑戰。

以下是一個例子。某位總裁與他的助理屬於高度背景脈絡的文化，這種文化的特色是權力距離大，助理努力於辨認並完成上級的要求。以下是他們在辦公室裡的對話：

總裁：「我沒有倉儲部門的數據。」

助理：「遵命。」然後打電話給倉儲部門，要求他們將數據資料送來。

助理對於社會關係之距離的認知，表示他預期總裁的任何發言都是命令。當這樣的預期似乎不妥時，他必須再嘗試，先是提問題，接著是陳述事實，以確認適當的回應爲何。（見Sinclair, 1980）

當部屬來自低度背景脈絡的文化時，他比較不會依直覺而得知主管的要求，也比較不會受限於不敢回應以使主管的意思能更清楚。這些可能的探詢包括：

總裁：「我沒有倉儲部門的數據。」

助理：(a)　「知道了。」(未採取行動）。

(b)　「他們又晚來了。」

(c)　「你要我打電話催他們嗎？」

(d)　「是」/「不是，因為……所以還沒來。」

(e)　「數據在Amex的檔案裡。」

(f)　「我現在打給他們。」然後打電話。

回應：

(a)　提供最小量的確認，

(b)　發表意見，

(c)　詢問總裁是不是下命令—要求澄清目的。

(d)　將這些話當作是yes/no問句，相當於「數據是不是已經出來了？」否定的反應通常必須有正當的理由，見Limaye (1997)。

(e)　將發言當作是wh-問句，相當於「數據在哪裡？」

(f)　將發言詮釋爲命令。

現在我們來探討影響傾聽者如何詮釋對方話語的因素，以及這樣的詮釋如何影響回應的選擇。

### 7.3.2 面對面溝通

在權力距離低的低度背景脈絡文化裡，部屬有較大的自由再次要求主管說明。但是如果在另一種文化背景中，當助理不清楚上級的意思時，並不太敢再次詢問，因爲澄清可能會冒著被譴責的危險，這時候助理可能必須依賴其他的線索，來弄清楚總裁的話並確認他的目的。可以使用哪些線索呢？

- 特定任務的線索；
- 情境的線索，例如：總裁的話是不是在經常有數據可以用的辦公室裡說的；
- 組織文化的線索，例如公司裡正常的執行程序；
- 國家文化的線索；
- 你與對方相處的經驗、過去的關係、他的心理特點、性別等線索；
- 口語以外的其他信號。

以末兩者爲例：在高度背景脈絡的文化裡，員工會投注許多心思去觀察他們的主管，憑感覺得知他的要求，並從過去的經驗預測何種回應較適當；相對地，體貼的主管也會避免表現得很難預測。但是在低權力距離與個人主義的文化裡，員工比較不需要投注心力去了解老闆的心理狀態。

這可以解釋人們對於面對面溝通的偏好。曾經在美國工作好一段時間的某日籍經理，回到家鄉時經歷到困難：

> 在紐約時，*Kashima* 先生透過電話談妥了許多生意，但是在日本，想談任何重要的生意都必須親自拜訪——「這樣他們才可以看到我的眼神」。[7]

並且至少在首次的商務拜訪時必須派員會面。

經理人沒有理由假設自己文化的溝通模式可以應用到其他文化上，例如，很多在美國工作的日本人：

> 對於美國屬下感到相當洩氣。日本主管通常會覺得美國部屬需要更多的監督，比起努力想憑感覺得知上司之要求的日本部屬而言。[8]

美國在地的員工花較多的時間在爭論主管的指令上，比起家鄉的日本員工顯得較不能令人滿意。

## 7.3.3 高度權力距離下的向上溝通

在所有的文化裡，都會透過「非官方來源」在權力結構外傳遞資訊。這些來源在資訊自由流通受限制的背景下，將更形重要。

在權力距離大，向上級抱怨的機會受到限制的情況下，部屬同樣會訴諸非官方管道，以匿名方式傳遞消息，或是透過第三者，由他人以較適當的方式轉達訊息。例如，部屬告訴他的親戚，再由親戚將抱怨轉達給上司的朋友。

在某些高度背景脈絡的文化裡，外籍人士未爲社會結構所同化，他可能會扮演管道的角色，在各階層的人士之間傳達訊息，他那曖昧的身分給了在地人傳達非官方資訊的機會。一位在泰國企業工作的美國人告訴我：

> 和秘書或司機閒聊，通常會比直接去找高階主管能獲得更多資訊……同樣地，公司裡大部分的泰國主管也會利用我的秘書來傳達消息給我，或探聽我對某些事的想法，而不是直接來找我，即使他們的英文比我的秘書還好也是這樣……如果秘書把話說錯了，那是她的錯，不是他們的錯。

日本人下班時間一起吃飯喝酒的習慣，也有助於傳達非官方資訊的目的。日本文化相對下較能容忍酒醉，到了酒吧裡部屬可以表達一些在辦公室裡較不能被容忍的意見。不適合在正式環境（工作時間，在辦公室）裡談的話，部屬和主管可以利用不同的時間與地點來談（下班後，在酒吧）。

## 7.4 雙向溝通

雙向溝通意味著傾聽者也互動地參與討論。

如同 7.3 節討論的單向模式，**雙向模式**也是直線式，描述一系列訊息如何隨著時間互動的過程，兩個（以上）的人先後溝通：如 A，B，A，B……。

這個模式也可以用來說明適當的書面溝通：

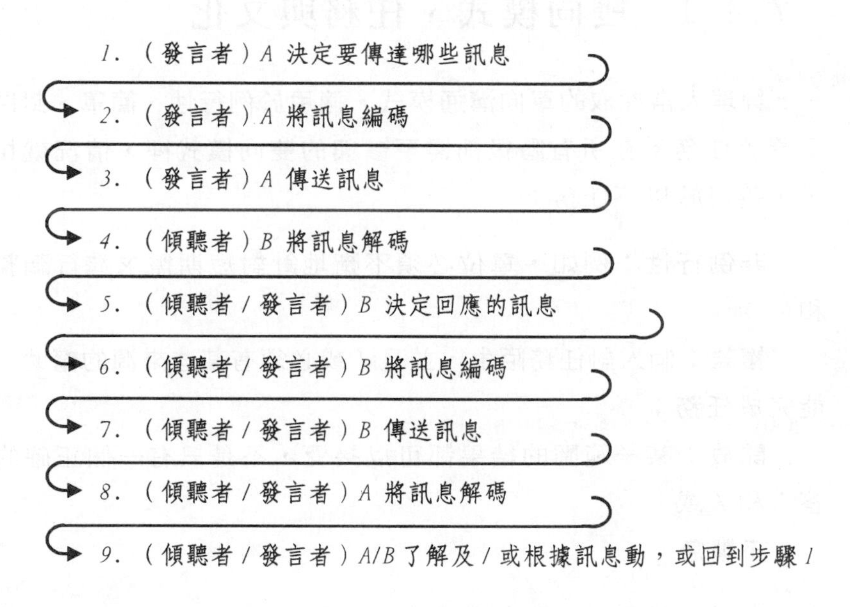


圖 7.2 雙向溝通

> 透過電子或書面等媒介（如：書信、備忘錄或電腦終端機）的互動，隔開溝通者，並且通常會把溝通建構成交換訊息的程序。*A*送一個訊息給*B*，然後等*B*收到之後再採取回應。(*Daniels*和*Spiker, 1991, p.45*)

然而，雙向溝通最適合用在談話的場合。B於步驟7對於A在步驟3的表示做出回應，接著可能會再引起A的回應[9]。回應具有一些功能，包含：

- 要求解釋之前的發言
- 給予資訊
- 進行詢問
- 建議替代方案
- 給予支持

### 7.4.1 雙向模式、任務與文化

經理人常採取的單向溝通模式，適用於例行性、簡單、封閉或緊急等任務。在所有階級都需要參與的雙向模式裡，情況就相反了，適用於以下任務：

**非例行性**：例如，單位必須不斷地針對短期需求進行調整；和／或

**複雜**：個人對任務陌生，並且／或必須有某些來源的幫助，才能完成任務；

**開放**：某一範圍的結果都可以接受，不是只有一個正確的解答；和／或

**不緊急**。

在這些情況下，單向溝通並不適合。

我們可以推論，在這樣的背景下，權力距離較小，經理人通常不會獨占 A 的角色，部屬也不會受限於不能扮演 A 的角色。

## 7.4.2 哪些原因導致由單向轉為雙向溝通？

我們已經討論過任務與文化是重要的影響因素。問題來了：當任務適合單向溝通模式，而文化的影響則傾向雙向模式時，哪個因素比較有力，是任務，還是文化？

一篇雜誌文章（寫於冷戰時期）描述美軍某單位模擬蘇聯的戰略，並對美國的正規士兵提供戰鬥訓練。假冒的「俄國人」盡可能模仿眞正俄國人的行為：

> 例如，在電台的談話只有一種聲音——由指揮官下達指示。另一方面，美國的單位就會有很多人在說話，在戰爭發生時這可能會增加驚慌的程度。[19]

這似乎證明了文化是比較有力的影響因素。我們舉第二個例子。一名英美籍的經理人在高權力距離的印尼工作，也證明了同樣的答案。在一次晨間管理會議裡，他鼓勵部屬對新政策提出建議，因為從其他管道得知他們有意見，但是他們保持沉默。

然而，當任務與文化因素在溝通過程中有矛盾時，假設文化永遠會是最主要的決定因素就太天眞了。任務的改變很可能影響溝通的優先順序。

一般而言，人們只有在舊的行為模式不再有效時，才會採取新的模式。以下例子探討哪些因素會影響工作關係的改變，因而迫使單向溝通轉變成雙向溝通模式。當：

- 員工執行較複雜的任務，或範圍較廣的短期新任務，因而必須商討新的程序時。
- 員工執行開放性任務時，例如，管理的規劃活動往下拉作為工作豐富化計劃的一部份。

- 企業與時常進行雙向溝通的商業伙伴締結策略聯盟。

換言之，當市場力量迫使企業開發新產品或採用新技術時，製程與工作關係會有變化，進而改變溝通的模式。漸漸減少單向溝通模式，轉移至雙向模式將影響對組織結構的詮釋。維持高權力距離不再實用，當工作過程的改變意味著主管不再是專家，而控制必須分權時。

## 7.4.3 管理階層能影響改變嗎？

上一節說明與任務相關的因素之改變如何影響溝通模式，以及最後如何影響對結構的詮釋。但是當高階管理階層認爲雙向溝通較有效能，應該改變單向模式時，會發生什麼狀況呢？

高階經理人與低層員工進行雙向溝通的優點常被視爲當然。McNerney(1995)強烈建議美國經理人：

> 你當然應該和員工一起分擔壞消息……這麼做可以吸引員工發表如何改善情況的構想……不能和員工分享資訊的企業——特別是壞消息……會遺漏員工對重組工作、發展新產品與改善營運的洞察力。(*p.3*)

然而，這須假設員工已經對這樣的關係做好準備。在只有經理人有權計劃與做決定的文化下，雙向溝通的優點可能較不明顯。

假設A文化，經濟發展程度較低，權力距離大。在X公司裡，高階管理階層詢問低層員工對於變革的建議，此時如果低層員工對於這樣的溝通模式不習慣，可能會產生困擾。

以下例子來自一個已開發經濟體，權力距離相對較小。在1994年，英國首相對他的政黨提出方案，向3000名黨員進行調查，尋求爲自己的提議背書時，使政治界普遍感到驚訝。對立的Guardian

報在一篇社論中質問：

> 這是不是意味著：保守黨現在是這麼地困擾，以至於他們覺得必須蒐集各級黨員的聲音？保守黨的政治中心對於一系列的政治議題須發送問卷徵詢黨員的意見，是否意味著將與保守黨神聖的傳統破裂，即我們在那裡部署，他們就會在那裡支持我們。[11]

這暗示經理人決定將溝通模式由單向轉爲雙向時，可能不會完全有效：

- 除非員工已有適當的準備；
- 雙向溝通模式對於關係與任務是適合的。

### 7.4.4 傾聽

雙向的交談在專心聆聽對方說話時會比較有效率。這是很重要的一點，例如，假設你是主管，而你的部屬：

- 和你的母語不同；
- 受到你的鼓勵而進行雙向溝通。

如果你打斷且沒有思考就回應部屬剛說的話，他很快就會覺得提供回饋所製造的麻煩比價值還大。因此，良好的聆聽意味著培養以下的習慣：

- 傾聽整個訊息；
- 傾聽他沒有說的部分（訊息的言下之意是什麼呢？）；
- 詢問以確定自己了解（有必要的話，可以強調你對他的訊息之了解）；
- 回應前先思考。

這樣的溝通情況對於發言時也有其涵義：

- 發言應緩慢而謹慎；
- 避免不必要的行話、俚語和複雜的字彙；
- 避免複雜的文法；
- 重複解釋難懂的構想，在繼續說下去之前，先詢問以確定對方已了解。

## 7.5 交流模式

交流模式強調人際關係在口語溝通時的重要性。

圖 7.3 的模式顯示，雙方在某背景下同時傳送與接收訊息（編碼與解碼）。這和 7.4 節描述的雙向溝通模式有很大的不同。它認清我們通常在對方正在說話的時候就已決定要傳送的訊息與內容，不只是在他說完之後；而決定下一句要說的話也受到對方告訴你什麼而定。也就是說，每個人同時創造與解釋溝通的線索；每一方既影響對方，同時也受影響。

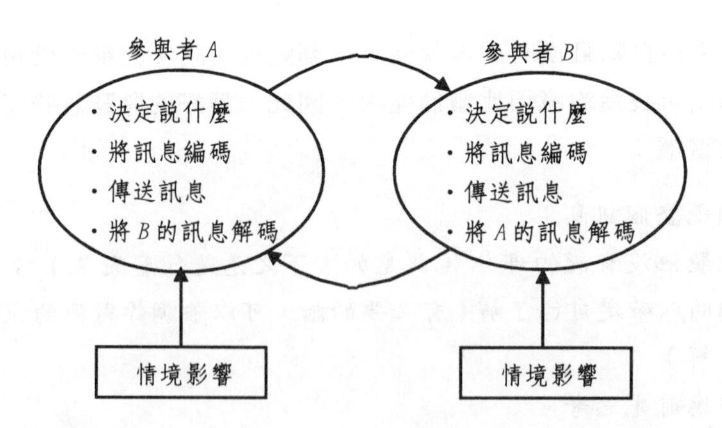


圖 7.3 交流模式

你如何組織訊息，及解讀他人的訊息，也會受到情境的影響。這些影響因素包含：

- 干擾：分散注意力的事物；
- 來自背景的線索（見7.3.2小節）：例如：任務、情境、組織文化、國家文化；
- 你和對方接觸的經驗線索：來往關係的歷史、他的心理狀態、性別；
- 口語以外的信號。

背景如何影響編碼與譯碼的過程，說明了Hall區分高度與低度背景脈絡文化之重要性（2.3節）。

## 7.5.1 非口語信號

非口語信號使溝通的意義不會過度強調。Hall(1959)的大作《沉默的語言》至今仍然是重要的讀物。

在與他人互動時，我們都會製造一些非口語的信號，這會傳達自身文化的意義。據估計，在人們的溝通裡，非口語的訊息佔了75%(Trompenaars, 1993, p.69)，交流模式也將非口語的信號列入考慮。

無論你是不是在說話，都會傳達出非口語的信號，而且通常是不由自主。傳送與詮釋這種訊息都是不知不覺的，這表示在任何面對面的互動中，你都在向其他人傳送訊息，創造你給予別人的誠懇、可靠、承諾等印象，並且雙方無法完全控制傳送與詮釋的過程。

這些信號在不同的文化中有不同的意義。例如，在英語系文化裡，人們以微笑問候陌生人，但法國人則保持嚴肅的表情；當法國人和一名微笑的英語系的人見面時，很可能會抗拒他外表的偽裝。

以下簡短地討論：

- 姿態（7.5.2 小節）
- 手勢（7.5.3 小節）
- 眼神（7.5.4 小節）
- 音質（7.5.5 小節）

### 7.5.2 姿勢

姿勢指相對於其他人的身體位置。姿勢傳達的訊息因文化而異；在許多社會中，站著時將手放在臀部，可能象徵非正式、心情不好不壞；在印尼，這樣可能會被詮釋爲情緒不佳。

以下是第二個例子。一位英國人和埃及人站著談論一項交易的提案，雙方都下意識地採用自己文化中代表良好禮儀的姿勢。埃及人重視接近對方，以確定對方的誠意，並且傾向於面對面站著，相對距離大約只有 18 英吋遠。但是英國人與陌生人交談時，習慣站著離 4 英呎遠，通常以右邊的角度面對對方。在本個案中，英國人對於埃及人的接近，會移開到另一邊作爲回應，而埃及人接著又靠近到正前方，然後英國人再移開，埃及人再接近，這樣的模式將持續一整晚。

埃及人在會面結束後，會覺得英國人疏遠、不可靠，而英國人則覺得這個埃及人太躁進。因此雙方對於對方的姿態都有負面的詮釋，並且可能會不自覺地合理化自己的焦慮。可能讓彼此獲利的合作機會，會因此而結束。

### 7.5.3 手勢

手勢包括如何使用手、頭、肩膀等動作，來加強或輔助口語訊息。

很多文化在商務會面時會接受身體的接觸。英語系文化的男性通常會抗拒公開的擁抱，但這在拉丁文化中則很平常。在拉丁美洲，親吻兩頰並把手放在對方肩膀上稱爲「abrazzo」。身體的接觸在全世界並非都受到歡迎，在馬來西亞：

> 首長 *Mahathir Mohamad* 命令任職於外交部的馬來西亞婦女，在公開的宴會上必須與外賓握手。他是在接到報告說回教徒不這樣做之後下此命令……「有些結過婚或單身的回教女性覺得身體的碰觸是不對的，尤其是碰觸沒有親戚關係的男性。」一名資深政府官員說。[12]

在很多亞洲文化裡，會避免和陌生人的身體接觸。在 4.4.1 節我們討論過 namaste 或 wai，而日本人則以鞠躬問候，彎腰的深度顯示尊敬的程度。忽略這些習慣的非亞洲人可能會發現自己在在地很難交到朋友：

> 習慣說「*G'day mate, how's it going,*」，並且衷心拍對方背部一下的澳洲人，在亞洲可能做不到生意。
>
> 這種直率的歡迎在世界其他地方可能都會令人喜愛。但是在亞洲，可能是和摑耳光一樣的侮辱。[13]

## 7.5.4 眼神

**眼神**包含凝視時間的長短、保持眼睛的接觸、張大眼睛、眨眼。眼神通常是有意義的，有些文化相當重視眼睛傳達的感覺，當中有些感覺會受到排斥或歡迎。

傳統的印度婦女會避免直視和自己無關的男人的眼睛，然而埃及人會站得很近以「讀」對方的眼神。在阿拉伯與印度的文化裡，部屬和主管溝通時，會避免一直凝視主管；在英語系的社會裡，眼神的接觸則很重要，經理人通常會期望見到部屬的眼神，以確定對方很有興趣，如果對方拒絕眼神的接觸可能被詮釋爲逃避。

### 7.5.5 音質

不同的文化對於聲音的特質賦予不同的溝通意義，這些聲音特質稱爲**音質**，包含速度、音調變化、音量等。

不同文化對於音質的變化有不同的反應。在拉丁美洲文化裡，音調高低起伏較大通常暗示對於談論的主題顯得情緒較激動。在西非，則認爲男人之間的對話要有高度的音調起伏。許多東方文化喜歡較無抑揚頓挫的風格，因爲這代表尊敬。

傳統上日本人認爲女性在工作場合中說話的音調應該要高一點。一名婦女解釋：

> 「當你和顧客接觸時，必須表現得有禮貌。如果你是謙恭的，聲音自然會提高。」
>
> 幾乎每個人都同意，提高音調能搶先取得謙恭有禮的印象。在日本有禮貌的對談裡，人們通常會詆毀自己，並且把自己很確定的事情說得很不確定。[14]

女性如果想打破這樣的對談模式，可能會受到批判。有一名女性政治家講話時：

> 採取堅定的風格，音調比較像歐洲人，不像日本人。她以從容不迫、流暢的低音表達見解，但大部分的日本女性認為提高音調會比較有禮貌。[15]

在 1989 年，Doi 女士被認爲是個例外，但是數年後，越來越多的女性遵循她的模式：

> 日本女性的音調明顯降低。日本仍然有許多女性音調高得像小雞，但是有越來越多的女性以自然的聲音說話。[16]

## 7.5.6 穿著：一種背景線索

穿著打扮可以傳達出口語未能表達的意義，包括你對該場合的認知、對該場合重要性的認知、以及你對其他人的感覺。組織會利用服裝來傳達權力及團結的關係——例如，百貨公司會給不同階級的人員穿不同的制服。

穿著的模式有時候也受法律限制。在印度曾經有一名政治家被禁止進入著名的Gymkhana俱樂部，原因在於他衣著不當，當時他穿著傳統印度男性穿的腰布（一塊長方形的白布繫成褲子狀）。該俱樂部的決定引起了激烈的爭論，先是在國會裡，然後是在俱樂部的門口，群眾聚集在外高聲叫喊著「褐色皮膚的英國人滾出印度」之類的口號。[17]

企業強制規定的穿著樣式，可以反映出組織文化與企圖營造的印象；穿著樣式的改變也可以透露出改變組織文化的企圖。美國IBM的新總裁Louis V. Gerstner試圖透過寬鬆的穿著樣式來重新塑造IBM，並指出「從前的制服是商業界裡面最刻板的樣式」[18]。

在英國：

> 穿著形式仍然相當拘謹，特別是在大城市裡。金融時報認為法律通過允許 *Linklaters & Paines* 公司准許女性員工穿著褲裝是一條新聞，這顯示傳統的穿著仍然是常態，例外似乎只能在禮拜五發生。
>
> 有些企業採用美國的作法，允許員工在星期五穿著較輕便的服裝。這個作法可以協助建立團隊的向心力，藉著讓員工感覺輕鬆，使管理的結構不那麼明顯。[19]

這種降低或隱藏權力距離的運動，在權力距離高、重視階級差異的文化裡可能不會被接受。

## 7.6 對經理人的涵義

試比較自己文化裡某個你熟知的組織與另一文化裡類似的某個組織。

1. 假設你正在兩個組織裡規劃某個適當的訊息（傳達升遷、訓斥、查詢技術資訊、指令、政策改變等訊息）以達成類似的目的，你對於以下項目的選擇會有何差別？

   適當的發言者？
   適當的傾聽者？
   適當的內容？
   適當的語言、媒介、風格？
   適當的時間？
   適當的地點？

   哪些文化上或其他因素可以解釋這些差異？

2. 在兩個組織裡，主管與部屬之間是不是經常進行雙向溝通呢？

   - 哪些任務會採用單向模式？
   - 哪些任務會採用雙向模式？
   - 以下哪些因素可以解釋爲什麼採用（或沒有採用）雙向模式？

     任務因素
     文化因素
     其他因素

如果任務程序產生改變，這些改變會如何影響平常的溝通模式呢？

3. 想一想有哪些其他文化的組織裡所使用的非口語信號，是在你自己文化的組織裡絕對不會使用的？分別依以下幾種信號舉例：

姿勢
手勢
眼神
音質

## 摘要

本章探討幾個國際經理人關切的跨文化管理面向。7.2 節探討在不同文化背景下溝通是否適當的概念，當發言者、傾聽者、內容、語言、媒介、風格、時間、地點適當時，訊息的傳遞會比較有效；各個文化對以上因素怎樣才算適當的認知並不同。

7.3 節探討單向溝通的含意；7.4 節則說明雙向溝通，即傾聽者也加入互動。任務的改變將影響參與者對於單向或雙向模式的選擇。

單向與雙向模式都是直線的，尚不能解釋背景因素如何影響訊息的編碼及譯碼；因此，我們在 7.5 節探討了非直線的交流模式，重點放在口語以外的信號。

## 摘要

本習題探討文化背景對於溝通哪些資訊、溝通對象的選擇及如何溝通之影響。

圖 7.4 顯示小型工程公司 Acme 的一部份。

你是助理行銷經理 C ，已經在 Acme 工作 6 個月。你和 D 、E 的關係是中性的，不好也不壞。B 也是新進人員，在 9 個月前被指派到現在的職位。

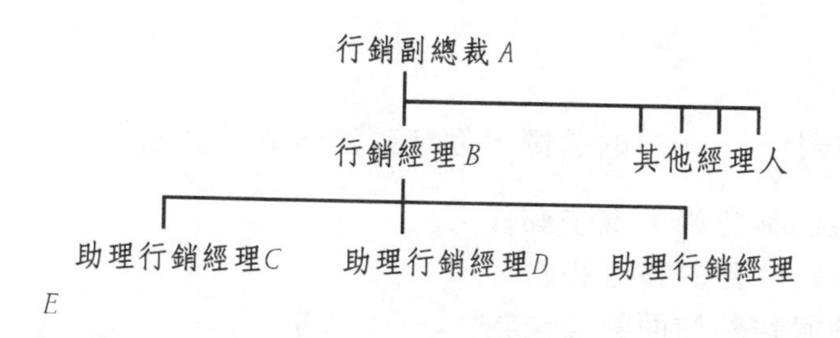


圖 7.4 Acme 公司

狀況 1

在下班時間裡，你出席了一場 Acme 沒有參與的貿易展（Acme 用其他方式發表產品）。你對於某個競爭廠商的展示相當感興趣，並且認為 Acme 可以向他們學習（這將不需要對目前的行銷策略做太重大的修正）。

Acme 的文化為：

- 權力距離大
- 人際關係是集體主義導向

・規避不確定性之需求高

### 問題A

應該和誰討論你的構想？

(i) 不要說
(ii) 告訴B
(iii) 告訴A
(iv) 告訴D和E，然後3個人一起告訴B
(v) 告訴D和E，然後3個人一起告訴A
(vi) 其他

### 問題B

根據你對(i)-(vi)的選擇，你應該如何進行溝通？

(a) 透過備忘錄／電子郵件
(b) 透過完整的書面報告
(c) 透過輕鬆的面對面交談
(d) 透過輕鬆的電話交談
(e) 透過正式的會議
(f) 其他

### 狀況2

Acme的文化如所下述，其他情形同狀況1：

・權力距離小
・人際關係是個人主義導向
・規避不確定性之需求低

### 問題C

應該和誰討論你的構想？
選項同(i)-(vi)

### 問題D

根據你對(i)-(vi)的選擇，你應該如何進行溝通？
選項同(a)-(f)

## 狀況3

身為一名新進人員，行銷部門的工作負擔對你而言顯然太重，你花太多時間在不必要的文書作業上，開發行銷創意的機會受到嚴重的限制。所有和你同等級的人員以及層級較低的部屬都士氣低落。

Acme 的文化為：

- 權力距離大
- 人際關係是集體主義導向
- 規避不確定性之需求高

### 問題E

應該和誰討論你的構想？
選項同(i)-(vi)

### 問題F

根據你對(i)-(vi)的選擇，你應該如何進行溝通？
選項同(a)-(f)

### 狀況 4

Acme 的文化如所下述，其他情形同狀況 3：

- 權力距離小
- 人際關係是個人主義導向
- 規避不確定性之需求低

### 問題 G

應該和誰討論你的構想？

選項同(i)-(vi)

### 問題 H

根據你對(i)-(vi)的選擇，你應該如何進行溝通？

選項同(a)-(f)

## NOTES

1 Clyde Haberman, "Some Japanese (one) urge plain speaking," *New York Times*, March 27, 1988.

2 "Lucky but useless" (Survey: Japanese Finance), *The Economist*, December 8, 1990.

3 "Murder trial of doomsday cult leader grips Japan," *Guardian*, April 25, 1996.

4 Lotte Chow, "Hong Kong firms spend more on English classes," *Asian Wall Street Journal*, June 6, 1995.

5 Christine Tierney (Reuters), "Parisian snobs laugh at Canada's 'French'," *Bangkok Post*, January 10, 1992.

6 Matt Moffett, "Culture shock: moving to Mexico," *Asian Wall Street Journal*, September 24, 1992.

7 E. S. Browning, "Unhappy returns," *Wall Street Journal*, May 6, 1986.

8 John Schwarz, Jeanne Gordon, Mark Veverka, "The 'salaryman' blues," *Newsweek*, May 9, 1988.

9 "Feedback" has different meanings in communications theory. Discourse analysts use it to refer to an element of structure, e.g., Coulthard (1991) – this is the sense here. Feedback can also refer to the manager's practice of collecting data and reporting.

10 J. Robbins, "America's red army," *New York Times Magazine*, April 17, 1988.

11 "How to nobble glassroots support," Editorial, *Guardian*, August 19, 1994.

12 "KL order to women," AFP, *The Nation* (Bangkok), August 14, 1992.

13 Brian Timms, "'G'day mate' not working in Asia" (Reuters), *The Nation* (Bangkok), January 5, 1989.

14 Nicholas D. Kristoff, "That squeak, 'the voice' – Japanese women begin dropping it," *International Herald Tribune*, December 14, 1995.

15 "All aboard the Doi express," *The Economist*, July 22, 1989.

16 Nicholas D. Kristoff, "That squeak, 'the voice' – Japanese women begin dropping it," *International Herald Tribune*, December 14, 1995.

17 Hamish McDonald, "Empire rules," *Far Eastern Economic Review*, October 10, 1991.

18 "American topics: IBM lightens up with new dress code," *International Herald Tribune*, February 9, 1995.

19 "Watching what you wear at work," *Labour Research*, December 1994.

第八章

# 文化與組織結構

前言
組織結構的功能
文化以外的影響因素
文化與組織結構
官僚結構
對經理人的涵義
摘要
習題

# 8.1 前言

Margaret 是希臘某大學商學院的教授，這所大學的制度很傳統。有一天，她收到同樣畢業於澳洲某大學的朋友 Edwin 的訊息，說該校有一名資深的行政人員計劃到希臘來拜訪，並希望到希臘時，能見到任何一位從澳洲母校畢業，而目前在希臘大學任教的希臘人。Margaret 能透過大學的人事處查詢該校教員的名字與背景嗎？她詢問秘書 Sophia 應該如何進行這樣的查詢，Sophia 準備了一封查詢該資訊的信，並解釋為什麼需要這些資訊，不會讀希臘文的 Margaret 沒有讀信就簽名了。然後，沒有任何事情發生，Margaret 也放棄希望了。

但是在三個禮拜以後，一份包含名字與背景等資訊的名單來了，還伴隨著經過一堆人簽名、再簽名的信件，Margaret 問 Sophia 這是怎麼回事。

Margaret 本來的請求被送到她的上司——管理學院副院長那裡，然後再交給院長。原本並沒有處理這種請求的程序，不過院長在瞭解需要哪些資訊以及為什麼需要這些資訊之後，寫了一份正式的申請書給人事處的主管。這封申請書沿著人事處的組織層級傳遞下去，最後交代給一位秘書，由她跑電腦程式叫出資料。接著資料被送達人事處處長，由人事處長再轉給管理學院院長，然後資料沿著管理學院的組織層級傳下去。每個階段都會查核這份申請書並予以回應，最後資料終於到了 Margaret 手上。圖 8.1 顯示上述資料的請求與回應如何在層級內與層級之間傳送。

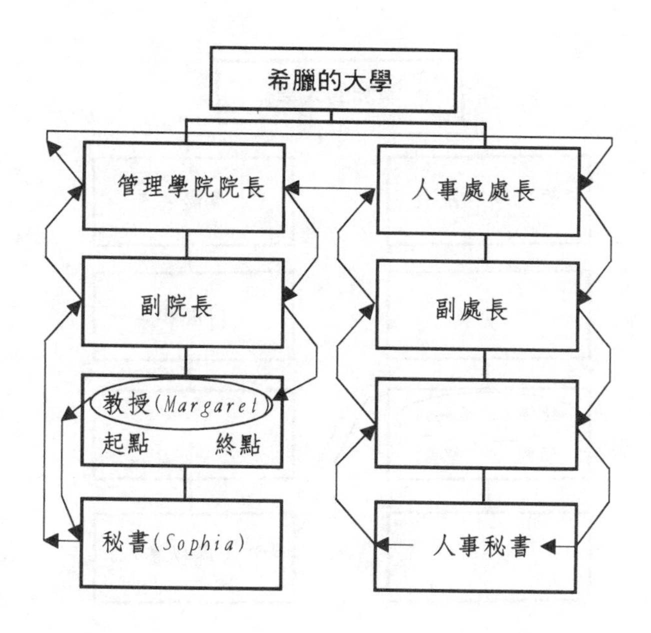


圖 8.1 希臘的大學

在 Margaret 向 Edwin 解釋這件事時，他顯得很吃驚：「這樣不是不太安全嗎？如果是在雪梨，我會直接打電話給人事處的秘書。」

「但是如果以前從來沒有人要求過這樣的事情……」

「那不是重點。很明顯這樣做不會有任何傷害，名單會在幾分鐘內就傳到我的手上，不會浪費任何人的時間。」

圖 8.2 顯示 Edwin 認為這樣的溝通在澳洲的大學裡會如何完成——假設兩個組織的層級數相同。

上述個案說明了組織結構如何進行溝通資訊的功能，並說明了各種文化在使用組織結構時不同的優先考量。在本個案中，組織結構被簡略為層級相同，但是在實務上可能不同。

一個英語系的人可能會認為圖 8.1 的制度當然完全無效率，而

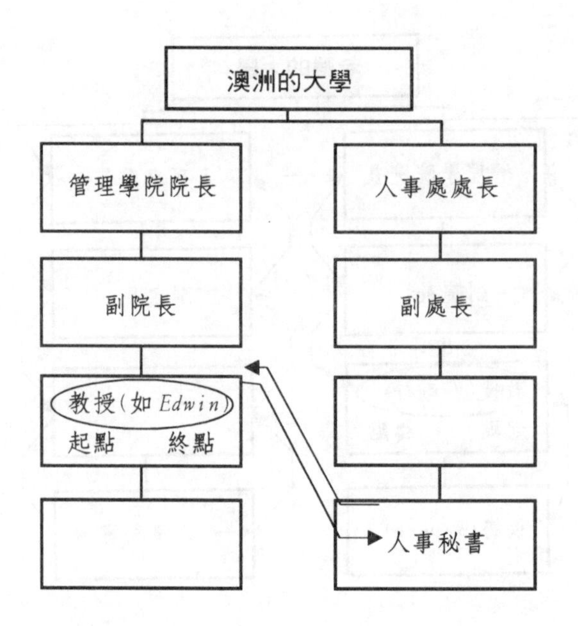


圖 8.2 澳洲的大學

圖 8.2 則有效率，但這是事後的先見之明。組織制度是不是有效率有很大的一部分取決於環境因素，包含產業與文化背景。A 結構在 A 文化背景中以反映 A 文化之價值觀的方式執行，可能有效率，但是如果在 B 文化背景中執行可能就不是那麼有效率了。

本章將探討文化如何影響結構設計的優先考量及其執行，以及文化和其他因素的相對重要性。本章著重於正式結構的問題，非正式結構將在第 12 章討論。

## 8.2 組織結構的功能

牛津英文字典定義結構是「由整體的一般特性所支配之各部分的安排或相互關係」。以下討論結構的幾個面向：

- 一般性功能（8.2.1 小節）
- 結構的分類（8.2.2 小節）
- 結構與控制（8.2.3-8.2.5 小節）
- 文化以外因素的影響

### 8.2.1 結構的一般性功能

結構具有管制**職責**與**關係**的一般性功能。結構管制著：

- 指派職責給每個成員，令其執行特定任務。依照職責來劃分結構的方式有二，或按照共通的功能，或按照共同的目的。前者指成員以達成目標所需技術爲基礎，被指派到相同的單位（例如：在行銷部門工作的所有人皆從事行銷）；而後者則指專案團隊，可能包含工程師、行銷人員和會計等，共同合作以達成專案目標，每個人負責自己專業的部分。
- 每個成員與其他成員之關係。例如，誰管理誰，誰向誰報告，誰在誰旁邊工作等等。

### 8.2.2 組織結構的分類

企業可能在不同的單位裡採用不同的結構，最常見的結構如下：

- 功能別結構(Functional structure) 分為行銷、財務、生產等部門。此種結構適用於產品或勞務種類較少，而且有必要將各功能的專家結合在同一單位的公司。
- 產品別結構(Product structure) 以食品公司為例，不同的部門分別負責烘培食品、早餐麥片、罐頭食品等，每個部門又分別包含負責行銷、財務、生產等功能的經理人。當企業的產品或勞務種類較多時，會選擇這種結構。產品別結構比功能別結構更適於成長。當功能別公司逐漸成功並且擴張時，常會意識到要採取產品別結構。
- 顧客別結構(Client structure) 各部門以服務的對象來劃分，例如：批發、零售。
- 矩陣式結構(Matrix structure) 個人必須向兩個主管報告，如產品經理和功能別經理（見8.4.2小節）。
- 分部別結構(Divisional structure) 由地區或產品（或兩者）種類很分散的大型企業所採用—例如：企業分亞洲分部、歐洲分部，或化妝品分部、食品分部、出版分部等。每個領域又有功能別、產品別等內部結構。總部主要關心策略規劃問題，各分部的總經理則負責各分部的營利，每個分部都是獨立的營運中心。

## 8.2.3 組織結構的控制功能

高階管理階層會利用結構來取得適當的控制。控制的意義指管制活動的進行，並且不使用強制性的規定；強制壓迫不但不能刺激績效，也不能激勵忠誠度，在自由市場中並不可行。控制必須以創造生產力並建立士氣爲重，這意味著控制必須達成以下的功能：

- 協助各單位達成策略目標。
- 整合與協調活動，使能共同完成策略目標。這包含整合活動及人員，避免不必要的重複。BBC 的例子說明了一種可能發生的錯誤，其前執行長說：

> *BBC* 因為無效率與重複浪費了太多的資源。有 一 次他花了高達 *15,000* 英鎊的成本派遣一支 *BBC* 的外景隊到莫斯科，只為了尋找已經到了那裡的另一支外景隊。[1]

- 滿足組織成員的需求，激勵他們共同工作以促進生產效率。個人必須了解自己應如何融入公司與配合其他成員。

適合某個單位的控制方式，不見得適用於其他單位。合適性由內部因素（包含待執行的工作、策略目標、單位與組織的文化等）與環境因素來決定。

## 8.2.4 機械式與有機式的控制

控制是機械式和有機式的組合。

當成員被視爲機械的一部份時，控制是**機械式**。職責與關係受到詳細規劃，變成比較例行性且可預測，個人主動進取的機會受到限制。實務上會僱用許多支援性幕僚（包含法律部門），以創造與控制這個階層式的機器。這種組織機器的成功較強調例行工作的效率而非創意，例如鋼鐵廠、國家郵政系統。

在另一個極端裡，控制是**有機式**，強調彈性與單位間快速的溝通。成員會因爲主動進取而受到獎勵，他們的知識與技能也會因爲能橫跨組織內的關係而受到激勵。有機式的結構在不確定性容忍度較高的文化、以及需要創意與獨特性的產業較容易成功，例如廣告、行銷與高科技產業等。

### 8.2.5 集權式控制

控制又可分爲集權或分權。在高度集權的企業，單位與個人相當依賴總裁（或一小群人）的決策，溝通主要是主管與部屬之間的垂直溝通，這樣可能會有效率，但是在更大的組織裡，高階管理者想要快速回應下屬的訊息，會有較大的困難。在偏好口頭溝通的文化裡，訊息在一步一步向上或向下傳遞的過程中，可能會因爲個人的利益關係而遭到扭曲。

在大型而複雜的企業裡，中央集權賦予個人過大的責任，但個人不可能對於公司所有的活動都熟悉。不過仍然有些企業受益於中央集權的制度，其中不只是有小型家族企業，也有大型企業。1982年惠普(HP)面臨了協調的問題，因此決定將研發、行銷、生產等部門加以集權化，過去這些權力分散於各個自主的分部[2]。到了1988年，HP搶回市場地位，而且比從前更好。

在以下的情形，中央集權有吸引力：

- 環境穩定，企業不需要快速回應改變；
- 單位之間的協調必須高度管制；
- 總部必須保持對於海外子公司的控制，例如行銷某種國際性商品，這種商品在所有市場中都必須符合相同的規格（1990年代早期，可口可樂在亞特蘭大的總部提高對於東南亞子公司的控制）；

・個人與部門的主動進取較不重要；
・文化不能容忍將決策下放給部屬。

### 8.2.6 分權式控制

分權式的控制適用於相反的情形。例如，跨國企業為了迎合不同市場的需求，必須進行多樣化生產，於是分權給以不同國家為根據地的子公司，將本來屬總部的行銷與決策權交給每個子公司，並促進彼此間的溝通。

分權的一個方式是給予經理人較大的預算控制權。假設某國的經理人以前只被賦予以 5 百萬美金為上限的預算決策權，所有超過這個上限的項目都必須交給總部決定。總部若將預算上限調升至 2 千萬美金以進行分權，則該國的經理人就會獲得更大的自由，可以對在地市場進行更快速的回應。

1991 年百億美金的虧損促使 IBM 對於許多國際化層次的決策制度進行分權。當 ICI 的化學與製藥分部對於世界大事的反應顯得不夠快速時，也開始進行分權。

Tung 和 Havlovic(1996)主張，捷克與波蘭相比之所以會獲得較大的經濟成功，是由於人力資源功能的分權。和西方國家一樣，捷克的人員招募也是透過報紙、人力仲介業及自我推薦，比從前在共產制度下的規定——只經由人力與教育機構——更容易達成人力資源的有效分配。

## 8.3 文化以外因素的影響

文化並不是唯一影響結構的選擇與結構如何運作的因素，其他的影響因素還有：

- 高階管理者的人格特質
- 策略因素
- 產業因素
- 規模
- 技術
- 任務的複雜度

### 8.3.1 高階管理者的人格特質

一個強硬的業主可以全權決定策略目標與目標如何達成，乃至設定結構的優先考量。在創業時期的組織裡，影響力由中央領導者傳遞至各職務與專業人員，正式的結構功能可能比較弱。但隨著市場的成熟，企業可能需要更強的結構，以確保組織成員有更大的安全感與可預測性。

### 8.3.2 策略因素

企業的結構若無法適時調整以因應環境的改變及達成新策略目標，將很快變得沒有效率。

社會大眾對於生態破壞的反應，使瑞士跨國企業Ciba-Geigy相信對於化學與藥物製造商而言，目前的倫理環境是不利的(Kennedy, 1993)。雖然該企業不必負擔破壞生態的責任，但是仍然必須確認自己對於所屬社會的責任。於是該企業開始分權，讓14

個新的分部負責自己的規劃、績效與成果，並出售攝影部門。在世界各分部皆鼓勵員工個人更為主動進取，強制性的退休年齡由 65 歲降到 60 歲。

### 8.3.3 產業因素

適用於以下某個組織需要的結構，可能不適合其他組織：

- 傳統的政府機關
- 私人的法律事務所
- 醫院
- 銀行
- 單一產品製造商
- 分部型企業

傳統的政府機關和私人的法律事務所屬於相反的兩個極端。政府透過機械式與集權式的結構運作，職責與關係之定義相當明確，科層結構比較適合。早期對於美國政府公共人事機構與財務部門的研究發現，當管理的職權授予專家時，有形成階層數較多、控制幅度(span of control)較窄的傾向(Blau, 1968)。

私人的法律事務所可能由幾個獨立工作的創業伙伴組成，只有很少的行政工作，營運目標的規劃比較鬆散，例如：提供法律諮詢服務或限制在特定的法律範圍內。

以知識為基礎的組織，如醫院，依賴獨立的專業人員之投入，他們會安排直接的溝通，而不是透過主管，這具有使組織扁平化的效果。但是銀行——同樣是以知識為基礎的組織，則需要中央集權來訂定標準化的規則，以給予合法的保障，使顧客安心。

Child(1987)認為，單一產品的公司應該透過整合的科層結構來控制與整合成員。分部型企業或控股公司在可及的範圍內施予控制，並且會使用較自由的半科層結構模式。策略聯盟的伙伴則透過協議書與期限來控制策略聯盟，並依賴彼此的信賴關係。特許與加盟企業則透過正式的財務合約與監督服務標準來控制他們的加盟商。

## 8.3.4 規模

新公司的員工可能較少，職責與關係也較具彈性。隨著員工的增加，結構會變得更正式，但是如果結構沒有進行調整，混亂就會產生。一家泰國公司在 3 年內由 2 人擴充爲 300 個員工，創立者投注較大的精力於尋求新的商業機會，對於內部問題的整頓較不在意。在公司迅速成長的同時，各單位的責任範圍之衝突越來越多，人力資源部門與生產部門雙方都要負責訓練生產部門的員工。在 3 年後，他被迫將自己的精力轉移到糾紛的調停上，事實上，他面臨組織結構必須徹底檢查。

## 8.3.5 技術

新技術的引進將影響組織成員之間的關係。當企業逐漸以電腦網路來傳達標準化的資訊、作業程序與品管作業措施時，監督者會變得多餘，這將產生減少人際互動和撤除管理層級的效果—— Hammer 和 Champy(1993)在他們的組織再造方案中闡釋過此一論點。

資訊科技(Information Technology,IT)的使用將導致作業程序的標準化，監督者的角色將逐漸被組織文化的控制所取代。當專業資訊記錄在技術軟體裡，專家會被通才取代，而這種功能部門的「去專業化」(de-specification)意味著他們之間的正式界線將會消失，留下來的專家們會發現他們的地位提高了，專業技能與成就（而非控制幅度與年資）決定著他們的薪酬。

## 8.3.6 任務的複雜度

指派給組織成員的任務之複雜度會影響他們對於監督控制的需求，因而會影響組織結構的運作。

圖 8.3 與 8.4 顯示 A、B、C 之間相同的正式關係可以在不同的背景中有不同的運作方式，並有不同的結果。不同的運作方式受到任務與文化的影響，指派給員工的任務之複雜度影響他們對於監督控制的需求，以及他們和主管的關係。

圖 8.3 假設：

- 任務不具開放性；只有一種正確的執行方式與一種正確的結果；
- A 具有如何執行任務的專業知識；
- B 和 C 不具有專業知識；
- 在這個文化背景下，嚴密的監督受到歡迎（第二章曾說明在權力距離大的地方，人們對監督有正面的評價，期望監督者給予指導）。

A 花時間給予教導、建議，並檢查 B 和 C 的了解程度。B 和 C 可能很少或未能參與規劃任務、決定運作程序和績效標準等工作，並由 A 控制資訊的流通。圖 8.3 的箭頭指出溝通的方向是垂直的。

在權力距離小的文化裡，不歡迎嚴密的控制，對嚴密的監督也不予正面的評價，重視員工參與的主管則較受歡迎。圖 8.4 假設

- 任務具開放性，有多種可能的結果；
- B 和 C 對於如何完成任務懂得比 A 還多；
- B 和 C 必須共同合作以完成任務。

在這種背景下，B、C 之間有效率的溝通格外重要，並且他們二人與 A 的關係相對而言較不重要。因此在這種背景下，可能有較

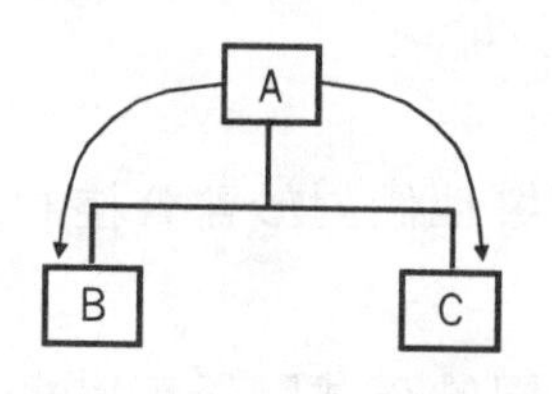


圖 8.3 溝通的焦點(1)

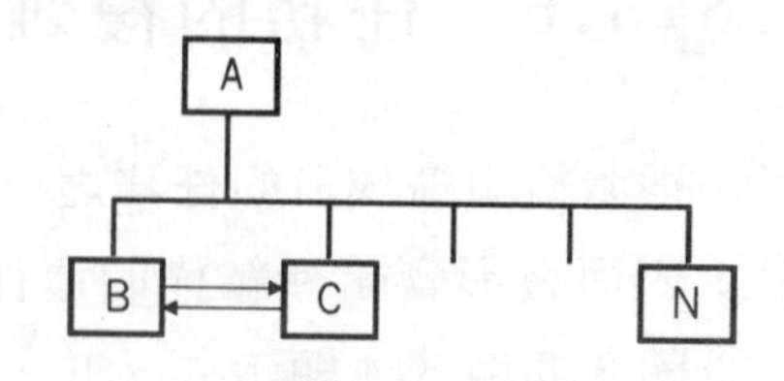


圖 8.4 溝通的焦點(2)

寬的控制幅度，A 花在每個部屬身上的監督時間較少，因此可以監督較多的部屬。

### 8.3.7 社會因素對於管理的影響

對於監督的需求也受到社會因素的影響。不穩定的員工通常需要較多的監督。在某些開發中國家裡，許多工人遷移到城市在工廠謀職，遷移會造成家庭單位的解體，而家庭的不和可能反映在焦慮的工作關係上。

在泰國，Bata、Nike、Dr Scholl 等企業都曾經藉著將工廠重新設在工人的家鄉來解決這個問題。年輕人不需要搬到曼谷，家庭可以保持完整，薪資也對在地經濟有利，員工的曠職率及流動率也都降低了：

> *Bata* 的 *2400* 名員工裡大約有 *400* 人來自泰國東北方的貧脊地區 *Buri Ram* 附近，通常每 *12* 名工人就要雇用一名監督者來監督，但是在村落的工廠每 *48* 名工人只要雇用一位監督者。[3]

這意味著理想的控制幅度這個老問題的答案並不單純。「理想」的幅度是指在實務上能達到最佳結果的幅度，這取決於許多文化或非文化的因素。

# 8.4 文化與組織結構

本節探討成員的文化價值觀如何影響組織結構的選擇與運作。

## 8.4.1 文化的影響

Lincoln(1989)說明了文化如何影響組織結構的運作。他比較日本與美國的企業後發現，兩國的員工在層級較多的公司裡都較無認同感與滿足感，在較扁平的公司裡則較滿足。除了日本企業有較多的層級之外，兩國的企業結構沒什麼顯著不同，但是主管與部屬之間的關係差異則很明顯。

這些差異反映了文化的不同，而且在以顯示職責與關係的結構型式爲基礎進行比較時，這些差異並未在組織圖上顯示出來。例如，美國的部屬

- 與職務相當的日本人相比，較不常與主管或同事於下班後進行社交活動。
- 較不能容忍嚴密的監督，厭惡狹窄的控制幅度。

而當：

> 美國製造業的員工和他們的主管保持距離的同時，日本員工卻積極尋找和主管接觸的機會，透過這樣經常的接觸與工作團隊及整個組織建立起更強的鍵結。(*Lincoln, 1989, p.96*)

組織結構若能反映員工對於工作關係的價值觀，則員工會受到組織結構的激勵——但只有在結構能適在地融入文化背景中運作時是如此。

當我們探討傳統上組織結構如何在日本企業裡運作時，這點特別重要。高階管理階層提供「由上而下」的策略指引，其中包含規劃策略細節的架構；而中階經理人則貢獻「由下而上」的熱忱。例如，品管團隊建議調整生產程序或生產新產品，這些建議再由高階管理階層重新考量，最終刺激形成新策略，因此影響力由上下兩方相互推動著。但是這不意味著正式的職權已下放。無論組織規模與科技情形如何，日本企業的決策過程皆傾向集權，由管理階層進行決策。

## 8.4.2 矩陣式結構

文化如何影響結構的設計與運作呢？我們以矩陣式結構為例來解釋。在圖 8.3 和 8.4 中，每個人只對一位主管有正式的報告關係：B 只需要向 A 報告——雖然他和 C 之間也有非正式的關係。但是在矩陣式結構裡（圖 8.5），B 必須向 P、Q 兩位主管報告，主管必須協調彼此對 B 之決策權。例如，他們合作規劃 B 的預算及時間分配。

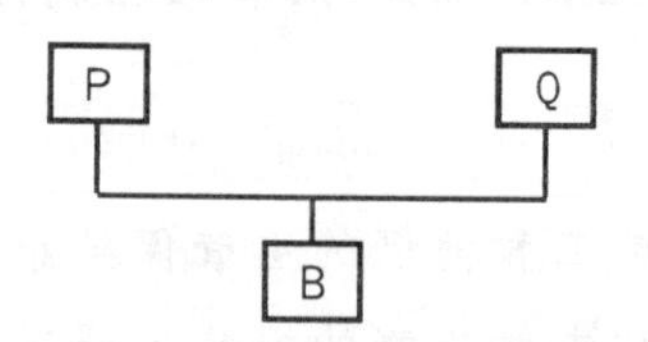


圖 8.5 矩陣式結構

矩陣是許多以專案為中心的公司所選擇的結構（例如美國太空總署及許多工程和營造公司），這些單位的特色是：

- 任務屬於非例行性；
- 為了符合新專案的需求，關係與職責會不停地改變。

我們以圖 8.6 爲例，B 是某個計劃裡的工程師，他同時向專案經理及工程經理報告，團隊另外兩個成員 C 、D，也有雙重的報告關係──向 P 和他們自己的功能別經理。

矩陣式結構的成員必須共同合作，以信任關係爲基礎分享資訊與其他資源，這表示矩陣式結構在同事較彼此信賴的文化中運作得較佳──通常在權力距離小、規避不確定性之需求低的文化中運作也較好。矩陣式結構在北歐企業相當成功，在公司裡員工與管理者視對方爲同事，控制較寬鬆而作風也較不正式；矩陣能有效減少矛盾並控制不同部門（例如銷售、生產）之利益衝突。

但是在其他文化裡，矩陣可能就有不同的效果了。當成員規避不確定性之需求高時，可能對於雙重報告的情況感到不適。在高權力距離的文化裡，員工偏好垂直向的控制與溝通，較不能信任同事──如圖 8.5 和 8.6 的 P 、Q 。Laurent(1981)的資料指出，「拉丁文化（法國、義大利）和其他文化（北歐、美國）相比，對於雙主管的作法較爲抗拒」。即使在美國，也不能保證矩陣的成功。一份對剛放棄矩陣式結構的美國醫院所進行之研究顯示，矩陣最普遍的問題是財務、人員流動與配置，及醫生與護士間的衝突。

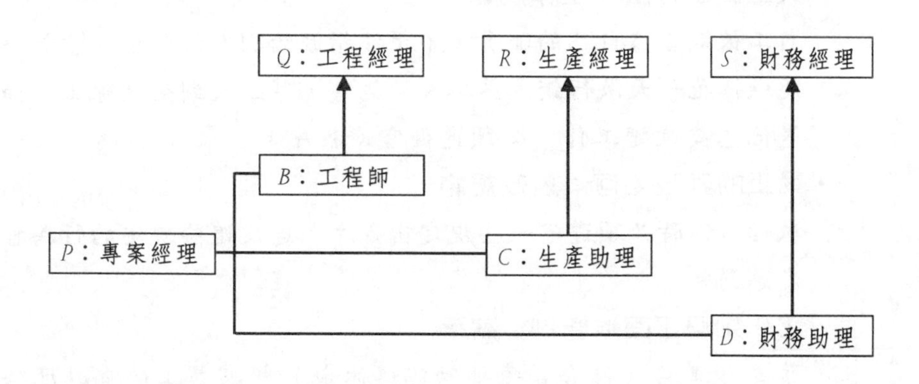


圖 8.6 專案矩陣

## 8.5 官僚結構

雖然「官僚」、「官僚化」等字眼具有負面的涵義，Weber與其他社會學者以中性的態度用它來描述現代組織應該如何運作。「理想」的官僚結構由規定來控制。「官僚」有時候會被認爲專指政府機構，但是官僚規定是設計來使成員的行爲更能夠預測，減少不確定性和無效率，這在私人機構也需要。所有的企業（除了非常小的）都需要官僚規定，而且使用越多則越接近「理想」模式。

規定決定：

- **誰加入組織：招募員工。**

  招募資格通常包含年齡、教育成就、職業專長等。不同的工作與階級有不同的資格限制。

- **誰和誰一起工作：階級。**

  規範主管、部屬、同事之間的關係。員工不能選擇一天當秘書，一天當總裁，第三天當福利社負責人；如果他希望在階層裡改變等級，必須遵循官僚程序，例如：申請升遷。

- **員工要做什麼：工作規範。**

  員工被期望盡自己的職責，不干涉指派給別人的職務。會計不能選擇花一天做行銷，第二天做銷售，第三天到生產線上，如果他想要改變工作，必須遵循官僚程序。

- **員工的表現如何：績效規範。**

  執行工作時必須遵守一些規定與程序，違反這些規定的行爲會受懲罰。

- **工作如何正面地管制：薪酬。**

  薪資與津貼〈包含醫療補助與退休金〉根據員工的貢獻度給予，而貢獻度取決於工作內容、階級、服務時間的長短，特別優良的表現可以給予特別的津貼獎勵。

- 工作如何負面地管制：懲罰。

  明定規定說明哪些行爲會受懲罰，及施行哪些罰則。懲罰由規定來控制，不能隨意改變—犯同樣錯誤的人不應施以不同的懲罰。

- 員工如何升到更高的階級：升遷。

  升遷標準包含服務時間長短、優良表現和資格。

- 員工何時工作：時間表。

  規定每日及每週工作時間的長短、休息時間、彈性上下班時間、假期等。

- 員工離開：退出組織。

  在公家機關裡，員工必須在特定的年齡之前退休——通常是60或65歲。有辭退冗員的規定，及應該支付多少遣散費。退職有時候也會強制執行作爲特定違規事件的懲罰。

官僚組織不講情面，規定適用在所有員工身上，無論他們在組織之外有哪些身份〈社會地位、家庭關係等〉。成員被雇用來追求公司的利益，而不是個人的利益。

## 8.5.1 調整「理想模式」的因素

顯然地，官僚規定的「理想」模式無法適用在所有的企業中，以下因素會影響這些不講情面的規定如何執行：

- 產業——例如：政府部門和廣告代理商對於官僚制度會有不同的需求。
- 規模——例如：小型企業和大型企業相比對於規定的需求可能較低。
- 個人的權力——例如：家族企業的創始人在指派工作時，可能會對自己的兒子有差別待遇。

- 組織文化——例如：非正式的規範可能比正式的規定更有力量。
- 例外事件——例如：在國家有緊急危難時，政府中止公務人員的正常權利。
- 國家文化——8.5.2小節將說明文化因素如何影響官僚體制的運作。

## 8.5.2 官僚制度與文化

文化會影響官僚制度的「理想」如何施行。Hofstede(1984a, pp.215-18; 1991, pp.140-3)以權力距離及規避不確定性作爲兩個構面，劃分出四種官僚類型。(他也發展了較複雜的模式來描繪文化與組織的類型，見Hofstede, 1991, pp.150-3，不過以下僅使用簡單的模式來達到說明的目的)

這四種官僚類型被稱爲：

- 市場官僚制(Marketplace Bureaucracy)：見8.5.3。
- 完全官僚制(Full Bureaucracy)：見8.5.4。
- 人員官僚制(Personnel Bureaucracy)：見8.5.5。
- 工作流官僚制(Workflow Bureaucracy)：見8.5.6。

下圖顯示各類型的官僚制度與兩個構面之關係。

## 8.5.3 市場官僚制

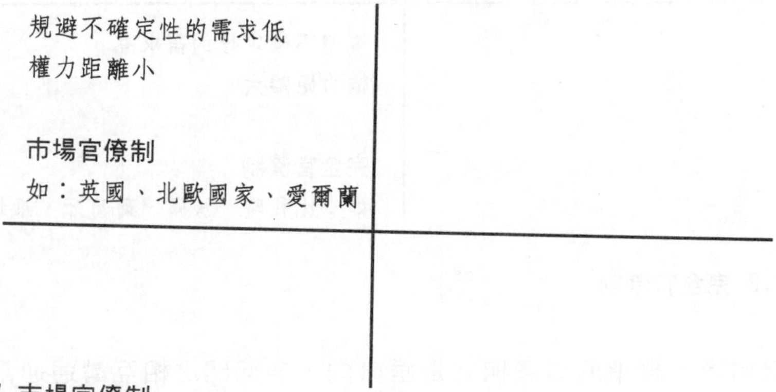

圖 8.7 市場官僚制

市場官僚制代表規避不確定性之需求低及權力距離小的組織。成員較依賴人際關係來達成目標，較不依賴官僚關係—且能較自由地跨過階級或部門的界線。他們會彼此協商影響力，藉由相互幫助締結聯盟。根本的假設是「如果你幫我搔背，我也會搔你的背」。支援性的幕僚在協助組織不同的部份適應改變時會扮演相當重要的角色。常採行工作輪調與矩陣式結構。

DiPrete(1987)曾研究美國聯邦政府的人員流動性，發現顯著證據顯示許多人員跨越專業工作與行政工作的邊界。那些已經準備調動以及有意調動的人都已準備好接受其中涉及的不確定性。

## 8.5.4 完全官僚制

完全官僚制和市場官僚制相反，比較接近 Weber 的模型，成員的行為受到詳細的規範，以增加可預測性及減少不確定性。職責與關係有標準化的規定，重點在於給予每個員工一個標準的角色（提供可遵循的規範）。員工尊重上位者的權力，並有強烈避免模糊程

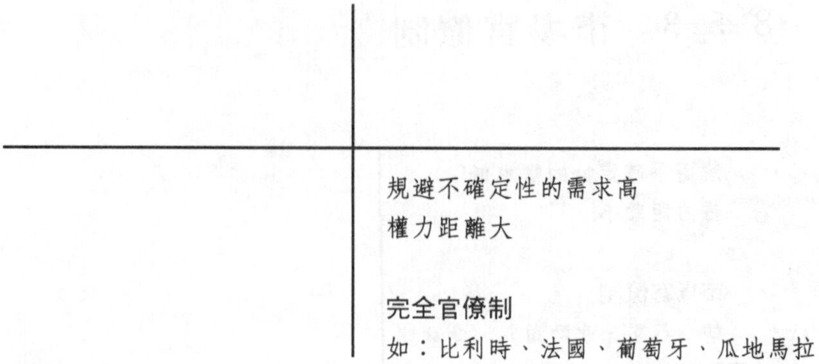

規避不確定性的需求高
權力距離大

完全官僚制
如：比利時、法國、葡萄牙、瓜地馬拉

圖8.8 完全官僚制

序之需求。標準的溝通模式是垂直向，各部門之相互溝通通常只限於最高主管之間。

Aiken和Bacharach(1979)發現比利時的Walloon（法國文化）和Flemish（荷蘭文化）兩區域之地方政府官僚制度的差異。前者表現出較大的權力距離與較強的規避不確定性，特色是高度使用不講情面的規定與程序，例行性工作多，並且較少有繞過正式管道的情形。後者則顯示出典型荷蘭組織的市場官僚制文化。作者評論道

> *Walloon* 的組織特色是高度僵化，有許多特徵符合 *Weber* 官僚制度的理想模式；而 *Flemish* 的組織則較有彈性、較不官僚。

Crozier(1964)的分析仍相當值得參考。他區分出法國政府之官僚制度的四項基本要素：

- 依照規定不講情面（成員對於模糊情形的容忍度較低，反映出高度規避不確定性之需求）；
- 決策集權化；
- 階層隔離，反映出高權力距離（已經獲得學士學位的高級官

員，會和資淺的官員隔離）；

・發展平行的權力之間的關係的發展。

### 8.5.5 人員官僚制

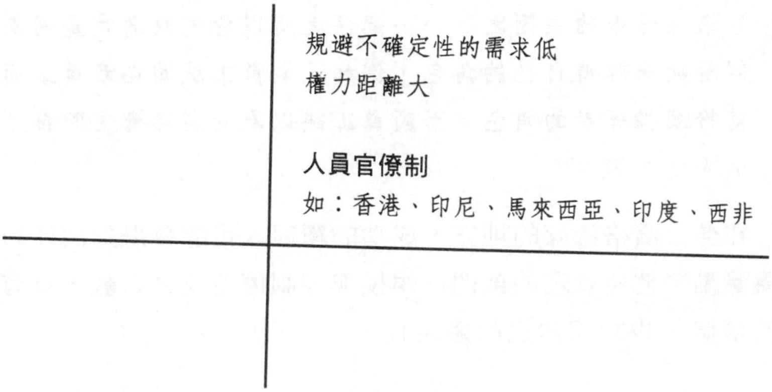

規避不確定性的需求低

權力距離大

**人員官僚制**

如：香港、印尼、馬來西亞、印度、西非

圖8.9 人員官僚制

人員官僚制在權力距離大、規避不確定之需求低的地方較盛行，Hofstede將這樣的組織比喻爲東方的家族。它的結構很簡單，環繞著一個強大的領導者而衍生出簡單的結構，由領導者進行直接而嚴密的控制，而職權則和領導者個人息息相關。領導者以其社會地位與個人特質爲人所知，而不是以與組織階級相關的職責——和完全官僚制相反。

在一份聯合國的報告中，Ross和Bouwmeesters(1972)描述非洲熱帶地區之組織的職權型態，在那裡確實也有授權的情形：

> 但授權通常只侷限於親戚（在私人企業裡），或與高階經理人有政治關聯的人（在公家機關裡）……不信任無血源或種族關係的人，這限制了授權與團隊合作的機會。(*p*.72)

階級受到嚴格的區別，升遷機會有限。管理者必須以身作則以保持部屬的忠誠，並且必須根據部屬對自己的身份與地位之期望來表現，任何意料之外的行爲都可能破壞自己的形象。在一份印地安報紙上，某印地安經理人說明了這個要點：

> 對自己的角色及別人的角色缺乏認識，是造成員工及組織無效率的主因之一……關係之所以會失敗通常是因為誤解與未認清自己的角色，例如，老員工試圖在新員工面前扮演指導者的角色，而新員工誤以為受到無權支配自己的人之支配。[4]

在勞力價格低廉的地方，成功的經理人可能會得到額外的部屬作爲獎勵，他所管理的部門之規模與控制權所及之人數，具有象徵性的價值，也說明自己的重要性。

## 8.5.6 工作流官僚制

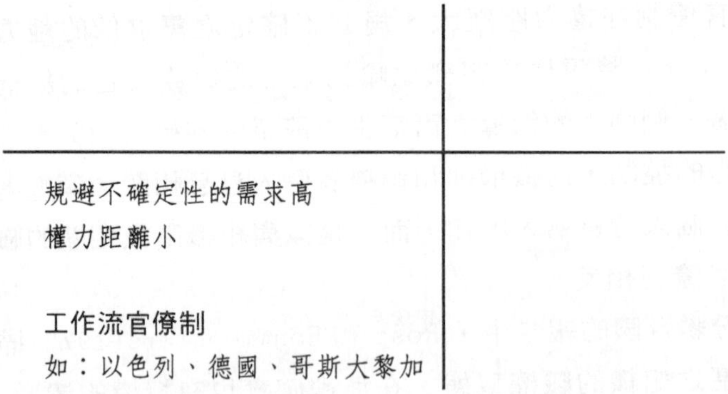

規避不確定性的需求高
權力距離小

工作流官僚制
如：以色列、德國、哥斯大黎加

圖 8.10 工作流官僚制

工作流官僚制的結構主要依賴專業官僚，他們在營運核心

(Mintzberg 定義爲從事重要工作的人員）中擁有較高的職位，重點在於將作業程序標準化，Hofstede 以加好油的機器來比喻。

規避不確定性之需求高，因此工作績效的規範受到嚴格的管制。另一方面，權力距離相對較低。在德國的大型企業裡，管理者與一般員工可能使用相同的餐廳設備，然而在俄羅斯，可能會提供給高達六種階級的人員不同的設備。德國的工會、公司管理當局與政府機構發現合作與避免糾紛相當容易—例如籌辦訓練計畫(Hilton,1991)。

## 8.5.7 官僚模式的應用

Hofstede主張不確定性之規避及權力距離是決定組織結構與制度最主要的構面。

這些模式不在於提供死板的預測。首先，它並不表示同一象限內所有國家的官僚制度都相同。例如，美國與英國皆屬於市場官僚制，他們有許多共同點，但是也可以區分出：

> 「美國」風格相當重視權威者的決策，但同時也不太受身分拘束，主管和部屬經常進行非正式的交流。另一方面，參與管理的「英國」風格還伴隨著在社交場合中重視相當正式的關係。(*Neghandhi, 1979, p.328*)

其次，它並不表示同一國家裡的所有組織都是同一型。愛爾蘭的所有組織並不是都屬於市場官僚模式，比利時的所有組織也不會都屬於完全官僚模式。在兩個國家裡你都可以發現四種模式的例子。小家族企業在全世界都可以找到，而跨國企業無論子公司設在哪裡，都可能在各地試圖複製總公司的組織特徵。

拿類似的組織一起比較才有意義，不應該刻意比較不同類型的組織以證明官僚模式有誤。葡萄牙的廣告代理商可能會比丹麥的政府部門偏向市場官僚模式，但是這並不能證明什麼。Hofstede 的模式主要在於告訴我們，葡萄牙的廣告代理商可能比丹麥的代理商更偏向完全官僚制，而丹麥的政府部門可能比葡萄牙的政府更偏向市場官僚模式。

第三，這個模式所顯示的是某一象限裡的文化和其他文化相比的傾向，若直接套用在一家公司上可能會造成誤解。直接說「IrishEngineering 公司是典型的市場官僚制」可能會造成誤解，比較有益的說法是「IrishEngineering 是愛爾蘭境內典型的製造業公司，而愛爾蘭以市場官僚模式爲主。」

第四，在所有的文化裡，人們都想在能滿足心理需求的組織裡工作。一名政府官員可能覺得例行性、有規律、長期的關係符合他的需求；而喜愛新奇、改變、不確定性的人可能比較能投入廣告、市場研究或技術研發等產業。有些產業能同時容納這兩種人格類型，例如在銀行業裡，國內放款部門可以提供例行性的工作，而外匯、期貨等交易部門則可以提供刺激感。

## 8.5.8 在不同的文化裡運作同一種結構

第五，這個模式說明了相似的結構如何在不同的文化中運作。假設跨國企業 AcmeMNC 在瑞典與比利時的兩家子公司均採用同一種簡單的結構。

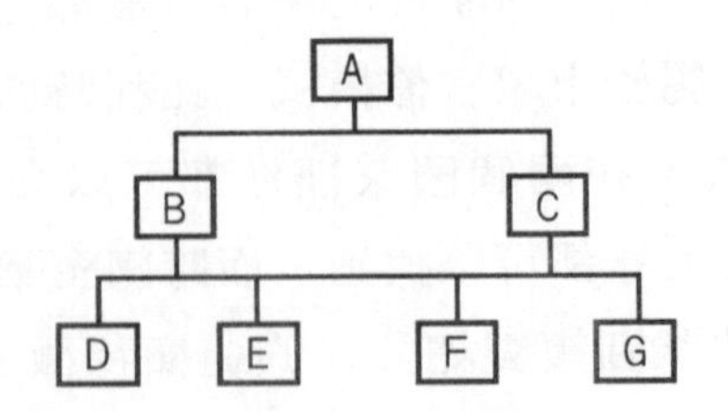


圖 8.11 AcmeMNC

在瑞典子公司裡採用市場官僚制，溝通相對而言較不受階級的限制，圖 8.12 代表組織結構如何運作，並且以 D 爲例子，D 可以主動和 F 、 C 和 A 溝通。

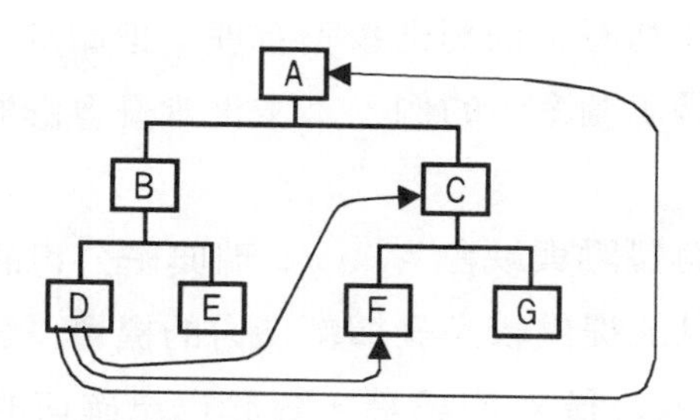


圖 8.12 Acme 瑞典子公司

然而比利時子公司處於不同的文化背景。比利時的企業較偏向完全官僚模式，因此權力距離與規避不確定性之需求均較高。圖8.13顯示的溝通模式反映出人們對於階級的尊重，跨越階級的溝通受到限制，重要的訊息由上面傳下來，越級報告會受到制裁。

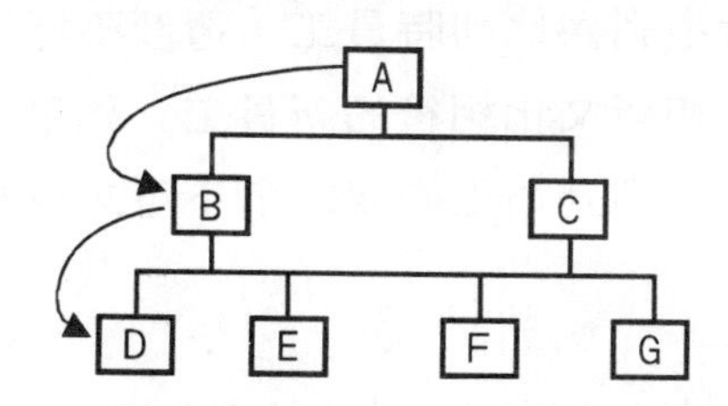


圖 8.13 Acme 比利時子公司

### 8.5.9 優點與缺點

英語系文化的人可能會斷定 Acme 瑞典子公司以較合理的方式運作組織結構，比利時子公司則較不合理；但印尼人可能持相反的意見。這再次強調了圖 8.1 的例子：文化背景會影響組織結構是否有效率。

兩種制度都有優點與缺點。Acme 瑞典子公司的優點在於溝通快速、容易，並且能提供較多發揮創造力的機會；缺點是員工必須區別哪些訊息是「公務」的訊息，對於自己確切的職責歸屬可能也有較多的疑問。Acme 比利時子公司提供了秩序與紀律，員工較能確定不同訊息的性質，以及自己與其他員工之相對職責關係；缺點在於橫向溝通的困難及創造力的限制。

Acme瑞典子公司的員工需要速度與創造力的優勢，並且得忍受秩序與紀律的不足。Acme 比利時子公司則需要秩序與紀律，將忍受相對上的緩慢與例行性。

假設 AcmeMNC 總部決定在比利時子公司推行瑞典的價值觀，會開始在新的優先考量中訓練比利時員工，遣散不能適應的員工，並僱用個人的心理特質和新文化相符的新員工。如果 AcmeMNC 總部判斷比利時的價值觀是達到公司生產要求所不可或缺的條件，則會採取相反的做法。

### 8.5.10 不夠官僚？太過官僚？

一家公司會不會不夠官僚？或太過官僚呢？8.3.4 小節以泰國企業的例子，說明他們確實迫切需要更官僚的組織。然而通常當人們說一個組織「太混亂」或「太官僚」、「太多繁文縟節」時，他們也是在表達自己的認知，認爲官僚制度不適當。他們反映出他們不認爲有用的組織價值觀，而這樣的認知反映著文化。

將控制措施推行到各文化時，這一點相當重要。某種程度與形式的制度可能在總部很適用，在子公司的文化背景下卻不適用。Hofstede的模式說明了管制組織層級的制度在法國可能較受重視，但是如果是在權力距離較低的荷蘭，管制組織層級的需求會比較低；管制工作流程的制度在德國可能有正面的評價，但是在規避不確定性之需求較低的地方則否。

## 8.6 對經理人的涵義

以你的文化中一個你所熟知的組織，與其他文化類似的組織做一比較。

1. 在兩個組織裡，以下哪些事情會被獎勵？哪些不會？
   (a) 員工徹底遵循工作規範，
   (b) 員工會違反工作規範，當這樣做似乎較能達成任務時，
   (c) 員工總是遵循正式的報告程序，
   (d) 員工會越過組織層級溝通，當這樣做似乎較能達成任務時。

2. 哪個組織對於下列事項比較積極？
   (a) 區別員工的職務，
   (b) 推行正式的績效控制制度，
   (c) 推行正式的溝通制度。

3. 對於兩個組織類似的部門，比較與對照以下事項：

   - 同事關係　他們容易合作嗎？對哪些問題會起衝突？是否經常在工作場所外進行社交活動呢？除了文化之外，還有哪些因素會影響他們的關係？
   - 主管部屬關係　部屬需要多密切的監督？有多少自由可以規劃、執行與評估自己的工作？是否容易進行跨越層級的溝通？主管與部屬是否經常在工作場所外進行社交活動呢？除了文化之外，還有哪些因素會影響他們的關係？

4. 兩個組織的差異有多少能由國家文化的差異來解釋？有沒有其他的因素可以解釋它們之間的差異？

## 摘要

本章討論影響正式組織結構的因素，我們將大部分的重點放在文化上，兼論其他重要因素。

8.2 節探討結構的功能，著重於職責與關係的建立，及集權與分權的運作。8.3 節開始討論貫穿本書的一個主題：國際經理人的課題在於，區分影響組織結構之設計與運作的文化與非文化因素。8.4 節著重於討論文化對結構的重要性。8.5 節顯示合理規範角色與關係的需求，促使組織必須發展某程度的官僚制度。Hofstede 的分析說明了國家文化如何影響結構與官僚體制之規範的執行與方式。

## 習題

本習題將藉由角色扮演來尋找解決衝突的方式，接著設計出一個組織結構，以防止同樣的衝突未來繼續發生。需要將班級分組以進行活動。

1. 將班級分組，每組包含兩個人：

   · **銷售經理**

   · **生產經理**

   兩人都在小型的工程公司任職。

   **銷售經理**：每當你收到緊急訂單時，生產經理都不肯合作；每次想更改生產排程，都必須和他爭論，你無法理解爲什麼他不能合作一點。到了最後，如果你們不能合作讓顧客滿意，兩個人都可能丟掉了工作！你已經和生產經理敲定開一個會來解決這個問題。

   **生產經理**：每次有緊急訂單時，銷售經理都不願意合作，每次他都希望你更改生產排程，卻完全忽略你面臨的採辦原料、調整裝備、組織工作細節等問題。如果要在排程之前趕完訂單，你無法保證品質，其他已列入排程的工作也會延誤，並影響其他顧客。到了最後，如果你們不能合作讓顧客滿意，兩個人都可能丟掉了工作！銷售經理今天已經和你敲定開一個會，以解決這個問題。

2. 每一組：另外討論一些最近發生的相關資料，以使你們的角色扮演更具眞實性。

3a. 所有的銷售經理一起討論你們的問題與對策。

3b. 所有的生產經理一起討論你們的問題與對策。

4. 每一組：進行角色扮演，對現有的問題進行協商，想出一個解決辦法。

5a. 所有的銷售經理一起討論剛協商出來的解決辦法。假設企業在下述的環境下運作，這樣的問題未來該如何防範？

- 市場官僚制
- 完全官僚制
- 人員官僚制
- 工作流官僚制

5b. 所有的生產經理一起討論剛才協商出來的解決辦法。假設企業在下述環境下運作，這樣的問題未來該如何防範？

- 市場官僚制
- 完全官僚制
- 人事官僚制
- 工作流官僚制

6. 所有的組別：進行以下的角色扮演。設計一套結構／正式規定／非正式規定，以預防這樣的問題未來一再發生—以特定的文化背景爲前提（在四種官僚背景中挑選一種來討論）。你的建議會傳遞給高階主管，作爲他們的決策參考。

7. 全班討論：比較與對照你們的建議。

## NOTES


1 Sandra Barwick, "BBC in-fighting turns into torrid series," *Daily Telegraph*, August 27, 1996.

2 Jonathan B. Levine, "Mild-mannered Hewlett-Packard is making like Superman," *Business Week*, March 7, 1988.

3 Suzanne O'Shea, "A city sagging beneath its own success," *Daily Telegraph*, October 29, 1996.

4 Dr V. V. R. Sastry, "Know thy role," *Times of India*, May 29, 1991.

第九章

# 跨文化的激勵

前言
確認需求
確認另一文化的需求
Maslow 的需求層級
滿足與成就
經由團隊工作來激勵
對經理人的涵義
摘要
習題

## 9.1 前言

財務誘因（包括薪水和獎金）並非經理人唯一可用來激勵績效的工具。在以下的案例中，工作保障是重要的激勵因素。

在 1990 年代早期，德國化學製造商 SKW 將員工人數由 2,500 人裁減至 1,950 人。在大部分的德國競爭者一次就開除數千名員工的情形下，他們並不算進行大規模的遣散：

> 「我們不曾在景氣衰退時開除過半名員工，」*SKW* 董事長 *Wilhelm Simson* 在最近的一次訪問中表示，「我們希望員工覺得有安全感，這是激勵員工不可或缺的。」[1]

在該公司年度的財務報告裡，有一節的標題是「社會關係」：

> 「企業的品質表現在員工的素質上，有鑑於此，我們認為良好的工作環境和人際關係相當重要。我們有責任保障員工的福祉，也提供員工安全感。」

董事長 Simson 認爲上述政策對於激勵員工很有效，工會主席認同他的觀點：「我們的勞資關係相當良好」。

以上個案指出：

- 金錢以外的因素也可以激勵員工的績效；
- 背景會影響某因素的激勵效果。

在 SKW 的個案裡，公司保障員工免於在大規模的遣散裡失業，即使競爭者進行大規模的裁員。在此文化背景下，SKW 的作法能激勵員工的績效和忠誠。

本章將探討跨文化的激勵問題。

## 9.2 確認需求

當激勵政策能反映員工眞正的需求，並將影響企業提供誘因的環境因素列入考量時，這樣的激勵政策較可能成功。本節探討如何認清員工眞正的需求。

激勵制度必須根據對於員工眞正重視的激勵因素之精確了解，而不應根據刻板的激勵因素。「人們只爲金錢工作」這樣的刻板模式是個例子，它過度簡化事實，忽略了職業、年齡層與文化等差異。

由 28 國的製造業蒐集的資料顯示，各國的薪資及其他福利皆有顯著的差異(Townsend 等人，1990)，其中其他福利包含獎金及失業保險、健康保險等福利。他們發現「薪資、其他報酬，及兩者的比例，皆明顯地受文化之影響。」(p.674)他們也發現文化集群的證據——也就是說，在英語系、東方、拉丁美洲、北歐、德國等文化集群內，情況較類似，而在各文化集群之間則有顯著差異。

以更基本的角度來看，人們只爲金錢工作這樣的刻板印象忽略了一個事實：許多人，也許是大部分的人，都很重視有趣的工作。在世界各地，工作都是大部分人生活的中心。根據 MOW 國際調查小組進行的研究(1986)顯示，在比利時、英國、以色列、荷蘭、日本、德國、美國等國，有 65% 至 95% 的員工在已經賺到足夠的錢可以安穩地度過後半生時，仍然選擇繼續工作。

Kovach(1987)於 1946、1981、1986 年在美國進行的研究顯示，企業界的員工（包含非技術性藍領階級及技術性白領階級）將幾種「工作報酬」的重要性排在薪資前面。表 9.1 顯示 1986 年員工最重視的十項「工作報酬」，1984 年的情形也差不多，大部分的優先順序並沒有明顯改變。

這並不是說不錯的薪資永遠不會是最重要。30歲以下的經理人將良好的薪資、工作保障與升遷成長列爲前三個選擇（Harpaz (1990)在七個國家進行的研究發現，年輕的經理人比較重視自主權，也比年長者重視學習機會）。對於Kovach研究中的年長員工而言，雖然工作保障的重要性隨著時間慢慢降低，但是仍然受到高度的重視——也許因爲他們不再需要撫養年輕的小孩，以及已經建立適當的投資能協助自己度過退休生活。薪資最高的員工將薪水的重要性列在第十位，而「有趣的工作」則是他們優先的選擇。

男性與女性的偏好相差不多，女性將「完成的工作能獲得充分的賞識」列爲第一位，而男性則列爲第二位。

| | | |
|---|---|---|
| 1 | 有趣的工作 | (6) |
| 2 | 完成的工作能獲得充分的賞識 | (1) |
| 3 | 事物的參與感 | (2) |
| 4 | 工作保障 | (4) |
| 5 | 良好的薪資 | (5) |
| 6 | 在組織中升遷與成長 | (7) |
| 7 | 良好的工作環境 | (9) |
| 8 | 對員工忠實 | (8) |
| 9 | 圓滑的紀律 | (10) |
| 10 | 對個人問題給予同情的幫助 | (3) |

**表9.1 員工最重視的報酬(根據Kovach的研究結果)1986年與1946年**

### 9.2.1 其他因素

上一節指出職業、年齡或性別會影響人們對於工作報酬的知覺，但許多其他的因素也可能有重要的影響。

例如，人們越貧窮，會越重視維持生活所需的資源。早期在印度進行的研究顯示，員工的階級與收入越低，滿足基本生理需求的重要性就越高。

Chow(1988)指出，香港政府機關的主管（最重視工作保障）與私人機關的經理人（最重視高收入的機會）皆重視升遷機會。

其他因素包含：

- 遺傳與早期的環境因素；
- 教育程度；
- 經濟狀況；
- 經驗，包含工作經驗；
- 組織文化；
- 歷史事件（Huo 和 Steers(1993)給我們一個實例，鎖國政策的結束與 1953 年 Perry 指揮官到達日本的事件，對於日本有決定性的影響）；
- 經濟與政治結構（例如：共產黨在中華人民共和國的角色）；
- 地理區域（在偏遠的尼泊爾、西藏和阿富汗等地，社會關係比起位於中心地帶的國家受到更高度的重視，見 Huo 和 Steers, 1993）；
- 文化因素。

總之，在某背景下能激勵績效的因素，在不同的背景下可能沒什麼作用（甚至有負面的作用）。經理人應該認清在身處的文化背景中，哪些激勵因素最有效果。

### 9.2.2 主管對部屬需求的評鑑

Kovach(1987)也調查了直屬主管對於部屬需求的預期，在調查中要求主管估計部屬最重視哪些工作報酬，並加以排列順序，他們的順序幾乎每年都一樣：

| | |
|---|---|
| 1 | 良好的薪資 |
| 2 | 工作保障 |
| 3 | 在組織中升遷與成長 |
| 4 | 良好的工作環境 |
| 5 | 有趣的工作 |
| 6 | 對員工忠實 |
| 7 | 圓滑的紀律 |
| 8 | 完成的工作能獲得充分的賞識 |
| 9 | 對個人問題給予同情的幫助 |
| 10 | 事物的參與感 |

資料來源：*Kovach, 1987*。

表9.2 主管估計部屬的需求

主管很明顯無法正確評估部屬對於工作報酬之要求的優先順序。在以上的調查中，主管和部屬還屬於同一個國家文化，若經理人與員工屬於不同文化的情況下，缺乏了解與誤差的幅度可能更加嚴重——例如跨國企業的國外子公司，經理人是外籍人士。

# 9.3 確認另一文化的需求

爲某個文化背景設計的激勵制度，轉移到另一個文化背景可能不適用。

這個簡單的道理，因爲以下的事實而變得很模糊——幾乎所有的需求模式與衍生的激勵因素都是在英語系文化裡孕育出來的，尤其是美國。它們傾向視以下特質爲理所當然：相當高的陽剛特質與新教徒的工作倫理、高度個人主義、低權力距離、規避不確定性之需求低、從背景脈絡持續溝通資訊的需求高。但這些條件並不是在任何地方都適用。

例如，某研究團隊發現在英國與中國大陸之在地企業的報酬制度、績效評估與評鑑潛力的程序皆有明顯的差異，這導致一個問題：人力資源管理的一般原則是否能應用到各個文化呢？(Easterby-Smith 等人,1995)

適用性的問題意味著跨國企業經理人有責任判斷激勵員工的政策能否在其他文化背景下適用。

## 9.3.1 文化斷層之背景下的需求

Abuda(1986)曾分析過奈及利亞的工作態度問題。傳統文化重視辛勤工作，但是工藝文化的價值觀並未自動融入工業化時代，亦即他們無法適應工人與生產手段、雇主與員工之間產生的新關係：

> 在傳統的非洲，文化在工作方面的期望並不重視投入、勤奮與循規蹈矩的工作態度，因此非洲人被加上了一種刻板印象：懶惰、生產力低、不願意為了經濟激勵因素而努力。這些想法起源於對早期的非洲員工之社會文化背

景做了錯誤的評論。非洲人之所以不情願接受聘僱，是由於他們珍視農業工作中的獨立自主，不願意中斷與家庭的聯繫，因為家庭提供安全感，以及對於城市地區的疾病與死亡懷著恐懼。(*p.34*)

實務問題在於發掘有效的工作價值觀是什麼，並設計新的激勵因素來引導出適當的行爲。但在奈及利亞這卻是困難的。殖民地的統治伴隨著對工業化的錯誤認知，已經造成一種不完全是本地，也不完全是國外文化的「混合式畸形文化」。現在即使試圖採用傳統的價值觀（著重於小規模的農業及以家庭爲基礎的發展）也不太可能成功，不如將奈及利亞的企業視爲如同隸屬於西方經濟。

Abudu 就普遍的情況談論這個問題。他將現代奈及利亞人對工作不滿的態度歸因於一系列的因素，包含：

- 報酬制度的不公平；
- 決定僱用、派任與訓練的準則與績效無關；
- 貪污的影響。

他的分析進一步提出關於文化背景的問題：

- 爲什麼報酬制度會被認爲不公平？何種制度才會被認爲公平呢？
- 績效如何評估呢？
- 如何防止貪污的行爲呢？應該設定何種道德準則呢？

簡言之，激勵問題之分析與解決方案必須針對特定的文化，甚至針對特定的企業。

## 9.3.2 差異的證據

表 9.3 支持不同文化的員工對工作有不同需求的主張。根據德國、日本與美國的受試者對 England(1986)之研究問題的回應：「你的工作生活之特性是什麼？工作生活中包含以下因素對你而言有多重要？」，排出的 11 項工作特徵如下：

| 工作特徵 | 德國 | 日本 | 美國 |
|---|---|---|---|
| 有趣的工作 | 3 | 2 | 1 |
| 良好的薪資 | 1 | 5 | 2 |
| 良好的人際關係 | 4 | 6 | 7 |
| 良好的工作保障 | 2 | 4 | 3 |
| 工作和自己的性向搭配良好 | 5 | 1 | 4 |
| 自主性強 | 8 | 3 | 8 |
| 學習機會 | 9 | 7 | 5 |
| 工作變化性大 | 6= | 9 | 6 |
| 方便的工作時間 | 6= | 8 | 9 |
| 良好的工作環境 | 11 | 10 | 11 |
| 良好的升級或升遷機會 | 10 | 11 | 10 |

資料來源：*England, 1986, p.181*

表 9.3 工作特徵的重要性

## 9.3.3 規劃適用於另一文化的激勵因素

然而，這些資料並不能解釋爲什麼在某文化中成功的激勵因素，到了另一個文化會失敗，以及是否能推論到這三個文化之外也有疑問。Hofstede(1991)的模型可以解答，即解釋並預測哪些激勵因素在不同的背景下很可能具有吸引力。

傾向於個人主義的文化重視個人升遷成長的機會與自主性。而傾向於集體主義的文化則重視歸屬於一個有影響力的團體之機會；在高度集體主義的文化裡，個人受賞識或鶴立雞群的機會較不能吸引其成員。Mann(1989)講述了Beijing Jeep的故事。Beijing Jeep是AMC和Beijing Automative Works的策略聯盟，它的一些員工自願放棄加薪的機會，以平息生產力較低的同事之怨恨。在泰國，Rieger和Wong-Rieger(1990)指出：

> 個人紅利獎金計劃的採用，顯然與團體合作的社會規範背道而馳，非但不能使生產力提昇，還可能導致生產力下降，因為員工不願公然相互競爭。(*p.1*)

偏向陰柔的文化重視較短與方便的工作時間，偏向陽剛的文化則重視升遷的競爭機會——但是與女性競爭可能無法激勵男性員工。

高度規避不確定性之文化重視工作保障。當升遷可能會使女性員工和她們的男性同事發生衝突時，她們可能較不會渴望升遷，因而對努力贏得升遷機會也會較消極。低度規避不確定性之文化則重視工作的變化性。

權力距離較大的文化重視爲一位能體恤部屬、下達明確指示的主管做事之機會。權力距離較小的文化則重視爲一位能與部屬保持諮詢關係的主管工作之機會。

## 9.4 Maslow的需求層級

雖然Maslow(1953)的理論經常受到質疑，但是仍然持續影響著激勵理論。他所提出關於金錢報酬之功能與價值的問題相當重要。

Maslow將人類的需求分為五個層次（第五層是最高的需求）：

**第 5 層：自我實現的需求。**

**第 4 層：尊重的需求—包含自尊與他人的尊重。**

**第 3 層：歸屬與社會性需求。**

**第 2 層：安全與保障的需求。**

**第 1 層：生理需求（生存的需求）。**

1-3 層為基本需求，藉由個人之外的外在事物來滿足，例如食物、金錢與他人的讚美等。4-5 層為自我與自我實現的需求，藉由個人本身的內在狀態來滿足，例如成就感與稱職的感覺，這些都根源於個人的感覺，無法由其他人給予。

已經滿足的需求就不再有激勵的效果，人們會追求進一步的需求。這表示當你已經滿足某一層次的需求時，會設法追求更高層次的需求；而只有在低層次的需求已經滿足時，才有可能追求高層次的需求。

當一個人參與某活動，希望活動成功後能滿足他的需求時，需求才能激勵他的表現。假如有一個人需要錢買房子，他知道如果完成工作，他將得到金錢的報酬，因此他會工作。當行為的結果受到重視，個人會繼續重複他的行為；因此他繼續工作，直到滿足金錢的需求為止。

Maslow 的理論可以解釋為什麼在 Kovach(1987) 的研究裡，已經滿足 1-2 層需求的年輕高薪員工會格外重視工作有趣與否（見 9.2.2 小節）。它也可以解釋為什麼尚未滿足生理及安全感需求的低薪年輕人，會最重視良好的薪資。然而，Maslow 的理論雖然能解釋這個個案，並不表示它能適用在所有的組織裡——即使是美國的組織亦然。

### 9.4.1 將背景因素納入Maslow學說

Maslow的理論並未明確指出對某特定的文化而言，何種價值觀和哪一層次的需求相關。以第5層爲例，它不能假設在A文化裡具有激勵效果的成就感與安全感之承諾，在B文化中也會有激勵效果。

Onedo(1991)強調環境也是一個重要的影響因素。低度開發國家對於事物之優先順序的看法與已開發國家不同，這反映著他們的經濟成長階段。他對澳洲和巴布亞新幾內亞的經理人進行抽樣調查，發現兩國的經理人都認爲自我實現是他們最重要的需求，但是巴布亞新幾內亞人與澳洲人相比，對於安全感層次的需求顯然較不滿足，他們認爲安全感的需求比自主性的需求重要。這與在阿根廷、智利、印度、馬拉威、肯亞等地所作的研究結果相符。

在改革時期裡，環境的壓力最劇烈。Buera和Glueck(1979)對於利比亞經理人的調查發現，他們的社會需求比安全感的需求（較低層的需求）得到更多的滿足，這符合作者的預期：「人民的革命使安全感的需求變得特別重要，每天都有主管被開除。」(p.115)他們對安全感的需求遠高於非利比亞地區的阿拉伯人、歐洲人、利比亞境內的美國人等面臨風險較低的人。

另一個例子來自中國大陸。過去50年來，經理人必須對於一連串的政經改革進行調適，改革影響了對報酬的預期與對需求的認知。Nevis(1983)的研究在中國脫離毛澤東集權統治與文化大革命之後開始進行，當時後毛澤東時期的自由市場改革正以蹣跚的步履進行。Nevis 主張Maslow 的需求層級對於中國大陸應該修改如下：

第 4 層：服務社會的自我實現需求。

第 3 層：安全與保障的需求。

第 2 層：生理需求。

第 1 層：歸屬（社會）需求。(p.21)

這個模式所描述的是高度集體主義的情形——集體主義已經高到社會需求比生理需求重要的程度。

在改革慢慢進行了幾年之後，Tung(1991)主張中國的企業家仍繼續混合強制規定、外在獎勵、內化的動機來激勵員工。但是轉變中的環境使得這些要素的相對重要性有了改變：

> 在政治高度開放時期，外在獎勵變得特別重要，而在政治封閉的時代裡，意識型態與內化的動機扮演較重要的角色。(*p.342*)

90 年代結束前，鼓吹「有錢是光榮的」已成爲可接受的事。在 1993 年，時代雜誌引用北京一位中年企業家的話：「今天我們信仰的唯一一件事就是賺錢」。[2]

這說明了一點，激勵制度必須隨時調整，以因應環境變遷造成的需求改變。

## 9.4.2 Maslow 學說與金錢

Maslow 的模式並未包含「金錢」，這可能表示他不認爲金錢的需求可以有激勵的效果，但是在實務上，金錢在每一個需求層次上都佔有一席之地。Maslow 的模式幫助我們了解，金錢報酬如何扮演達成目的之手段，而非目的本身。

金錢使我們能購買必需品以維持生理需求，因而滿足第 1 層的需求。而當一個人擁有足夠的水與食物時，剩餘的錢會用來投資，以調節第 2 層安全與保障的需求。購買一輛昂貴的汽車、一棟地段良好的房子、出入餐廳以及新衣服，讓他人印象深刻，藉此建立人際關係，因而金錢可以協助滿足第 3 層的社會需求。

車子、房子、出入餐廳以及衣服都具有象徵性作用，因此只限於重視這些象徵的文化背景。在某些文化裡——如現在大部分的拉丁美洲與東南亞——昂貴的汽車是一種令人渴望擁有的象徵；而在其他地方，即使是有錢人也希望擁有一種環保的形象，因此可能會偏好比較便宜的汽車。在荷蘭的城市裡，有些人甚至騎單車上班，因此他們將多餘的錢投資在其他象徵上。

在 4-5 層，需求是由內在狀態來滿足，薪水多寡具有其他象徵性的價值，它辯護了你的自尊，也反映著你的成就；它被當作一種和他人相比的標準（你是成功或不成功？），也被當作和自己比較的標準（今年的成就是不是比去年好？）。McClelland(1965) 曾說：

> 假如有成就某些事的機會，對於成就有高度需求的人無論如何都會努力工作。他對於金錢報酬或利潤之所以很有興趣，主要是因為這樣的回饋可以告訴他們自己工作做得有多好。金錢不是努力的誘因，更確切地說，它是企業家衡量自己是否成功的標準。(*p.65*)

在已開發國家裡，有些高階經理人年薪高達數百萬美金，如果只爲了維持生存需求的話，他們並不需要這麼多錢。但是如果有人提議他的報酬應該減少例如一百萬，每一位經理人都會感到羞辱，這樣的損失可能不是物質上，而是心理上：他的重要性被輕視了。

### 9.4.3 獎金

當每年都支付同樣的獎金時，會被視為理所當然，就好像是基本薪資結構的成分一般。這具有兩個效果，首先，獎金在未來將不能再激勵任何進一步的努力；其次，如果獎金減少——可能來自員工無法掌控的負面情況——會造成失望，進而可能有負面的激勵效果。Sanyo（泰國）因為經濟衰退，被迫將年終獎金由 1995 年的 5.75 個月降至 1996 年的 3 個月，員工燒毀一座存放 500 台冰箱的倉庫，並試圖對公司的生產設備與總公司放火。[3]

但另一方面，金融服務業對於市場波動具高度敏感性，每年的利潤變化劇烈，有經驗的員工很快能了解為什麼他們的獎金會時常波動，因此該產業裡的公司能根據市場狀況及不良的業績，支付較低的獎金，這不見得會有負面的激勵作用。

### 9.4.4 金錢誘因的替代品

9.2 節指出在某些情況下：

- 薪資可能不是最受重視的工作報酬，因此承諾加薪也可能不是最有效的激勵方式；
- 除加薪外，其他替代方式也可能達到一樣的激勵效果。

9.2.1 小節所列之因素會影響在特定背景下哪些替代品較可能達成有效的激勵效果。此外，替代品也必須具備一致性與可信度的特性。

**一致性**：激勵與報酬無論應用在什麼時間、個人或團隊上，都必須具有一致性。承諾帶整個團隊到巴黎旅遊可能具有高度的激勵效果，但是員工會不會預期這樣的活動以後會每年一次呢？如果對於這些預期估計錯誤，就長期而言可能反而有負面的激勵效果。

**可信度**：口頭上的嘉獎可能是所有激勵方式中最便宜的一種，但是讚美應誠實不誇大，並且必須在適當的時機給予。像「你表現得很好，是我最得意的部屬。」之類的評語，可能有很好的激勵效果，但是如果在所有場合，對所有部屬都說這樣的話，可能就沒什麼可信度了。

在授予頭銜時，可信度也是重要的因素。新員工剛被錄取時，得到一個好聽的頭銜可以達到激勵的效果，但是如果他們並未擁有眞正的權力，激勵效果可能不會持續太久。在企業調查協會 Kroll Associates 的個案中：

> 報酬制度對於某些最資深的人員而言一直是個弱點。有些人認為如果公司採用像法律或會計師事務所的合夥架構，會使員工表現得更好。公司以最不昂貴的方式分配頭銜給高級員工，想留住這些資深員工，但是最後還是無法避免他們的不滿。在某一個時期裡，在倫敦辦公室一度同時有七位主任。[4]

在上述的個案中，頭銜缺少可信度，無法成爲有效能的結構之替代品。

## 9.4.5 爲什麼要使用金錢誘因

9.4.4 小節提出了一個新的問題：在某些情況下，金錢以外的激勵也可以達成和加薪或獎金一樣的激勵效果，爲什麼雇主和員工仍然如此重視金錢報酬呢？

首先，以金錢報酬爲基礎的激勵制度易於管理，薪資容易計算並且易於支付給一大群員工；第二，金錢報酬容易轉換成財貨與勞務，每個員工可以將自己的薪資轉換成符合自己需要的財貨與勞務；第三，經理人和員工會發現彼此很難取得除金錢以外的報酬制度之共識，例如Kovach(1987)所列出的「良好的人際關係」、「完成的工作能獲得充分的賞識」、「事物的參與感」等報酬，見9.2.2小節。

因爲薪資具有象徵性的價值，對工作不滿的員工會在薪資方面表達不滿，即使根本問題是在其他地方亦然。Gan(1988)對於新加坡銀行員工的研究可以作爲一個例子，他針對新加坡本地銀行及此等銀行在日本、印度、美國等地分行進行研究。日本分行的員工主要在五方面表達不滿，其中包含薪水；但是實際上，所有銀行都在就業市場中競爭，必須提供具競爭力的薪資；日本分行員工的低滿意度似乎反映著對於以年資爲基礎的升遷管道不滿。這樣的事情在日本是可接受的，但是對年輕的新加坡人則不然，因此對於工作的結構要素之不滿以要求更多金錢的知覺方式表達出來。

# 9.5 滿足與成就

本節探討兩個激勵理論及其應用：

- Herzberg 的兩因素理論
- McClelland 的成就動機理論（9.5.4 小節）

如同Maslow的學說一般，這兩個理論在很久以前就已發展出來，並且持續影響到現在。

Herzberg(1959, 1968)認爲激勵的要素分爲兩種：保健因子與激勵因子。如果缺少保健因子，員工會覺得不滿足，但是保健因子的存在不能讓員工感到滿足，保健因子包含：

- 薪資
- 工作環境

- 企業政策與行政管理
- 與主管及同僚的關係
- 安全感

激勵因子則包含：

- 工作的內在價值
- 成就感
- 責任感
- 認同感

Herzberg主張，如果保健因子適當的話，將能降低不滿足的程度，但卻不能眞正刺激工作意願；一個滿足的員工不一定更具生產力，或更積極努力工作——但是滿足和心理健康呈正相關，比較滿足的員工也比較不會辭職。本章前言的個案提到，在某些背景下，安全感可能不只是保健因子，而是具有實際激勵的效果，如果我們找到進一步的證據證明安全感是激勵因子，可能會對Herzberg的理論產生基本的質疑。但是如果這樣的情形發生在景氣衰退、工作不保的背景下，擁有一個有保障的工作會讓人產生一種成就感，矛盾就可以合理解釋了。

一份在七個國家（比利時、德國、以色列、日本、荷蘭、英國、美國）以「個人希望在工作中找到什麼？」爲主題進行的研究，發現根本上的共同點，即有趣的工作特別受員工重視，當這些工作具有「表達性與內在價值性」時(Harpaz, 1990, p.89)。接受這種工作挑戰的員工比較可能留在工作崗位上，而未受工作挑戰的員工可能會表現出受挫、攻擊性、身體不健康並退出工作。因此，

將工作變得更有趣、更有挑戰性，不但能滿足員工需求，對於維護生產力的組織而言，也是一項必要條件。(Harpaz, 1990, p.90)

Harpaz認爲員工的收入越豐，則滿足程度越高，對於收入的重要性感到越低：

> 當額外收入的邊際效用遞減時……想要對高薪員工產生顯著的獎勵效果，必須使用更多的金錢。這意味著經理人必須開發金錢以外的激勵方法與策略，以持續激勵較高薪的員工。(*pp.90-1*)

## 9.5.1 工作豐富化運動

工作豐富化之目的在於增強員工的價值意識與動機，以培養員工的責任感。以下討論三種工作方案的涵義：

- 工作輪調
- 工作擴大化
- 工作豐富化

工作輪調指規劃員工的時間，使他們能執行多種任務。例如，某員工第一個禮拜擔任程序A的工作，然後調到程序B，接下來又調到程序C。工作輪調可以將變化帶入員工的日常工作中，並且有助於培養多技能的員工。

工作輪調在不同的背景中都有成功的案例，然而，也帶來了許多實際的問題：首先，並不是所有的工作都是容易交換的，一位地位高的專家不太可能同意被調到他認爲該由地位較低的人做的工作。第二，輪調可能是昂貴的，一個行銷經理人在經過相當昂貴的訓練之後，或許可以輪調到會計部門；而調到新工作的早期，一定會犯錯，並且要花時間熟練新技能。員工的技能越高，在勞動市場就越有價值，雇主也要支付更高的報酬保留他。

文化也是一個影響因素。在較會抗拒改變，或偏好專門技能勝於一般能力的地方，工作輪調較不可能成功。在某些文化裡，不同職務之間的地位差異相當顯著，在員工輪調時，問題在於如何辨認哪些是地位相當的工作，以及哪些員工可以調任這些工作。在集體主義的文化裡，團隊成員的身份很重要，團隊的成員可能不會歡迎一個從其他團隊暫時調來的人。員工可能會認為他從原來的團隊被「放逐」，做為某種懲罰。

工作擴大化指擴充工作內容，使員工能獨立完成生產一單位的所有任務。並不是將Ｃ、Ｄ、Ｅ三種任務分別分給Ｐ、Ｑ、Ｒ三個人，而是由Ｐ、Ｑ、Ｒ三人分別都執行Ｃ、Ｄ、Ｅ三種任務。理論上，個人藉由獨立完成各種生產任務並看到成品，所得到的滿足感將遠大於專業地從事單一任務；然而，工作擴大化在重視專業分工的背景下較不容易成功。

## 9.5.2 工作豐富化

工作可以藉著變得更有趣、更具挑戰性而達到豐富化的效果，實際上這通常意味變得更複雜。工作豐富化突顯了「趣味性」在激勵上扮演的重要性。

首先，責任由上級交付，員工被訓練成能承擔與一項新任務相關的所有面向之責任，其中包含排程，這在過去是由監督者執行的。第二，較前端的工作被納入該項工作裡；第三，較後端的工作被拉回來，讓員工負責原本由其他人負責的上游與下游的活動；第四，任務的各個部分被推往較低的工作層級，交由下級執行（他們的工作因為這些下放的職責而豐富化）；第五，任務的各個部分重新安排與排序。

## 9.5.3 採用工作豐富化的方案

在工作豐富化的方案中可能會遇到許多問題：

- 這個概念預先假設現行的例行性工作會讓員工失去工作的動力，以及有趣的工作比較有激勵效果（兩個假設皆可能不正確）。
- 工作豐富化的優點可能由於此一改變對於組織的其他部分造成非預期的效果而縮小或逆轉（例如，中階經理人可能失去對部屬的職責，感覺到自己的地位受威脅，而變得消極）。
- 在重整控制與溝通的制度時，科層組織的實務可能不夠彈性。
- 當受影響的員工不了解改變的原因時，工作豐富化可能無法達到長期的正面效果（如果沒有適當的訓練來引導這樣的改變，他們可能會抗拒工作複雜度的增加），因此經理人與員工之間存在著開放、有效率的溝通文化是基本條件。

在下列條件下，這些問題將可以克服：

- 工作可以豐富化；
- 員工歡迎改變與實驗；
- 員工很有安全感（他們對於工作豐富化的方案有信心，認爲它不會汰出冗員而導致裁員，並且認爲執行方案的困難終究可以克服）。

文化因素會影響工作豐富化的效果。一份對泰國員工參與預算規劃過程的研究發現，這個過程對於達成預算目標有正向的關係，但是似乎和激勵沒有關係（Jones 等，1992）。一般而言，工作豐富化在以下情況下較有激勵作用：

- 員工排除焦慮的需求低，並且能夠忍受當中的模糊感；

- 集體主義的傾向較弱，員工能忍受工作團隊成員組成的改變；
- 權力距離低，員工能忍受橫向關係的模糊感與改變；
- 實驗受到歡迎；
- 科層結構的運作有彈性。

### 9.5.4 McClelland的成就動機理論

大約和Herzberg同時，McClelland(1976)也發展出成就動機理論。以歷史和當代的資料爲基礎，他認爲在社會中成就感的動機越強，社會的經濟成長與創新傾向也會越高。

以下將進一步探討如何將一般化理論應用到個人身上，並對高成就需求者加以解析。成就需求可以定義爲「意欲達到或超越績效標準，以及在面臨競爭時能獲得成功的渴望」。

高成就者似乎有以下的共同點：

- 承擔適度風險的偏好
- 對於自己的績效需要立即與經常性的回饋
- 偏好特定的績效標準
- 不喜歡任務做得不完整
- 有急迫的感覺

### 9.5.5 應用對高成就需求者的解析

McClelland主張成就動機可以灌輸給成年人。一個在美國發展的研究計劃後來應用在印度(McClelland, 1965)。首先在一些小型的城市對由一些企業家灌輸，然後是孟買的薪水階級經理人。訓練內容包含：

- 目標設定：個人設定的目標在二年內被用來作爲每六個月衡量

進展的標竿。

- 發展一套成就的用語，讓個人能以成就的觀點來表達自己。
- 培養認知上的支持：學習以成就的角度來思考。在其他程序中，個人則學習有意識地突破文化中抑制成就的假設。
- 發展團體支持制度，以提供情感支持。Kakinanda城的受試者決定建立Kakinanda的企業家協會以凝聚新的團結力量。

McClelland提出數據證明計劃的成功，然後他歸納出這樣的成就激勵訓練在低度開發國家與美國次文化內實施的一般要點：

- 文化或組織的心理及社會氣候—也就是說，信心與樂觀的背景是影響成就需求的重要因素。
- 即使是成就需求低的個人或文化團體也可以經由訓練而培養出較高的成就需求。
- 基於歷史因素，有些文化與次文化比其他文化有較低的成就需求。

最後一點對於模式的應用很關鍵。事實上，McClelland的印度受試者能撥出時間參與，意味著他們已經接受自己能提高成就水準。印度的文化氣氛是低成就的（如McClelland的假設），所以他們不是典型的印度人。因此，與文化價值觀相反的高成就需求可以教育成功之論點尚未能證實。

將McClelland給不同國家打的「成就」分數與Hofstde的資料相比較，顯示成就導向與低度規避不確定性及高度的陽剛文化有高度的相關性(Hofstede, 1991, p.124)。

簡言之，Maslow、Herzberg、McClelland的理論反映著他們（美國）的文化環境，以及在世界其他地方的適用性受到限制。這意味著在跨國的情形下，在紐約執行良好的激勵政策，可能需要經過徹底的修正才能用在其他地方。

### 9.5.6 創造力：個人與背景因素

Oldham 和 Cummings 的研究發現，在美國的兩家製造廠裡，當員工本身具備與創造力相關的人格，並從事挑戰性的工作，加上經理人支持時，員工能生產出最有創造力的產品。

在研究中，高度創造力的人格由 18 個形容詞來衡量：有能力、機敏、有信心、自負、幽默、不拘禮節、個人主義、具洞察力、明智、興趣廣泛、有發明才能、獨創性、能自省、善於應變、自信、性感、紳士風度、不依慣例。另有 12 個形容詞用來描述低創造力的人格。

這樣的描述方式有幾個缺點，首先，有好幾個分類是重複的，其中最明顯的是「有信心」與「自信」；其次，一般對於如何衡量「明智」的行為有相同的判斷標準，但是對於「幽默」、「具洞察力」與「性感」行為的判斷則較為主觀；第三，每一個形容詞的分數是 +1，相同的衡量權重代表「具紳士風度」和「具發明能力」對於創造力的貢獻一樣，但事實上可能不是如此。

該論文並未說明創造力的人格特質能在跨文化的情形下應用到何種程度，也就是說，沒有說明 X 文化裡具創造力的 A，到了 Y 文化是否也會一樣有創造力。18.2.9 小節將討論某些在本國相當成功的經理人到了國外卻失敗的原因——若不是因為成功（和創造力）的標準不同，就是因為經理人的能力受到不尋常的背景之限制（另一方面，有些人在本國那些平淡無奇的例行工作中可能表現不佳，但是在國外面臨新鮮的環境時，卻可能獲得顯赫的成功）。

然而，該研究提出了一個重點，即有創造力的人對於特定的背景會表現得比沒有創造力的人更積極：

> 豐富化的工作和支持式的管理可能無法產生太多有利

的效果，甚至會*對創造力的成就產生反效果*（*My emphasis, Oldham and Cummings, 1996, p.626*）。

斜體字暗示著工作內容與管理風格可能才是眞正的關鍵，這似乎指出適合總公司的背景在其他地方可能具有反激勵的效果；嘗試複製總公司的組織文化可能有抑制子公司員工之創造力的效果。

## 9.6 經由團隊工作來激勵員工

西方企業逐漸明白文化背景對於薪資、紅利、工作有趣等因素是否能成功激勵員工績效的重要性。Naumann(1993)發現，除了工作特性之外，組織特性也與內在和外在的工作滿足相關。工作場所的人際關係具有激勵效果，也就是說，員工或多或少會受到任務結構的影響。近來管理學界逐漸開始進行團隊工作的試驗，希望藉由團隊的使用來加強或激勵生產力。

在集體主義的文化裡，某些形式的團隊一直是根本。品管圈的概念在美國成形，但是在日本卻實行得最成功；日本的品管圈通常包含一小群自願者，他們來自相同的工作領域，進行定期的集會，以確認、分析、並解決生產問題；在1970年代以前，所有領時薪的員工裡有將近四分之一屬於品管圈。

Toyota、Motorola和Xerox等公司皆以團隊作爲基本的生產單位，因爲：

> 團隊給予員工一種能塑造自己的工作之感覺，能讓員工覺得更快樂。他們能藉由減少向下層傳達命令的管理層級來增加組織的效率，並且在實務上，也能讓公司更能掏出整個工作團隊的技能與創造力，取代過去依賴專家找出錯誤、建議改進的方式。[5]

新結構的發展必須配合經過修正的財務誘因，例如團隊成員以團隊的生產力（而不是個人的生產力）爲基礎來分發紅利。財務與結構兩項激勵因素之關係是由瑞士企業的激勵觀念發展出來的(H.G. Jones,1991)：

- **獎金誘因方案的重新引進** 發展協議（如下所述）「雖然試圖長期影響員工的心理與態度，但獎金誘因對於激勵問題有短期的效果，預期會產生立即的回應。」(p.98)
- **結構的分權** 這意味著縮短員工與市場之溝通距離。
- **小型自主性工作團隊的發展** 在Volvo位於Kalmar和Uddevella的工廠裡，員工組成小型團隊（約二至五人），以執行生產汽車的特定功能。此外，每個員工也可以協商自己的自主性程度—包含工作擴大化與工作豐富化的機會。
- **發展協議（Development Agreement）** 此等協議能聯合經理人與工會以改善知識與技能，「是完全針對培養合適的心智態度之合作取向，被認爲是計劃中不可或缺的部分，用以提高激勵效果，並期望能有具體的成果。」(p.101)

除了規劃財務誘因之外，同時也應結合其他的激勵因素，包括在彈性的組織結構下自主權的程度、個人參與決定何種誘因方案最適合自己等。但是這種作法預先假設了個人樂於做自己的決定，對於其他文化的員工可能不具激勵效果。

## 9.6.1 當團隊工作無法激勵員工時

團隊工作，就像其他流行的管理風潮一樣，並不是總是成功。在以下的情形，反而會降低生產力：

- 重整爲以團隊爲基礎的工作後成本大於收益（例如在前述

Volvo的個案中，「沉悶的工作變得較有趣，但是也相當昂貴，迫使公司關閉那座實驗性質的廠房，生產集中於使用傳統生產線的Gothenburg工廠。」[6]）；

- 低層員工的自主性讓中階經理人覺得受到威脅；
- 工作適合個人獨立完成，或員工不喜歡一起工作；
- 薪酬制度未同時改變，員工仍以個人的績效支薪；
- 新策略和文化因素衝突。

以下探討最後一點。在1992年，美國企業界對於是否應該像從前一樣依個人的功績給予獎勵或依團隊的表現給予獎勵，意見頗爲分歧。組織與國家文化的背景是不是已經發生重大的改變，使改爲以團隊基礎的制度較合理呢？

事實上，有些專家相信，功績制度及衡量與獎勵個人進取精神的作法，基本上與尋求品質和解決競爭力問題相衝突。

以達爾文物競天擇說為理論基礎的傳統學者則主張，放棄過去的作法將會孕育自滿而非創新。

「人們以文化為本，歷史與習俗已經將人定位。」*IBM*資深人事副總裁*Walton E. Burdick*說，他堅決主張績效評估制度必須反映美國企業所建立而且已經根深柢固的個人主義文化。[7]

## 9.7 對經理人的涵義

試比較你的文化中一個你熟知的組織與其他文化中類似的組織。

1. 兩個組織的成員如何排列下列工作報酬的重要性呢？

   (a) 良好的薪資，
   (b) 有趣的工作，
   (c) 良好的工作保障，
   (d) 事物的參與感，
   (e) 學習的機會，
   (f) 工作完成後受到賞識，
   (g) 在組織裡的升遷與成長，
   (h) 良好的工作環境，
   (i) 對員工忠實，
   (j) 對個人問題給予同情的幫助，

   並解釋這些差異。

2. 根據上列項目在這兩個組織對績效的激勵效果，重新排列順序。將以下因素列入考慮：

   (a) 需要表現出來的標的行為，
   (b) 成本，
   (c) 風險，
   (d) 完成工作的容易度，
   (e) 其他重要因素，

   解釋兩種順序的差異。

3. 工作豐富化方案如何在這兩個組織裡實施呢？請考慮以下因素：

(a) 待豐富化之工作的本質，

(b) 員工對於豐富化工作之渴望程度，

(c) 組織與國家文化的因素，

(d) 規劃、溝通與執行方案的費用。

4. 在兩個組織裡，分別如何提昇成就動機呢？
5. 在兩個組織裡，績效如何受到團隊工作的激勵呢？
6. 根據 1-5 題的答案，在貴文化裡的組織所採用的激勵方案，應該如何修改才能適用於另一文化的組織呢？

# 摘要

滿足需求的因素因文化而異。在某個文化背景下重視的需求在另一個背景下可能不重要，以及在某背景下成功的激勵因素在其他地方可能沒有什麼效果。

9.2節說明有效的激勵制度必須對員工之需求有精確的認知。不清楚自己文化裡員工之需求的經理人，更可能誤解其他文化的需求。9.3節探討認清其他文化之員工需求的議題，以及如何設計適當的激勵因子。9.4節討論Maslow的需求層級理論及其跨文化的應用。經理人應該了解該理論應如何調整，使能更精確地反映特定文化的優先順序。9.5節討論Herzbery的兩因子理論和McClelland的成就需求理論及其應用。9.6節討論生產力能藉由團隊工作來激勵的條件。

## 習題

本習題的目的在於練習如何設計誘因。

1. 試研究一個你熟知的組織之激勵方案。
2. 他們用哪些誘因來刺激績效呢？請條列之。
3. 是否包含以下項目呢？若沒有，請加入清單中。

   (a)發展新技能的機會，

   (b)配給公務車（今年的款式），

   (c)工作場所提供較好的設備，

   (d)較重的職責，

   (e)在組織的通訊報或期刊中加以褒揚，

   (f)出國觀光。
4. 由整個清單中，選擇五項你認爲對下列標的最有效的激勵因素？

   (a)低層員工的績效，

   (b)中階經理人的績效，

   (c)高階經理人的績效。
5. 試解釋針對上述三類員工你所設計的激勵手段之相同處與相異處。
6. 如果有機會的話，訪談 4(a)與 4(b)的人，以檢查你的認

## NOTES


1 Brandon Mitchener, "Business success with a human face," *International Herald Tribune*, May 25, 1995.

2 Marguerite Johnson, "From bad to worse," *Time*, July 26, 1993.

3 Anucha Charoenpo and Wuth Nontarit, "Workers put Sanyo HQ to the torch," *Bangkok Post*, December 18, 1996.

4 Stewart Dalby and Richard Donkin, "The gumshoe and the City," *Financial Times*, April 1, 1996.

5 "The trouble with teams," *The Economist*, January 14, 1995.

6 "The trouble with teams," *The Economist*, January 14, 1995.

7 Andrea Gabor, "Merit raise is out in US, teamwork in," *International Herald Tribune*, January 27, 1992.

第十章

# 文化與紛爭處理

前言

紛爭在不同文化中的意義

爭論、競爭與衝突

跨文化的紛爭協調

妥善處理衝突並尋找解決

對經理人的涵義

摘要

習題

## 10.1 前言

「在Bastille歌劇院舞台中上演的衝突劇情在幕後也實際發生著。」[1]

在巴黎興建新歌劇院的計劃由法國總理密特朗推動，於1990年正式落成啓用。劇場的實際成本高達30億法郎，但是它的藝術水準與收入卻遠低於預期目標，使野心勃勃的舞台設計師與導演承受鉅額的費用。蝴蝶夫人演出時，曾誇耀地板完全由高級的白楊木鋪設，但是高科技的設備多次損壞，舞台布景也有兩度倒塌壓傷表演者。

管理當局企圖減少招募新員工、裁員、削減成本、提高生產力，及做更多的財務規劃，但是工會反對。1994年5月，Placido Domingo主演Tosca的實況轉播被迫取消——原本計劃對全法國的戶外螢幕進行廣播，管理當局責怪工會必須爲這件事負責。

傳言指出，每年補助Bastille歌劇院4.88億法郎的文化部將阻止員工再次罷工。

1994年8月韓國知名指揮家Myung-whun Chung以削減成本爲由遭到解僱，Chung先生訴諸法院，並且獲得勝訴；然而，這只是管理當局向藝術家員工展現權威的另一個例子而已。一名評論家表示：「這是在典型法國管理風格下所產生的現象，無論是對於音樂、歌劇、電影或出版品，管理當局都會干涉實際創造藝術品的藝術家之決定。」

世界各地的組織裡都有爭奪權力與資源的情形，而文化因素首先會影響人們選擇爭奪的資源種類，其次，則影響進行爭奪的手段。在以上的個案中，以威脅裁員、工會罷工、訴諸法院裁決等方式作爲對抗手段，顯示對於衝突有相當高的容忍度。

## 10.2 紛爭在不同文化中的意義

工作場所爆發的紛爭主要源於以下議題：

- 組織的優先考量、結構、系統角色的界定、合約關係；
- 資源，包含薪資、獎金、物料、設備等；
- 策略、目標、優先順序；
- 權力與影響力；
- 隱瞞的待議事項；
- 人格差異；
- 溝通議題與誤解；
- 文化差異。

人們對於紛爭的態度取決於該紛爭如何影響自己的利益。行銷部門內部對於排定優先順序的紛爭，可能只有在影響裝配線的排程時，才會引起生產部門的興趣。

這一點可由知名學者 Schein 的經驗來闡述。有一次他擔任一家小型家族食品公司的顧問：

> 我詢問一些經理人在他們的日常工作中，是否經歷過任何與部屬、同事或主管的衝突……通常都是得到立即而斷然的否定，否定有任何衝突存在。這樣的反應讓我感到困惑，因為我是被請來協助解決組織成員所認知或經歷的「嚴重衝突」。(*Schein, 1987, pp.66-7*)

Schein最後終於了解原來自己和受訪者的假設不同，以自己的角度而言：

- 「衝突」一詞指兩個以上的個人之間任何程度的意見不一。
- 假設衝突是人類社會正常的情況，總是存在著，只是程度不同。

但是以受訪者的角度而言：

- 「衝突」一詞只限於嚴重的意見不一。
- 假設衝突是不好的，且會反映出相關人員管理能力的拙劣。

如此看來，三方面的人員對於「衝突」這個概念賦予了不同的涵義：

顧問(Schein)是：

- 調查研究衝突的專家
- 對組織而言是外人
- 不實際參與衝突

而經理人：

- 非調查研究衝突的專家
- 對組織而言是自己人
- 實際參與衝突

第三者——
負責僱用Schein的高階經理人員：

- 非調查研究衝突的專家
- 對組織而言是自己人
- 不實際參與衝突

三方面的人員都是美國人，因此與國家文化的影響無關。對相同的情況產生不同的反應，是由於利害關係不同。顧問必須客觀，他與組織內的紛爭無關，也不能從中獲得利益或損失。另一方面，經理人牽涉在內，並且認爲若自己被認爲無法掌控情況，將使聲譽受損。而可以理解地，高階經理人對於任何可能影響獲利的情況都很敏感。

影響紛爭認知及容忍程度的因素包含：

- **部門與職業因素**　有些部門（政治、法律）對紛爭的容忍度較高，其他部門（公家機關）則較低。
- **組織文化**　包含管理當局與工會的關係。
- **緊急情況**　軍事單位在戰時較不能容忍紛爭的存在，在沒有任務的和平時期較能容忍。
- **對個人的利益與威脅**。
- **個人的心理狀況**　有些人較能包容其他人—這可能影響對工作與雇主的選擇。
- **文化**　下述。

## 10.2.1　紛爭與文化

西方文化對於紛爭的矛盾及紛爭如何產生破壞性與創造性的力量一直很有興趣。生存年代在西元前 46 至 129 年的希臘歷史學家 Plutarch 曾寫到：

> 自然科學家相信，如果衝突與不一致的力量從宇宙中消失。天體將靜止，最後其運行與生物都將步入死亡的終點。(*Plutarch,1973,p.29*)

英語系文化尤其認為某程度的紛爭是產生創造力與進取心的必要條件。在美國：

> 創造力和適應力因緊張、熱情與衝突而生。爭論使人更具創造力、更完整，並且驅策我們邁向進化之路。(*Pascale,1990,p.263*)

這清楚說明英語系文化強調藉由發揮創造力的過程來帶動自我

成長；組織裡的緊張關係被認為是正常、甚至是健康的，如果處理得當，紛爭可以為公司帶來新的能量與附加價值(Evans,1992)。Eisenhardt 等學者(1997)主張，在高階管理團隊裡，衝突不但可能、且通常是寶貴的。然而，這不表示美國企業能接受任何程度的衝突，每個組織對攻擊行為都設下一定的限度，跨越界限的人可能會被認為應該送醫院或法院。另一方面，某些文化的本質不歡迎威脅團體和諧的行為，這些文化裡的組織也較不習慣正面地利用成員間的分歧意見。

### 10.2.2　紛爭容忍度的差異

Laurent(1983)曾詢問幾個國家的經理人對於以下陳述的看法：「如果衝突可以永遠消除，大部份的組織會變得較好。」瑞典的受試者中有 4% 同意以上的看法，美國有 6% 同意，法國 24%，德國 27%，而義大利的受試者則有 41% 同意。希望消除衝突的人，通常也認為經理人應該能夠回答部屬的問題，並且相信組織會受到某些作法的威脅，例如不直接向直屬主管報告反而先和其他人溝通，或向兩個主管報告等；在這樣的文化背景下，矩陣式結構被視為可能造成紛爭，通常較少採用。

Hofstede(1991)的研究解釋了為什麼容忍度會有差異。在集體主義的文化裡：

- **人們認為應該保持和諧，避免直接的衝突。**(1991, p.67)

而在個人主義的文化裡：

- **表達自己的心聲是誠實的人該有的特質。**

在高權力距離的文化裡：

- 階級之間潛在的衝突被視為正常(1984a, p.77)，且人們會預期與擔心。
- 同儕之間不願意彼此信任。

在低權力距離的文化裡：

- 重視有權者與無權者之間的和諧。
- 同儕相對而言較願意彼此合作。

在高度規避不確定性之文化裡：

- 組織裡的衝突極不受歡迎(1984a, p.112)。
- 在情感上不贊同衝突。
- 較不容易與對手妥協。

在低度規避不確定性之文化裡：

- 組織裡的衝突被認為很自然。
- 員工之間可以公平正在地競爭。
- 隨時準備與對手妥協。

在陽剛文化裡：

- 藉由奮戰到底來解決衝突(1991, p.96)。

在陰柔文化裡：

- 藉由和解與協調來解決衝突。

不同文化會發展出自己的方法，以防止或減少各種可能煽動衝突、造成不快的行為。集體主義的文化較不能容忍團體內或團體間公開的紛爭，對潛在紛爭的容忍使公開紛爭因而減少，而潛在紛爭會被忽略或受到監視(Johnson 等人,1990)。潛在的挑戰會加以掩飾，使相關的人可以否認有任何挑戰的意圖，以及溝通方式至少能維持和諧的表象。

### 10.2.3 日本的紛爭

以日本為例，Hofstede(1991)注意到：

> 直接和另一個人對立會被認為粗魯、不妥；他們很少使用「*No*」這個字眼，因為說 *No* 是一種對抗……而說「*Yes*」也不一定代表贊同，只是用來維持溝通的順暢：在日本說「*Yes*」代表「是的，我聽見了」的意義。
>
> 而在個人主義的文化裡，表達個人的心聲是一種美德……對抗可以是有益的，而歧見的交流也可以讓人更接近真理(*Hofstede, 1991, p.58*)。

惡意購併在美國越來越為人們接受。1995年IBM購併Lotus，報紙報導：

> 國會不需要召開聽證會或計算這項交易如何影響經濟情勢，如同 *80* 年代獵人捕捉獵物時，國會不會這麼做一樣。
>
> 「現在惡意購併已經被認為是公司追求成長的正常作法了。」一位購方的律師表示，「績優企業認為這是適當的行為。」……的確，整個紛爭已經轉變了，問題不再是「為什麼要做這麼具破壞性的事？」而是「除了這樣，還有什麼辦法可以減少成本，提供股東更好的報酬？」[2]

然而，在日本，惡意購併仍然受到厭惡。有一次美國某金融企業企圖接管一家日本高科技公司，卻找不到任何一家在地的公司願意擔任債務擔保的機構(Ishimuzi, 1990)。被購併的目標Minebea公司：

> 藉由採取日本企業遭受威脅時最普遍的防禦方式（那就是，將大量的股份安置於穩定的股東手上，例如金融機構或銀行）之變形來保護自己。*Minebea* 以配置債券的方式防禦，雖然這樣做在日本很新奇，但具有相同的效果。（*pp.148-9*）

集體主義之另一特色在於，當衝突帶來的風險較小時，則較可能發生。如果對方是沒什麼權力的外人，公開衝突既不會威脅團體的和諧，亦不會喪失自己的顏面，避免衝突的限制會降低。當個人或團體之間缺乏解決彼此差異的誘因時，雙方都會抗拒採取和解的第一步，以避免丟臉。Leung(1988)指出，在香港，如果紛爭牽涉的利益高，而對方又是外人時，中國人較可能起衝突；他們比美國人更可能與外人起衝突。

## 10.2.4 厭惡紛爭不表示什麼

以上的例子顯示，文化中有厭惡紛爭的傾向不表示紛爭在這樣的文化下不會發生，我們不能對 Hofstede（10.2.2 小節）的發現進行一般化的推論而主張紛爭在集體主義、高權力距離、高規避不確定性的文化下總是較不會發生。他的發現給我們一個相對的標準，以衡量不同的文化對紛爭的可能回應，及當紛爭實際發生時，他們可能的處置方式。

表 10.1 顯示在 16 個國家裡的謀殺與離婚比例，這說明了以上的論點，也證明了紛爭的結果變化很廣。在集體主義的牙買加裡謀殺率比偏個人主義的美國還高，但離婚率卻較低，換言之，一個社會的謀殺率（或離婚率等任何暗示衝突現象的比率）並不能指出該社會對衝突的一般傾向。

這暗示我們不應該對文化之間與之內的暴力水準做概括性的推

| 謀殺率(1991) | | | 離婚率(1990) | | |
|---|---|---|---|---|---|
| 名次 | 國家 | 人數（每100,000人） | 名次 | 國家 | 人數（每100,000人） |
| 4 | 巴哈馬 | 45.4 | 1 | 馬爾地夫 | 7.93 |
| 11 | 牙買加 | 16.6 | 2 | 美國 | 4.70 |
| 30 | 委內瑞拉 | 9.1 | 17 | 紐西蘭 | 2.70 |
| 33 | 美國 | 8.4 | 19 | 澳大利亞 | 2.49 |
| 40 | 瑞典 | 7.2 | 24 | 瑞典 | 2.26 |
| 43 | 科威特 | 6.6 | 33 | 新加坡 | 1.60 |
| 45 | 巴拿馬 | 6.1 | 34 | 突尼西亞 | 1.60 |
| 49 | 馬爾地夫 | 5.6 | 36 | 科威特 | 1.46 |
| 57 | 以色列 | 4.9 | 38 | 中國 | 1.40 |
| 59 | 澳大利亞 | 4.5 | 41 | 以色列 | 1.29 |
| 62 | 紐西蘭 | 4.1 | 42 | 日本 | 1.27 |
| 80 | 突尼西亞 | 2.1 | 49 | 委內瑞拉 | 1.16 |
| 83 | 新加坡 | 2.0 | 50 | 波蘭 | 1.11 |
| 102 | 日本 | 1.2 | 51 | 巴哈馬 | 1.10 |
| 106 | 中國 | 1.1 | 58 | 巴拿馬 | 0.79 |
| 114 | 波蘭 | 1.5 | 78 | 牙買加 | 0.28 |

**表 10.1 謀殺與離婚**[3]

論，真正的問題在於如何認清造成牙買加較高謀殺率與較低離婚率之因素（相對於美國），並探討文化因素如何影響這些衝突現象，以及影響力有多大。

在某些國家裡，子文化的差異也很大。Black(1994)發現，在北愛爾蘭的企業裡：

> 天主教徒和新教徒相比，看待勞資關係的角度較具衝突性，尤其在民營部門裡（製造業除外）。所有天主教員工裡有 52%（民營部門的天主教員工有 66%）同意經理人

與員工之間時常有衝突存在，因為他們本來就站在相反的
立場，相較之下，只有 *38%* 的新教徒這麼認為。(*p.888*)

比例更多的天主教員工認爲強勢的工會是有必要。以下將探討工會對於處理勞資紛爭的重要性。

## 10.2.5 工會與文化

根據經驗法則，英語系文化（包含前述的北愛爾蘭）裡的工會與資方認爲勞資關係是敵對的，然而日本的工會與資方通常較能找到彼此的共同點與和諧關係。在美國，勞資關係的本質通常被認爲是對立的，工會典型的策略在於發掘與突顯勞資雙方的衝突點。

日本的工會與資方之間可能不完全是共謀關係，尤其是在每年春季勞資協商(SHUNTO)討論次年的勞動合約時，但他們的確比較重視合作以尋找雙方都能接受的解決之道，因爲工會依附著公司，工會主席與高層經理人必須依靠對方來實現自己對不同擁護者的承諾，並維持自己的信譽。

勞資關係的差異反映出文化對於衝突的態度，而在特定組織裡，工會的職責與特性也反映了組織文化的面貌。藍領階級的勞工較可能要求藍領工會來代表自己，而不是請辦事員工會或技術白領工會。傳統上，工會在大型且同質性高的組織裡比較成功，因爲在這樣的組織裡，組成一個大型的工會較爲容易，成本也較低。

如果狀況改變，工會的力量會減弱。在富裕的經濟合作發展組織(OECD)國家裡，服務業佔勞動人口極大的比例，組織文化越來越強調分權及員工的異質性，這使得工會較不能影響員工的生活，也削弱了它的控制權。1990 年，日本以及除瑞典、義大利、加拿大以外的所有西方富裕國家之工會會員數都在下降，德國則維持穩定。[4]

## 10.3 爭論、競爭與衝突

我們已經討論過紛爭（10.2 節），以及文化因素（10.2.1-10.2.5 小節）如何影響紛爭會不會成爲威脅的知覺。現在我們將探討紛爭的程度，並且說明爲什麼在 X 文化裡被視爲正面的行爲，到了 Y 文化卻被認爲負面。Handy(1985)區別了：

- 爭論
- 競爭
- 衝突

爭論指個人或團體之間對於意見（包括構想、解釋、態度、信念等）是否正確或適當所起的紛爭。在以下情形，爭論有建設性，能幫助人們學習：

- 雙方對同一件事有不同的主張，而且議題有適當的結構；
- 可以獲得用來解決該議題的資訊；
- 避免人身攻擊；
- 處理與解決紛爭的規則相當明確，且爲雙方所接受；
- 溝通完整且精確；
- 雙方能化解歧見，接受解決之道。

例如，對策略議題的歧見可能會迫使管理當局以遠比正式規劃程序更有效的方式調整政策，特別是參與者承受建立共識的壓力時(Huff,1988)。

競爭資源的現象有以下的效果：

- 激勵行爲與引導能量
- 設定標準
- 從一定範圍中找出最好的

產生成功結果的條件也同上。此外，開放式的競爭較可能有益，依某個意義來說這表示所有的競爭者能透過孕育新的構想與機會而獲利。如果組織只容許一個內定的競爭者獲得勝利，贏得所有資源，那麼組織文化的動力會因此而減弱。

當紛爭脫離控制範圍時，衝突便產生了；參與紛爭的任何一方、主管或第三者皆無法避免爭端的惡化。這樣的情形發生在爭論或競爭無法產生成功的結果，及以下的情況：

- 對共同利益缺乏共識—雙方皆不願合作以化解歧見；
- 單方或雙方拒絕接受調停；
- 應該負責的主管拒絕從中調停，或調停失敗；
- 規定不清楚或不被接受；
- 輸的成本比繼續衝突的成本高；
- 私人恩怨支配局勢；
- 訊息不適當，溝通破裂，雙方不能溝通重要訊息，或對於如何解釋有歧見。

最後一點在跨文化的溝通裡最常發生。對溝通內容的誤解是跨文化的衝突最常見的原因，我們將在 10.4 節討論此點。

## 10.3.1 文化與衝突

在 X 文化裡可被接受的主張或競爭程度，到了紛爭容忍度較低的 Y 文化可能變得難以被接受。例如，假如 A、B 發生意見不合的情形，A 告訴 B：「你的構想是錯的。」如果 A、B 雙方都是 X 文化的成員，B 可能會接受評論、爲自己的構想辯護、拒絕接受這種批評、或認爲對方的批評對彼此的爭論有益；但是如果兩人都屬於 Y 文化，A 的批評可能已超越爭論的層次，被視爲是必須道歉的嚴重侮辱。

### 10.3.2 紛爭的個案

以下兩個案討論在紛爭容忍度較高的文化裡之爭論與競爭行爲，問題在於這樣的行爲在其他文化背景下（如拉丁美洲或東亞）是否會被接受。

美國 Motorola 的一名技術經理人描述他對於公司裡殘酷競爭的回應：

> 討論越來越激烈——言詞變得片面、不經過大腦。
>
> 兩個著名的帶頭者是 *Motorola* 副總裁 *John Mitchell* 和微細胞營運部門的主管 *Ed Staiano*……有時候他們的當衆吵鬧會在困惑的董事會前結束。*Staiano* 承認有些爭論是「令人尷尬的矛盾對談」，但是他也認為「好的構想會留下來」。*Mitchell* 和 *Staiano* 這兩位先生在發完怒氣之後會設法維持彼此的友誼。
>
> 〔該技術經理人〕說自己年輕時對於這樣的衝突感到很不自在，但是現在他確信「衝突之後才能帶來淨化」。[5]

在其他的文化背景下，如日本，紛爭的雙方可能「在發完怒氣之後設法維持彼此的友誼」嗎？

第二個個案說明德國如何利用競爭來刺激績效。Linde 是一家工程與瓦斯公司：

> 為了掌握營運情形，*Linde* 每個吊車單位的高階經理人每週不只收到他們自己的業績數據，也收到其他兩家競爭對手的數據（在鄉下這三家的競爭很顯著）。「三家分別有優點與缺點，如果他的業績在某些方面特別落後，則瞭解實情之後會以改進來回應。」*Linde* 的總裁 *HansMeinhardt* 說。[6]

亞洲經理人對於這樣的激勵方式會有什麼反應呢？

### 10.3.3 管理壓力與衝突

當個人承受的壓力較大時，人際衝突較可能發生；有時候壓力是健康的，但是太多壓力會破壞創造性的活動與人際關係。壓力使人高度緊張、缺乏自信、士氣低落、溝通困難與健康失調。

造成壓力的因素包含以下事項的不確定性：

- **工作的範圍與責任**
- **正式與非正式的責任**
- **與主管、同事和部屬的關係**

這些不確定性使得管理生涯變得越來越緊張，因爲管理工作的本質正在改變，經理人所擔負的角色也漸趨複雜，經理人必須懂得處理逐漸增加的環境與職業之不確定性。新的管理風潮與流行，如組織再造，考驗著經理人的自信心與控制能力(Watson, 1994)。以上所有因素都可能增加經理人的壓力。

Hofstede(1991)的模式說明規避不確定性之需求低的文化成員較善於處理壓力（如英語系文化），在這些文化裡管理角色往往也較複雜。

## 10.4 跨文化紛爭的溝通

在不同的文化裡，紛爭的溝通方式不同，這對於國際經理人而言是非常重要的課題。一個很小的紛爭很容易變成無法掌控的衝突，如果經理人：

- **無法認清在其他文化下某個紛爭已經發生；**

- 無法認清紛爭的原因；
- 忽略其他文化的成員對於不一致意見的表達；
- 溝通訊息是中性，但是卻被該文化的成員詮釋爲對立。

以下是管理當局的利益受到象徵性行動打擊的實例，故事描述超過1,250名土耳其道路工人集體威脅離婚：

> 本週二工人們舉行示威遊行前往法院，以集體離婚這種不尋常且牽強的方式進行勞資抗爭。
>
> 「我們必須嚐試使用各種方法爭取自己的權益，我們曾經拒絕刮鬍子，曾經赤著腳工作，也試過一起請病假。」一名*Yol-Is*道路建築工會的幹部說。
>
> 他們在烈日下大排長龍，以貧窮為由提起離婚訴訟。
>
> 「我們不能再忍受自己在配偶面前沒有尊嚴。」工會主席說。
>
> 土耳其*600,000*名國家僱用的員工都曾進行過非正統的抗爭……因為工會法律限制重重，使得罷工變得困難且昂貴。[7]

爲什麼選擇這些特別的象徵性行動來傳達不滿呢？首先，他們無法採取罷工；其次，這代表衝突持續擴大，大規模的離婚要求顯然比不刮鬍子、赤腳走路、請病假來得嚴重。在土耳其的背景下，權力距離較高，人與人的關係偏向集體主義，並且以家庭的忠誠爲主，以貧窮爲由提出離婚的要求是一種減損自我地位的行爲，這暗示管理當局對員工不寬大到這種程度迫使他們以這種極端的手段進行抗爭，進而使經理人喪失顏面——這在父權主義的文化下是相當受重視的問題。雖然挑戰是藉由象徵性的行爲傳達，他們的目的在於使雇主感到羞愧，進而提出非象徵性的回應：提高薪資。

在不同的文化背景下，如英語系文化，人們不期望雇主在工作場所之外扮演社會性角色，也不需要對員工的家庭狀況負責，那麼大規模離婚的訴求可能就沒有多大象徵性的抗爭意義了。

### 10.4.1 向上級抱怨

在所有的文化裡，向主管抱怨其行爲可能被詮釋爲一種挑戰。在權力距離較低、規避不確定性之需求低的個人主義文化裡，抱怨主管可能較可行，如Hofstede的模式所述（見10.2.2小節），但是在相反的情形下，抱怨主管相對而言就嚴重了；也就是說，在任何衝突都被認爲不妥的地方，成員之間的公然競爭會被避免，階級之間潛伏的競爭通常會受到嫌惡，在這樣的背景下，向主管表達歧見（無論是否有意）會造成喪失顏面、破壞和諧，進而侵害整體的利益，因此部屬必須小心避免以下行爲：

- 暗示不同意或批評；
- 暗示主管無法適在地表達自己；
- 其他會造成主管喪失顏面的行爲。

即使只是質問主管也可能被詮釋爲挑釁，以下是兩個例子，第一個例子是衣索匹亞君王Haile Selassie垮台的始末，時間在1974年：

> 輿論確信*Haile Selassie*是一位值得敬愛、睿智且仁慈的君主，任何輕率或惡意的決策都是大臣決定的，然而錯誤決策卻時常發生，令人民懷疑為什麼*Haile Selassie*沒有更換這些大臣，但是在宮殿裡詢問都是由上而下，從來不會反過來進行；在人民提出第一個違反慣例的問題時，革命的導火線已然開始燃燒(*Kapuscinski, 1983, p.9*)。

第二個例子來自泰國的英文商業學校，一位泰國學生描述美國學生在課堂上對課座教授的態度（該課座教授也來自美國）：

> 美國交換學生詢問教授許多強硬、直接的問題，對大部份的泰國學生而言，這些問題聽起來相當具侵略性、很不禮貌。他們通常以教授不對或解釋不夠清楚為前提來提出問題……但是泰國學生詢問時，通常表現得像是想得到更多資訊，因為他們自己對主題不夠了解。

## 10.4.2 跨文化的誤解

在泰國傳統的工作環境裡，人們會避免可能被詮釋爲挑戰的行爲。主管會儘量避免做下列的要求：

- 過度複雜或模糊、需要解釋、或是會造成部屬犯錯的要求；
- 分裂性、可能造成部屬相互衝突的要求。

這限制了爭論和競爭發生的機會，然而在美國的工作環境裡，爭論和競爭卻被認爲是正面的。

跨文化的溝通會產生複雜性，例如美國主管和泰國部屬間的溝通。泰國文化具有高度的背景脈絡性，在傳統的工作場所裡，如果部屬和主管意見不一，會以非口頭的線索回應，以暗示主管不要再往那個方向推動。然而，低度背景脈絡的美國人則預期歧見會藉由言語表達出來。可能會發生這樣的情形：

- 美國主管：給意見之後說「有問題嗎？」
- 泰國部屬：不回答，移開視線。

美國人會如何詮釋這種沒有反應的行爲呢？他可能會假設泰國人：

- 接受自己的意見，或是
- 沒有在聽，或是
- 退出衝突——可以忽略他的意見。

在後續的事件顯示這些假設錯誤時，可能產生更多跨文化的誤解。

## 10.5 妥善處理衝突與尋找解決辦法

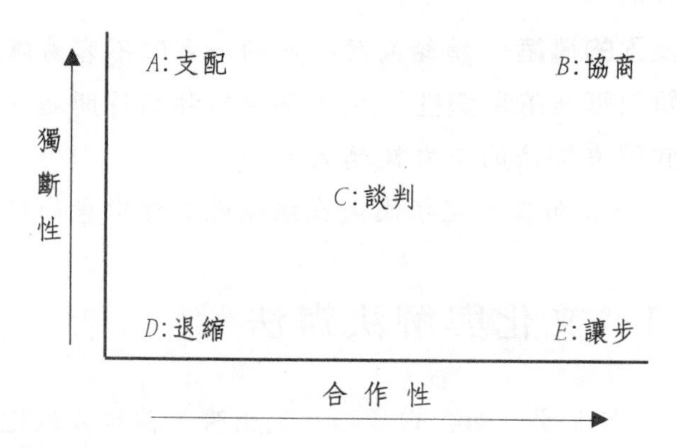


**圖 10.1 衝突處理導向**
**資料來源：改編自 Thomas，1983**

圖 10.1 顯示五種解決紛爭的方式，該模式改編自 Thomas (1983)。

A　強制推行自己的決定，這樣的立場具高度衝突性、獨斷性，顯示出不願意合作的態度。

B　協商以尋找整合雙方利益的解答。引入新的利益，增加協商的規模，以利於雙方面共同的利益。協商雙方會提出對立的要求，但也會合作尋找雙方都能接受的解決辦法。

C 談判，如各讓步 50%。

D 避免衝突。

E 包容與讓步，這種立場是高度合作，顯示不願意衝突的態度。

我們已經探討過文化對於紛爭容忍度的影響，例如影響衝突、讓步的意願。但文化不是唯一的影響因素，其他影響雙方立場的因素有：

- **輸贏的後果**　輸的成本有多大？贏的重要性越大，雙方越難達到目的。
- **雙方投入的情緒**　情緒高度投入的一方較不容易讓步。
- **找出解決辦法的急迫性**　協調解決辦法的時間越少，強迫接受權宜解決辦法的壓力就越大。
- **先例**　一般而言，這類衝突在組織或社會中會如何解決呢？

## 10.5.1　文化與解決辦法

在英語系文化裡，衝突的意願受到重視，讓步或軟化等非獨斷性的策略等於承認失敗，經常規避衝突的人很可能被視爲軟弱，經常忽略部屬紛爭的經理人也會喪失尊嚴。

逃避與姑息只有在因應事前的徵兆時有效果，無法解決根本的問題。這種作法無法解決公開的衝突，而可能拖延到後果較嚴重時才處理。二次大戰前，英法兩國政府皆致力於安撫德國的希特勒與納粹政權，但事實證明這些努力並未成功，戰爭還是在 1939 年爆發了。

日本是相當偏好透過談判與共識來解決歧見的民族，貿易合約會避免強調太過嚴格的績效標準，且經常包含這樣的條款：「本合約未盡事宜應根據誠信原則共同協商解決」，並經常透過第三者對共同利益進行仲裁，以避免衝突(Johnson等,1990)。然而，衝突或逃避並不一定是最終目的，有時候兩者都可能只是達成另一項結果的手段：

> 日本人希望人際關係最終能達到這樣的結果：強加的義務達到最少，而履行義務的彈性則達到最大。(*Black and Mendenhall 1993, p.50*)

一般而言，人們都希望能擺脫虧欠他人之人際或心理債務的感覺，日本文化比其他文化更進一步規定在不同的社交情況下各有哪些義務，以及這些義務應該如何償還。在日本的商務協商裡，贏的一方對輸方會產生未來的義務，除非他們償還義務，否則雙方不和諧不只會影響彼此未來的關係，也會影響旁觀者的態度。假設輸方在未來的某一天有能力進行報復，人們會認爲這是贏方必須承受的代價。

中國人也傾向建立共識。Chew和Lim(1995)主張儒家的集體主義與從衆的價值觀制約了中國人對衝突的態度，使他們變得比較不會公然挑釁，也不像西方人那麼情緒化。新加坡的研究資料也支持這樣的論點，即儒家的價值觀使得中國人寧願以妥協及避免競爭作爲達成和解的手段。

因爲集體主義的團體認爲團體的力量會因爲紛爭而減弱，成員在外人面前會試圖維持和睦的表象。在前沙烏地阿拉伯國王Abdul Aziz死前，他將兩個時常發生私人衝突的兒子拉在一起，並告訴他們：

> 在我面前將手緊握……並且發誓在我死後你們會和睦相處。在你們吵架時，請在私底下爭論，別讓世界上的其他人目睹你們的內鬨。(*Lacey 1981, p.318*)

團體的其他成員可能會插手處理他人的紛爭，以獲得迅速的解決辦法。達成和平解決的方案時，參與者也會快速減低他們的意見之重要性；如果有一方持續強迫推銷自己的意見，意圖迫使其他人讓步，可能會遭來憎惡因而延長衝突，破壞所有人的利益，而「輸方」則會贏得同情。

在比較能接受退縮的文化裡，明顯的退縮不一定都會導致丟臉，可能只是暗示「輸方」在進行戰術性撤退，俾在未來情況對自己有利時展開報復行動。

## 10.5.2 主管的干涉

當部屬有紛爭時，主管有不同的因應方式可以選擇。在圖 10.2 裡，兩軸分別代表經理人承諾尋找解決方式的程度，以及他在紛爭中的參與及牽連程序。

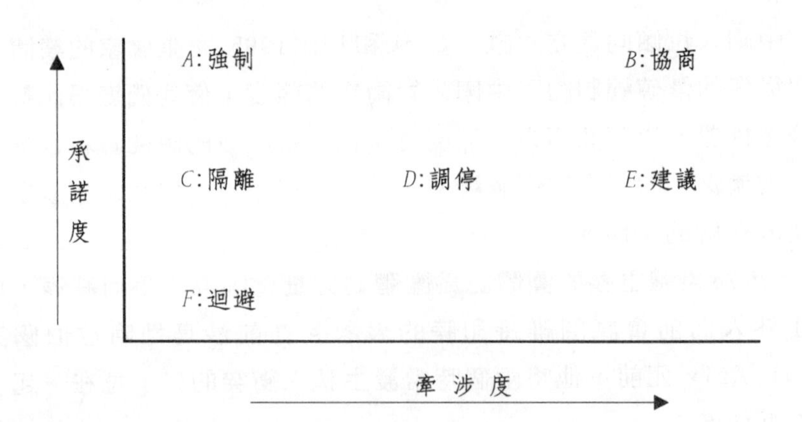


圖 10.2 主管的干涉

A　強加一個解決方式給起衝突的部屬。這表示對於解決紛爭負起最大的承諾，以及最不願意牽連在內。

B　協商解決——例如，主管給雙方冷靜的時間，然後開啓確認眞正問題的過程：

重新定義問題。
定義新目標。
帶領他們尋找通往新目標的路途。

C 將雙方隔離──例如重新任命職務。

D 調停──扮演中立的第三者。

E 勸告雙方，提供建議與支持，希望他們能依靠自己的力量解決彼此的差異──也許透過雙方的協商。

F 迴避（這是負擔最少承諾、受最少牽連的立場），在以下的情形，經理人會選擇忽略紛爭：

- 紛爭可能有正面的後果；
- 不可能有負面的後果；
- 雙方似乎可能在無外力干預下自行達成令人滿意的結果；
- 干預可能損及經理人自己的利益──例如，如果干預不成功可能會使經理人顏面掃地。

### 10.5.3 文化及其他因素對選擇的影響

文化因素將影響經理人的選擇。在避免公開紛爭的文化裡，主管可能不會堅持強加自己的意願。在中國文化裡：

> 人們期望主管發揮道德力量處理衝突的情形。如果情況需要的話，也會尋求第三勢力或更高權威的干預(*Lee and Akhtar 1996, p.885*)。

在權力距離高的地方，主管害怕因捲入部屬的紛爭而丟臉。在規避不確定性之需求高的地方，低層級的紛爭似乎特別具威脅性，主管可能以迴避作爲回應。

文化不是唯一的影響因素，其他影響因素還包含：

- **輸贏的後果**　當主管認為某個後果對組織而言很重要時，他會設法達成。
- **是否緊急**　當主管認為如果他容許紛爭繼續，紛爭會不斷擴大，那麼他會試圖尋求一個快速的解決方式。
- **雙方牽涉的情緒**　當起紛爭的雙方情緒相當激昂，主管第一步要做的可能是將雙方隔離。
- **先例**。

混合戰術的效果可能最好。在 1995 年波士尼亞和平談判時，塞爾維亞、克羅埃西亞、以及伊斯蘭教三方的代表分別被安置在不同的會議室裡，由聯盟的調停者與三方分別協商，並從中傳遞訊息。美國總代表 Richard Holbrooke 最後宣佈一個截止期限，在期限內他們必須達成協議，否則將失去聯盟對和平談判過程的支持。

## 10.5.4　文化與仲裁

在人們認為紛爭會使團體蒙受危險的背景下，主管的仲裁最受重視—例如在集體主義的東南亞地區。1995 年亞太國際法庭會議裡（共有來自 16 個國家的法官與律師與會），新加坡的大法官表示：

> 傳統上亞洲人較不傾向以訴訟來解決問題，法庭可以改用調解的方式作為解決民事紛爭的替代方案……這種衝突的解決方式並不是「獲勝者贏得一切」的制度。
>
> 「在大部分亞洲社會的背景下，確保沒有人在調解過後帶著丟臉的感覺離去相當重要。」……他認為在調解過程中，雙方可以自己判斷是非，而不由中立的第三方強制

決定一個解決辦法。

這樣的意見獲得其他亞洲人民的支持：

「調解是巴布亞新幾內亞人解決紛爭的方式啊！」一名巴布亞新幾內亞的法官表示。

「在汶萊，我們已經開始研究調解的方式，我們相當認同這個觀念，不過問題在於：這種方式能多快被採用？我們已經有仲裁的程序，不過仲裁程序仍採用對立的方式。」一名汶萊的官員說。

「調解非常適合印尼，與我們的生活哲學相當符合。由於必須和平地解決各種案件，長期而言，和平審判的程序成本相當高。」某印尼法官說。

在所有的文化與組織裡，都有如何及何時進行干預的問題，例如，延宕過久才進行干預的主管所面臨的情況可能和貿然強加解決辦法一樣嚴重。在亞洲的文化裡，經理人可能會因爲害怕喪失顏面而過度猶豫，而在英語系文化裡，希望贏得「快速解決紛爭能手」美名的經理人則可能太過躁進。

## 10.5.5 適當的解決方式

衝突的仲裁並沒有最佳的戰術形式。在不同的文化背景下，經理人應採取不同的處理方式，這意味著對衝突的仲裁方式可能受以下因素的影響：

- 誰與衝突有關；日後還有誰可能捲入；誰會受解決方式的影響。
- 衝突的目標是什麼；需要用什麼來化解衝突。
- 衝突如何溝通，仲裁最適合依什麼方式來溝通。

- 衝突在何時爆發，大約多久以前；解決辦法多久能產生效果。
- 衝突在何地爆發；解決辦法在何地產生效果。
- 爲什麼爆發衝突；爲什麼需要解決辦法。

### 10.5.6 預防衝突

對於經理人而言，在衝突爆發之前事先預防衝突發生，比起事後再進行仲裁要容易得多。

經理人可以透過以下的方式將爭論或競爭保持在能達成正面效果的情況：

- 提供適當資訊；
- 闡明處理與解決紛爭的規則；
- 鼓勵精確的溝通；
- 不允許人身攻擊；
- 建立應防止破壞性衝突損及共同利益的共識—衝突的成本比和解的成本高。

這些因素的相對重要性隨文化而異。

## 10.6 對經理人的涵義

1. 紛爭（爭論、競爭）會發生在所有文化的所有組織裡。
   - 紛爭可以是正面、對組織有價值。
   - 當紛爭沒有解決反而惡化成爲衝突時，對於組織可能有負面的破壞性影響。
   - 對紛爭的容忍度會有差異——在某個背景下認爲不重要的事情，到了另一個背景可能被認爲具高度威脅性（國家文化是影響容忍程度的原因之一）。
   - 許多可行的策略可用來解決紛爭或干預部屬間的紛爭（文化是影響何種選擇較適當的因素之一）。
   - 國際經理人必須了解影響紛爭及容忍度的因素，也必須了解有哪些因素會影響解決辦法能否成功。

2. 以一個你的文化中的組織和另一個文化裡相似的組織進行比較。在兩個組織裡，何種程度的爭論與競爭被視爲正面？根據以下事項舉例說明：
   - 爭論受到鼓勵——個人間或團體間；
   - 競爭受到鼓勵——個人間或團體間；
   - 用來預防爭論與競爭擴大成難以收拾的衝突之策略。

3. 在每個組織裡，文化因素對於衝突之回應方式的解釋程度如何？文化因素是否能解釋主管對於部屬的衝突所採取的策略？有沒有其他的因素可以解釋？

# 摘要

本章探討組織裡紛爭的意義及其跨文化的涵義。

10.2節討論紛爭在不同文化中的意義。不同文化的組織對於紛爭的容忍程度也不同。10.3 節說明爲什麼有時候個人間或團體間的紛爭是有利的，但是當紛爭難以控制時會發展成衝突，這時候可能就有負面的影響了。文化因素會影響對於爭論與競爭的認知。在10.4節我們舉例說明紛爭的傳達方式時常是象徵性的，外人可能有理解上的問題，例如，國際經理人可能會忽略其他文化的人所表達的歧見，當他們表達的方式和自己文化裡的方式不同時。10.5 節討論妥善處理衝突、尋找解決之道的策略，其中包含主管如何解決部屬層級的衝突。文化是影響經理人處理衝突的一項主要因素。

## 習題

本習題討論文化與其他背景因素如何影響解決衝突的方式。

全球企業的總公司位於D國，以下個案發生在全球企業在R國子公司的電腦部門。

某一天早上，傑出的分析師Jon Kay上班遲到兩小時。Jon已經在這個部門工作七年，是目前最資深的員工，同事們相當敬重他，但不太喜歡他那尖酸的幽默感，那天並不是他第一次遲到，電腦部經理Paula Zed曾屢次對他的遲到加以訓斥。

那天早上Paula出差不在辦公室裡，由兩週前被指派爲Paula助理的Karl Gee暫代她的職務。一位年輕職員事先告訴Karl說Jon可能會遲到，因爲他昨晚在一個派對裡見到他，Jon還在派對裡對其他人說Paula和Karl的能力很差，以及只要他高興隨時可以辭職不做。

Jon一進辦公室，Karl就開始在電腦部所有同事面前批判他，指控他遲到，罵他是「酗酒的白癡」，並且表示因爲他缺席兩小時要扣他的薪水，在下次員工評估報告裡也會給他負面的評價（這兩點都不是Karl職責所能掌控的事情）。

接下來的對話大概像這樣子：

> *Jon*：「遲到並不是我的錯，我感冒了。」
>
> *Karl*：「你這個酗酒的騙子。」
>
> *Jon*揮拳打*Karl*的臉，說：「你這個無能的傢伙，就算是一間小糖果店你也管不好。」接著*Karl*把*Jon*推開，*Jon*跌倒並摔斷膝蓋骨。兩天後*Paula*回來了，*Karl*堅持應該開除*Jon*，*Jon*則表示除非先開除*Karl*，否則他不會辭職，並要求公司支付賠償金與膝蓋的醫藥費。

1. 在以下的情況下，Paula 應該如何處理這場衝突呢？

- 當時經濟不景氣，如果 Jon 或 Karl 被開除，可能會失業好幾個月。
- Paula 和 Karl 都是 D 國的人──他們的文化特性是個人主義、陰柔文化、規避不確定性的需求低。
- Jon 和其他電腦部員工都是 R 國的人──文化偏集體主義、陽剛文化、規避不確定性的需求高。
- 電腦部大部分的員工都同情 Karl。
- 酗酒在 R 國是非法的，在 D 國則否。
- 在 R 國的法律下，公司必須支付至少 50% 的醫療費，並依照 Jon 對於意外的責任輕重計算賠償金。

2. 如果是在以下的情況下，Paula 又應該如何解決衝突呢？

- 人力資源供不應求，Jon 和 Karl 可以輕易地找到工作──甚至可能爲競爭對手工作。
- Paula 和 Jon 是 D 國的人──文化偏集體主義、陽剛文化、規避不確定性的需求高。
- Karl 和其他電腦部的員工都是 R 國的人──文化特性是個人主義、陰柔文化、規避不確定性的需求低。
- 電腦部的員工不偏袒任何一方。
- 在 D 國裡，人們通常會容忍酒後的行爲。根據 R 國法律規定，公司必須負擔 Jon 所有的醫療費用，除非意外是 Jon 自己造成的，否則公司亦應負擔賠償金。

## NOTES


1 See John Follain, "Discord ruins libretto of 'popular' Paris Opera" (Reuters), *Bangkok Post*, June 23, 1994; and "Nightmare at the Opera," *The Economist*, September 17, 1994.

2 James Sterngold, "IBM bid spotlights new corporate ethos," *International Herald Tribune*, June 8, 1995.

3 Murder statistics from "The new world order: where life is cheap," *Asiaweek*, October 23, 1992. Original source: *Britannica World Order*, from Interpol and national crime statistics. The article lists a selection from 116 countries; no figures available for the Soviet Union, Nigeria, Vietnam, among others. Statistics for divorces granted from "The new world order: marriage vows," *Asiaweek*, February 27, 1995. Original source: UNESCO. The article lists 78 countries.

4 "Adapt or die," *The Economist*, July 1, 1995.

5 G. Christian Hill and Ken Yamada, "Motorola's record shows giants can be nimble, too," *Asian Wall Street Journal*, December 10, 1992.

6 Peter Marsh, "Linde under pressure to find fifth leg," *Financial Times*, January 16, 1997.

7 "Unshaven Turks try a barefoot route to divorce" (Reuters), *Chicago Tribune*, May 17, 1989.

8 Brendan Periera, "Try mediation as alternative to settle civil disputes, says CJ," *The Straits Times*, July 21, 1995.

9 Brendan Periera and Lim Li Hsien, "On Chief Justice's comments," *The Straits Times*, July 21, 1995.

第十一章

# 協商

## 11.1 簡介

1984-1986 年間，英、法政府協商興建橫跨英吉利海峽的固定隧道，雙方將五個方案列入考慮—每個方案皆由中央與地方政府機關、公營事業及金融業者組成興建團體，每個團體皆代表著政治、行政、金融、商業與環境等多方的利益。

會議在巴黎與倫敦輪流舉行，在每個協商地點，與會者皆遵循在地的習慣，包含語言，這具有根據時間與空間區分協商階段的效果(Weiss 1994a, p.58)。協商主要分為三個階段(Dupont 1990, pp. 78-9)：

- 意圖與意外事件的討論
- 「成熟」
- 聯合決定與行動

成熟的時機發生在似乎要形成僵局，及形成僵局的成本逐漸提高時。接著發展出可達成原先目標的替代方案，因喪失機會的可能成本變得很高，使得替代方案變成無法抗拒。在本個案中，成熟的時機發生在英國人了解以下的事情時：

- 就全歐鐵路運輸系統而言，他們能滿足法國人的利益；
- 在歐洲經濟共同體因糾紛而分裂的此時，這能作為和諧的表示；
- 科技、成本、財務、法律、經濟與環境等因素顯示該計劃可行。

1986 年 9 月 Eurotunnel 的方案被採用，營運將聯合進行，因此每一方都必須撐起自己該負責的部分，然而這通常不是件容易的事；1987 年 2 月，環境、政治與財務問題似乎變得難以克服，使得英國首相柴契爾夫人決定英國政府將退出該計劃。[1] 然而，難題還是克服了，建造隧道的工程於年底展開，當時估計成本將少於 50 億英鎊，預計於 1993 年初可以完工通車，結果證明成本超過 100 億英鎊，服務直到 1994 年底才開始。[2]

本個案闡明以下幾點：

- 協商者分別代表必須列入考量的各種利益關係；
- 良好的時間與地點是重要因素；
- 協商的各個階段應能辨識。

本章著重於探討「一套」正式的協商程序。

## 11.2 國際協商的準備

所有的協商都需要準備，尤其是國際協商。準備包含建立與協商相關的一系列知識檔案。

國家背景的相關因素包含：

- **稅賦和法律資料** 交易可能在一個以上的國家被課稅，合約也可能必須面對兩個以上的法律制度。
- **商業資料**。
- **金融與經濟資料** 例如經濟的規模、成長速度、通貨膨脹率、經濟自由程度（1997 年早期，香港最高，阿爾及利亞最低[3]）、投資政策、減稅與補貼、銀行體系、金融安全、收入匯回本國的情形。
- **基礎建設資料** 例如人口、出生率（1997 年葉門最高，香港最低[4]）、其他人口統計資料、道路與鐵路建設、交通狀況、電話普及率（1992 年，平均 1.3 個美國人就有 1 支電話，相反地，在尼泊爾，每686人只有1支電話，每790個柬埔寨人也只有1支電話[5]）、其他通訊狀況。

- 勞動力資料　例如勞動市場所提供的技術與價格、女性與弱勢團體的勞動參與、教育程度、訓練場所。
- 相關法律資料　例如勞動法規、工廠建物所有權、安全性、商業活動、稅賦、智慧財產、重要交易、環境。宗教規範的影響力有多重要？
- 政治資料　以國家、宗教、地方層次而言，誰有權支持或反對你的計劃？
- 商業、工會、職業團體等　這些組織的力量有多大？
- 文化資料。

部分資料來源可參考4.4.3小節。

## 11.2.1 協商的因素

準備與國外合作伙伴協商，意味著：

- 設法了解他們的優先考量
- 澄清自己的優先考量

這些議題是相關的，你對於對方之優先考量的了解會反過來影響自己，而（想必）對方也會以你的立場進行類似的分析。

你無法完全了解對方的優先考量，無論是對方的優先考量或是己方的都會改變，然而，藉由使用一般性的架構，你可以開始描繪出主要的重點：

- 在何處協商（11.2.2小節）
- 何時協商（11.2.3、11.2.4小節）
- 由誰進行協商（11.3、11.3.1、11.3.2小節）

・誰有權力決定（11.3.8 小節）
・為何協商（11.4 小節）
・如何協商（11.5 小節）

### 11.2.2 在何處協商

理論上，在自己的地方進行協商對己方而言有熟悉環境的優勢，然而在對方的場所進行協商則可以讓你洞察對方的營運與能力，也能幫助你隱藏相關的條件，如果你希望協商保持秘密的話（Salacuse and Rubin 1990）。

折衷的方法是在中立的地方（如飯店、商會）舉行會議，或者是輪流在協商雙方的所在地舉行——如前言所述。雙方也可以透過電子媒體進行協商，如使用電話會議、視訊會議、傳眞等（這樣的方式在重視人際關係的高度背景脈絡文化裡較不可行）。

### 11.2.3 何時協商

Koh(1990)描述 1989 年為越南與高棉戰爭劃下句點的巴黎會議之啓示，他歸納道：

> 多國會議的時機很關鍵，召集人必須先確定問題已經成熟，且各方人馬在會議進行之前也有尋求解決方式的心理準備。(*p.86*)

也就是說，與協商的機會（或問題）相關的因素決定了何時是成熟的時機，操之過急或太晚進行都可能招致失敗。

在任何層次的商務協商裡，實務議題都會影響討論的時程，例如企業通常於何時制定預算、何時簽署勞動合約等慣例。是不是有什麼風俗因素會影響你的時程表呢？如果你想要做一個短暫的拜訪，是不是可以選在國家或宗教節日進行呢？如果協商對象是回教徒，在齋月這個朝聖的月份可能不容易安排協商的活動，因為在該月份裡，回教徒每日從日出禁食到日落為止。中國傳統上也會在農曆新年暫停商業活動。

在對方的文化裡，是否經常在下班後或週末舉行會議呢？開會之前，應該預留多少時間來調整時差？在離開母國之前，除了準備好護照，也必須申請入境簽證，這也需要花點時間，申請入境簽證是否需要證明文件——如健康證明呢？

安排協商的時間也包含時間表的規劃，應該多久開一次會？間隔時間多長？本章前言中，英法跨海隧道分階段協商的個案是一個說明了應該給主席多少時間和與會者溝通的例子。什麼時候開會？會議可以延遲多久的時間呢？

### 11.2.4 協商的時間長短

在集體主義的背景下，決策過程通常需要較多的時間，因為必須在公司內部的各利益團體間取得共識。一旦建立起共識，協商者通常不願意再做更大的讓步，以免又要再度回到各團體相互協商，建立新共識的過程。Yoshimura 和 Anderson(1997)注意到，在日本已經被所有團體接受且準備就緒的計劃幾乎不可能再改變——尤其不可能被中階經理人加以改變。

來自中國大陸的協商者通常會要求許多技術性的資料，協商進度可能會耽擱在消化這些資料上。他們也善於應用策略，中國大陸的團隊可能藉著拖延最後定案的時間以逼迫較性急的英語系談判對象降低條件，他們可能必須請示地方、省或國家當局的許可，也可能自己做決定。Tse 等(1994)發現，中國大陸的協商者面臨衝突時，比加拿大人更可能回去徵求主管的意見。

英語系文化的協商者通常傾向於顯示自己是有權決定的人，不需要請示總公司，但是如果討論起了意外的轉折，使得請示總公司變成必要的事情時，他可能會蒙受喪失顏面的風險。

任何「第一次」的協商都需要耐心，特別是和從未交易過的國家裡的組織進行協商尤其耗時。Ghauri(1988)從與瑞士、印度、奈及利亞企業的交易中歸納出以下結論：與不熟悉的對象協商，比與熟悉的對象協商，通常要花雙倍的時間。

部分的投入時間是用來瞭解新交易伙伴，這種需求在最重視人際關係的文化裡最重要。

## 11.3 對方是誰？你是誰？

你會想要建立起協商對手企業的概要資料，這包含以下資訊：

- 所有權與法律地位；沿革；
- 股權架構；目前財務狀況；
- 規模（Husted(1996)針對與美國企業協商的墨西哥小型企業進行的研究發現，公司規模小會降低大企業與之進行交易的興趣，但是也會減少對方的期望）；
- 策略的焦點與範圍、供應商、消費者、合作伙伴、競爭者、勞資關係、技術；
- 組織結構、制度與文化；
- 一般性／國家架構、制度與文化。

如果你希望培養長期的合作關係，應該持續更新合作伙伴的資料(Weiss 1994b)。就這一點而言，準備協商是不間斷的過程。

### 11.3.1 信任的重要性

商業合作伙伴之間的信任是最重要的，如果缺乏信任，不太可能和對方進入協商程序或接受共同認可的結論。

當你相信對方意圖良好時，會比較信任對方，這表示你同意對方會：

- 以良好的信念進行協商（和你做生意符合他們的利益）；
- 交換解決問題所需的資訊（Olekalns 等(1996)在澳洲所做的研究顯示，共同研究與非正式的討論最可能產生最佳的結果）；
- 在協商過程中不依靠不道德行爲——例如，竊聽你和總公司的溝通；
- 注重資訊的保密，有信心地表達意見；
- 竭盡全力說服他們的相關人員接受雙方達成的協議；
- 竭盡全力執行協議。

對方有多信任你呢？對方實際的行爲和正式表達的友誼言論相比，前者是更爲確實的指南；在信任感較高的地方，協商者較可能採取解決問題取向，分享資訊，甚至分享對方的利潤時間表；但是在信任感較低的地方，他們比較依賴說服性的辯論、威脅以及其他爭議性的行爲。

## 11.3.2 不同文化裡的信任

不同文化或多或少願意在協商時信任對方，也或多或少會懷疑對方。Harnett andCummings(1980)排列出以下國家的順序：[6]

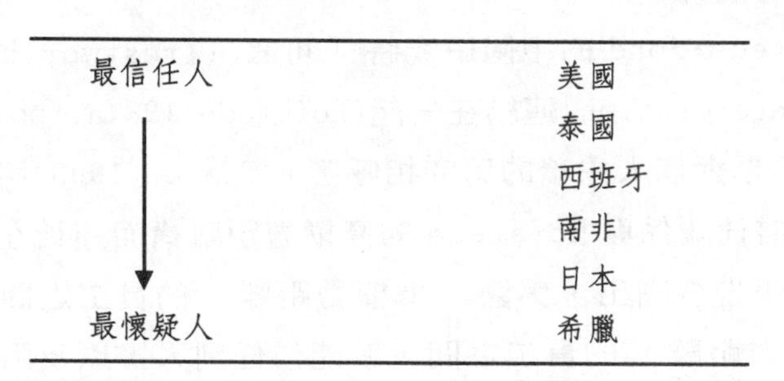

| | |
|---|---|
| 最信任人 | 美國 |
| ↓ | 泰國 |
| | 西班牙 |
| | 南非 |
| | 日本 |
| 最懷疑人 | 希臘 |

**表 11.1　願意信任別人的程度**

資料來源：Harnett and Cummings 1980。

Hofstede(1991)以不同的角度處理信任的問題。他發現在權力距離小的地方，雙方比較可能信任對方。他也將規避不確定性之需求與員工對公司活動背後的動機感到樂觀、及願意向對手讓步連結起來一以上兩點都代表比較願意信任。這六個國家規避不確定性之需求的排行（根據不確定性規避指數）與Harnett and Cummings(1980)的排行有高度的相關性：

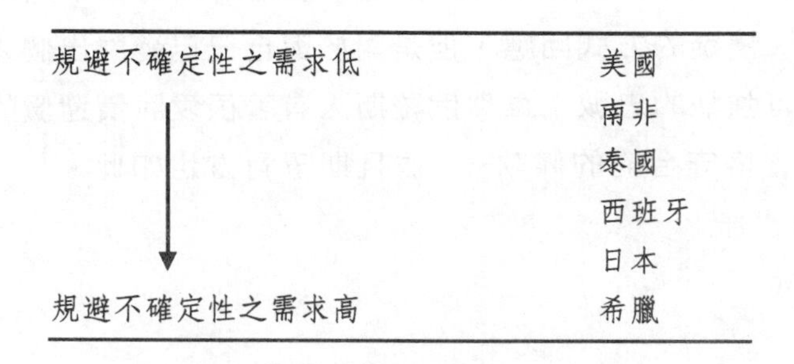

| | |
|---|---|
| 規避不確定性之需求低 | 美國 |
| ↓ | 南非 |
| | 泰國 |
| | 西班牙 |
| | 日本 |
| 規避不確定性之需求高 | 希臘 |

**表 11.2　Hofstede 的排行：根據不確定性規避指數**

資料來源：Hofstede 1991。

規避不確定性之需求高也象徵「對外籍經理人的猜疑」、「比其他國家更具侵略性」(Hofstede 1984a, pp. 133, 142)，以及「崇尚民族主義、敵視異族」(Hofstede 1991, p.134)，因此，比起與美國伙伴，局外人會預期可能要更努力才能和希臘合作伙伴建立起信任的關係。

Hofstede-Bond的中國研究將「可靠」(Trustworthiness)與「整合」(Intergration)連結在一起(Hofstede 1984a, pp.133,142)——這與早期對個人主義的研究相呼應。Shane (1993)將人際之間低程度的信任關係與Hofstede的高權力距離構面連結在一起，他檢視研究報告後指出，美國（低權力距離）的員工之間相較於秘魯（高權力距離）的員工之間，較能信任別人，以及阿根廷、巴西、烏拉圭員工的信任度都比較低（這些都是高權力距離的國家）。

Trompenaars(1993)發現，在普同主義(Universalism)的文化裡(行爲以規定爲基準，相對而言較抽象——如德國與瑞士)，「値得信任的人是實踐諾言或合約的人」(p.45)。但是在特殊主義(Particularism)的文化裡（根據自己和某人特別的關係來判斷），値得信任的人是尊重關係之各項需求的人，這樣的文化包含南韓、委內瑞拉和俄羅斯。

Rajan and Graham(1991)發現，俄羅斯人對於不熟識的外人會以害怕、懷疑的方式回應，但是對於與自己已發展出個人關係的外人也會有強烈的忠誠；雖然俄羅斯人有著很愛討價還價的名聲，但是他們會恪守合約的條款——並且期望對方也如此。

## 11.3.3 由誰進行協商：親自接觸或透過仲介者

仲介者扮演的功能包含：

- 確認協商的對象並做引介
- 安排協商
- 準備資訊與建議策略
- 代表己方協商
- 籌備證件（簽證、工作證、出入境許可證）
- 解決糾紛

Weiss(1994a)建議，在雙方對於對方的文化都不熟悉，以及雙方都能接受仲介者的安排等條件下，可透過仲介者進行協商。但是：

> 雇用仲介者也可能產生複雜度增加、信任、協商過程的主權等問題，更不用說仲介者與委託人之間潛在的文化摩擦(*p.54*)。

一位具備中國大陸協商經驗的英語系女企業家警告道：

> 仲介者有干涉太多的傾向。當仲介者為雙方進行引介之後，公司會希望他不要再插手，但是他會希望繼續干涉，因為那是他收入的來源，而如果中國方面覺得他們的朋友（仲介者）太早被推開，也會感到不悅，通常應該在仲介者已經達到處理棘手問題的目的之後，再將仲介者調離雙方的交易之外。

至少在關係的早期階段，能負擔投資並且有足夠背景知識的企業可能比較傾向於由自己進行協商。規劃與對方直接協商意味著，須推測對方協商團隊的特質及進行自己的決策。下面以幾個方面討論團隊的特質：

- 人數與職務（11.3.4）
- 性別（11.3.5）
- 年齡（11.3.6）
- 階級（11.3.7）

由誰做相關決策的議題將在 11.3.8 討論。

### 11.3.4 人數與職務

與中國大陸的企業交手時，預計對方會有較大的團隊，不只包含各職務的專家與行政人員，也包含地方、省、國家當局的代表。類似地，日本的團隊也代表範圍廣泛的各組織單位與必須考量的各方利益。

美國團隊通常包含法律代表，如果協商對象是亞洲文化的貿易伙伴，這可能有負面的效果，因爲他們強調和解與妥協，而不是商業交易的衝突。例如，經濟學人解釋說：

> 日本人對法律訴訟的反感，是受文化影響的。一位日本企業律師說，如果兩個企業彼此控訴，他們之間幾乎不太可能有任何貿易往來了……讓日本兩大企業在法庭上互控的交易案件，近年來沒有人知道有哪些。[7]

美國的團隊會假設協商對象說的是事實(Radnor 1991)，並且通常會雇用律師，藉以消除誤解及避免在執行階段可能會產生的問題。然而，許多亞洲人喜歡在議定的結論上留點模糊的成分，在執行階段才漸漸消除這些模糊點，因此可以理解日本人會覺得美國人的實際顯得相當有敵意與威脅性。許多日本的企業在面對美國人或其他外國人時，也會雇用幾名律師，但對其他日本人則不會。

### 11.3.5 性別

美國 Neu 等人(1988)的研究發現，協商的行爲很少有性別差異(儘管男性時常會達成較高的利潤)，顧客滿意方面的結果也沒有什麼性別差異存在；然而，企業界人士在談判桌上面對男女兩性的態度確實是不同的。包含女性成員的團隊在北歐等陰柔文化背景下通常較女性鮮少擔任經理人的文化裡佔優勢，但是女性所面臨的問題也不應被誇大。由於日本女性鮮少扮演經理人的角色，有些西方女性會認爲與日本人協商是困難的。

### 11.3.6 年齡

英語系的企業可能犯一個錯誤，那就是選擇年輕人率領與中國或日本人協商的團隊。亞洲團隊比較可能由資深的年長者領導，他們具有相當高的地位，如果要他們與年輕人以平等地位進行協商可能會讓他們覺得顏面掃地，另一方面他們可能不會參與細節的討論，而只扮演重要的「頭臉人物」。

一位經常和中國大陸團隊協商的英國協商者曾經對我說：

> 當我們向中國人解釋年輕技術人員的年紀不是問題時，因為在西方最好的技術人員通常很年輕，中國人似乎能夠理解。但是實際遇到問題時，他們還是會抱怨「他實在太年輕、太年輕了。」

### 11.3.7 階級

雙方的協商團隊之領導者在階級上應該相當。領導者的身份是否相配是很複雜的問題，美國企業裡副總裁(VP)頭銜的使用比其他地方普遍許多，一家美國企業裡可能有 20 個 VP，但相同規模的日本企業則可能只有 1 個或 2 個 VP。

有一次東京某企業的員工發現美國訪問團是由 VP 率領的，於是讓訪問者在外面等了 20 分鐘，直到請來自己公司的 VP 舉行正式的歡迎儀式爲止，後來他們發現美國的 VP 只代表一個部門，相當於部門經理的等級而已，日本人覺得他們的臉已經丟了。

### 11.3.8 誰有權力決定？

在許多文化裡，擁有是否接受對方提議之最後決定權的人通常是協商團隊的領導人。例如，在希臘與拉丁美洲等高權力距離的文化裡，企業的業主通常希望保有個人的控制權，盡量避免分權；而強調個人主義的英語系協商者會堅持說總公司賦予他們接受或拒絕的權力。

然而並非世界各地皆如此，實際決策者也可能不參與協商。一個與汶萊家族企業協商的美國團隊發現，對方是否同意交易必須請示家族裡的長者，而那名長者在協商過程裡卻從頭到尾都沒見過。在中國大陸，技術代表通常參與大部分的討論，但做決定的卻是遠方的官僚。

在由集權式經濟轉換到自由市場制度的過渡時期裡，對於誰有權力決定的不確定性可能造成決策的延誤，這樣的問題曾經發生在缺乏制度化控制的前蘇聯集團國家裡。一個試圖與匈牙利某企業建立策略聯盟的美國企業發現：

協商過程相當「耗時」——歷經一年——與「冗長」……因為沒有標準的程序，策略聯盟的條約更改過許多次，沒有人——包括律師、政府官員或企業經理人——明確地知道應該做些什麼。[8]

## 11.4 爲何協商

本節與下節探討如何準備適當的協商策略。一個好的起點是詢問爲什麼對方希望進行協商—假設他們有良好的意圖，實際上也需要協商出解決辦法。一般性的答案必須是這提供他們達成特定目標的最佳途徑，而且他們信任你是互補的好對象。

### 11.4.1 目標

最重要的問題是：

- 為什麼對方選擇進行協商？
- 他們想達成什麼？
- 你能提供什麼是他們可能重視的東西？

透過謹慎的準備與對他們的文化進行同理心的研究，你也許可以憑直覺知道他們的目標：

1. 他們必須達成什麼？
2. 他們希望達成什麼？
3. 他們想達成什麼？

第1層的目標最關鍵，第3層最不重要（Fisher and Ury 1997曾討論這些層次）。

這張清單有多符合你自己的目標，以己方必須達成什麼、希望達成什麼、想達成什麼而言？事先準備能幫助你認清：

(a) 爲了達成重要的目的，什麼是你最願意讓步的？

(b) 什麼是其次願意讓步的？

(c) 什麼又是最不願意讓步的？

你希望 1 和(a)能夠對應，他們最重視的是你最願意讓步的。例如，他們覺得最優先的是貨物早日送達（以因應季節性的市場需求），而早日運送貨品對你而言是最小的問題（因爲貨物已經在生產了）。

### 11.4.2 跨文化的協商

在國際協商裡，財務目標可能不是最重要的。國際環境的複雜度使得協商者有更廣泛的機會製造或提供更具吸引力的讓步條件，但是文化差異使對方的非財務目標變得很難辨認。

一名英國人在沙烏地阿拉伯協商一樁買賣，阿拉伯人對英國人的高品質設備感到相當讚嘆，似乎就快成交了，但他卻遲遲沒有表態。英國人對付款、運費、交貨日期、安裝等條件都提議過替代方案，但是對方還是不肯簽約。後來他想到過去阿拉伯人曾問過自己家庭的事，他提過自己的哥哥是倫敦一家小型銀行的股東，阿拉伯人說他的兒子 Ahmed 很有興趣從事金融業，突然間情況變得很清晰了。

英國人曾經見過那名年輕人，也相當賞識他的能力，於是他打電話給自己的哥哥。當晚他邀請阿拉伯人與他兒子 Ahmed 拜訪他在英國的家，也請 Ahmed 考慮在自己家族的銀行工作一段時間，他們相當歡迎他的才華。阿拉伯人對於增加雙方家庭的聯繫感到相當有興趣，合約也很快就簽定了。後來 Ahmed 展現了銀行家眞正的才華，也引入不少有價值的客戶，這對各方都有利。

上述個案闡明了確認其他文化之需求的難題，因爲協商者能提供對方最渴望，己方最願意讓步的條件，因此最後贏得了交易。

## 11.4.3 爲長期關係而協商

建立信任與長期的關係是不是協商的優先目標呢？

長期的關係有很明顯的優點。對於製造商而言，它能保證原料來源的充裕，也能省下尋找新供應商的成本。信任能減少協商合約細節的費用，也是管理商業交易最有效率的機制(Gulati 1995)。

高背景脈絡文化（包含亞洲文化）提供了許多合作關係長達幾十年、甚至好幾代的例子，這並不表示長期的協議在低背景脈絡文化裡就很少見。Hallen 等人(1987)指出，在英國、瑞典與德國也有這樣的例子。Wright(1992)發現，印尼與加拿大的協商者都認爲「培養長期關係」是他們第二重要的目標（在「雙方都滿意」的目標之後）。

與高背景脈絡文化打交道的外人是否有希望與該文化的成員發展出優先關係呢？有相當大的程度取決於企業的價值與競爭的態勢。Johnson 等(1990)對美國產品的日本批發商之研究顯示，即使他們的關係是長期的，美國供應商對日本的企業伙伴還是很難有什麼影響力，無論是不是使用第三者爲仲介者。

## 11.4.4 中國大陸的交易關係

學者對於在中國大陸進行長期關係的投資是否實際，看法相當分歧。

Pye(1982)寫道，中國的協商者在協商初期經常過度強調友誼、共同利益與彼此信任的觀念，後來他們會訴諸這些「道義」，使外國伙伴感到不好意思而提出對他們最有利的條件。

Child(1994)指出，在許多個案裡，訴諸友誼可能是眞誠的，他以北京經理人的例子指出：

> 雙方交易關係之品質比價格或任何契約條件更為重要，他們認為在中國交易普遍持有這樣的概念。(*p.140*)

如果這些經理人之中有人喪失可靠的長期關係，他可能很難找到替代的資訊與權力來源。

McGuinness 等人(1991)調查德國、瑞士、英國、義大利、日本、法國和中國大陸企業的交易過程，歸納出中國人最常以反映整批交易之價值的功利態度來評估關係。

過度強調長期關係之承諾的外國供應商可能會自責，特別在商品或服務品質出問題時。仔細聆聽中國交易伙伴之要求的企業，承諾送什麼商品時講求實際，以及不加入可能危害雙方長期利益的聯盟等作法都能避免犯錯(Simon,1990)。

實務上，學習瞭解對方之需求，並以之作爲策略基礎應該是常識(Jenkins,1997)。但是當文化差異使準確的溝通不易進行，又缺乏長期投資之準備的資源時，要界定對方的文化背景並不容易。

## 11.5 如何協商？

每場協商皆包含著矛盾，牽涉到雙方的合作與爭執。若沒有合作，雙方人員不會想與對方商談；若沒有爭執，就沒有衝突或歧見需要解決了。

前一章已說明不同的文化對於糾紛的不同認知，以及他們如何解決糾紛。接下來的問題是，協商時，在保護己方利益的前提下，不同的文化對於如何化解雙方不一致之優先考量也不盡相同；無法認清彼此差異的協商者不可能進行有效的溝通，也不可能協商成功(Elgstrom,1990)。

## 11.5.1 協商階段與文化

如同各種形式的溝通一般，協商也必須適當與有效，問題在於是不是有一套架構可以普遍地採用？在本章前言裡，我們提供了一個三階段的架構，以下是另外兩種方式：

1 對於議題與利益進行溝通。
2 探索分歧的價值觀、期望與假設。
3 瞭解不同的展望。
4 重新建構議題與利益，並達成協議。(Evans 1992)

和

1 創造非任務關係。
2 交換與任務相關的資訊。
3 說服。
4 讓步與協議。(Graham and Herberger 1983)

「理想化」的協商架構之概念是有問題的。首先，協商階段通常無法清楚定義，在複雜的協商裡，有些議題可能只出現在暴露出合作的新機會時。實務上，在 Evans 的階段 3 和 4 之後可能又會循環到 1。其次，在 Graham and Herberger 建議的協商架構裡，「說服」極可能從頭到尾都很重要，不能只侷限於一個階段；即使在你第一次自我介紹時，說服對方相信你是一個值得信賴的合作伙伴也很重要。

文化因素決定著爲什麼一個「理想化」的協商架構可能不能適用於所有的背景下。在低度背景脈絡文化裡，創造關係的活動可能很快被帶過，也許只有在合約簽署之後才會變得比較重要。然而在高度背景脈絡的文化裡，與其說協商的重點在於說服與獲得資訊，不如說是讓雙方互相瞭解。

高度背景脈絡文化的成員著重於培養信任關係，相對上對於交易的特定事項就顯得較不重視了——如付款、交貨、數量與價格等（英語系文化的企業人士優先重視的細節）。中國企業家這麼認爲：「我參與協商以培養彼此的關係，當我們覺得彼此能互相信任時，同意交易就不用多少時間了。」

Graham and Herberger(1983)舉例說明爲什麼英語系文化的優先順序在其他地方可能有負面效果：

> 美國人與巴西人做生意會罹患「手錶症候群」。在美國，看錶幾乎都會促使議程繼續前進，然而，在巴西，性急只會造成擔憂，因而必須延長時間做無關任務的試探。(*p.163*)

Hofstede(1989)主張，在規避不確定性之需求較高的地方，協商者較需要清楚的架構性訊號，特別在雙方的關係頗新且有壓力時。當這些需求相對較不重要時，與會者對於任何新出現的架構不會覺得不自在。

## 11.5.2 採用對方的文化價值觀

在協商時，是不是應該設法採用對方的文化價值觀呢？實驗證據顯示，美國人較贊同適度採用，較不贊同完全不採用或大規模採用(Francis 1991)。但是對於你所面對的文化團體而言，這個說法他們認同幾分呢？

不過度採用對方的價值體系可能有許多策略性優勢。一位具多年東南亞經驗的美國經理人解釋：

> 在協商初期，根據協商對象的期望來進行可能對協商過程較有利，這意味著根據亞洲人對美國人的刻板印象來表現。首先，我的生意伙伴大部份曾經遊歷各地、使用多國語言、對於美國人也頗熟悉，他們不容易因為某些文化差異而感到被冒犯或困惑，如不使用筷子而使用刀叉。其次，依照對方的刻板印象來表現能讓他們覺得自己見聞廣博，使他們從前和美國人打交道的經驗能經過測試而證實……對他們而言，我顯得相當容易預測。[9]

這名經理人會說在地語言，也深知在地文化，藉由減少自己眞正經驗的重要性，使得他在低估自己的對手面前能享有隱藏的優勢。

## 11.5.3 翻譯人員

有一個精通英文的馬來西亞人，每次與英語系文化的人進行商談時，都會由翻譯人員陪同，在對方對翻譯人員說話及翻譯人員將之譯成中文時，他有兩倍的時間思考自己的回答。

翻譯應該簡要。國際會議翻譯人協會總是對他們的委託人表示：

> 如果你不信任翻譯人員，不願讓他們得知機密訊息，就不要聘用他。」在複雜的協商之前，忘了預先提供背景資訊與專業術語，將使翻譯人員的工作更為困難，協會會長說。[10]

此外，在以下情形，翻譯人員會最有效率：

- 緩慢而謹慎地發言
- 重複解釋複雜的概念

・一次不要說太多句話

・不打斷翻譯過程

應該以尊重的態度對待他們。在自己的同胞面前受斥責的翻譯人員會覺得顏面掃地，並感到疏離。一名從中離間的翻譯人員可能引發安全問題。

有時候翻譯會發生錯誤。有一次美國、以色列人對談時，「不用說當然要進行」(It goes without saying.)被譯爲「沒有討論就走了」(It walks without talking.)。在一次美國、俄羅斯協商裡，「心有餘而力不足」(The spirit's willing but the flesh is weak.)被譯爲「伏特加很烈但是肉不夠熟」(The Vodka is strong but the meat is undercooked)。

應該直接對著協商對手說話，而不是對著翻譯人員。有一次，某英國企業家與一位日本高階經理人商談，陪同者是自己的部屬兼翻譯員，後來，英國人告訴我，他直接對著翻譯人員講話：

> 就好像是和翻譯人員協商一樣，日本籍高階主管拒絕了我的提案，他認為我沒有給他應得的注意力，並將之視為失禮的象徵。

## 11.5.4 讓步

協商風格由關係與需求支配著。例如，買方與賣方可能不會以相同的方式表現(Weiss 1994b)。在日本，買方被假設成比賣方更重要，買方被稱爲 onsha（傑出的伙伴），賣方被稱爲 otaku（伙伴）。

己方的需求與（你所認爲的）對方的需求之差異會影響你的讓步條件。你一定會希望對方最重視的正是你最願意讓步的，然而這並不表示應該輕視己方的讓步。「我樂於給你 X—因爲 X 對我沒什麼價值」，這不但會污辱了對方的願望，也不能爲己方贏得籌碼。一般而言，應該將讓步與需求連在一起：「如果你接受我的X條件，我會同意你的Y條件」。

讓步的意願反映出你的彈性，並不代表懦弱，對方通常會欣賞你的彈性。Wright(1992)發現，泰國、加拿大、印尼的經理人及政府官員都認爲彈性「非常重要」，在這方面他們的想法沒有明顯的差異；然而文化因素還是影響他們提供何種讓步，以及覺得哪些讓步是重要的。

巴西人相較於北美洲人及日本人，傾向於做較多的要求(Graham,1985)；日本人在提出最初的條件時，傾向於要求較大的利益，在協商過程裡再不斷進行小小的讓步；而美國人則比較可能做較大的初步讓步。另一個研究顯示，北美洲人在協商初期會進行小小的讓步以建立關係，在協商過程裡雙方通常會禮尚往來地進行讓步；阿拉伯人則是從頭到尾都在讓步，通常也是禮尚往來；而俄羅斯人則做很少的讓步，也會將對方的讓步視爲懦弱的象徵(Glenn等,1984)。

在墨西哥，人們提議交易時通常容許議價的空間，但最好不要過度膨脹最初的價碼，否則墨西哥人可能會有被剝削的感覺。與德國人協商時，你則可以預期沒有什麼議價的彈性，因爲他們會將重點放在技術細節與品質上。

### 11.5.5 實行

在某些文化裡，協商過程會在合約簽署後有效地結束，但是在其他地方則不然。在英語系文化裡，簽署合約的行動象徵完成既定內容的意願；在美國，協商結果的實行主要也取決於談判桌上所決定的事項，因此在協商時通常會有法律顧問，以減少誤會的程度與簽約後可能的衝突；常常想重新更改協議內容的生意人會讓人覺得不值得信任。

然而在其他地區，合約可能不代表討論的終結，甚至於不表示雙方會誠實地根據合約方式進行交易，所有其他條件不變且按照可預見的情況進行。Frankenstein(1986)曾經描述，在中華人民共和國簽署合約並非協商的最後階段，合約的實行才是：

> 合約簽署後仍然有後續的調整與討論過程，並不是根據對合約直接的瞭解來實行。研究顯示，中國方面有時候會試圖擴充協議的內容，他們回頭參考從前協商時雙方所同意的一般原則，並根據共同利益與友誼提出他們的要求。(*p.149*)

一位與東南亞家族企業協商擁有資深經驗的美國企業家曾經告訴我：

> 和中國人協商合約時，在開始時他們從來不會爭論，直到實際實行時才開始爭論。而美國人通常一開始就進行爭論，簽約後反而會保持安靜。

因此這名協商者不能假設合約一經簽署，他的責任就結束了；事實上他必須對實行合約的各階段持續進行瞭解，並且隨時保持回談判桌的心理準備。

最後，我們舉一個泰國的例子。1993 年曼谷高速公路有限公司(BECL)完成曼谷市政府(BMA)發包興建的一條高速公路，該計劃總共耗資 10.8 億美金。原本的合約保障 BECL 有權收取每次美金 1.20 元的通行費，但是等到完工以後，BMA 卻以政治壓力要求通行費必須降至每次美金 0.80 元。他們要求收回收取通行費的權利，並要求重新建造部分過於狹窄而危險的交流道。

當雙方開始重新進行協商時，一名政府方面的調停者：

> 提醒雙方將公衆利益列入考量，要求他們在友好的氣氛下對談，並請他們務必牢記他們的長期利益密不可分，畢竟在未來的27年中，他們都必須相互合作。[11]

他們認爲這些因素比狹義的合約概念更爲重要。

### 11.5.6 順從的機制

Thompson(1996)指出，讓不情願合作的貿易伙伴順從有四種機制：

- 法律程序；
- 聲譽程序；
- 社會程序（如從團體中驅逐——在攻擊聲譽的程序之後進行）；
- 經濟回饋（來自誠實的商業往來，以及藉此增強自尊）。

Thompson 承認，「在不同的社會裡，這四種機制的協調與重要性有系統性的差異」(p.387)。也就是說，害怕訴訟可能是嚇阻A文化的商業詐欺行爲之主因，而在B文化裡主因卻可能是害怕喪失聲譽。然而，試圖透過這些機制來解決問題的協商者仍可能遇到幾個問題。

首先，外國人可能不曉得何種機制可行，或如何使之變得可行；當外國人對該文化而言是外人時，對於對方的文化缺乏知識可能會付出昂貴的代價；例如，他投入大筆的法律費用，最後才發現想在地方法院獲得公平裁決，機會幾乎是微乎其微。第二，外人在在地社會裡可能比較沒有機會破壞對方的聲譽。第三，誠實的交易不見得有利(Schwab 1996)——以及在某些背景下，在地人可能藉由策略性攻擊不受歡迎的外國人，來加強自己的聲譽並贏得自尊。

實務上，只要某方的順從顯然是確保對方順從的最佳方式，而對方的順從亦爲保障某方得到最佳結果之必要條件時，某方才可能心甘情願地順從。

## 11.6 交換名片與禮物

在某些文化裡，以交換名片作爲人際關係開始的象徵。在日本與韓國，人們通常會在初次開會之初交換名片，先遞名片給對方人員裡最重要的人物，然後再依重要性的次序遞出名片。在這些國家進行廣泛的商務拜訪時，你必須準備數量充裕的名片。不要重複遞名片給同一個人，除非新名片裡明顯包含了不同的訊息。如果你在後來的會議中再度遞名片給相同的人，這暗示你忘了他是誰，將被視爲一種蓄意的侮辱。

在這些文化裡，交換名片有不少禮節要注意。出示名片時，應將對方的語言那一面朝上——如果你沒有將名片翻譯成在地語言會給人傲慢的感覺（一般會將自己的語言印在一面，在地語言印在另一面。爲了節省成本在名片上列印超過一種他國語言可能是一種錯誤，例如，許多中東商人在收到印有阿拉伯文與希伯來文的名片時心理上會不太舒服）。此外，總是要花幾分鐘仔細閱讀對方的名片。

在會議進行中，每個人會將收到的名片排放在自己面前的桌上，即使與會者離開幾分鐘或一直沒回來亦然。

英語系的人交換名片就沒有那麼正式了，通常只在會議結束時交換名片作爲提醒物。德國人則會在名片上列出完整的學歷與專業頭銜，並且期望對方以這些頭銜稱呼他們。

### 11.6.1 禮物

應該和誰交換禮物？何種禮物是合適而貴重的？何種禮物不是？如果你要送花的話，最好先查一查哪種花比較適當；在義大利絕對不要送菊花，因爲菊花是葬禮中使用的；最好也避免送玫瑰，因爲玫瑰有浪漫的含意。你可以預期收到什麼禮物呢？事先瞭解若干要點可以避免難堪；例如，在日本，如果你回送老闆的禮物明顯比對方給予的禮物貴重，你的老闆會覺得沒有面子。

## 11.7 對經理人的涵義

本節探討在國際協商之前必須預先準備的事項。

1. 在準備國際性協商時，先確定你對於以下領域是否需要更多的資訊：

   - 對方的文化
   - 對方的國家

   你可以由哪些資料來源收集到資訊呢？

2. 假設你已經瞭解對方的國家文化、組織文化與協商的背景：

   - 你認為對方會由哪些人與會呢？
   - 對方有權做最後決定的人是誰呢？這個人會出席嗎？
   - 在他們做出決定之前，還會和哪些人商量呢？
   - 你應該派哪些己方人員與會呢？
   - 己方有權做出最後決定的人是誰呢？這個人會出席嗎？
   - 在你做出最後決定之前，還會和哪些人商量呢？

3. 協商將於何時何地進行呢？

   - 可能在哪裡協商？
   - 可能於何時協商？持續多久？多久開一次會？你預期會議最多可能延遲多久呢？為什麼？

4. 策略的準備：

   - 列出你的要求之優先順序；

- 長期關係對你而言有多重要？
- 你預備做哪些讓步以達成你的要求及理想的關係？
- 依照目前的判斷，你認爲對方想在協商中要求什麼？長期關係對他們而言有多重要呢？爲了達成他們的要求及理想的關係，對方可能會做出何種讓步呢？
- 你要如何培養信任關係呢？
- 你希望如何劃分協商階段呢？

5. 當雙方同意簽約之後，你預期在實行的階段裡會發生哪些問題？在實行的階段裡，你可以採取哪些步驟來保障自己的利益而又不會破壞雙方的關係？

## 摘要

本章探討國際協商所需要的準備，並將文化因素列入考慮。11.1 著重於建立對方公司資料檔的概要。11.2 討論與特定企業在國際性場合來往的準備，著重於過程的細節，如在哪裡協商？何時協商（以及你預計會議會可能延遲多久）？協商之前必須做些什麼？

11.3提醒你須詢問對方是誰以及你又是誰？並探討身分與職權的課題，強調建立互信的人際關係之重要性。11.4 討論為什麼要進行協商及協商目的如何影響策略性議題。11.5 討論如何協商。簽署合約的作用因文化而異，在某些文化實際執行合約時可能會對合約做進一步的修正，協商者也可能須持續進行討論。11.6 主要提及交換名片與禮物的實務。

## 習題

本習題的目的在於實際演練協商的準備與過程。

閱讀以下個案，然後分成幾個小組來解決後述的問題。

注意：請保留你在本習題中記下的任何筆記，在本書第 15 章國際策略聯盟的習題中將再次用到。

### Acme Hotels 的協商

在被指派到商學院國際辦公室擔任主任的職位之後，你收到來自 X 國的旅館聯鎖體系 Acme Hotels 的信件——X 國是一個觀光業蓬勃發展的熱帶國家。

Acme Hotels 是世界上主要的旅館聯鎖體系，總部位於 X 國。他們建議貴校與他們合作組成策略聯盟，以建立一個專門訓練旅館與觀光經理人的學校，這不但可以為 Acme Hotels 訓練出更多的員工，也可以使 X 國與他國的其他旅館獲得更多人才（國際策略聯盟，International Joint Venture，定義見 15.2.2）。以下是提案的細節。

1 Acme Hotels 計劃設立一個兩年制的企管（旅館管理）學程，貴校會承認這樣的學位。

2 貴校應負責招募課程所需人員如：1 名全職的校長、1 名全職的副校長、10 位客座教授。10 名客座教授將負責教授該學程第 1 年的 10 門核心課程，課程包含：管理概論、組織行為、會計學、財務管理、人力資源管理、統計學、行銷學、業務與廣告、國際企業管理、生產管理。每門課程包含 40 堂課，第 2 年的另 10 門課程將完全由在地聘請的教授指導。

3 Acme Hotels 預計一年招收 60 名學生。

4 Acme Hotels 與貴校將各占 50% 的股權，融資亦由雙方共同負責。

5 學校地點將設置於 Acme Hotels 出租的一棟大樓。

這項提議立刻吸引了你，因爲能讓你在沒有經驗的國家裡培養國際影響力。如果能議定令人滿意的財務條件，這可能是相當有利的提議。而你也很確定學校的教授將很樂意獲得暫住 X 國的機會。

但是仍然有一些問題必須解決：

規劃良好的財務架構；

保證招收到足夠的學生及第二年的課程夠水準——你必須保護校譽，不能讓學校的名字與低水準的營運劃上等號。

滿足本校的教學需求——你正在計劃本校的一個新學程，如果進行該方案，教師的人數可能不足。

定時間表：學校的教職員在五、六月考試期間會上班，通常在七至九月間放長假，而新學期則在十月展開。Acme Hotels 則計劃學期時間爲每年八月至隔年六月。

行政與秘書人員。

設備，包含技術、教材等。

## 問題

(a) Acme Hotels 邀請你到他們的總公司協商合作案，你還需要哪些資訊呢？將你的資訊需求記錄在草稿紙上，以便傳眞給對方。

(b) 將你的草稿遞給某一組，要求他們虛構回覆你的資訊需求之適當回答。某一組會給你他們的需求草稿，虛構並提供他們所需的資訊——但是盡量實際。再假設你處於 Acme

Hotels 的立場，判斷有哪些機密資訊是不能提供給學校的？

(c) 準備以學校的立場進行協商。

(d) Acme Hotels 可能準備採取何種態度呢？試著預期他們的態度。

(e) 與某一組會面並協商，一組代表校方，另一組代表 Acme Hotels。

(f) 交換角色。

(g) 教授接著要求各組對全班解釋你們的協商結果。如果你們兩組無法達成協議，請解釋原因。

## NOTES

1 "As France recedes once more," *The Economist*, February 14, 1987.

2 "Chunnel vision," *The Economist*, April 30, 1994.

3 *Pocket World in Figures*, *The Economist/*Profile Books, 1977, p. 27. 82 countries are ranked.

4 *Pocket World in Figures*, *The Economist/*Profile Books, 1977, p. 20. 40 countries are ranked.

5 "Vital signs," *Asiaweek*, February 14, 1992.

6 These figures from Harnett and Cummings (1980) omit the writers' rankings for two very disparate groups, "Scandinavia" (consisting of Denmark and Finland) and "Central Europe" (consisting of Belgium, France, Switzerland, and England).

7 "A law unto itself," *The Economist*, August 22, 1987.

8 "A bicycle made by two," *The Economist*, June 8, 1991.

9 I am grateful to Mr Lawnin Crawford for this observation.

10 Barry James, "Interpreting: perils of palaver," *International Herald Tribune*, January 11, 1991.

11 "Deputy Premier lays down the law on expressway negotiations," *Bangkok Post Weekly Review*, June 18, 1993.

第十二章

# 文化與庇護關係

前言
非正式關係與庇護關係
庇護、社會、與文化
政府一商界的庇護關係
管理庇護系統
「外來」經理人與非正式關係
對經理人的涵義
摘要
習題

## 12.1 前言

汶萊人民過著很舒適的生活。在 1995 年，該國平均每人的國內生產毛額提昇到 $18,500；同時期美國與澳洲的數據分別是 $25,000 和 17,500。他們既不必付所得稅及交易稅，房屋和汽車貸款又由政府盡力補助。 但由於石油儲量逐漸耗竭，這個國家正致力於經濟的多樣化與吸引外資。外國媒體與外國想法的影響正在增加中。儘管跡象顯示趨向於更民主化，世襲的統治者 Hassanal Bolkiah 蘇丹仍廣受愛戴。路透社報導舉出一例說明這種關係。

在典禮上，蘇丹親手分送鑰匙給一小村落裡的新屋住戶，即是一個很好的例子。人民排成一隊見他，鞠躬行禮並親吻他的手：

> 有些人把信遞給這位 *49* 歲的皇族，他隨手放入由助手提著的四月重大事件（*April Event*）的袋子中。
>
> 這些信封中裝有請願書與抱怨信，在這個東南亞的小石油王國被稱為「飛行信」——這是六世紀以來人民和他們的蘇丹溝通的方式。*The Bolkiahs* 是世界上居王位最久的皇室。
>
> 汶萊在緊急動員法（*emergency law*）下運作帝制（*absolute monarchy*）已有 *30* 年，但主張民主政治的運動在這個二十七萬六千人民組成的國家已經開始抬頭……。根據各種說法，*Bolkiah* 都是個受歡迎的領袖……「從來沒有不分青紅皂白的逮捕，沒有樹後的陰影（幕後的活動），」一位地方報社編輯透露。「他會到人民家中與民同席而坐。我從未聽任何人說起他的壞話。」
>
> 〔民主運動領袖〕表示他也是蘇丹的支持者之一，只是「投遞飛行信」並不能取代真正的民主。「也許對一些人

還能行得通，但不能為二十幾萬人所用。」

上例描述領袖與其部屬之間的非正式關係。蘇丹散發的影響力是普遍受到歡迎。無論這種庇護關係在其它文化中受到何種評價，在該國卻是正當的。或許所有的庇護關係都易腐化，但這不表示它們本質上是腐敗的。這裡要探討的重點是，在善變的經濟環境裡，統治者與被統治者的關係如何能發揮最大的效果。由此點出本書的主題之一：環境的變化如何調整文化與影響組織（在上例中指政府）。

本章探討組織內非正式關係的重要性，以及它們對局外人（譬如跨文化的經理人）所造成的難題。例如，庇護關係不只影響主與客的利益， 還影響了：

- 資源投資之優先順序的考慮
- 招募、遴選、及升遷人員之優先順序的考慮
- 解讀組織結構與其系統之優先順序的考慮

當國際經理人與受庇護關係影響深遠的組織交涉時， 他得明白這種關係如何運作。

## 12.2 非正式關係與庇護關係

正式與非正式關係必須分辨清楚。當組織成員之間（譬如經理人與助理）的關係受到官僚結構與組織圖的統理時，這種關係是正式且強制的。若這些人基於非達成組織目標之其它利益或興趣而選擇建立關係時，那麼這種關係是非正式與個人間的關係。正式與結構化的關係在第八章已探討過。有正式關係的人們也可能有非正式的聯繫。在這些情況，公私的角色必須區分清楚。本章探討兩種類

型的非正式關係：

- 庇護關係（除了12.2.6，在所有的小節內討論）
- 友誼關係（12.2.6）

## 12.2.1 庇護關係

庇護關係包括一個庇護者和至少一個委託人。他們的關係是垂直的：庇護者扮演較資深的角色——在關係與互動上。庇護者獎酬委託人的忠誠和服務，委託人予以互惠性回報。雙方皆貢獻他們所掌握的資源，並且需要對方掌握的資源。此種關係反映出兩者間的社會距離，並提供機會架起橋樑以滿足彼此的需求。

庇護提供了一種**分配資源**的手段，各種資源在這當中交換。這些包括：

- **經濟性資源**　如金錢、雇用、工作細節的選擇、契約等。
- **社會性及政治性資源**　如忠誠、支持、和保護。

例如，庇護者保護委託人對抗外來者，其中包括建構不講人情的官僚制度。在 1992 年，英美在調查 1988 年美國泛美航空飛機在蘇格蘭 Lockerbie 的爆炸事件後，斷定兩名利比亞安全組織的成員爲嫌犯。他們要求 Colonel Gadaffi 的利比亞政府將此二人引渡交付審判。儘管 Gadaffi 有強力的理由順應上述要求，他卻不能，因爲：

> 他最忠實的支持者當中有些擁有極大的權力，這些人反對交人，其中包括陸軍將領 *Abdelsalaam Jalloud*，事實上是第二把交椅。被告之一隸屬 *Jalloud* 的部落，強大的種族團體；根據伯特印人（*Bedouin*）的傳統，部落的領袖必須至死都要為他的族人作戰。另一方面，*Jalloud*

的委託人也會為了保護他的利益而不惜激戰。

委託人的忠心也表現在參加其庇護者的家族典禮上一生日、婚禮、或者喪禮，正如下例：

> 當他們上週末在*Quirdaha*的家族村落下葬*Basil Assad*時，他們將他像國王般地放下。這不只是一個當代世界領袖最鍾愛的兒子之喪禮，整個事件就像在中古時期，諸侯和地區權貴與敘利亞總統*Assad*會合，以分擔他的哀傷及再次聲明他們的忠貞。

這種支持的表現同時也展現著庇護者擁有引發此種支持的力量，委託人並因此贏得庇護者給予保護的回報。

另一種資源是性的恩惠。譬如，在委內瑞拉：

> 當總統的情婦出現在報紙社會版時，她們的權力界限受到公開的討論。……最近總統的情婦據說揮舞著巨大的政治勢力，此事幾乎分裂了主要政黨，並且導致該政黨受到貪污和隨意散播影響力的指控。

## 12.2.2 互惠

爲了獲得利益，庇護者與委託人會交換資源。庇護者需要委託人的忠誠和服務，而委託人需要庇護、工作機會等等。這表示庇護者和委託人由一相互依賴的關係聯繫著，它也許不平等但不能因此視爲片面的壓榨，而且不公平地剝削委託人的庇護者會自找麻煩。

交換的資源有不同的屬性，也就是說，一票換來的不是一票。因爲扮演不同的社會角色，庇護者和委託人取得不同的資源。通常庇護者比委託人掌控更多的資源。

基於此，問題就出現了：當其中一方控制的資源多，庇護者和委託人之間如何能維持互惠的關係？

這種關係不應視爲純粹的商業交易，而且互惠一詞並不表示雙方交換的項目有相同的現金價值。當庇護者富裕而委託人貧窮時，物資的平衡是不可能的。更重要的是，應該維持象徵性的平衡。雙方都希望取得一些經由其他管道不能取得的資源，並且給予對方一些自己所珍視的資源。一個政治庇護者替委託人求職的兒子寫推薦信，委託人回饋的方式是保證全家人在選舉時都會投票給該庇護者。

交換資源的相對價值也許永遠不能明確地評估，而且一方的貢獻並不強迫另一方即時而等值的貢獻。這種「如果你幫我兒子安插差事，下次選舉時我會投票給你」的前提，是盡在不言中。庇護者和委託人之間的約束，與買方、賣方之間的交易並*不相同*。

## 12.2.3 持續期間

庇護關係的發展需要時間。因爲它不受死板規定的約束，雙方在投入之前必定要確定對方的可信度。一旦建立了，庇護關係可以維持終生，甚至是好幾代的時間，就如前言的案例所示。

你不能買進或買出一種庇護關係像換牙醫或換經營顧問般地容易。委託人拒絕一項正當的要求或不肯回報，或尋求新的庇護者等等行爲可能會被視爲背叛。背叛庇護者的委託人將承擔名譽損毀與受到懲罰的風險，如此一來就更難找到新的庇護人。同樣地，辦事不成的庇護者也可能因此失去委託人，也因此而失去權力的基礎。

藉由創造忠誠與回報忠誠的條件，庇護創造了建立在**相互義務**基礎上的關係。這種義務表示雙方有信心，時間到了付出必有回報，不論是實質上或象徵性。因此，一項資源的分配也許不能立即得到回饋（除了在忠心和團結上的表現之外），但它的確建立起未來的信用。

## 12.2.4 川流不息的交換

庇護關係建立起在無限期時間內對持續交換的期望。

泰國某大學的女教授要出售一部車（Mead 1990 ，P.192），她請她的女傭詢問親友，結果這位女傭找到她一個做電工的表哥來看車。他付不起太多錢，但價錢還是談成了。售價低於車的市價許多，明顯是電工受惠。然而教授與女傭之間的庇護關係保證了此一交易不會對她不利。

當教授家裡的電氣需要整修時，她的女傭就會找表哥，表哥也盡力幫忙，收教授極低的修補費用。而且，當教授的車子壞了，女傭的表哥也會免費把車借給教授，直到車子修好爲止。

在這案例中，三個人都受益了。靠著仲介，女傭強化了她和親戚與雇主之間的關係，因此處於更有利的位置，將來便於向雙方請求幫忙。她幫表哥以低價買到車與開闢到新的工作機會一教授也推薦他給她的同事。教授不但找到買主，擁有需要時可以免費租車的保障，又有電工提供可靠的服務。

這些未來的利益沒有一樣是在交易完成時所承諾的。然而，先前存在的關係與他們對於共同文化的瞭解，給了三位參與者一個合理的保證，

- 他們的關係未來還會持續
- 現在給的恩惠將來會有回報

## 12.2.5 自己人與外人

庇護關係常常會延伸到不只一位庇護人和委託人，而且涉及到許多人會去發掘不同來源的權力和影響。這些結合組織成影響網路，以庇護者爲核心。這些網路會保護成員抵抗外力。

庇護同時是吸納與排擠的機制；經濟性與社會性資源會傳輸到受眷顧的少數人身上，外人完全碰不到，不論他們是否應得。

波斯灣戰爭過後沒多久的科威特大學事件是一個很好的例子。埃及語文學系系主任掌握的庇護網路和系上其他成員公開衝突：

> 重點是招募員工和升遷的問題，總是涉及到庇護的手段和權力，以及系主任對委員會的操縱。
>
> 有關徵才的問題，系上的人相信系主任故意拖延廣告，以便在夏天帶進他個人的「支持班底」……。
>
> 升遷則是長久以來的醜聞，歸因於系主任故意拖延系裡條件合格、但政治立場不同的成員之升遷，另一方面則加速其班底成員的升遷程序。

## 12.2.6 友誼關係

友誼關係包括：

1. 適用上述庇護模式的上下關係。也就是說，上司與下屬有情感關係的聯結，偶而會交換資源－例如生日禮物。這種交換與庇護不同於：
   - 資源交換並沒有期望對方的忠誠及支持，而且參與者不受將來須盡義務的束縛
   - 交換可能偶而才發生一次
   - 這種關係可能很短促
2. 同儕關係：水平方向的相互依賴與忠誠。
3. 夥伴關係，例如，同班同學。

友誼關係的成員典型的互助方式就是幫忙求職。從友誼網路中招募人才可以對組織有益。譬如，大學畢業的經理人爲了帶進大學

時期的友人而操控徵才程序。因爲這些人的資質雷同，公司若雇用其中一個成員之後，有可能吸引更多這種友誼團體的成員。

涉及到資源交換的友誼與庇護之界線不易分清楚。當高年級把用不到的工作和好處傳遞給低年級時，是最後一類的友誼關係有部分庇護關係的例子。

東京大學（Todai）的校友常駐公家機關職位的情形，迫使內閣在 1992 年中宣稱未來東大畢業生佔高階官員的職位不得超過半數：

> 自從一世紀前明治天皇創立東京帝國大學之後，這所學校，特別是法律系，就一直是日本政商領袖的孕育地。東大畢業生規劃了日本汽車以及電腦晶片產業的策略。他們制訂外交與產業政策，與他們的「同學」一起攜手並肩，以密集連鎖的步伐在內閣組織的階梯上向高處走。而且，儘管有許多零星的討論提到日本的變化有多急速，東大的傳統似乎未受威脅。

資源（工作）被特定的社會族群掌控時，有著不同經驗和觀點的人受拒於門外，得不到工作機會。這樣的控制情形是否不道德還有待商榷；但是，如同庇護，它造就了腐敗的條件。

## 12.3 庇護、社會、與文化

目前爲止，本章專注於探討庇護關係裡有關交換的面向。難以避免的，如此一來影射了人們加入庇護關係只爲了精打細算的好處。然而在許多國家裡，庇護是社會系統中基本且渾然天成的一部份；而且組織內的庇護是自然地從更廣的社會中移植過去的。庇護者和委託人會如此相待，是因爲這樣是自然且有禮的行爲。

我們可以更進一步地說，所有社會裡都有*某些*系統滋養著庇護關係—因爲它比其他理性的選擇更有成效。每一個政府都會操作著一些系統以酬庸擁護者及進一步鞏固其支持網。在美國，新政府會建立分配資源給競選活動支持者的系統：總統以內閣及使節的職位報答他最有影響力的一群盟友。

以下探討在哪些社會和文化條件下庇護關係會滋生興旺。

### 12.3.1　庇護的社會條件

以下的摘錄來自一篇討論 1994 年盧彎達（Rwanda）大屠殺的文章，指出爲何難以判斷庇護關係之本質不道德。在很多非洲國家裡，能控制或加入政府機構，是個人致富的唯一希望：

> 因此種族的仇恨加深，因為國家只是一個抽象的存在，不會是任何人首選的效忠對象。
>
> 而居高位、影響力深遠的人，若不能幫助他的親戚、同鄉、和族人，不會被視為清正廉明的人，而是冷酷無情的人—事實上，就是壞人。

當官僚政府有負於人民時，庇護關係更能激勵與贏得公務員與人民的信賴。以下列出的條件，即使在政府控制力強大時都適用：

- 政府官員不保護人民的權利與自由（或許會濫用公權，而且只有在人民付茶費（賄金）時才協助）；
- 福利服務差或不存在（官員薪資微薄，而且他們只能接觸少數的資源）；
- 貪污官員不會受到懲罰；

1995 年印尼報紙的一封讀者投書比較了在地與鄰國的情況：

馬來西亞和新加坡的公僕待遇優厚，能滿足日常生活需求。可是一旦被查出貪污就會重罰。

反觀印尼，公職人員（不是全部）的待遇相較之下很低，但許多人卻極富裕。

- 社會地位與及物質的流動機會少；
- 公共資源沒有平均分配。

這些條件有很多曾經一度（或現今仍然）存在於義大利。義大利直到 1870 年才統合為一個民族國家。地方性的忠誠至今仍具有重大意義，並且左右著中央政府的決策如何在地方上執行——如果真要執行的話。因此，（直到 1993）強勢的政黨如基督民主黨（Christian Democratic Party）的內部組成是個庇護網絡而非統一的全國性組織。1992-3 的貪污醜聞顯示庇護在全國各地仍然普遍，包括西西里島，這個天高皇帝遠又最缺乏資源的地區。

封建的西西里島孕育了黑手黨，這些來自過去急於對抗皇權（以及外來力量）、保護家園的小地主。十九世紀時，當一大群西西里人移民到紐約市和新大陸時，資助者（the padrone），即庇護的教父，通常會提供錢給他們到新大陸，並且幫他們找到工作——酌收一筆費用。這些移民通常不懂英文，對新社會所知甚少，若不依靠庇護就會陷入困境。庇護關係藉著提供他們在陌生國家中生存的辦法而具有實用的功能。另一方面而言，*padroni* 系統（恩賜或資助）培養了黑手黨的擴張力量。該系統比它資助的實用功能要更經久；因為其社會結構的外殼尚存，黑手黨至今仍倚賴部份重疊的人脈（家族）來聯合它的成員。

在中央政府無法滿足人民對資源要求的國家裡，黑社會老大可能扮演恩賜者的角色，相當於黑手黨的頭目。這發生在最近政權產生根本變化的國家，以及新政府未能執行政策的國家——如俄國，還有保加利亞，在 1995 年其內政部長指出該國「有組織大舉犯罪的真正危機，影響超出國家控制的範圍，將形成一個平行的社會。」

同年類似的情形也出現在南非共和國，其幫派青年：

「既受恐怖政治影響也讓恩惠收買，」犯罪學者說。「當人們有麻煩或需要借小錢時，他們常常去找惡少幫。」

幫派領袖控制整個公寓樓層，以支付承租人房租和水電費來交換在其家中置放槍和毒品的權利。

下例取自一個經濟成長快速的國家——印度：

一個著名的大流氓是許多委託人的庇護者——即使他過著亡命的生活。傳言他在印度政客、警力、海關官員、稅務單位、以及情報機關之間有龐大的影響力……生意人、電影製作人、建商、和演員等等會定期搭飛機到杜拜參加他的宴會或請他出來幫忙解決問題。

有個經常流傳的故事關係到約一百萬美金的爭論。一開始提及的是 *Mahafashtra* 州的一位領導者。他瀏覽過所有法院的文件後說：「我會把它送給在杜拜的大哥。他在十分鐘之內就可以把這件事搞定，讓它對你有利。在這裡可能要幾個月，而且我還不能保證什麼。」

這位流氓庇護者有著辦事比政府法律的效率更迅速的美譽，而且他的服務讓人偏好一連年資較深的公僕也不例外。

庇護關係能滿足其他機構不能滿足的需求。這意味著，一旦正式的權力漸漸變得有效率時，庇護關係會變得不那麼重要；或更重要，當正式的權力不再能應付多變的環境時。

## 12.3.2 庇護的文化條件

在庇護文化已經成為決策及執行之常態管道的國家裡，依賴庇護網路的情形未必牽扯到犯罪。在中國，眾所皆知，鄧小平的接班人江澤民：

> 當然有著重要的基礎。三位高層元老—鄧小平、前NPC組長彭真、及已辭世的陳雲—支持他的竄起。這些祝福在北京的內部聖殿裡是個關鍵，在那兒庇護比意識型態或地方忠誠更能決定你在政壇的運勢。

這種文化也貫穿中國社會中的各種組織。Child（1994）曾描述企業經理人面臨的問題，他們同時須在行政部門與共產黨面前扮演令雇主滿意的委託人身份以及勞動者的庇護人身份，另一方面還要去適應新的市場狀況。

這些例子顯示，庇護反映出對於垂直向的依賴關係與高權力距離有強烈的需求。他們區分自己人（庇護網路的成員）和外人，也反映著集體主義的價值觀。從他們表現出對於忠心事主者的尊敬、對社會變遷的保守態度及不悅、以及感受上（或許也是實質上）需要保護，以對抗抽象的權威體制等方面來看，則反映著規避不確定性的需求。

在社會流動性低的地方，個人會以較規則的方式彼此接觸。因此信任感、忠誠、甚至相互的關心都藉由面對面的交流來發展與維繫。這不是絕對的條件，也有庇護的成員只是偶爾見面的例子。但一般而言，這種相互依賴的關係會在行動受限與潛在的競爭關係不多等地方得到發展。

庇護的連結也可能用於限制流動性。Wong Siu-lun（1986）研究過香港的棉紡紗工人後指出，在一個不穩定的勞動市場上，家族企業的領袖怕手下的能人離開，跳槽到競爭對手那兒，往往傾向於發展與這些員工之間私人的責任聯繫。這些人是：

> 家長制的企業領導人。他們把福利優勢當作恩惠來攏絡員工，對下屬在工作外的行為表達出私人的關注，而且不喜歡工會活動。由於企圖反擊下屬離心的傾向和為競爭對手所用的可能性，他們往往與下屬建立私人的聯繫。對於精紡與織布這類需要穩定勞動力才能應付正常商業循環的工業而言，慈祥的父權管理作風也是留住勞工的一種手段。（*p.313*）

當勞工市場能提供身體與社會流動的機會，並且使能掌握機會的人有所成就時，庇護的重要性可能會減低。

庇護的聯結類似傳統的威權關係，在某社會領域裡的上級（如職場）在另一領域裡（庇護關係）也會是上級。從這方面來看，這些關係不同於「理想的」官僚組織之職權關係，其中的關係只限於組織內部，通常不能轉移。也就是說，庇護關係在某些會把經理人的社會地位限制在工作場所中的文化裡會較微弱；丹麥和英國是極端的例子。（Laurent 1983，p.80）

## 12.4 政商庇護

當企業家扮演委託人的角色，向政界或政府內閣中掌有權力的庇護者求助時，政商之間就由庇護關係連結著。實例示於此處和12.4.1。學術性探討見12.4.2。

政界／政府機構的庇護者會：

- 設法將政府合約導向委託人的企業；

・確保向政府融通的管道暢通；
・提供政府的決策、未來提供的機會與威脅之內部消息；
・支持對委託人企業有利的法令及反對不利的法令；
・對付政府組織內，那些會試圖執行損及委託人企業之利益的法令之其他部門；
・提供保障，對抗委託人企業之商界競爭對手，並協助安全取得壟斷的地位；
・充當諮詢顧問和中間人。

委託人以下列方式回報：

・直接付現——也許當作「諮詢顧問費」；
・給予有利的股票選擇權；
・支付選舉開銷（在庇護者競選時）；
・表示忠誠及尊重——例如，庇護者有家庭慶典時以貴賓身分出席。

在經濟與社會正急速轉變的地方，這樣的關係特別意義非凡。這些地方：

・提供不尋常的機會使人致富；
・政府官員的集體責任觀念微弱；
・對官員的懲治措施微弱；
・規範官員的行爲及他們與商界關係的法規不是不當就是未執行；
・容許獨佔與缺乏市場競爭的情形。

1986年之前，菲律賓的「密友資本家」(crony capitalists)是公家部門的生意人，他們大大得利於與當時總統馬可仕的庇護關係。例如，Lucio Tan 致富於出任Allied Banking Corporation的總裁，而Rudolfo Cuenca 則因爲Construction and Development Corporation of the Philippines 而發財。這些人和其他密友資本家在戒嚴時期（martial law period）特別發達。（Kunio 1988，pp.71-2）

### 12.4.1 印尼的政商庇護關係

商人與政府官員的庇護關係可能嚴重地傷害經濟。當公務員把契約導向商界委託人時，自由貿易受到扼殺。因競爭和成長受限，使消費者被迫要付獨佔企業所訂的價格。儘管獲得立即的利益，委託人企業對於長期的國內投資計畫還是會小心翼翼。在 1986 年，有些成功的華人企業家將他們多餘的資金外移，害怕有朝一日他們的庇護者失權時導致大量損失。這樣一來政商庇護關係會顯著地傷害製造業的發展。

在 1992 年，一篇寫印尼總統之兒女的商業活動之雜誌文章指出：

> 蘇哈托因為容許兒女處於優越的經濟位置而受到越來越多的批評。他們受到越多的優惠待遇，就越需要父親的保護。他們的事業規模越大，總理下台或逝世之後的利益就越難保證不受損。
>
> 與蘇哈托有關的商業延伸潛伏著政治風險。政治分析家憂心這一類活動正一步步損毀國內統治者的正統性。總統權威的減弱可能導致和平的政權轉移更為困難……。

因此，短期內企業家能因與有力的政客間之庇護關係而獲益，但長期來看冒著風險。擁有高層的友人是好壞參半之事。當此一連結導致風險時，企業家可能會割捨。

1996年七月提供一例。政治不安導致許多外資拋售主要是蘇哈托家族企業的股票；「一夜之間，由於蘇哈托總統遭受出人意外的挑戰，使國內最受寵的企業成了政治賤民。」（Ford 1996, 28J）。

Bambang，總統之子，因爲不能再提供保護而失去影響力。因此當他投標想購併 Bimantara Citra 公司時就遭到阻撓。Ford（1996）評論道，「一個曾經倚賴總統長期握權的公司，現在的生存之道可能取決於讓他儘速下台。」（28N）。

Irwan（1989）將印尼與兩個鄰國做一比較：

> 南韓的製造業，除了其他因素之外，成功的因素一直是不存在著商業庇護，與堅強持續的階級抗爭。後者同時也是其國內需求漸增的來源。泰國則介於印尼和南韓之間。（*pp.429-30*）

泰國的例子在下面探討；至於南韓的情形或許比 Irwan 所述的複雜。一篇刊在 1992 年商業週刊的文章查考韓國的九大家族企業，包括 Sunkyong、Dongbang、Yuryang、Poongsan、及 Hyundai，是如何與兩任總統、兩任首相、高層部長、以及有權勢的議員藉由婚姻來連結。

## 12.4.2 連結的機制

組織中的個人可能因庇護關係而結合，例如 A 公司的採購經理與 B 公司的業務經理之間的聯繫。業務經理會研究「庇護者」的品味和興趣，並且找到滿足他們的方式。採購經理則以向 B 公司下訂單來回報。

關係必須緩慢而小心翼翼地建立。一位泰籍的女經理人被公司派去與投資局（Thai Board of Investment，BOI）的某位官員發展非正式的聯繫，這位官員負責批准進口材料的許可證：

> 大家都知道 *BOI* 有一長串的公司名單要處理，而且人

員的工作量已經過量了。一位工作人員得處理約 *50* 個公司行號。結果是，假如你沒有個人關係，你需要任何批准永遠都會在名單的最後一位。時間就是金錢，所以大家都使勁讓自己的的文件盡快取得許可。創造個人關係的方法，首先是找官員的朋友（高中或大學的同學）或找認識的人引見。我的例子是，一位顧問公司的成員介紹我們認識。我們幾乎每天都會到 *BOI* 密切注意申請案的進度，並嘗試建立個人關係。令人驚訝的是，我們的德國籍總裁曾經向一位 *BOI* 的人員學習泰語，這段關係不時被人提起。

和 BOI 交涉時，她小心地避免直接賄賂或任何非法的優惠，那會被視爲貪污。然而她的公司與海關的關係繫於一家運輸公司，眾所皆知的，這家公司的員工會對海關官員行賄。

這個案例說明了庇護關係的建立有多複雜與多迂迴。用以建立渴望之關係的可行方案不可能「冷漠」。每個方案在設計上大多會開發當事人先前的關係，設法跨越不同的社會背景；用得到的人包括當事人在中學和大學的朋友，朋友的朋友，經由顧問的關係，經由總裁的關係，或經由運輸代辦處與海關長期的關係。而且在與 BOI 官員交涉時，這位泰國女士會帶著她的助理一起去：

「這樣的話，如果我離職，助理還可以和他有聯繫。如果助理也離職，她會帶著這些經驗和私人關係到她的新工作。」

如此一來，該經理人給了她的助手一個恩惠，以此換得她的忠誠，即使她們爲不同的公司工作時也一樣。

在此一案例中，只要經理人（舊的委託人）在辦公室時把 BOI 的官員（庇護者）合宜地介紹給助手（新的委託人）認識，庇護關係就可以轉移。但這也不是到處都行得通——正如 Wolters 在菲律賓的 Luzon 村落裡研究庇護關係的發現（1983 ，p.110）。

## 12.5 管理庇護系統

商業庇護正在衰退嗎？就科層組織與資訊科技逐漸增加影響力而言，這麼說似乎合理。但是因爲庇護能完成社會性目的，更大環境中的因素可能更爲重要。一個香港的經理人指出，新中產階級爲了依傳統的標準來獲得社會正當性，會致力於創造和擴張他們的庇護網路。對於殖民地移交中國後的長程影響感到不安全，則是更進一步的原因。

當員工的忠誠受到正式的組織和庇護網路之瓜分時，想建立現代化組織的努力將受到阻礙。這些矛盾列在表 12.1 。

| | 正式系統 | 庇護網路 |
|---|---|---|
| 影響力的範圍： | 受限於任務／角色的規範 | 不受限制 |
| 影響力的來源： | 規定 | 對資源的控制 |
| 前輩與後輩取決於： | 官僚體制的準則 | 社會地位的認知，對資源的控制 |
| 目的： | 滿足組織訂下的要求 | 滿足庇護網路成員的需求 |
| 與組織其他成員的關係取決於： | 組織結構 | 屬不屬於庇護網路的成員 |
| 獎懲決策取決於： | 完成任務的績效；等級；指揮線 | 互惠的必要性，以及未來的交換；面對面的關係 |
| 典型的溝通模式： | 等級之間相對上使用較多的書面備忘錄 | 庇護者與委託人之間相對上使用較多的面對面互動 |

表 12.1 正式系統與庇護網路

個人之間在兩種系統中可能都有關連。組織內的上司與下屬在庇護網路裡可能也有連結——但不一定如此。當正式的角色與庇護系統的角色一致時，正式結構的陳報與控制功能會強化。

當正式的上司和庇護網路的庇護者不是同一人，或這兩人有衝突時，下屬的忠誠會分裂。若正式組織與庇護網路的分歧越大，組織的危機也就越大。

在過去的組織（如傳統農場）裡，對心智特質的要求可能比不上體格特質。但是庇護網路鮮少能提供技術上與智力上合格的人員來運作現代化組織。但委託人擔任庇護系統內的工作時永遠不會大材小用，這似乎天經地義。

這一類相關的矛盾在現代化科層組織未完全開發的國家特別尖銳。在巴基斯坦，庇護是政治及社交生活的基礎。通常，政治領袖同時也是酋長或族長，而當他們登上權位時，族人——也就是協助他們登上權位的人，會期望他們幫助找工作。Benezir Bhutto 任首相的第一任期內，人事局被交付安頓其精英委託人的任務。該單位任命了 26,000 人：

> 庇護關係在選舉期間損害政府不大，但範圍拉大與加深卻是 *Bhutto* 失職的一大原因。……不論是文官或軍隊都不願意看到新進人員空降到升遷管道上，而且又多屬能力不足之人。因此雙方皆對於 *Bhutto* 隨便處置著主宰他們世界的系統和程序感到十分生氣。

Benazir Bhutto 的第一任期在 1989 年瓦解，類似的原因導致 1996 年的第二次瓦解：

> 政權的腐敗，偏袒和庇護大量忠誠的支持者，而有能力的官員反而被忽略在一旁；軍方及官員對這種情形大起反感。

在缺乏正式福利制度的社會裡，庇護關係擔任傳送社會資源的管道。Ong（1987）曾描述在馬來西亞一小鎮的招募模式。進入政府和工廠工作的機會操縱在資深員工手裡，這些人執行庇護者的功能。因爲他們要維持聲譽，自然只會推薦表現良好，能增進自己信用的應徵者。

巴西的例子顯示，在正式制度未建立前試圖廢止庇護關係會引起的疑難問題。一位改革派政治家在競選期間明白提示他將破除庇護陋習，禁止所有私人的擁戴，也警告親友不能在他的任期內期待工作機會。結果他遭遇社群的杯葛：

> 「我們的州長企圖以商業方式來經營州政府是行不通的，」一位曾經是評論家的參議員，最近提到政府單位縮減人事時說，「他忘了事情的社會面。」

在政府的人事減縮下，150,000 名員工當中存活下來的 114,000 人裡也有反對聲浪，其中原因來自主事者宣告 91,000 名「非經正常程序」雇用的人必須接受數個月後的能力測驗。

## 12.5.1　低度開發社會的官僚體系

國際經理人可能必須在有庇護關係的社會裡與政府官僚斡旋或共事。他須瞭解到專業官員所受的壓力。這些人常常在傳統的價值觀與官僚體系的價值觀之間掙扎。

庇護網路會滿足成員的需求並且排拒非成員。現代化的組織則秉著理性的目標（民營部門追求利潤，公營部門追求行政效率），而且服務整個組織與支援者（股東或「大衆利益」）。這些目標不見得會衝突一當效率在他們有限的活動範圍內保障了網路成員們的報酬時。然而，當衝突出現時，庇護系統的網路本質上像是寄生蟲。

官僚體系的邏輯要求所有新進人員的招募與升遷是根據客觀的條件。這就表示上下關係會依循他們不同的職責來定義。個人的職責反映著資格，並以工作說明書加以正式化，而且也可以正式地與其他個人的職責加以比較。

資格不符的委託人上任，官僚體系在兩方面受損。首先，在位的委託人不能勝任，這會反映在官僚體系的上司身上，而不是他們的庇護者。（上述巴基斯坦的個案即提供一例）。第二，所有其他成員的專業名譽也會遭受破壞。

但是當政府組織贏得員工及大衆的忠誠時──例如：

- 中央政府證明具有公正有力的治理能力時；
- 公務員能保護人民的權利與自由時（他們不濫用職權並且容易接近）；
- 提供福利的服務有效能時；
- 貪污官員受懲時；
- 社會流動與身體的流動機會普遍時；
- 公共資源平等輸送時。

當官僚組織受到重視，庇護關係就會失去支配力。Reeves（1990）引用埃及的例子，說明公平的招募與升遷程序如何損壞庇護網路。以前政府官員可以輕易地替親戚安插官職，只需創造新職位即可。然而，中央政權如今已茁壯到能確保遵守規定，如今想要安插官職給資格明顯不符的應徵者已不容易辦到。

## 12.6 「外來」經理人與非正式關係

當跨文化經理人來自不信任非正式權力的文化時，調適問題可能會出現。當組織的官僚系統完整地發展而且被接受時，威脅到官僚體系之準則的關係會造成嚴重的焦慮。

英美文化的經理人對庇護關係的懷疑受到所屬文化與專業訓練的制約。西方的商學院很少提到庇護現象或去研究庇護關係能符合倫理規範的特殊情形。（前言中的個案就符合規範，至少一直到目前爲止）。

英美系的經理人因制約的影響而對組織內的庇護關係視而不見。他不是忽略就是以刻板印象視之爲本質腐敗。但是種族自我中心的心態應該避免。局外人首先必須明白庇護關係如何在組織內運作，以及它們如何影響成員之間相互的關係。第二，他需要瞭解爲何與正式關係相較，人們認爲庇護關係更能承諾回報。消除庇護關係的益處一定要相對衡量因此可能損失多少士氣和減弱上下關係的連結——至少在短期內。

組織內的庇護網路反映出成員在面對他們經驗中專斷又客觀的官僚結構時所感到的不安和恐懼。在這一類實例出現之處，國際經理人可能需要改變這些結構。

### 12.6.1 採取行動

跨文化經理人如何與其他文化中的庇護關係共處？可能的選擇包括：

- 加入網路
- 解散網路
- 容忍網路

在社會流動受限的文化裡，任值只有兩三年的跨文化經理人如同短期遊客，不太可能建立庇護網路。由於不能保證長期的依賴關係，這種關係不會生根。

在東南亞設有分公司的一些日資跨國企業，利用日本文化中長期忠於雇主的價值觀，來克服於其他文化裡建立非權力關係的困難。他們派剛畢業的員工到外國的分公司去，學習在地的語文，讓他們在在地的研究所註册上課，又在分公司裡再待個幾年。這些畢業生於是成爲與未來的外國菁英有人脈關係的專家。當他們回到日本時，他們仍保持與同窗好友之間的聯繫，後來便有助於處理將來與這些國家的關係。西方公司並不能輕易地跟進這種作法。他們既不能假設擁有員工長期的忠誠，也不能保證長期的雇用。

遣散庇護網路的企圖會受到抗拒，當成員仰賴它來運作時。Holman（1995）評論Daniel arap Moi總統領導的肯亞內閣時指出，期望他採行理性的制度，意味著他會破壞：

> 支撐他的系統以及肯亞非洲國家聯盟（*Kenyan African National Union*）（*Kanu*）。庇護關係對*Moi*的倖存是不可或缺的，不論是透過在日漸壯大的國家官僚體制內安排就業機會，或假公濟私，利用其職位謀取各種資源。（*p.202*）

### 12.6.2 改變經理人的態度

前言的案例和其他的例子指出，在某些社會與文化的情境中，庇護關係可以比理性的官僚系統更有效地滿足特定的需求。然而，庇護關係*的確*會引起濫用和無效率的情形。經理人有時需要藉助系統的力量來促使傳統的組織走出庇護關係的根源，進而發展官僚體系的理性準則。

組織在下列情況時已受到轉化：

- 不講情面的規定系統爲人接受；
- 官僚體系的招募及升遷程序與系統爲人接受；
- 主宰同儕之間和上司與下屬之間的正式關係之規定爲人接受；
- 員工的薪酬辦法爲人接受：員工受到適當的激勵，而且無須出賣他們的影響力來過生活；
- 紀律的規定公平地實施與受到認可；
- 管理員工行爲和他們與局外人之關係的規定付諸執行；
- 對組織之集體責任與忠誠的觀念受到孕育。

不管如何，實務上，組織內部激烈的改變可能得依靠環境的變遷，諸如：

- 要求一種只能靠官僚系統來達成的效率；
- 倫理道德風氣的變遷：道德風氣轉向反對庇護關係；
- 地理上、社會上、以及職業上的流動良機，使個人從對單一雇主或庇護者的依賴中解放；
- 教育上和專業上的良機：勞動人口的培訓越好，其流動性越高；
- 增加的投資資本帶來新的需求與機會給受過教育、有技能的勞動人口。

## 12.7　對經理人的涵義

非正式關係和庇護關係在你自己的文化與其他一些文化中有多重要？試比較你熟悉的二個典型的組織，一個屬於你自身的文化，另一個屬於另一種文化。

1. 哪些文化特色能用來解釋組織內之庇護關係的重要性與功能？試考慮以下的文化、社會以及經濟等特徵：

   - 典型的權力距離；
   - 典型的個人主義／集體主義傾向；
   - 典型的規避不確定性之需求，與對外人的恐懼；
   - 高度或低度依賴背景線索；
   - 國家的政治與行政機構運用職權的程度；
   - 公務員的品質；
   - 福利性服務與公共資源的提供；
   - 貧富懸殊的程度；
   - 社會性與身體的流動性。

2. 在這兩個組織裡，試找出一個庇護關係網路：

   - 什麼人扮演庇護者的身份？什麼人扮演委託人的身份？
   - 庇護者與委託人之間交換哪些資源？
   - 哪些方面組織整體因爲此一網路的活動而受益？（細想種種因素包括激勵、忠誠、溝通的速度）；
   - 哪些方面組織受損？

3. 試比較你給這兩個組織的答案。你如何解釋其間的差異？

## 摘要

本章檢視非正式的結構，特別是庇護關係的社會性根源。經理人在根據倫理道德的角度來貶斥庇護關係之前，必須視之爲社會與經濟現象來理解。

12.2節討論非正式關係與庇護關係。我們區分正式與非正式關係，以及庇護與友誼關係的不同。庇護關係基於互惠原則，在庇護者與委託人之間控制與分配資源。這種關係也表達他們對彼此長時間的相互義務。12.3 節我們介紹社會與文化條件如何影響庇護關係的盛衰。

12.4 節探討政府與商業部門內個人與個人之間的庇護關係。12.5節討論庇護關係對開發中國家的衝擊，以及爲什麼在有庇護關係的文化中，公家部門的官僚體系處於危機中。12.6 節探討跨文化經理人調任到有庇護關係網路的組織內可能遭遇的問題。局外人不能理所當然地以爲正式與非正式的結構就會配合，以及組織圖會正確地反映眞實的影響線。

## 習題

試從報紙上找出幾則庇護關係的實例。針對每一則實例，回答下列問題：

1. 此一關係有多符合以下的準則：（1）非正式關係；（2）庇護人與委託人有相互的義務關係；（3）庇護人與委託人基於互惠的基礎來貢獻資源；（4）彼此貢獻的資源並不同，且持續著有來有往；（5）持續相當長的時間；（6）會有自己人與外人的區別與歧視。
2. 庇護人與委託人從此一庇護關係中各獲得哪些利益？
3. 為何此一庇護關係比正式的關係能提供更多的利益？
4. 此一庇護關係損及在地的道德規範至何種程度？或吻合在地的道德規範至何種程度？
5. 環境的改變如何影響此一關係？是強化或削弱？

## NOTES


1 "The bottom line," *Asiaweek*, June 2, 1995.

2 Bill Tarrent, "Democracy stirring in tiny Brunei sultanate" (Reuters), *Bangkok Post*, May 26, 1995.

3 Marie Colvin, "Gadaffi goes back on his promise to reveal IRA deals," *The Sunday Times*, May 10, 1992.

4 Patrick Bishop, "Ottoman legacy that leaves no heirs," *Daily Telegraph*, January 26, 1994.

5 Douglas Farrah, "Venezuela and its dangerous liaisons," *International Herald Tribune*, July 30, 1991.

6 Ralph Berry, "Long war in the Gulf," *The Times Higher Education Supplement*, June 26, 1992.

7 David E. Sanger, "Tokyo seeks to loosen old school ties," *International Herald Tribune*, March 7–8, 1992.

8 Anthony Daniels, "A continent doomed to anarchy," *Sunday Telegraph*, July 24, 1994.

9 Poltak Simanungkalit, "Your letters," *Jakarta Post*, July 26, 1995.

10 Gareth Jones, "Gangsters threaten Bulgaria's economy" (Reuters), *Bangkok Post*, May 29, 1995.

11 Donna Bryson, "A mother's agony: sons trapped in gangs" (AP), *Bangkok Post*, May 31, 1995.

12 "Bombay's riotous mobsters," *Asiaweek*, November 22, 1991.

13 "Jiang takes charge," *Asiaweek*, May 26, 1995.

14 Adam Schwarz, "All is relative," *Far Eastern Economic Review*, April 30, 1992.

15 Laxmi Nakarmi, "Paralysis in South Korea," *Business Week*, June 1, 1992.

16 "Between the dock and the hustings," *The Economist*, September 8, 1990.

17 Ahmed Rashid, "The Oxford graduate who failed in history," *Daily Telegraph*, November 6, 1996.

18 Alan Riding, "Maverick tilts at lords of patronage," *New York Times*, May 4, 1988.

## 第二部 個案

# 文化如何影響內部的配置安排

# 第五章　組織文化

## 個案：印度基金管理公司 *

〔*本個案作者感謝Derek Condon先生的協助。〕

印度基金管理公司（IFMC）是個保守的組織。下圖指出年度投資決策的定案程序。

投資委員會
（總裁、總經理、投資部主任、資深主管）
↑
總經理(MD)
↑
投資部主任(CIO)
↑
資深基金經理人(SFM)
↑
分析師 / 基金經理人(A/FM)

分析師 / 基金經理人(A/FM)負責推薦股票，並由投資委員會做成購買與數量的決策。一旦建議批准了，A/FM 即可進行購買，不過尚須依金額的大小，由相關職位的人予以確認。100,000 盧比（約 2,000 英鎊）以下的購買量要 SFM 的認可。500,000 以下的盧比須 SFM 與 CIO 的認可；1,250,000 以下須經過 SFM 、CIO 、及 MD 的認可，而超過這金額的購買則需要整個投資委員會成員的認可。因此實務上，委員會可能一開始先決定一筆大訂單，（例如，1,200,000 盧比）然後在短時間內再加以重新確認一次。

例行事務明文列於公司的手册裡，其中也詳述購買程序的細節。證券商、股票經紀人、基金清算與分配等角色均在手册中詳述處理程序。實務上，幾乎所有超過100,000 盧比金額的訂單都要經過總經理的審核，他會再和總裁討論。

倫敦或紐約在地的公司通常會要求該基金的A/FM向投資委員會建議一份購買清單；但是，一旦委員會批准購買標的與金額，就期望A／FM能加以執行而無須他們再做檢討。

## 問題

1. 這些處理程序可能有哪些優點與缺點？
2. 關於該組織的文化你能推論出什麼？
3. 該組織的文化反映了多少國家文化？?

## 決定

4. 假設你是個顧問，被要求對於設立在你的文化裡的類似公司提出處理程序的建議。你建議的模式和上述的模式在哪些方面會有出入？為什麼？

# 第六章 文化與道德

## 個案：不污染的衣服

〔下列問題探討會使企業獲利與不獲利的環保政策之道德價值。〕

德國服飾廠商正在試驗製造生物能分解的服裝，這些衣服的製造以及再生都不會污染環境。其中一家廠商已經發展出一種純植物染色的針織衣服、生物能分解的內衣和有機的純棉牛仔褲。

Steilmann 女士盡可能不用合成纖維的材料做衣服。

鈕釦用木頭、鹿角、骨頭、或珍珠母製作；襯裡和紗線就用有機棉；拉鍊用去掉鎳的銅和鋅，而自然的橡膠用來做橡皮筋。

她說，假如把她出產的內衣放在戶外的堆肥丘上，兩個月後就會分解；但是放在乾燥的抽屜裡則不會。

該公司在 1995 年的營業額高達 9 百萬馬克（美金六百四十萬）。在 1994 年的營業額是 7 百萬馬克──在該年度裡，德國消費者在所謂「對環境友善」的服裝之花費總和平均每人超過 250 馬克。

### 問題

1. Steilmann女士的政策讓她的公司賺錢。這些利潤是否減少該政策的道德價值呢？
2. 假設 Steilmann 女士的政策後來使公司的利潤越來越少，直到有一天終於虧損。這利潤的減少是否意味著她的經營理念：

(a) 隨著時間而更有道德價值？

(b) 隨著時間而減少道德價值？

(c) 和剛起步時一樣的道德價值？

3. 假設Steilmann女士的競爭對手也決定只採用自然的材質來製造衣服。這麼一來是否會減低其政策的道德價值？

4. 假設A公司決定跟進。從前A公司使用B公司製造的塑膠鈕釦。新政策意味著A公司與B公司的合約終止。B公司因此失去生意而使員工全失業了。A公司的這個政策合乎道德嗎？其中如果：

(a) B公司位於未開發的國家；

(b) B公司位於已開發的國家。

5. 假設A公司決定跟進。不幸地，公司卻因此盈虧，造成巨大損失。這個政策合乎道德嗎？如果：

(a) A公司的員工因而失業

(b) A公司的員工沒有失業

(c) A公司的股東投資虧損

## 決定

6. 假設你負責家族企業的成衣工廠。列出在你的文化中採用類似政策的利弊，並判斷你應該跟進Steilmann女士的做法至何種程度。

# 第七章 跨文化的管理溝通

## 個案：訊息傳達失敗產生與預期完全相反的結果*

〔這個個案探討認爲不同的文化會有相同的溝通程序所產生的問題。〕

一家美商食品製造商在波多黎各設了一家分公司，位於偏遠的小鎮上，數年來業績一直很好。後來營收開始下跌。總公司的經理人於是負有整頓該子公司的使命。但生產力和營收仍舊低迷不振。

最後，最高管理當局決定派遣一群顧問前往輔導。顧問們花了幾個星期的時間觀察該公司的運作並訪談員工。

他們向總公司提出報告說：「員工沒有參與感。」「他們沒有機會對決策有所貢獻。在這種情況下，他們缺乏激勵是完全合理的。」

根據顧問的忠告，基層經理人和領班開始接受溝通技巧的訓練，以孕育參與感。他們受到指示，在與員工的日常互動中要運用這些技巧。

此一溝通策略很快就有了結果，但卻不是預期的那些結果。無特別技能的員工和計時工開始一群群地離開公司，並投入競爭者的陣營。美國總公司於是雇用一組在地大學的研究員去調查這一波員工的出走。研究者詢問員工離職的原因。

「因爲我們的經理人已經不知道他們自己要怎麼做了。」

「爲何這麼想？」

「因爲他們一直問我們對公司運作的看法。他們想知道我們想要改善什麼。他們是受過教育的人，我們不是。現在連他們都沒頭緒了。顯然這家公司一定是差不多了。 我有一家人要養，我得趁公司倒閉、大家都要找工作之前趕快另謀出路。」

## 問題

1. 最高管理當局與員工的溝通爲何會失敗？

   (a) 傳達訊息的人不適當。
   (b) 訊息傳給不當的接收者。
   (c) 傳出錯誤的訊息。
   (d) 訊息傳達的方式不當。

2. 此一個案對國際經理人的涵義是什麼，當他打算

   (a) 在外國的分公司應用總公司對溝通所定的優先考量？
   (b) 在分公司採用新的管理制度？
   (c) 在分公司維持在地的制度？

3. 此一個案對於培訓的重點有哪些涵義？

## 決定

4. 假定你是波多黎各人，在在地的一家公司工作。你被波多黎各總公司派駐到紐約的分公司去負責營運。從上面１，２，3題你的答案中你可以學到什麼？

# 第八章　文化與組織結構

## 個案：扁平化的公司

〔本個案檢視一個少見的管理制度〕

Semco 公司製造餐飲與其他工業設備。從一個特殊的角度看來，它和這一行的其他公司（以及大部分其他行業的公司）都大不相同。老闆採行讓員工都能參與管理決策的政策，並發揮到極端的地步，連最開明的經理人可能都會覺得「荒謬」。

所有的員工，包括工廠的勞工，都自己決定工作時刻表。在團體的會議中，大家對於銷售與生產目標先達成共識。他們可以不受限制地取得公司的資料，包括財務報表。策略性的決策諸如多角化與併購，也都與員工分享。大部份的員工自己決定薪水，選擇分紅的方式（與公司的利潤連結）。出差和公事上的開支沒有受到管理當局的控制。這家公司不但沒有負債而且生意興隆，在 1993 年共聘用了 300 名人員，營業額高達兩千萬美金。

經濟學人（The Economist）指出*：

> *Semco* 公司進行的員工自主試驗似乎成功了，因為聯結了一些老式、財務踏實的作法。預算管制不但透明而且嚴厲。身為公司的業主，*Semler* 先生要求健全的紅利分配。而且因為所有員工的收入有一大部份與公司的利潤直接環扣著，所以同事間彼此監督不許濫用自由的壓力很大。*

這是巴西人的公司。

## 問題

1. 這家公司的組織結構和制度反映了 Hofstede 對巴西文化之定位至何種程度？

## 決定

2. 在你的文化中，這些作法行得通嗎？
   (a) 爲何文化因素可能對此有益或阻礙呢？
   (b) 應存在哪些其他的因素才足以在公司裡運作成功？

* "Diary of an anarchist," *The Economist*, June 26, 1993. See also R. Semler *Maverick!* Century, 1993.

# 第九章　跨文化的激勵

## 個案：鋼琴製造商

〔本個案探討文化與勞動市場的因素如何影響激勵〕

假設在理想王國中（Ruritania），X先生擁有一家製造樂器的公司。這家公司製造廉價的樂器提供給學校、二流的夜總會以及鄉鎮樂隊。他接著併購第二家公司，名爲「理想王國鋼琴公司」，並且計畫爲同一市場生產鋼琴。他打算每週生產十二部鋼琴。該公司的員工技術高明、做事積極、而且工作時間長──通常利用他們私人的時間。

然而，他們只對於生產高級、演奏廳水準的鋼琴有興趣，而且若依照這種標準的話，每週只能生產兩部鋼琴。他們很不願意降低水準去製造X先生想賣的廉價樂器，而且揚言要離職。重新探討局面之後，X先生決定修改他的計畫。生產廉價樂器的方案決定放棄，他將開始建立新的生產線，製造頂級水準的樂器，他自信能將這些出售給演奏廳。在這個情境裡，X先生的妥協被詮釋爲良好的商業判斷。

1. 此一個案告訴你哪些訊息？
   (a) 關於理想國(Ruritania)的勞力市場？
   (b) 理想國的國家文化？

現在假設同樣的事件發生在Darana，在那裡Y先生擁有一家生產廉價樂器的公司。他最近購併了Daranese鋼琴公司，該公司的員工工作態度積極、技術高明，並且也同樣拒絕降低製造水準。

可是，在重新評估情勢之後，Y 先生決定仍然維持他的計畫，也就意味著要讓舊有員工離職，然後雇用新的一批人。在這個情境裡，Y 先生的拒絕妥協被詮釋為良好的商業判斷。

## 問題

2. 此一個案告訴你哪些訊息？
   (a) 關於 Darana 的勞動市場？
   (b) 關於 Darana 的國家文化？

## 決定

3. 在你的文化裡，假設你購買了一家鋼琴公司。
   (a) 你會如何解決公司目標與員工目標之間的衝突？
   (b) 上述的作法反映了貴地勞動市場的哪些因素？
   (c) 上述的作法如何反映了你的國家文化？

# 第十章　文化與紛爭的解決

## 個案：中國人與加拿大人的爭執

〔本個案探討長距離進行國際協商所衍生的問題〕

一位加拿大的工業鉅子與一位菲律賓的華裔商人簽下了一筆房地產交易，他們長期以來都維持著彼此都能獲利的伙伴關係。起初事情進行得還順利，後來華裔商人的核心事業開始賠錢，他開始抽回房地產投資的資金來周轉。數個月後，加拿大人決定採取行動。因爲其他工作纏身，他派他的法律顧問去實地調查，看到底發生什麼事，並且找一個談判妥協的基礎。

華裔商人先前並沒聽過這名律師的來頭，第一次接觸就是對方從機場打來的電話。「我是X先生的法律顧問。他請我來找出辦法解決他的問題。」

華裔商人對於身爲獨立、成功的企業家之地位一直引以爲傲。他習慣於只和身份相當的人交涉，因此並不打算與這位「受雇」的律師平起平坐地協商。他拖延，最後還是拒見他合夥人的特使。在飯店內枯等三天之後，這位律師回到多倫多。

問題

1. 出了什麼問題？爲什麼？
2. 如何能事先避免這個衝突？
3. 這個個案對於打算進行國際協商有何一般性的涵義？

決定

4. 他的律師回多倫多之後，加拿大商人的反應是告到法院去，採取一連串花費甚大的法律行動控告一度是合夥人的華裔商人。但假如律師回國後你被諮詢，你會給加拿大人哪些忠告：

(a)關於此一個案？

(b)關於未來和華人打交道的事宜？

# 第十一章　協商

## 個案：一次失敗的協商

〔本個案探討協商進行中的身份問題〕

一個德國小組在吉隆坡與華裔家族企業協商，談論在馬來西亞的一筆交易。該家族企業的組織結構不正式，而且他們看到的組織圖顯然不正確。譬如，二兒子的頭銜是財務經理，但花大半的時間搞行銷。財務根本是其中一位嫂子的職責，但她的名字並沒有出現在組織圖上。

不過，該公司的董事長，也就是已過世的創辦人之長子，他明顯的誠意與決心給遠來的訪客們極深的印象。三天後，非正式的合同做成了，年輕的長子宣佈他在處理完最後的細節之後會簽下這筆交易，大約在二十四小時內。這些德國人爲生意能如此快速成交相互恭禧。他們期待著進一步的洽談。但是在後來的兩天裡，他們都沒有董事長的消息，而且電話也無法聯絡到他。

然後他的弟弟出現了。他表示非常遺憾不能成交，因爲他們的母親不同意長子簽約。德國人既沒見過也沒聽說過這位女士。他們發現她在公司裡沒有職位。然而，她在家中的權威轉化爲對公司商務的絕對否決權。

### 問題

1. 德國人爲何失望？

   他們原先期待與華裔馬來西亞人建立何種關係？

爲何他們會有這些期望？

2. 他們如何能避免這種失望？

3. 本個案對於國際協商有何涵義？

決定

4. 你對於這位弟弟的說法應如何回應？——假設你還認爲未來的合作有利。

# 第十二章　文化與庇護關係

## 個案：資深職員

〔本個案探討在低度開發國家中對公務人員矛盾的要求〕

在柬埔寨，某政府部門的組織如下：

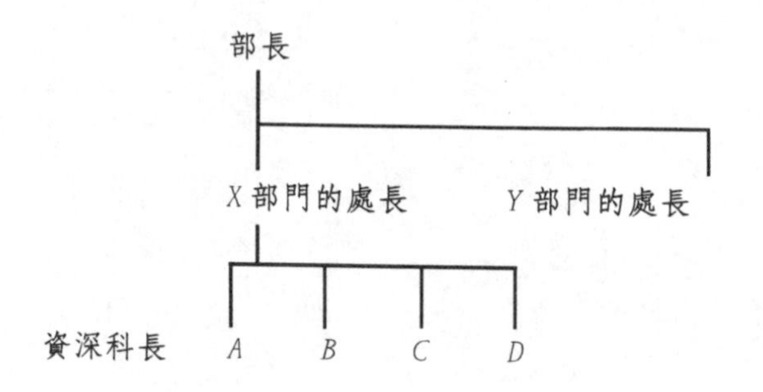


該國有一項嚴格的規定，即所有人都必須在六十歲時退休領退休金。這項規定從未例外過。

資深科長A、B、C、和D 都知道Y部門處長的職位即將出缺，而且他們其中之一將會得到晉升。

A、 B、和C 都五十好幾了，而且除非他們很快地贏得升遷，否則他們就得在現職上退休。D的年紀與其他人相差許多，是最年輕的一位。他是部裡頭第一個海外留學，並且被譽爲最有潛力的新星。他優越的學歷資格與才能使他成爲最可能贏得升遷的人選。

A有個表親和部長夫人有姻親關係，而且長期以來和部長維持著良好的庇護關係。A、B和C不時會宴請這位表親到高級餐廳用餐，並以誇大、關於D如何無能的故事來娛樂這位仁兄。他們十分有把握這些故事會找到途徑進到部長的耳朵裡，一切也如他們所料。而每當他有機會接觸部長的辦公室時，A也會巧妙地暗示D是不能勝任的。

部門處長非常看好D。他自己也是基於眞實的才能而獲得晉升，而且也被視爲少年得志。他知道有故事傳到部長那兒，但並不認爲他能藉由正式的會晤來改變部長對事情的瞭解。

D在晉升的考量中受到忽略。他辭職之後投入民營企業。

## 問題

1. 有關這個國家的庇護現象告訴了你什麼？
2. 你能找到哪些矛盾處？
   試從以下的線索來尋找矛盾處：

- 庇護關係與官僚關係
- 官僚組織的原則與非正式的規範

3. 在回答問題 1和 2時，你對這個個案還想到哪些進一步的問題？

## 決定

4. 假設你是部長。D辭職轉任民營企業後你才發現事情的眞相。你因爲失去一位有才幹的部屬而遺憾。在文化背景的限制下，你應該採取哪些做法來預防未來類似的損失？

※ 本個案改編自 Woodworth and Nelson (1980, p.63)所提供的實例。

# 第三部

# 內部配置如何影響策略

## 第三部　簡介　內部配置如何影響策略

產業環境變幻莫測，身處其中的企業爲因應機會與威脅，必須藉著預測未來與擬訂計畫不斷地進行自我改革。

在正式的策略規劃程序裡，必須考慮環境因素及企業本身推動變革的能力，這意味著須分析企業的內部配置（第二部討論之組織結構與各種系統）、評估其能力、及規劃改進之道。

進軍國外的規劃有多項方案，包括進行國際合資與建立子公司。

### 第十三章　變革的規劃

現在應該做什麼？

「規劃」一詞涵蓋一系列的活動，包含場景規劃。文化因素影響著人們對於是否要變革的看法，也影響應該做什麼、誰應該負責的優先順序。在某些情況下，任何形式的長期規劃可能都不適當。

### 第十四章　策略規劃

應該如何做？

激烈改變的策略規劃觀念來自英美國家的規劃模式。本章討論一個區別規劃與執行的混合模式，並討論該模式如何受文化價值觀的影響，以及討論跨文化移植策略的議題。

### 第十五章　國際合資

爲什麼要合作？

國際合資代表企業意圖拓展國際版圖，即使沒有立即性的利益。合資企業的成功取決於與合作伙伴建立起信任的關係。

### 第十六章　總公司和子公司

爲什麼不該單打獨鬥？

一方面，多國籍企業的子公司必須與地主國的主管當局建立關係，這當中可能有某種風險；另一方面，也必須和總公司建立關係。各種文化、非文化因素皆會影響總公司對子公司的控制需求。本章並討論適合外派或起用在地經理人的條件。

### 第十七章　家族企業

母公司必須做的是？

以家族企業爲合作伙伴有某優點與缺點。其企業文化深受文化與商業環境的影響，這表示如果企業人士以和東南亞地區之家族企業做生意的經驗爲基礎，進行和芝加哥之家族企業的貿易往來時可能會大爲驚訝。

# 第十三章

# 變革的規劃

前言
變革的規劃
文化與規劃
在不同的文化裡，誰擔任規劃者？
在不同的文化裡，規劃何時進行？
規劃可能遇到哪些問題？
對經理人的涵義
摘要
習題

## 13.1 前言

你進行了多少規劃？哪些規劃深受商業環境的影響？以下是一個例子。

造紙業在過去一直是相當穩定的產業，企業能預先做好未來數年內的規劃。1994 年初，世界景氣復甦，中華人民共和國經濟的快速成長導致世界各地需求增加；但是到了 1995 年 7 月情勢開始改觀，政府的人事紛爭導致中共暫時凍結所有的進口，此外，印尼、巴西等地大量生產之新紙漿和紙粉又逐漸上線，世界產能較1991年多出二、三百萬噸，生產者錯估了需求，導致存貨過多；同年 11 月，價格暴跌之勢較從前的漲勢還快；在 1996 年，有些廠商已將規劃的範圍縮小到 3 個月以內，而且充其量不過是「最佳的猜測」。

本章頭一個重點是預測的問題，接下來將探討某些規劃如何試著控制與改變未來，這將引導我們討論正式的規劃及文化上的涵義，最後將分析在快速變動的世界裡，做正式規劃的難處。下一章將探討策略——即規劃至控制的這一段程序。

## 13.2 變革的規劃

Mintzberg(1994)以探討「規劃」一詞在意義上的差異作爲《策略規劃之興衰》（The Rise and Fall of Strategic Planning)一書的第一章。以某個極端而言，規劃只意味著思考未來，其中包含氣象預測；以另一個極端而言，規劃可定義爲「以一整合的決策系統之形式，來產生期望結果的正式程序」(p.12)，這表示規劃者會進行策略性干預，來確保心中期望的未來能實現——這顯然與氣象預測的層次有別。

### 13.2.1 預測與場景（scenarios）規劃

以預測的角度而言，規劃包含：

- **權變規劃** 探索在特定情形下，某一假設性事件的影響。
- **敏感度分析** 討論在其他變數固定的情形下，某變數改變所產生的影響。規劃者會測試一系列的變數。
- **電腦模擬** 操縱一系列的變數，做客觀的模擬。
- **場景探討** 比電腦模擬更進一步，探討可能同時改變的各種不確定性因素之影響。其中可能包含規劃者主觀的詮釋，及文化價值觀等無法模式化的因素。

場景的規劃分析試圖減少規劃時常發生的兩種錯誤：過度預測—導致過於自信，以及預測不足——導致將各種可能性限制得太窄。規劃者應針對特定的主題，發展出幾套合理的場景；例如，以歐洲聯盟(European Union)為主題，可能發展出：(1)貨幣聯盟將依計畫在 1999 年成立，(2)貨幣聯盟將延宕數年才能形成，(3)反對貨幣聯盟的聲浪過大，使歐洲聯盟瀕臨破裂，亟須修補。完成的場景不設定策略，它們被策略規劃者當作投入，使規劃者可以從自己預測的幾種未來中加以選擇。

英荷的合資企業 Shell 多年來將場景規則應用得極為成功，該企業將相當大部份的規劃資源投入於預測環境與發展可能的場景(Mercer, 1995)。Shell 的規劃者扮演著促進劑、催化劑的角色，他們研發場景，並教育高階經理人，使他們改變心意。場景的規劃在容忍模糊性較高的文化裡較受歡迎。

### 13.2.2 從規劃到控制

規劃到控制這一段程序包含例行事物的規劃與變革的規劃。例行事物的規劃發生在，例如人事部門針對新進員工所規劃的年度訓練課程，每年的課程不完全和前一年相同，受訓者的人數與課程內容皆會改變，必須任用新的老師，預備新的教材，規劃新的預算等等；但是這些活動只須針對過去的計畫做某程度的修改，不會有根本上的改變。這種規劃屬於例行性，重要性較低，通常由職位較低的經理人負責。

我們不進一步探討例行事物的規劃，以下幾節會將重點放在變革的規劃上。

### 13.2.3 變革是痛苦的，會遭受抗拒

變革是痛苦的。雖然科學家已經證明經常抽煙、飲酒過量、從事不安全性行爲會危害人體健康，但世界各地的人們仍然不樂於修正他們的行爲。

激烈的變革會受到抗拒。員工通常不喜歡被迫放棄舊的慣例去適應新的系統。他們不喜歡風險，尤其在有可能做虛功時。雖然高階管理當局也許會將新策略視爲專業上的挑戰，但中低階的管理人員可能會認爲危險(Strebel 1996)。接下來我們將討論人們會同意變革的條件，以及克服抗拒的政治程序。

### 13.2.4 爲什麼要變革？

以下的模式檢視組織成員可能認同或不認同需要變革的條件。在下列的條件下，變革的計畫將最可能執行（以 Dutton 和 Duncan 的理論爲基礎，1987）：

當缺少其中一項條件時，就可能不利於計畫的執行。換言之，

(1) 對現狀不滿的程度高得令人難以忍受；
(2) 組織的高階主管（及其他有影響力者）認為變革可行；
(3) 特定的變革可以明確地表達清楚；
(4) 提議的變革受到歡迎；
(5) 初期的執行程序可以確認出來；
(6) 能獲得執行變革的資源—包含變革代理人、訓練設備、與預算；
(7) 環境的壓力支持變革（或至少對變革是中性的）；
(8) 變革可能的成本比維持現狀低。

表 13.1　執行變革計畫的條件

這表示當人們認爲變革的成本大於預期的利益時，變革計畫不會被人接受。

條件 7 指出一點：變革的必要性不會空穴來風，環境因素（如市場競爭）的影響力相當有決定性，會影響變革的需要性、使變革顯得更可行、或阻止變革的進行。

## 13.2.5　變革規劃

變革規劃的古典模式有八個步驟。

(1) 提議變革；
(2) 蒐集相關資訊；
(3) 分析這些資訊，依據過去及現在的情況來規劃未來；
(4) 設計一系列變革的備選方案；
(5) 挑選最好的計畫；
(6) 執行選定的計畫；
(7) 監督與評估執行的情形；
(8) 根據步驟 7 做必要的修正。

表 13.2　古典規劃模式

這是個「理想」模式，各個步驟可能不會執行得如此完整。實務上，有時候還未蒐集到足夠的資訊，就必須進行規劃與執行，而且可能只有一個替代計畫做得較完整。

## 13.2.6 政治程序

表 13.2 說明了一個好點子本身並不足以完成變革。規劃者必須讓人們瞭解他的計畫符合他們的利益。換言之，將點子轉化爲計畫、爭取支持、然後執行計畫，這意味著須說服人們。就這個意義來說，規劃是一種政治程序。

在組織裡，參與這個程序的人包含：

- 規劃者。
- 意見領袖　指那些擁有職權和影響力的人。意見領袖在確定高層的支持之後，承諾將組織的資源投入計畫的執行。
- 支持者　包括主管、同儕與部屬，他們的支持必須加以強化；須設法贏得中立者的支持；以及如果無法說服反對者支持你，也要設法將他們轉移到中立的立場。
- 變革代理人　負責執行計畫，領導組織的每個單位進行改變，並且也負責溝通計畫（見 13.2.8）。
- 經理人　在變革執行階段及完成之後負責組織的運作。
- 受影響者　必須忍受計畫之結果者。變革計畫提出時，他們可能感到緊張。他們會如何受變革的影響？他們是否瞭解計畫爲何必要，且符合他們長期的利益？他們是否瞭解短期內可能遇到哪些困難，應如何克服？他們可以在規劃與執行的程序中扮演何種角色？
- 外在環境的其他人　顧客、供應商、財務分析師、新聞記者、官員、政治人物可能都會受計畫的影響，他們的瞭解與支持也是必要的。

・其他利害關係人（見 14.2.7）。

## 13.2.7 適當的時機

適當的時機很重要。若計畫公布得太晚，會被官僚組織的惰性所困，抗拒會有滋長的機會，並損及激烈變革的程序。爲了快速執行計畫並使之「常態化」，你可能必須在對手發揮反對力量之前儘早出擊；但是如果動作太快，員工未做好心理準備，他們會因缺乏安全感而抵制你的變革。Rousseau(1989)主張：

> 有效能的變革管理意味著「不出人意表」。事先告知即將推行的變革，可以讓人們事先做好心理調適。(*p.42*)

敲定變革的時機需要政治智慧。預留調適的時間也相當重要；當越來越多人熟悉變革的內容，更瞭解變革帶來的好處之後，他們的抗拒會慢慢消逝；在這種情形下，經理人的重點在於溝通變革的目標、化解緊張。然而，在一個歡迎變革與實驗的文化背景下，群衆較能接受新訊息，教導新的作法所耗費的時間可以減少，此時即使是激烈的改變也可以快速引入。

此外，給予員工足夠的時間去遺忘舊的優先順序與例行事物是較不明顯的問題。如果舊規已經習慣成自然（也許直接反映文化價值觀），則捨棄舊規與學習新規就要較長的時間。

## 13.2.8 溝通計畫的模式

計畫的好處對規劃者而言相當明顯，但是對其他人（如上述）而言則不然，因此必須設法說服他們，這表示規劃者（或執行者）必須有效率地溝通計畫的各個面向。

其中的參數沒有一個是能決定的，如果沒有考慮其他因素的計畫（的不同面向）應該向哪些人溝通？這些人包含*13.2.6*討論的類別。
誰應該各與哪些人溝通？
計畫的哪些面向應該各向哪些人溝通？
計畫的面向包含：
進行變革的理由；
成功、機會和威脅的可能性；
變革的程序、步驟、職責、可獲得的資源等細節；
預期環境的力量會如何回應；
變革的成本，相對於不變革的更高成本。
計畫應該在何時溝通？
計畫應該在何處溝通？
計畫應該如何溝通？採何種媒介與風格較合適？訊息必須適在地溝通，避免溝通不足或過度溝通。

表13.3　溝通計畫的模式

話。例如，以X公司的案例而言：

- 對董事會成員（對象）只須說明變革的詳細理由和計畫的大綱（內容），簡報時應輔以書面報告（方式）。簡報應在規劃的初期舉行，後來再補書面報告（時間點）。
- 對董事會簡報不久後舉行會議（時間），讓第一線基層主管（對象）明白變革的原因與提議的計畫之大綱，並要求在他們所管理的單位內討論施行細節（內容、對象）。
- 只有經過詳細的內部討論之後，才能在知名飯店召開發表會，將計畫公諸於世（地點、對象、時間點）。（見White和Mazur, 1995）

## 13.2.9 適當的溝通

計畫的溝通最爲重要，這種溝通是爲了使員工參與規劃與執行。理論上，參與者會對於變革程序衍生出控制感。那些感覺擁有進行主權的人在心理上會宛如簽下合約一般地接納計畫。

爲什麼計畫的溝通經常無效率呢？

- 未認清適當溝通的必要性。
- 系統未及時建立。
- 缺乏足夠的資源，以及計畫的預算不夠負擔可觀的費用。在 Shell，公司的規劃者發現，一半的時間花在說服產品線經理採納他們規劃的場景上(Mercer 1995, p.85)。
- 溝通模式（表 13.3）未確實運用。以最後一個參數（如何）而言，若訊息沒有後續的行動支持，計畫是過度溝通了。若變革的計畫越常複述，卻無執行變革的嘗試，聽者將越不相信計畫會執行。在 1997 年日本首相 Ryutaro Hashimoto 拜訪華盛頓：

  > 他告訴美國總統柯林頓與其他在場者，他決定重新整頓日本的經濟、外交、甚至文化這象徵外國人到美國感受到的挫折感，以及日本充斥著這類政治家的宣言。這種大膽的評論若不是被認為是笑料，就是夢話。[2]

  過度溝通和溝通不足所產生的反激勵效果是一樣的。
- 員工不具備執行計畫的自信心或技能，必須進行新技能的訓練——這需要額外的費用。

變革計畫的有效溝通，如同有效的時機一般，都只有在符合文化的價值觀時才適當，以下將討論文化對規劃的限制。

## 13.3 文化與規劃

規劃意味著思考未來，這種傾向在某些文化裡會比其他文化強烈。在摩洛哥：

> 前途對許多摩洛哥人而言並不能嚴謹地事先規劃。試圖保障未來、後天，幾乎是會遭天譴的事。(*Finlayson 1993, p.224*)

文化價值觀會影響規劃的需要。本節探討：

- 規劃的象徵性意義；
- 不同文化裡的規劃；
- 13.2 節中提及與文化相關的一般性議題（這些重點將在 13.4 和 13.5 中討論）。

### 13.3.1 規劃是象徵性的做法

規劃的目的在於掌握不可能絕對控制的未來，以此意義而言，所有的規劃都是象徵性的。未來的事件無法精確預期，可能的變數無窮無盡，然而，企業爲何要從事規劃呢？

這種象徵性的做法具有價值（包含經濟價值），當它能緩和人們對未來的焦慮，滿足人們控制未來的幻想時——因此規劃具有激勵效果。

雖然規劃的目的是在不可知的未來裡尋找能夠確定的領域，但它卻只根據目前已知的事物——也就是過去和現在的情況——並且只有在未來事件能符合過去事件的模式時才可能成功。當預料不到的事情發生時，規劃者很可能失誤。只根據現有的狀況來推算的規劃，無法讓政府或企業預料到蘇聯與東歐國家的共產政權會在1989年解體，以及當政權解體時，現有的商業與政治規劃必須放棄。

## 13.3.2 規劃的文化意義

當人們對未來只有適度的確定性，且規劃能提供增加確定性的希望時，將會著手規劃。如果事情能夠完全確定或完全無法確定，就沒有規劃的必要了。文化影響人們對適度的確定性之認知，意即規劃何時可能有用。

不同的文化以不同的方式表達對規劃的需求。在某一產業或文化中的廠商所採用的規劃系統反映其組織或結構上的優先考量，同時也會影響這些優先考量的發展。在優先考量不同的文化背景下，會採用不同形式的規劃。Whitley(1992)提出：

> 企業內安排工作結構的特殊方式和企業之間的關係……以及企業扮演經濟要角的性質……只有在特殊的機構背景下才會有效因此，例如，英語系等國家用來協調工作的正式規劃和控制系統移植到中國社會未必會非常成功。(*p.85*)

簡言之，適合某一文化背景的規劃在其他文化可能不合宜。在多國籍企業總公司運作良好的計畫可能不適合其海外子公司。

## 13.3.3 在不同的文化裡，人們規劃些什麼？

所有人都會爲了控制不穩定的環境而進行規劃，而不同文化對於哪些因素需要控制、哪些變革需要進行會有不同認知。也就是說，不同點在於：

- 規劃什麼（本節）

- 如何進行規劃（13.3.4）
- 認為何種資訊相關（13.3.5）
- 計畫案如何溝通最好（13.3.6）

在不同的文化裡，由誰規劃、何時規劃與執行等問題將在13.4和13.5節討論。

Hofstede(1984a, p.264)主張：

- 對於模糊的容忍度相對較高、規避不確定性之需求較低的地方，規劃會較不詳細、較長期；
- 而在容忍度低的地方則反之（由專家負責做詳細的規劃；因為不確定性需要儘快解決，將著重於短期的回饋系統）。

對不確定性之容忍度高的地方，對於變革較少有情緒化的抗拒。然而，這並不表示所有變革的提議都會同樣受歡迎，或在相反的條件下，所有變革都會同樣讓人害怕。

當變革計畫能夠反映文化的主流價值觀時，較可能為企業所接受。其中績效因素的不確定性會反映在營運系統的規劃上，而個人因素的不確定性則反映在退休計畫與員工保健政策上。

## 13.3.4 在不同的文化裡，如何進行規劃？

亞洲的例證顯示，在不同的文化裡規劃程序的進行也不同。以東南亞為根據地的企業較少做事前的規劃，他們的規劃統系收納的變數較少，遠不如同規模的英美企業詳細。監督、績效評估和回饋往往較不嚴謹，這也導致規劃和控制系統較少整合。

在日本，規劃是一種正式的程序，至少在企業的較低層級是如此。Sullivan和Nonaka (1986)發現，日本的基層經理人採用古典模式來規劃策略與找出最適化的解答，然而較資深的經理人則遵循「不完全、試驗性、片斷、誇大、只憑經驗、歸納、凌亂、個人化、探險性」的方式。兩種方式同時都被遵循，高階經理人訂定指導方針，下屬則加以發展與正式化。

比較日本與香港的規劃方式會發現前者要求較詳細的資訊。中國和日本的經理人都會賦予部屬開發替代計畫的責任，但是中國的經理人會為自己保留較多的資訊，並傾向以較非集體的方式做成最後的決策——在這方面類似英語系國家的高階經理人。

文化並不是決定規劃風格的唯一因素。在不穩定的產業裡、市場競爭態勢混亂時、或無法獲得即時資訊時，古典模式會變得較不可行。Chow(1996)分析中國大陸的小企業之後認為他們：

> 不做長期的規劃，而著重於短、中期目標。因為他們擔心若公司成長得太快，在政治劇變時期，將容易成為明顯的目標。(*pp.55-6*)

## 13.3.5 在不同的文化裡，哪些資訊和規劃有關？

西方的古典規劃模式依賴「嚴謹」的財務資料與對於市場變化的電腦預測。在高度背景脈絡的文化裡，則重視對環境的共同認知、歷史慣例、「最佳猜測」、甚至迷信。在香港，開展新事業時，生意人喜歡幸運數字8，這個字廣東譯音為 faat ，意即「發財」。信奉伊斯蘭教的馬來人則相信事業成功與社會地位的提昇，都是信仰虔誠的報酬。

文化並不是唯一影響資訊選擇的因素。在已開發國家裡，資訊相當豐富，資料容易取得——也許可以用金錢買到——來源如資料銀行、研究機構、顧問公司、專家和媒體等。

在不穩定、缺乏資金、行銷與會計系統皆有待開發的國家裡，存在著更多不同的狀況。電子技術會日益普及，但是只有規劃程序所需的基礎資訊夠普遍時才會有價值。在非洲大部份的地區裡，其行銷問卷與低背景脈絡的英語系文化非常不同，受試者通常會以迎合詢問者的方式做答，或希望答出「最好」的答案。

Haines(1988)舉一個奈及利亞的案例。有兩家知名的釀酒公司委託研究其國內的啤酒總需求量。他們的銷售額總計高達一億英磅以上，也有精密的會計系統，

> 然而行銷功能的運作卻沒有踏著行銷分析正常的起點，即以金額或數量來表達總需求量。(*p.92*)

## 13.3.6 在不同的文化裡，計畫如何溝通？

文化會影響表 13.3 裡各個參數的選擇。這裡我們將重點放在最後一個參數：

> 計畫的想法應如何溝通？應採用何種媒介或風格？訊息如何適當溝通，才不會溝通不足或過度？

以**媒介**爲例，文化因素會影響口語訊息和文字訊息之間的關係。以下是一個例子。X 文化是權力距離高、規避不確定性之需求高的文化，若變革的議案以書面的方式提出，員工會認爲書面溝通的距離感和冷漠是種威脅。

必須公佈某種權威性的聲明以遏制流言，防止流言導致不穩定和士氣低落。此外，應召開一般性的會議，由執行長在會中給予完整的解釋，並在企業的刊物中迅速輔以詳細的討論。接著，經理人和基層主管則應定期留意後續發展，他們應與部屬討論，並向高層報告基層的困擾。

文化也會影響何種溝通**風格**最適合。在扁平的組織裡，計畫的溝通會著眼於建立廣泛的共識，這意味著會邀集衆人表示意見與評

論，此時非正式的管道至少與止式的管道同樣重要。在官僚組織裡，只會徵詢高階成員的意見，而低層級的部屬則只是被告知變革計畫。在權力距離小的地方，廣泛的溝通是必要的，甚至包含利益只受到間接影響者。在權力距離大的地方，部屬並不期望被告知細節。不過即使在這種情況下，也可能將變革的決策往下傳，容許低層員工規劃執行的細節。

在標準的管理理論裡，會強調參與風格，鼓勵員工參與，藉此強化對變革程序的共識，進而使變革程序更為成功。但是在某些文化背景下，例如，在權力距離最高的文化裡，員工參與的觀念可能不容易被瞭解——至少在訓練員工參與前會是如此。

## 13.4 在不同的文化裡，由誰來規劃？

文化會影響誰有權來主導變革計畫的認知。

在權力距離較大的地方，並不信任部屬能做出有效能的決策，規劃通常是留給高位者——在拉丁美洲或東南亞的家族企業裡，高位者通常是老闆或他的近親。太過奮力於推動執行個人職務的部屬，會被視為是在挑戰主管的控制權。因此嚴格監督執行的程序將不太可能，如果這會威脅到老闆的面子的話。

13.3.4指出日本的主管和部屬表面上共同參與規劃的程序，但實務上，高階經理人貢獻夢想，而低階者則繪出行進的地圖。在權力距離較小的地方，理論上，低階者確實有提出夢想的機會，而實務上只有特殊的企業會積極鼓勵部門主管以下的員工具有「內部開創」(intrapreneurial)的精神。

### 13.4.1 組織文化與規劃職責

規劃風格與職責因組織文化而異。表13.4（取自Kono 1990的論述）概括以下三種組織之間的差異：

- 創業型企業
- 家族型企業
- 完全的官僚組織

| 文化 | 創業型企業 | 家族型企業 | 完全的官僚組織 |
|---|---|---|---|
| 需求 | 創新導向 | 業主導向 | 依照規定，安全第一 |
| 規劃者 | 創新規劃團隊 | 業主 | 由「專家」組成規劃團隊 |
| 風險承擔 | 不怕失敗 | 失敗的責任落在業主身上 | 害怕失敗，失敗者會失去正統地位 |
| 計畫的地位 | 有彈性 | 由業主決定 | 合法的 |
| 溝通 | 允許發表正面意見與對立意見，尋求各種整合 | 只根據業主的指示，沒有對立的意見 | 正式化，由規定主導，根據政策來提意見 |

表13.4　組織文化與規劃

**創業型**文化是理想化的模式，以這種方式進行規劃具有冒險性，組織結構必須維持容易改變，以及使員工自在地進行跨越組織結構的溝通。

在傳統的**家族型**企業裡，業主負責全部的規劃，員工在情感上和職業上皆依賴業主，即使主要的職位由其他家族成員擔任亦然。因爲業主必須爲失敗負責，員工承受的風險較小，相對報酬也較少，並且較不需要承受規劃程序的挑戰。

**完全官僚的組織**之規劃程序由客觀的規定支配著，所有的規劃都必須滿足確保組織生存的目標。規劃被視爲專家群的職責，其他員工通常不會參與。規劃程序的每一個步驟皆遵循既定的程序，監督與回饋程序可能只限定於檢查標準程序是否被遵守。失敗通常會歸咎給規劃者控制範圍以外的事物。在共產主義瓦解之前，蘇聯的核心規劃者曾經將食物的短缺怪罪西方的軍事活動或意料之外的氣候情況等。

這三種組織文化的規劃風格可能彼此交織。當大型的官僚組織想變得更具冒險性時，可能會鼓勵規劃者發揮創意，挑戰高階經理人傳統的思考方式，13.3.4 小節 Shell 的個案就提供了一個例子。家族企業剛設立時，可能會以開創精神爲起點，隨著市場成熟，對管理結構的需求逐漸顯現，而慢慢步入傳統家族企業的模式。創業型或家族企業與其他企業組成合資企業時，例如與完全的官僚型企業，則可能會被迫去發展接近該企業的制度。

## 13.4.2 中央集權規劃

從資本主義的美國和歐洲聯盟、混合經濟的印度和巴基斯坦、到共產主義的中共和南韓，各國政府都曾實驗過中央集權之規劃與生產的某些面向。在這些國家裡，規劃都由專門的規劃者負責。中央集權規劃的實際成效如何？以下是幾個例子。

首先，中央集權規劃符合執政者的利益。在中國大陸，在1995年第四屆中央會議第五全會上有一名共產黨員說：

> 當計畫初次起草時總是非常宏偉，但經過好幾手之後，會變得愈來愈安全，最後的版本保守得連計畫原來的目標都可能被其他因素所凌駕。因此，如果政府不太笨的話，這種計畫不太可能失敗。[2]

其次，如果其他團體（顧客、選民）的利益和既得的利益相衝突，前者的利益通常會被忽略。

政府的中央集權規劃傾向於採取統一原則，忽略文化與環境的差異。在1989年之前，蘇聯及其衛星國家皆採取相同的規劃模式，Winiecki(1988)發現這些國家發展出幾乎一樣的產業結構；1980年的數據顯示，資源貧乏的保加利亞和資源豐富、較爲文明的蘇聯之間有0.99的相關係數。現今的歐洲聯盟裡，文化、經濟和行政的一致性被視爲一種美德。這種政治導向的規劃是想孕育中央集權控制，及抑制分權。

中央集權規劃的變革步調經常是緩慢、不切實際的，因此即使是東歐、中亞等採取中央集權規劃的經濟體也漸漸培養出自由市場的成分，然而，這並不表示這些變遷的經濟體以同樣的步調或模式進行變革。Pomfret(1996)認爲：

> 這項選擇是採取斷然改變的策略（波蘭是一個範例）或漸進的方式（中國*1978*年之後的改變為典型的例子）。實務上，不太可能同時推動所有的改造，即使是快速改造的國家也會面臨到順序的問題。(*p.5*)

這對於任職於變遷中國家之國際經理人的啓示在於，你不能期望扁平化的分權組織和市場經濟的吸引力會快速地吸引在地的員工和消費者，這種根本的改變將會痛苦而緩慢。

### 13.4.3 中央集權規劃的教訓

組織投資於規劃，是爲了使組織能更有效與快速地回應內部配置與外在環境的改變。矛盾之處在於，規劃的投資愈大，以及規劃功能的政治重要性愈高，就愈可能變得更官僚、更緩慢——這將使組織更無法適時地回應上述的改變。

中央集權國家的政府規劃就是一個極端的例子，但是在實務上，這個教訓適用於所有的組織。經理人應隨時注意規劃是否：

- 能協助組織更有效率地回應危機和機會；
- 能協助組織更迅速地回應；
- 使組織的回應能更有彈性。

如果這些問題的答案都是否定的，規劃的優先順序需要徹底改變。

## 13.5 在不同的文化裡，規劃何時進行？

本節討論在不同文化背景下影響規劃之進行與執行的因素。

在 7.2.8 中，我們提及 Trompenaars（1993，第九章）曾探討文化對規劃和時間的態度。在「順序性」(Sequential)的文化裡（時間被認為可以測量），規劃被視為重要的活動：

- 偏好在一開始先有個計畫，並採取直接的途徑來達成；
- 目標管理(Management By Objective, MBO)相當受歡迎；
- 員工受到達成計畫之時程表與生涯規劃的激勵。

但是在「共時性」(Synchronic)的文化裡（成員平行地執行各種活動），規劃的重要性較小。計畫會因狀況而改變，此時過去的經驗、目前的狀況、機會與各種可能性都會交互影響最佳場景的決定。

這種區別對於組織系統具有涵義。順序性的規劃模式反映的觀念是，資訊流到規劃者的手中同樣也具有順序性，但是在現今的商業世界裡，情況並非如此。資訊的流動持續不斷，而且其可靠性與確定性也會變動。Bush和Frohman(1991)認為，美國企業長久以來對於創新的程序是強調專家群依順序參與的概念。他們主張的替代方案是協力合作的模式，不同專家之間的溝通必須具有同時性與自發性。

> 結果是互動的學習，其中包含技術、顧客需求、配銷、與財務策略的交流——簡言之，需要投入所有的要素來完成創新。(*p.26*)

這種系統取向在許多方面類似組織再造(re-engineering)，我們將於14.4節再來探討。

### 13.5.1 短期規劃和長期規劃

一般而言，短期規劃不如長期規劃那麼廣泛與詳盡，監督的程序也較不嚴謹，且且只限於較少數的經理人。

對於長、短期規劃之偏好受個人心理因素的影響。Das(1991)在美國一家大銀行所進行的研究發現，擁有較長遠之未來觀的經營者偏好長期規劃，而擁有較近期之未來觀的經營者則偏好短期規劃。擁有較長遠之未來觀的經理人使用較多客觀的策略資訊來源，例如商業期刊、報告與研討會。

文化對於長、短期規劃的強調不同。從Negandhi(1979)對美國母公司、在三個拉丁美洲國家（阿根廷、巴西、厄瓜多）與三個遠東國家（印度、菲律賓、台灣）的子公司、以及這六個國家的本土企業之組織實務研究中，發現了顯著的差異。

子公司通常會遵循美國母公司的時程表（會做五或十年的規劃），而最高管理當局在做成最後的決策之前，通常會諮詢較低階的管理人員與技術人員。地方性的子公司之規劃傾向於中、短期，只做一、兩年的規劃，其中拉丁美洲的子公司相較於在遠東國家的子公司，所做的長期規劃又更少。

Negandhi等學者後來又再對台灣的本土企業與日本、美國多國籍企業在台灣的子公司進行比較研究(1985)。台灣的本土企業與日本的子公司重視中、短期規劃，會進行一、兩年的規劃，而美國的子公司則偏好長期規劃，會進行五到十年的規劃。

日本子公司較短期的規劃時程顯然反映著對於在地實務的適應，他們的做法與日本偏好長期規劃的概念相矛盾。實務上，我們必須對於其高階經理人的長期規劃與中階經理人會去解讀高層的想法做一區別。

最後，Hofstede(1991)曾以儒家導向的觀念來區別長、短期規劃。其中在中國、香港、台灣、泰國以及其他蓬勃發展的亞洲文化都被分類在長期，但問題來了，他們在哪些方面屬於長期呢？市場分析似乎否定這種說法。在泰國的家族企業對於變動的市場狀況會做出快速的反應，就這方面而言，規劃是短期的，但是泰國經理人在規劃其職業生涯時，卻又顯示對長期的優先考量(Mead 等人，1997)。這可以支持Hampden-Turner 和 Trompenaars(1997)的論點，即亞洲蓬勃發展的國家在培養知識與核心能力方面採取長遠的視野。

## 13.6 規劃常見的錯誤

在 13.2-13.5 節中，我們探討了規劃的屬性，這種探討有很長的歷史，而且早期的管理理論也認爲規劃必須是深思熟慮的程序。

古典模式預設了規劃必須能夠：

- 達到對組織的控制；
- 獲得可靠的資訊；
- 預測組織在外在環境中可能的發展。

這個模式持續影響著管理理論。例如，Lorange 和 Roos(1991)即強調合資企業在締結聯盟之前，對於彼此策略上的搭配與運作的細節須評估清楚。他們以幾個合作案爲例（包含 Yokogama Electric 與 General Electric Medical Systems 、Nippon Steel 與 IBM），這些合作計畫事先都經過透徹的分析。然而，只有在能夠獲得可靠的資訊來源，足以進行預測時，透徹的分析才有可能。但是在許多情況下，無法獲得足夠的資訊，或環境改變太過迅速，會讓高階經理人認爲將有限的資源投入在預測上並不適當。

### 13.6.1 正式的規劃在何時不適當

以下我們舉出六種正式的規劃模式不太適當，詳細的規劃未必符合組織利益的情況。

一、**環境經常變動、難以預測**。在不穩定的環境下，情勢的變動太過快速，會使長期規劃顯得不切實際。前言的個案即提供了一個例子，說明規劃者在這樣的情形下只能做短期的預測。

二、**正式的規劃**曠日費時，反而會**減慢組織的變革程序**。這可能被規劃者用來作爲反對變革的政治工具。例如，常舉行會議，但在正式的書面報告出爐前，卻無法達成任何結論。以下我們舉一個個案，說明規劃被用來避免變革，而非促成變革的情形。

1990年，東西德協商統一，並決定西元兩千年將首都由波昂遷移至柏林。但 1996 年的調查卻顯示， 20,700 位政府官員裡，絕大多數仍然反對遷都，當時有這樣的報導：

> 波昂的政府官員正努力建立起繁瑣的阻礙他們希望藉由這些動作，將遷都大計至少拖延到公元 *2003* 年之後一個特別引人遐想的例子是，他們指派 *Klaus Westkamp* 作為遷都計畫的主導者。[3]

在國會表決贊成遷都時， Westkamp 先生曾當場落淚，現在他似乎可以利用新職來阻礙遷都。

三、**當精確的資料無法獲得時**。例如，新的競爭者進入市場，他們擁有新技術，卻沒有過去的歷史可供參考，後續的發展很難預測。在前言的個案裡，西方的造紙業者無法評估印尼和巴西廠商進入市場的影響，也無法預測中國和泰國的造紙業對市場的重要性。

四、當多國籍企業決定加強對子公司授權，**分散規劃功能**，以對各地市場做更快速的回應時。 Mintzberg(1994, p.166)認為，規劃的本質上是一種集權的活動，但是多國籍企業在發展更有彈性的組織型態時，卻常常出現相反的結果，總公司的規劃在公司內的影響力反而愈來愈小（跨國企業將於 16.4 討論）。

五、**當裁員的需求**可能意味著最高管理當局要遣散規劃人員時。Tomasko(1990)研究為何美國企業必須減少人力，發現：

> 在許多企業裡，規劃人員的職權和基層經理人重疊，導致決策程序緩慢、分析過度，同時也增加經常性開支。(*p.15*)

Tomasko 建議，企業應該透過組織扁平化來提昇效率，這意味著去除不必要的中階管理人員。這可能較適合已開發國家，但對經濟正蓬勃發展的開發中國家而言，這麼做的意義不大，更重要的應該是改善未臻健全的管理系統。

六、當組織裡**缺乏正式規劃的文化**時。許多英美企業並沒有正式的規劃程序，取而代之的是不斷修正對未來的看法。這種規劃片段且持續，經理人透過各種正式、非正式的會議、電話、電子郵件與傳眞，每天會製造與回應數以百計的訊息。

總而言之，組織為了更有效率、更快速地回應內部配置與環境的改變，而投入於規劃活動。矛盾在於對正式規劃的投資越大，以及規劃的政治重要性越高，就會變得越官僚、越緩慢——這反而會使組織無法適時做出回應。

## 13.6.2 後現代的世界

爲什麼古典模式的應用越來越受限呢？某些學者認爲，我們生活在一個後現代的世界，人們用來發展現代世界的因果關係已突然中斷，我們對於未來的視野有限，未來不會重複歷史，科技也不再能確保受到控制與能預測的結果。如果組織無法掌握確定性，就必須發展替代方案，以適應這個不確定的世界(Johnson 1992)。

能夠適應這種情況的組織結構將是，使經理人不會過度受制於容易往下授權的作業決策。組織必須能持續不斷地自我調整，創造自身的機會，而不只是等待機會從環境中出現。組織的決策者必須坦然面對新的影響力、新的資訊、和新的變改訊號。與其規劃出形式上完整的計畫，策略人員不如扮演變革代理人與協助經理人進行規劃的促進者。

### 13.6.3 出現了何種規劃風格？

在後現代的背景下，古典模式不再適用，規劃越來越實際、零散，新的風格與觀念開始產生，經理人依賴的是直覺，以及對各種短期經驗的立即回應，他很少發展二個或三個以上的替代方案，也很少遵循執行的計畫：

> 最佳的策略通常是那些已經完成一半的策略，其中尚未完成的部分因為相當不確定，提早規劃二、三步是一種浪費。(*Campbell 1991, p.108*)

經理人必須學習運用他的直覺。Mintzberg 認爲直覺必須符合三項標準：

1. 是深層、通常含有熱情的感受；
2. 根植於對文化背景的經驗，即使是在潛意識下學習到的；
3. 產生有意識的選擇與方向。

除非這三項因素都符合，否則不是直覺，而是偏見(Campbell 1991)。

相對於結構嚴謹的規劃程序，非正式計畫以一系列的決策流（flow）或行動流之型態出現。它來自集體思考組織的一切與引導組織對世界採取不同看法之團隊所獲得的洞察。它來自關切商業環境的變動，以及樂於從這些經驗中學習。

最後，舊式企業爲了變得更有效率而投入規劃活動，但同時也面臨矯枉過正的危險，即投資過多於規劃活動，反而使他們複雜的官僚體系變得更缺乏效率。問題在於：對特定的公司而言，哪些因素決定規劃的最適程度？（以及哪些因素決定過度規劃會導致無效率？）實務上，許多因素都在控制範圍之外。環境的不確定與不穩定，才是新型的組織在有意識或無意識下採行何種規劃風格的主要決定因素。

## 13.7 對經理人的涵義

1. 試複習表 13.1 執行變革計畫的條件，並使用這個模式來評估一個你熟悉的組織所規劃的變革計畫。這些條件能解釋其執行成敗至何種程度？
2. 試複習表 13.2 古典規劃模式，將之應用在你的文化中一個你所熟知的組織。一般而言，這個模式應用的情形如何？哪些因素會限制它的應用？試考慮以下因素：

   - 國家文化
   - 組織文化
   - 規劃者、意見領袖、變革代理人等等的認同
   - 組織的規模
   - 產業因素
   - 其他環境因素

3. 將該模式應用在其他文化中一個你所熟知的組織，一般而言，這個模式應用的情形如何？哪些因素會限制它的應用？
4. 試複習表 13.3 溝通計畫的模式。將之應用在你的文化中一個你所熟知的組織，一般而言，這個模式應用的情形如何？哪些因素會限制它的應用？
5. 將該模式應用在其他文化中一個你所熟知的組織，一般而言，這個模式的應用情形如何？哪些因素會限制它的應用？
6. 試比較你的文化中組織的規劃實務與另一文化中的情形。這些差異對於由上述一個組織跳槽到另一個組織的「創新發明人」而言有什麼涵義？

## 摘要

本章探討規劃的理論與實務，並為下一章的策略規劃做一準備。

13.1描述在組織裡規劃變革計畫的正式模式，並討論執行變革計畫的條件、古典規劃模式、以及溝通變革計畫的模式。13.2 說明文化因素如何影響規劃的重點考量－規劃什麼、如何規劃、哪些資訊相關、以及計畫如何在不同的文化中溝通。由誰規劃、何時規劃、何時執行計畫等議題在 13.4 和 13.5 裡討論。

13.6探討規劃所面臨的問題，並檢視日益變動的環境如何影響計畫的形成與執行。在許多背景下，古典規劃模式不再適用。

## 習題

本習題在於練習在不同的背景下與不同程度的不確定性下如何進行規劃。

對於以下的事件，你現在通常會做出何種計畫？你隨後還會做出哪些其他的計畫？哪些因素可以解釋這些不同的計畫？

1. 下禮拜你要到機場接一位重要的客戶，你沒見過他，也沒有看過他的照片，他會搭國際航線來，但是精確的抵達日期與時間都不確定。
2. 明天（或下一個工作日）你將像平常一樣地工作或上學。
3. 政府將於兩週內公佈預算案，你擁有一家 500 人的企業，如果營業稅上漲超過 2%，你將面臨破產；如果營業稅沒有變動，你預測未來幾年內，若沒有不必要的財務支出，事業將有小幅度的成長；如果營業稅下降 2% 以上，若急速增加產能，將獲得豐厚的利潤。
4. 你計劃向兩個主要客戶做簡報，希望說服他們投資同一個研發計畫。第一位客戶來自 X 文化，他們對於規避不確定性的需求高，能容忍較高的權力距離。第二位客戶來自 Y 文化，他們對於規避不確定性的需求低，容忍較低的權力距離。
5. 每年你的國家都會受到豪雨季節的摧殘，豪雨會定期沖刷面積廣大的農地，你是世代相傳的農人，而豪雨季節將於下禮拜開始。
6. 企管顧問預測，貴公司唯一存活之道在於，讓十位業務人員學習資訊科技。你明白這個團隊不想浪費時間受訓，寧願出去從事銷售。他們是向心力很強的團隊，對彼此忠誠，對你也很忠心。團隊中有三位年紀過大無法學習新技能，總裁希望你撤換他們。

## NOTES

1 Jacob M. Schlesinger, "Japan seems ready to scrap rusty machine," *Asian Wall Street Journal,* May 9–10, 1997.

2 "Party tricks," *The Economist,* October 7, 1995.

3 Robin Gedye, "New wall that is choking Berlin," *Daily Telegraph,* March 29, 1996.

第十四章

# 策略規劃

前言
策略規劃：一個模式
跨文化的策略執行
組織再造的移植：一個個案
對經理人的涵義
摘要
習題

## 14.1 前言

有一個澳洲人和一個馬來西亞人在馬來西亞共同管理一個小型的非政治組織，他們正在尋找達成目標的替代方案，並重新評估擁有的資源能力。澳洲人注意到他們在銀行的帳戶，並評論道：「去年存款下降，這是一個弱點。」馬來西亞人覺得不太高興，不過沒有說什麼。

澳洲人繼續分析其他因素，同事的話則越來越少，最後澳洲人問道：「你是不是不同意發展金餘額的減少是個大弱點呢？剩下的金額不到 5 萬美元，我們能做的選擇也不多了。」

「我倒覺得這是一個優點，」她的同事說：「我們不該冒險進行一些不必要的花費，所以也就不必做這麼多決策。」

前一章討論規劃的一般性概念，本章則著重於企業策略的專門領域，將討論策略規劃的階段性模式。以上的例子說明，理所當然地以為其他文化的成員對於策略性的優先考量會和自己相同是危險的，A 文化成員的策略反映著他們的文化背景，而他們的文化背景可能與 B 文化不同。本章後半將著重於執行的議題。

## 14.2 策略規劃：一個模式

本節將呈現一個英美文化（更確切地說是美國）的策略模式，各小節並將詢問這個模式有多深刻地反映英美文化文化的價值觀，以及是否能應用在其他文化的背景中。

以下是對策略管理的典型定義：

> 策略管理是制定、執行與評估各項管理功能之決策，

使組織能夠達成目標之藝術與科學。(*David 1993,p.5*)

這假設了：

- 策略規劃是慎重的：管理當局採取經過深思熟慮的決策來進行根本上的改變。
- 組織有特定的目標，而舊的策略無法達成該目的，因此有必要採取新策略。
- 企業制定了新的目標，必須藉由新的策略來加以達成。

當企業的現行策略無法達成目標時，或目標被重新制定時，企業應採取新的策略。企業必須對商業環境的改變進行策略性回應，如：市場需求的改變、新競爭者進入市場、新科技的發明等。

當環境沒有明顯的改變，也沒有其他理由要背離目前的策略時，企業就不需要投資在策略規劃上了。也就是說，當企業所面臨的動態環境與組織文化足以使其達成目標時，策略變得比較沒有必要。

策略規劃在於回應環境中明顯的改變，也顯示組織有進行明顯改變的必要。Taylor(1995)寫道：

> 策略管理，或更精確地說是策略領導，指管理劇烈的改變，使績效產生戲劇性的改善。(*p.71*)

策略規劃牽涉到企業所有的功能與層級，並受限於執行規劃所需之資源。例如，如果你缺乏發展新產品的資源，計劃透過擴充產品線成為市場領導者是沒有意義的，此時要達到市場領導地位必須發展其他策略。

### 14.2.1 策略規劃的階段

在許多專門研究策略規劃的管理文獻裡，學者們推出了各種策略規劃模式，以下的討論將以Christensen(1988)的模式爲基礎，它具有不複雜、能廣泛應用的優點（見Christensen(1994)），也能輕易地對照表13.2的古典規劃模式。

一般而言，規劃模式的階段順序如表14.1所示，但是其順序具有彈性，每個階段的規劃都會促使規劃者重新評估前階段的決策並預期後來的階段。確認目標是規劃第一個正式的步驟，但是這以事先思考過組織的資源能力及與市場之關係爲前提。

策略規劃模式的六個階段是：

1 制定目標。
2 競爭態勢分析。
3 內部調配分析。
4 競爭優勢分析。
5 設計競爭策略。
6 執行。

這六個階段相當於幾個相關的步驟：

- 制定目標（14.2.2）。
- 分析（14.2.3-14.2.7）。
- 設計策略（14.2.8）。
- 執行（14.3）。

表14.1將策略規劃的六個步驟(a)-(f)與古典規劃模式（表13.2）做一對應。

| 古典規劃模式 | 策略規劃 |
|---|---|
| 1 提出某項改變 | (a) 制定目標 |
| 2 收集相關資料 | (b) 競爭態勢分析 |
| | (c) 內部調配分析 |
| 3 分析資料並根據過去與目前的狀況預估未來 | (d) 競爭優勢分析 |
| 4 設計一系列進行改變的替代方案 | (e) 設計競爭策略 |
| 5 選擇最好的方案 | |
| 6 執行選擇的方案 | |
| 7 監督並檢討執行的階段 | (f) 執行 |
| 8 根據步驟7的結果做必要的修正 | |

**表 14.1 古典模式與策略規劃**

## 14.2.2 目標

目標是組織欲設法達成之目的或結果。目標可能很明確（且經過深思熟慮）或內隱；每個組織都有內隱的生存與保持現有地位之目標(Christensen,1988)。明確的目標包含：

- **市場目標** 如奪取或維持市場領導者的地位。
- **財務目標** 如達成特定的利潤結果。
- **政治目標** 如在外在環境中得到其他團體的合作；以及社會與慈善目標——造福社會。
- **文化目標** 如建立正面的組織文化。

實際上在自由市場經濟裡，通常以市場與財務目標爲主。企業不會單單爲了政治與文化目標而投資資源，最後還是爲了達成市場與財務目標。

目標的制定有不同的層次：

- 企業目標：企業與環境的關係；
- 事業部目標：企業目標對事業部的涵義；
- 功能部門目標：企業目標與事業部目標對各功能部門的涵義。

成為市場領導者的新企業目標可能意味著計劃擴充產品範圍，這牽涉到每個部門（包含行銷、生產、財務）重新制定自己的目標，並產生新的部門策略，因此規劃一項新的企業目標之決策會促使較低的層級進行策略規劃。

### 14.2.3 競爭態勢分析與範圍

競爭態勢分析包含以下的分析：

- 組織本身的產品或服務的範圍；
- 可利用的內部資源（14.2.4）；
- 組織運作的外在環境（14.2.5）。

範圍：範圍的確認能指出組織已經參與哪些事業以及應該參與哪些新事業。

如果沒有將範圍定義清楚，策略會處於將重心放錯產品或誤解市場與競爭因素的危險。範圍的定義太廣或太窄都是錯誤的。在定義太狹窄時，企業沒有察覺產品的替代用途而忽略了新市場；在定義太廣時，許多企業「將資源分散在太多的產品與市場上因而削弱了效能。」(Christensen 1988, p.5)

範圍的問題對國際經理人而言可重新描述如下（摘自 Goold and Quinn 1993）：

- 企業應投資哪些事業，應透過完全控股、少數控股、合資、或其他策略聯盟？
- 企業應該如何處理與控制這些海外投資？

以下是一個美國企業重新思考其經營範圍的例子。該企業生產嬰兒食品，但是下降中的出生率使這個市場逐漸縮小，他們必須努力思考未來的走向，後來有人想到他們可以將產品重新包裝，打入成年人的市場。產業分析使他們決定將經營範圍定義得更廣，他們將產品重新定位成適合所有無法攝取或消化堅硬食物的人—不只是嬰兒，還包含老年人。

這顯示出對於經營範圍保持開放態度的重要性。如果你太僵硬地定義「我們在哪些事業裡？」，可能會面臨忽略市場與環境改變的危險，應詢問更廣的問題如「我們可以在哪些事業裡？」。Long and Vickers-Koch(1995)提議一個更根本的替代方式：「我們需要具備哪些能力才能善用環境的改變？應如何培養這些能力？」這句話有檢討企業的資源與環境之關係的含意。Markides (1997)則提供一系列的步驟，透過這些步驟企業可重新定義它的事業與顧客基礎。

### 14.2.4 內部資源

20 年前，企業經常使用 SWOT（優勢、劣勢、機會、威脅）分析來討論內部資源與外在環境的相關問題。正確的強劣勢分析能告訴公司自己能做到什麼，機會威脅分析則說明自己應該做什麼。但是人們漸漸了解在不穩定的環境下，這些因素的改變相當快速，某項因素可能不只屬於優勢、劣勢、機會、威脅的其中一類。

前言的個案顯示文化也會影響對 SWOT 的認知，下面以另外兩個例子說明將外在因素精確地分類為優勢、劣勢、機會、或威脅的困難。假設貴公司的行銷經理被認為是該產業的專家，但是他已屆退休之年，而且也沒有明顯的後繼者，對公司而言，這是優勢、還是劣勢呢？國家經濟繁榮，市場對於你的產品有新的需求，但你的成功卻也吸引了外國的競爭者，景氣的繁榮究竟提供了機會、還是威脅呢？

提供精確答案的困難，使得我們只能在內部資源與外在環境之間做兩極化的區分，內部資源的分析告訴決策者有哪些資源可以用來規劃、執行新的策略。這些資源包含：

- **資金**　財務與會計資料；
- **實體資產**　廠房、技術等；
- **非實體資產**　如員工的技能、專業知識、企業與員工及消費者之關係；
- **不同部門的運作實務**　內部的調配安排——見 14.2.6。

## 14.2.5　外在環境

外在環境因素在組織的控制能力之外，但是卻能顯著地影響組織如何營運與執行策略。一個完整的競爭態勢分析包含表 1.1 所列各項因素的分析，以及：

- 產業的獲利性與異質性分析
- 市場成長率
- 產品區隔化的機會
- 直接與間接競爭
- 影響產業發展的因素

Porter(1990)發現影響產業發展的因素是：

- 產業內的競爭
- 買方的議價能力
- 供應商的議價能力
- 潛在進入者的威脅
- 替代產品與服務的威脅

無論如何，即使將資源與環境做兩極化的區分也可能過於死板。Collis 與 Montgomery(1995)指出，在已知環境因素不變的情形下，資源的價值在於它的使用效率有多高，「經理人犯下的最大錯誤在於，當他們評估本身的資源時，無法將自己與競爭者的相對關係列入考慮。」(p.124)

作者認為，進行資源的分析時，應該睜開雪亮的雙眼看看公司所處之變動環境，具體地說，規劃者應詢問：

- 資源有多容易被模仿？（越容易被模仿，價值越低）；
- 資源的貶值有多快？
- 誰能獲得資源所產生的價值？（許多由資源得來的利潤會流到配銷商、供應商、顧客、員工身上）；
- 某項獨特的資源是否會被替代呢？
- 誰的資源較好——你的或競爭者的？

## 14.2.6 內部配置

內部配置包含本書第二部：文化如何影響企業內部配置（5-12章）所討論的各項因素，策略規劃的程序應將這些因素列入分析，表 14.2 說明了這個關係。

內部配置分析有助於競爭態勢分析，有助於競爭優勢分析以解釋為什麼你具有優勢（14.2.7），也有助於策略規劃（14.2.8）及執行的程序（14.3）。

越來越多的企業強調他們的組織結構與文化是規劃與執行策略的主要成份。Gratton(1996)曾討論規劃人群關係（human relations)政策的必要性以協助達成策略目標。例如，追求創新的策略應該意味著應雇用並獎勵具有開創精神的人員與行為；降低成本的策略意味著應訂出較狹窄與能衡量工作績效的規範。

| 第二部：章次 | 策略規劃模式 |
| --- | --- |
| 5　組織文化 | (a)　定義目標 |
| 6　道德 | (b)　競爭態勢分析 |
| 7　溝通 | (c)　內部配置分析 |
| 8　組織結構 | (d)　競爭優勢分析 |
| 9　激勵 | (e)　競爭策略設計 |
| 10　糾紛處理 | (f)　執行 |
| 11　協商 | |
| 12　庇護關係（及其他非正式的配置安排） | |

表 14.2　內部配置是策略規劃的一部份

## 14.2.7　競爭優勢

競爭優勢分析的目的在於分析，以消費者（或最終使用者）的角度來看，組織的產品與其他組織產品的差別。其中包含三個重點，首先，競爭優勢的概念強調須與其他公司的產品比較。

其次，對消費者而言，不同企業的產品之差異一定要很明顯才足以影響他們的購買決策。影響的因素包括品質、價格、產品線的廣度、可靠度、性能、售後服務、風格與形象。相對較高的品質與相對較低的價格都具有競爭優勢。

其他因素如有效能的人力資源政策，並不能帶來直接的競爭優勢，因爲消費者的購買決策不是根據這些因素。我的人力資源政策能支持我的優勢，當它能讓我生產出高品質的產品並以低價進入市場時。這種支持是重要的——如同運用資金與實體資產的方式、研發政策、以及所有內部的配置。沒有這些我不能生產產品，但是它們卻不是直接動搖消費者購買決策的因素。

第三，因爲企業希望保護與增進它的競爭優勢，所以必須保護與改善這些重要的支持。因此，策略的設計意味著不只是確認出提供支持之內部資源的優勢與劣勢，企業必須進一步規劃如何加強它的技能與知識資源。

### 14.2.8 競爭策略

競爭策略是組織達成目標的手段，可能會有若干替代方案，組織會根據分析的結果（14.2.2-14.2.7）以及可用來執行策略的資源（14.3）來選擇似乎最可能達成目標的策略。

以下為直接對應於 14.2.2 節四種目標的基本策略：

- 市場策略　與其他組織競爭顧客及資源。
- 財務策略　投資策略——進行投資、維持性投資、或收割性投資。
- 政治策略　說服環境裡的其他團體與組織合作；影響環境；貢獻社會。
- 文化策略　建立正面的組織文化；影響內部的人力資源。

以下是一些投資策略與競爭策略：

- 提昇市場佔有率策略（Market-share increasing strategies）企業試圖加強市場地位，如透過擴充產品範圍，這可能需要大量的投資。一種建立市場佔有率的方式是培養國際地位，例如透過合資或建立國外子公司等方式。
- 攫取利潤策略（Profit strategies）　企業藉由提高競爭優勢以維持地位及獲取更多利潤，例如，培養人力資源，訓練更有效率的業務人員。這可能只是溫和的投資。
- 市場集中策略（Market concentration strategies）　企業將重心集中，也許會削減其他領域的投資，轉移至更小的防衛領域。
- 翻轉策略（Turnaround strategies）　企業試圖翻轉即將發生

的衰退，可能會轉移至新的產品領域或激烈地重整—如重整生產程序。

- 退出策略(Exit strategies)　企業試圖退出市場，也許透過出售或清算。

策略性計畫必須將執行的手段列入考慮—也就是必須將內部的配置列入考慮（14.2.6）。競爭態勢分析應能哪些領域指出組織現有的能力足以執行計畫，以及哪些地方需要改變。策略性計畫會用到此種分析。

## 14.2.9　向利害關係人溝通策略內涵

表 13.3 所列之利害關係人爲計畫所應溝通的團體。David 將之定義爲：

> 與企業有特別的利害關係或要求之個人或團體。利害關係人包含員工、經理人、股東、董事會、顧客、供應商、配銷商、債權人、政府（地方、州、聯邦、及國外）、工會、競爭者、環保團體與一般大衆。(*p.98*)

這個定義看起來似乎涵蓋了每個人，相當不精確（如果每個人都特別，可以說沒有人特別），但是 David 繼續道：

> 所有利害關係人對企業的要求不應賦予相同的重要性，一份良好的使命宣言應該說明組織滿足不同利害關係人的要求時所應給予的相對注意力。(*p.98*)

那麼誰優先呢？在特定組織裡必須規劃與執行策略的經理人對於何種利害關係人應給予優先考量需要有特定的答案，例如，他需要了解：

- 一般而言，誰的利益應優先處理？誰的不是？

- 在哪些情況下會犧牲股東的利益以捍衛員工的利益？在哪些情況下則否？
- 在哪些情況下會犧牲員工的利益以捍衛一般大眾的利益？在哪些情況下則否？

實務上，最重要的利害關係人與企業的利益最為息息相關。Yoshimori(1995)注意到，在美國和英國，「一元」的觀點佔優勢，企業被視為是股東的私人財產。德國和某程度的法國持「二元」的觀點，較重視股東的利益，但是員工的利益也會列入考慮。日本則採取「多元」的態度：

> 假設企業屬於所有的利害關係人，則員工的利益最為優先……這顯示在對員工採長期僱用關係，對其他利害關係人（主要銀行、主要供應商、轉包商、配銷商）亦採長期交易關係，泛稱為「長期合作關係」(*keiretsu*)(*p. 33*)。

組織以各種不同層次的機密性與傳播規模來溝通它的策略，在一個極端下，總裁只和自己最信賴的助手商談，在最開放的極端下，則在媒體中廣為宣傳。使命宣言也會溝通策略的各個面向。

## 14.3 跨文化的策略執行

本節著重於執行的議題。策略執行的問題經常被忽略，如Revenaugh所言：

> 在策略規劃裡，有相當豐富的文獻探討如何發展一項計畫，但是相對而言，在計畫發展出來之後如何執行的問題就較少人討論了。(*p.38*)

爲總公司設計的策略可能不適用於背景不同的子公司。

策略的執行可能造成創傷，可能會資遣某些員工，僱用新的員工，學習新的技術（放棄舊的技術），並指派新的職務。爲了協調與監督發展，會建構新制度與組織結構，這些包含委員會、專案小組、聯絡與整合的角色、以及矩陣式結構等(Hax and Majluf 1991)。

某文化背景下發展出來的策略在其他地方執行時，程序可能會有問題——例如當總公司的策略移植到子公司時。首先，移植可能受制於非文化因素。1990 年捷克的合資企業條例對於希望投資該國的外國企業提供了相當具吸引力的條件(Ferris, Joshi, and Makhija 1995)，到 1991 年中爲止，已有超過 2,500 件的外商合資案被核準，但其中僅一成開始活動。

外國企業面臨的主要投資阻力在於捷克的合作伙伴所配合的東西難以評估，因爲對前蘇聯陣營國家的公營企業而言，採行西方的企業鑑價程序幾乎不太可能。社會主義國家的財務報表缺乏資本市場價格以及任何有用的管理資料。

其次，策略的移植也可能決定於文化因素，這一點將在下節中探討。

## 14.3.1 文化因素的干預

策略規劃模式（表 14.1）的分類係摘自美國與其他英美文化之經理人與學者所發展的模式，反映著英美國家的價值觀。Mintzberg(1994)舉出證據說明：

> 規劃在美國最普遍也最正式，其次是英國、加拿大和澳洲，在日本及義大利則最不普遍……因此這種習性似乎不只是美國人有，英美文化的其他民族也具備這種傾向，雖然美國人在這方面無疑是佼佼者。(*p.415*)

Porter(1996)進一步主張，大部份的日本企業不會以「進行和競爭者不同的活動，或以不同的方式進行類似的活動」(p.62)的作法來發展其策略——Sony、Canon和Sega是例外。「他們傾向彼此模仿與競爭。」(p.63)。因此，美國和英美文化國家對於策略規劃的價值觀並非世界通用，文化差異可能使得在國界之外執行策略發生問題。

## 14.3.2 英美國家的策略價值觀並非世界通用

以下是個例子。

**英美國家的模式反映著一種有計畫的程序。**

策略經由對特定資料的刻意分析而得，並且導向滿足理性的準則。Dean和 Sharfman(1996)對美國企業進行縱向的研究，發現決策的成功和理性的決策程序之間呈正向的關係。「理性」是以規劃者有多廣泛地收集資訊、分析資訊、以及團體成員會對決策進行一番協商來定義。

但在某些文化裡，則根據本能的感覺與對情況的非正式了解來做出決策。東南亞成功的家族企業通常會對於市場的趨勢做激進的回應。Porter 主張：

> 這些企業沒有策略，他們進行交易，並對機會做出回應。回應機會的作風使他們的經營趨向廣泛的多角化。[1]

在發生事件或實際與顧客互動之後，企業才突發地予以回應，而回應的方向也只有在事後回顧時才能發覺。

**英美模式反映出對於競爭與衝突的高度容忍。**

例如，Porter(1990)將商場比喻爲戰場，並且以「衝突」、

「勢力」、「威脅」和「力量」等字眼來描述企業間的關係。

但是其他文化對於公開表示衝突可能較無法忍受——例如在規避不確定性之需求較高的地方。在1995年日本Otsuka製藥公司在其年報的引言裡提到：

> *Otsuka* 創造新產品使世界各地的人們更健康。*Otsuka*主要的目標在於創造增進世人健康的產品，我們的先進產品以衛星式的研究網路系統為基礎，容許各個研究人員完全發揮自己的創造力。

這份報告完全沒有提到競爭的議題——即使日本企業激烈地競逐市場已是眾所周知。

**英美模式反映出以下的觀念：人們期望進行激進的改變，也相信激進的改變可能會成功。**

但是其他文化可能較無法忍受缺乏安全感的激進改變，傾向於逐步進行小小的調整。Lasserre and Putti(1990)寫道：

> 東南亞地區的商業環境之主要特色在於，公司策略的制定與執行傾向採用逐步調整取向，而不是分析性的策略規劃。(*p.23*)

**英美模式反映出英美國家的公司結構。長期沿用的科層結構與控制制度可用以執行策略。**

但是其他文化的組織可能不具有這樣的結構，或最近才發展出來，他們還不太信賴，仍然依靠其他因素。例如，東南亞國協(Association of Southeast Asian Nations, ASEAN)的華人企業家較信賴與華人家族相關的文化因素，並著重於培養家族成員的企業經營能力，而企業對於開發中國家裡顯露的機會也隨時準備進行快速的回應。(Limlingan 1994,pp.161-2)

英美模式反映出對線性、個別階段的偏好。

一般而言，他們會區別出各個階段，並依序規劃與執行（見14.2.1）；資料收集在規劃之前，規劃又在執行之前。

但是其他文化則可能較偏愛不固定的分類，例如在共時性(synchronic)的文化裡，順序是較有彈性的。Hampden-Turner and Trompenaars(1997)以日本企業的品管圈(Quality Circle)爲例，指出：

> 行動先於規劃，換句話說，你（或你的競爭對手）率先行動，然後才引導你進行規劃。這種品管圈是在行動中學習的範例，並不依照西方傳統的假設與推論。(*p.145*)

英美模式反映出以下觀念：在企業的所有利害關係人裡，他們將股東所有權優先視為理所當然——不過口頭上仍然強調員工參與等概念。

但是其他文化則以不同的概念詮釋企業的利害關係人，這點已於14.2.9中討論。

上述的文化差異分析不在於批判英美文化的策略規劃模式，而是闡述策略規劃因文化而異。英美文化的規劃者心中認同的價值觀不一定適合其他地方的文化背景。

## 14.3.3 跨文化移植策略體系

策略體系(Strategic Systems)一詞指的是經理人用以執行策略的技術、程序、干預技巧等等，包括全面品質管理(TQM)、品管圈（見14.3.4）、團隊、賦權、組織再造（見14.4）、以及「翻閱文件管理」（見本章的習題）。

運作這些制度的目的在於達成策略目標，制度本身並不是目標。例如，管理當局並不是爲了組織再造本身而進行組織再造，除非對於這樣的活動可以達成何種結果有清楚的認識。

新的執行技術並不是都能順利進行，即使在發源地亦然。學者估計，在美國組織再造的失敗率有70%(Ronen,1995 ，曾解釋其中原因)，而當此種技術跨越文化的界限來執行時，失敗率可能更高。

策略體系通常移植到：

- 國際合資企業（見15章）；
- 跨國企業擁有的海外子公司（見16章）；
- 刻意引進國外的管理制度，以解決在地的管理問題。

在這三種情況下，文化因素皆會影響移植的成效。在差異極大的文化背景間移植策略執行制度，幾乎無法避免無效率。

## 14.3.4 品管圈的移植

品管圈由一群分析生產程序並提出改善之道的員工組成，他們通常以自己的自由時間會商，並且未額外支薪。

品管圈有助於達成提昇生產效率、使利潤極大化等策略目標，對於日本在1950至1990年代早期的生產相當有貢獻，也導致許多美國企業在工廠裡相繼採用。

品管圈是美國人戴明（W. Edwards Deming）發明的，在1950年代爲日本企業所採用。在越來越多成功日本企業決定採用品管圈時，他們並不是採用來做爲「快速的修補工具」，而是曾詳細分析這種技術，以及在何種情況下才能吻合本身的文化背景與現有的組織結構(Goldstein,1988)，並在移植的程序中逐漸調整。

1970年代美國企業爲了反撲日本的競爭，他們試圖模仿競爭對手，重新引進品管圈，但是儘管學者已事先警告，他們仍因爲缺乏重新調整，使大部份的嘗試遭到失敗。例如Schein(1981)就反對在未充份認識日本與美國企業環境的差異，貿然將品管圈的日本經驗視爲稻米的幼苗而完全移植到美國的環境中。

不適在地引進執行制度，並且未針對新的背景加以調整，結果可能是：

- 新制度受到抗拒；
- 新制度一如計畫運作，但只是將問題轉移到整個系統的其他地方（例如規劃新道路試圖減輕某地的交通壅塞，結果造成其他地區的交通開始壅塞）；
- 實際運作時造成新的問題。

日本採用美國品管圈觀念的成功，說明了該系統可以成功移植。但是因爲每個系統都會反映其發源地的文化考量，在移植之前，調適是必要的。以下以一個個案來說明。

## 14.4 組織再造的移植：一個個案

本節舉例說明移植組織再造(re-engeering)的問題，將著重於對泰國系統的認知以及文化差異造成的影響(Mead 等 1997)。

泰國對於西方的創新事物感興趣至少有 150 年的歷史，並且逐漸將之納入在地的背景，不僅管理學界如此，在其他領域亦然。Hammer and Champy(1993)的組織再造方案在泰國造成極大的熱潮，1995 年 Michael Hammer 在曼谷主辦的一場單日研討會就吸引了約 2,000 人。

### 14.4.1 組織再造

Hammer and Champy(1993)的方案要義在於藉由重整那些驅動組織運作的程序來達成策略性目標，力求徹底重新設計作業程序與戲劇性提昇關鍵績效項目（成本、品質、資本、服務、速度）。其方案尋求突破，「但並不是藉由改善現有的程序，而是透過拋棄舊程序，以全新的方式取代」(p.49)。

作業程序（定義是與生產相關的工作之集合）被重新定義，相關工作以更自然的順序組合與執行——也可能同時執行。當一系列的相關工作可以整合成連續性的程序，取代中斷式的程序時，就能降低檢查與控制的必要，因而降低部門間的界限與負責監督部門活動的中階經理人之重要性。中階經理人提供專業資訊的功能為資訊科技所取代，決策與規劃現在變成每個使用資料庫與模型化軟體之工作者的責任。

資訊科技的使用意味著從事生產工作的人能依照其需求進行充分的溝通。由於溝通開放且容易，資訊可以更寬廣地在水平方向上傳達，不再需要上司與下屬之間的向上或向下傳達。

組織再造的效果如下：

- 過去接受命令行動的人現在可以自己做選擇與決定；
- 裝配線工作消失；
- 功能專業化變得較不重要，專業化部門失去存在的理由；
- 需要較少的中階經理人來從事指揮與控制。

以下是一個虛構的例子。某個公司進行組織再造之前，新產品開發的週期需時一年。從生產速度較快的競爭者手中贏回市場佔有率為優先的策略。當時是由專業化的部門處理市場研究、研發、設計、生產、採購、工程、倉儲與運輸等工作。後來程序被重新規劃，市場研究、研發、設計等功能改由開發團隊執行，每個開發團隊直接與指定的生產團隊合作，生產團隊負責生產、採購、工程等活動、以及聯合倉儲、運輸部門。如今產品開發週期縮短爲四個月，顧客開始回流，市場佔有率也快速成長。

組織再造只針對程序的改善：著重於發展替代的程序(Burdett 1994b，組織再造與全面品質管理的比較)。但實務上，有時候重整組織結構會無法避免，以上例而言，中階經理人員與部分監督人員可能被裁員，因而節省生產成本，使企業變得更具成本效率。

## 14.4.2 美國文化與組織再造

Hammer 和 Champy 都是美國人，他們的組織再造原理反映美國文化的下列觀點(依 Hofstede 的衡量結果， 1991)，相對上：

- 不確定性之規避需求低
- 高個人主義與低集體主義
- 低權力距離

例如，組織再造在以下幾點上反映出不確定性之趨避需求低：

- 工作職責的模糊
- 容忍工作壓力與衝突
- 容許解僱
- 容許激進的改變

在以下幾點上則反映出低權力距離：

- 中階經理人員減少，層級趨於扁平化；
- 經理人的職權減弱；
- 員工會與經理人協商生產程序或爭論。

以下則反映高度的個人主義：

- 部門界線（在圈內人與圈外人之間）的瓦解與工作程序的重組；
- 對個人的創意與決策之要求（Bartlett and Ghoshal(1995b) 主張組織再造能使「倖存者」恢復精神，只要他們「願意發揮個人創意及與他人合作」(p.11)）。
- 任務因素優先於人際關係因素（企業與員工間的關係是基於契約而非道德的力量，企業沒有義務照顧多餘的員工）。

簡言之，組織再造的原理反映主流的美國企業文化，問題在於是否能移植到不同的文化背景，以下以泰國的背景爲例。

### 14.4.3 泰國文化與組織再造

Hofstede(1991)發現，與美國文化相比，泰國文化相對上

- 不確定性之規避需求高
- 低個人主義與高集體主義
- 高權力距離

以這個背景與組織再造的文化前提相比，泰國組織似乎天生不適合組織再造。1995 年 3 月，學者訪問 42 位泰國經理人對組織再造的預期，他們的評論支持上述假設。

有些人只是很淺薄地思考這個主題：「我很有興趣，因爲這是管理上的新觀念，特別在全球化的今日。」但是大多數的經理人則會研究組織再造對公司的意涵，或嘗試進行組織再造。沒有人預期這是容易的。泰國經理人與員工的關係具有道德色彩，這造成組織再造的問題：「文化是一個因素，如果一個工人已經和你共事 20 年，你可以毫無感情地開除他嗎？你必須爲他另外找個工作，也許

在你的其他企業裡」。

在這個背景下，不確定性之規避需求較高表現出來是不喜歡激進地改變工作慣例與組織結構：「在你進行再造之後，一大堆人『受害』，他們不要學電腦，但是又覺得自己保不住工作」；「人們目睹變革而感到恐慌，他們認為自己的飯碗就要丟了。」

經理人最關切這對於層級控制的涵義，「人們習慣於從前的方式，習慣於權力，習慣於層級，也習慣於許多人為他們服務」；「在泰國文化裡，人們習慣於向上請示，等待上級告訴自己該做什麼，這使組織再造更加困難。」

Hofstede(1991)發現在權力距離高的地方，「部屬希望接受指示做事」(p.37)。沒有一位受訪者對於組織重組後部屬可能無法有良好的表現表示擔心，這也許出乎意料。在其他的研究裡，McKenna(1995)描述泰國與新加坡人都認為經理人應該對所有的結果負責，而期望部屬自己負起責任是「經理人怠忽職守的方式中最糟糕的一種」(p.15)。

如上所述，再造的程序對於組織結構是有影響的，但是通常會被忽略。只有兩個受訪者對於跨越單位的界線成立團隊加以評論，有一個人說：「不同領域的專家之間存在著溝通問題，如礦物工程師、地質專家、冶金專家等，他們都認為自己是對的，不和其他人說話。」這反映集體主義的一個面向——要求已成立的單位之間合作是有困難的。

## 14.4.4 引進組織再造到泰國組織裡

組織再造反映著與泰國價值觀歧異頗大的美國價值觀，而研究資料也顯示文化因素使得直接將組織再造引進泰國企業變得相當困難，但是正如同日本企業曾經努力在他們的背景中採用品管圈的觀念，泰國的經理人也盼望見到組織再造的理論在泰國組織裡採用。

McKenna(1995)歸納道：

> 在目前某些環境與文化裡，組織再造的概念並不合適，也許到了未來才能真正成為主流。(*p.16*)

大部份的泰國企業無法完全按照Hammer-Champy的模式成功地推行組織再造，然而，我們不能排除以下可能：該制度的某些部份仍然有可能在調整之後適用於泰國背景。

調適首先意味著選擇有用的東西。一位泰國經理人告訴我：「有時候外國的文化是不能調適的，泰國人根本沒辦法接受。組織再造的某些部份可以在泰國文化裡採用，但是我並不完全相信所有的概念。」

受訪者並不清楚調適應到何種程度。一般而言，家族企業與西方跨國企業的子公司相比，前者的文化調適問題可能較嚴重。領導組織再造程序的泰國經理人對於完全由外國人組成的團隊皆持懷疑的態度，認爲他們「不了解泰國文化」，團隊裡必須包含泰國人。

在這個文化背景下，漸進式的改變比組織結構的激進改變較受歡迎：「在泰國文化裡，改變需要時間，不可能一下子推行所有階段的組織再造」。以較嚴謹的角度來看，有些受訪者質疑此種漸進方式是不是可以算是組織再造：「也許組織再造根本不能在泰國企業裡運作得很好，因爲它必須涉及組織結構與人員的激進改變。而大部份的泰國人仍然遵循舊有的方式——偏好進行小小的改進，但是組織再造意味的卻是改變任何事情。」

員工對改變的不了解可以藉由溝通策略性的移植、改變的優點、及新的職責來彌補（見表13.3）。「員工擔心機器會取代他們，因此管理當局必須解釋電腦會支援他們的工作，不會取代他們」；「在泰國的文化裡，你必須說服人們」。

### 14.4.5 移植的教訓

以上的論點不應該解釋成對發源自美國的組織再造之批判，然而，問題仍然存在：組織再造與泰國組織所處的特定背景有何關聯呢？對其他文化背景下的組織又有何關聯呢？同樣的原理如何調適至非英美文化的文化呢？

近年來有些對組織再造的思考對可行的調適之道提出建議，有逐漸放棄原方案高度激進主義的趨勢。Hammer(1996)強調對人們的優點與代價，即雖然組織再造方案提供工作上的自由，但是因爲「涉及不確定性，對某些人而言這種報酬不値得」(p.67)。他談的是個體心理，但是其論點也適用於對不確定性容忍度低的文化。Keen (1997)主張，程序可以界定爲經濟單位，以及再造工程只在能提高附加價値的單位中進行。

表 14.3 綜合本節的討論，並採用古典規劃模式（表 13.1）與六階段策略規劃模式(14.2.1)。

1 (*a*)定義策略性目標。
(*b*)定義移植系統的目的：該系統如何能幫你達成目標？
2 收集與系統相關的資訊。
3 分析系統。它如何反映其發源地背景之文化與非文化特性？（將經濟、產業、市場、國家文化、組織文化等相關因素列入考慮）。在發源地的背景下，該系統被期望達成什麼呢？
4 分析貴公司的文化背景。
5 (*a*)構思調整該系統的計畫使其能達成目標並符合自己的背景。
(*b*)構思對組織內部或外部環境溝通上述系統的計畫。
(*c*)構思任何必要的訓練計畫。
6 執行調整過的系統。
7 監督執行程序。
8 根據結果在必要時進行調整。

表 14.3　移植策略體系的模式

## 14.5　對經理人的涵義

試分析一個你所熟知的組織正在進行的策略。

1　其策略規劃的程序有多深思熟慮？是依序漸進的程序或緊急應變的程序呢？

2　試複習策略規劃模式（表14.1），並回答以下問題：

(a)其策略性目標爲何？

(b)該組織從事哪些事業領域？

(c)該組織可能進入哪些事業領域？

(d)該組織需要哪些資源來善用環境機會？

(e)能獲得哪些資源？

(f)假設競爭者也可以獲得這些資源，則這些資源多有價值呢？

(g)該組織內部的配置有何價值？

(h)如何改善內部配置，使其產生更大的價值？

(i)以消費者或最終使用者的眼光來看，哪些因素使其產品更具有競爭優勢？

(j)哪些因素能維持競爭優勢？

3　主要的利害關係人是誰？公司的策略將如何跟他們溝通？

4　試描述其策略，並說明策略與目標的關係。

5　1-3的答案反映其組織文化的面向至何種程度？國家文化呢？

6　如果是在海外子公司、海外合資公司或其他文化的組織裡執行同樣的策略

・可能產生哪些問題？

- 文化差異如何影響策略的執行？
- 有哪些其他因素會影響執行？
- 執行策略時必須進行哪些調整？

## 摘要

本章探討正式的策略規劃之涵義。正式的規劃在某些狀況下會運作得很好，但並不是在所有的情形下皆如此。文化與市場因素會指出有時候非正式的程序較適合。

14.2節討論正式的策略規劃模式，由管理文獻中廣爲流行的術語所組成。在某些背景下，這些概念很有用，但是由於他們反映英美文化文化的價值觀，並不一定適用於世界各地。14.3 節探討跨越文化背景執行策略的涵義，以及爲什麼會產生問題。14.3及14.4 的重點是，在某背景下制定的策略如何在其他地方執行的課題。文化與非文化因素皆會影響執行系統是否能夠移植。14.4 並以移植組織再造的實際個案來說明。

## 習題

請參照表 14.3 。

以一個你所熟知的組織爲例。請先閱讀「翻閱文件管理」(Open-Book Management)的說明，然後判斷這種管理方式是否能應用在該組織裡，並回答接下來的問題。

**翻閱文件管理**由 Jack Stack 所發明，並由 John Case(1995a, 1995b)引入美國企業中使用，而 Davis(1997)曾檢討其進展情形。該制度主要的目的在於激勵員工與改善品質，所根據的理論基礎是：當員工被當作獨立的商業人士來對待，而不是受雇的幫手時，他們所受到的激勵最大。這表示鼓勵他們採取主動，而不是只接受命令。

其中有四項原則摘要如下。

**原則一、與員工溝通。**

告訴他們要有效率地工作有哪些是需要知道的，並告知其所屬部門和公司在做些什麼。這表示要提供最新的損益表、現金流量表、資產負債表、以及營運數據。將這些資料提供給全公司的人；在會議中分發；使用資訊科技傳播。

**原則二、教導員工經營的基本原理。**

只提供資訊是不夠的，如果他們不了解這些資訊，還是可能做出錯誤的決策，並因此感到憤怒而停止對經營活動的喜好。這表示必須：

- 上課教育他們；
- 給他們實用的練習（也許可以使用模擬的方式）；
- 指派他們在會議上宣佈和解釋數據。

翻閱文件制度本身就有激勵學習意願的效果，當他們經常閱讀重要資訊，並了解這些資訊對自身收入的意義，他們會很樂於了解資訊。

**原則三、根據員工的知識授予決策權。**

當員工明白重要的財務資訊時，賦權能眞正達到激勵效果。但是賦權必須制度化，以下是兩個建議：

- 定期舉行部門會議（如每隔兩週）以報導他們的數據，並產生損益表、現金流量表、及預測。
- 將每個部門變成營運中心。每個部門仍然負擔專門的職務，但是也負責滿足它的顧客（無論是內部或外部），並負擔部門的財務。

**原則四、確定每個人直接分享公司的成功，也直接承受公司失敗的風險。**

只有像業主一樣享受報酬時，人們才會認爲自己像個業主—並承受業主及其負擔的風險。這表示應該讓每個人知道自己的工作目標，以及達成或超過目標時分別能得到多少工資與紅利，如果沒有達到目標，又會有什麼損失？在每個員工都持有公司股份，能實際分享公司的成功時，翻閱文件管理會運作得最好。

## 問題

1\. (a) 以一個你所熟知的組織爲例，定義該組織的策略性目標。

(b) 解釋爲什麼你希望在該組織中引進翻閱文件管理以達成策略目標。翻閱文件管理如何幫助你達成這些策略目標？

（如果你想不出引進翻閱文件管理的理由，即使在採用以後亦然，試解釋爲什麼。以下的問題 2-5 可作爲導引。）

2. 蒐集任何與翻閱文件管理相關的資訊。

3. 分析關於翻閱文件管理的資訊，其四項原則是否反映美國的主流文化？

4. 分析你所處的文化背景，在這個背景裡，有哪些文化與非文化特性會影響翻閱文件管理的執行？（如果該組織位於美國，將重點放在組織文化上。如果不在美國，請著重於國家文化的分析）。這四項原則是否反映你所屬的文化？

5. (a) 試設計調整翻閱文件管理的計畫，使其有利於達成該組織的目標且與文化背景相符。
   (b) 試構思對組織內部與外部環境中的適當團體溝通調整版之翻閱文件管理的計畫。
   (c) 試設計必要訓練的計畫。

## NOTE

1 Michael Porter, "It's time to grow up," *Far Eastern Economic Review*, March 14, 1996.

第十五章

# 國際合資

## 15.1 前言

一家美國工程公司認爲它未來長期生存的最佳（也許也是唯一的）可能性是在中華人民共和國內組成策略聯盟(Strategic Alliance)，於是他們派遣研究團隊前去尋找合作伙伴。

和大部分潛在的伙伴合資似乎都不太可行，因爲彼此的利益相差太大。該美國企業想在該地區發展長期成長的地位，然而大部分的中國公司只想尋求快速的獲利。中國企業對他們的專業科技感到印象深刻，但是卻不願事先進行未來幾年的規劃。

研究團隊耗時 18 個月拜訪了 44 家潛在的合作伙伴，才決定合作的對象，與合作對象的協商也審愼地持續了六個月，直到簽約之後工作才正式開始。

上述個案說明了投入時間金錢以尋找最佳合資對象的重要性。越希望合資能成功，就越需要進行投資。也說明了認清彼此基本利益的相同處與相異處之重要性。

本章將討論兩個主題：投資合資企業的理由，及調和彼此文化與其他差異使專案得以順利實施之實務問題。

## 15.2 各種替代方案

企業會發展海外策略聯盟，當如此做似乎是達成策略的最佳方式時（見 14.2.6）。例如，當增加市場佔有率策略取決於以低成本製造產品，而策略聯盟是達成此目的之最佳管道時，企業會選擇策略聯盟。企業的替代方案包括：

- 合併(Merger)；

- 國際合資(International Joint Venture, IJV)；
- 獨資經營子公司(Wholly Owned Subsidiary)；
- 收購(Acquire)現有的公司，將其發展為一個獨資經營的子公司；
- 與在地企業簽定技術授權(licensing)合約；
- 有限制的協定——例如在配銷、研究、技術、產品發展、售後服務、管理、代理等領域；
- 統包協定（Turnkey Agreement ，簽訂建立和／或移轉「可營運」之制度或工廠的合約）。

成立聯盟的作用在於達成整體性的策略目標，它本身不應包含上層目標，這表示當企業修正策略目標時，聯盟可能變得較不重要（或更重要）。

### 15.2.1 合併

對高度競爭市場裡的公司而言，合併相當有吸引力，企業可以藉由聯合投入資源、發展技術，增加存活的希望。例如，銀行必須巨額投資電腦系統以節省勞動成本，也需要國際網路以吸引國際客戶，合併將使他們更可能辦到這點。

1991 年 3 月，ABN 銀行與 Amro 銀行合併成為荷蘭最大、歐洲第六大的銀行，新的 ABN-Amro 銀行藉著提供更有效率的跨國服務，意圖攻下更大的市場佔有率。部份功能合併組成合資企業是完全合併的另一種替代方案。1996 年 ABN-Amro 和 N. M. Rothschild 商議進行某種形式的合併，最後他們決定組成國際合資企業(IJV)，合併雙方的國際股務事業，以擴展彼此的利益。

員工對管理當局與其他企業合併的專案會感到懷疑，如果他們擔心自己將因此失去工作及組織文化也將逐漸受到腐蝕時。國家合併的例子即可說明合併的不受歡迎，近年來他們大部份都是失敗的。前蘇聯、南斯拉夫、馬來聯盟以及東非聯盟都是由小國合併而成的，如今全都面臨分崩離析的結局。歐洲聯盟試圖將某部份的歐洲文化與經濟連結成歐洲共同體，堪稱當今最有野心的合併活動。

## 15.2.2 國際合資的定義

不同形式的聯盟之風險與組織複雜程度都不同。聯盟的選擇除了受外部因素的影響之外，亦受公司資源、經驗等內部因素的影響。對初次計劃進入某國市場的企業而言，採取技術授權的方式藉以獲得學習的機會，可能比建立獨資經營的子公司更為明智。本書著重於形式較複雜的聯盟，下一章將論及子公司，本章則討論國際合資。

以下是 Shenkar and Zeira(1987)對 IJV 的定義：

- IJV 是由兩個以上的母公司共同出資設立的；
- IJV 是獨立的法人個體，不完全屬於任何一個母公司；
- IJV 由母公司聯合控制；
- 母公司的法律地位彼此獨立；
- 至少有一個母公司的總部位於 IJV 的營運國家之外。

有些 IJV 以股權為基礎創立，更有彈性的合作契約也可能不局限於以股權作為法律的約束。有些 IJV 可能不只有兩個母公司；一般而言，母公司越多，經營的複雜度將越高，管理該專案可能面臨的問題也會更大。有時候，兩家（或所有的）母公司皆位於 IJV 營運所在國之外；可口可樂越南公司就是由可口可樂美國公司與一家新加坡裝瓶廠共同組成的 IJV 開始的，最初他們甚至沒有雇用任何越南籍的經理人。

### 15.2.3 國際合資的獲利能力

雖然企業組成 IJV 目的是要賺錢，但其獲利能力有時候很難證實；市場佔有率和銷售水準的數字在母公司與 IJV 管理當局雙方眼中，可能有不同的詮釋方式，必須審愼加以處理。根據加拿大的資料，Geringer and Hebert(1991)主張這些對穩定性的「客觀」衡量不見得比對長期優勢的主觀判斷更具可信度；短期內，海外投資的其他替代方案常會帶來更大的利潤。

Kent(1991)對七家大石油公司（英國、荷蘭和五個美國公司）的交易所做的縱向分析顯示，合資企業之毛利明顯較非合資企業爲低。Douma(1991)研究十家大型荷蘭企業的合資案之後，也認爲 IJV 的獲利與收購獨資經營的子公司相比顯然較不成功。

部份由於 IJV 的獲利令人失望，他們似乎時常失敗，例如母公司在專案結束前提前解散，或其中一個母公司決定撤資。早期對於 1,100 件合資案的研究發現，其中有 84 家解散，48 家的控制權易主，而 182 家成爲美國母公司的獨資經營子公司(Franko 1971)。近來的估計也顯示，IJV 成功的比例僅介於 30% 至 50% 之間，或甚至更低於 20%。

在已知失敗率如此明顯的前提下，爲什麼仍有這麼多企業堅持加入 IJV 呢？部份原因在於解散不一定象徵著失敗。一個企業之所以加入合資企業，目的在於達成無法獨力完成的目標，言下之意表示若合資企業在期限之前就成功達成目標，那麼母公司可能就不再需要繼續維持彼此的關係了；也許其中一家母公司認爲收購 IJV 成爲獨資經營子公司有利可圖，而另一家則決定出售。

另一個加入 IJV 的理由在於，它提供比快速的財務報酬更多的東西，這些其他的報酬將於下節討論。

## 15.3 爲何組成國際合資？

IJV 未必是企業實行海外成長策略時偏好採取的手段。直至1970年代之前，美國企業仍對外國公司的管理缺乏信心，傾向於集中控制，因此他們選擇以獨資經營的方式投資海外子公司。IBM 的百分之百所有權政策導致與奈及利亞和印度政府的衝突，由於它不接受股權參與，IBM 於 1977 年撤離印度。通用汽車手中也握有六家海外子公司百分之百的股權，但是他們的心態在 1975 年有了改變，40 家子公司裡有 6 家的所有權是聯合擁有的，而 12 家新的海外子公司則採 IJV 模式。90 年代早期，IJV 取代獨資經營子公司，成爲美國企業海外投資最普遍的形式。

分享 IJV 的所有權意謂著分享利潤，但是少數股權可以提供多數控股不能提供的機會。一項針對美國在中國大陸的 IJV 之研究指出，在地母公司對合資案涉入越深，它的責任越重，海外母公司所面臨的風險就越小(Shan 1991)。

在低度開發國家亦是如此，有越來越多的企業企圖藉由組成合資企業來獲取海外的影響力。在印度：

> 德國是第二大的投資者……共有 *1,550* 件印度—德國的合作案正在運作，其中 *502* 件以合資企業的模式進行。印度政府已核准未來 *6* 年內的 *1,114* 件合作案，其中 *480* 件屬於財務合作，涉入的國外股權價值 *296.2* 億美元。[2]

政府了解 IJV 所帶來的好處，有越來越多低度開發國家放棄外資持股比例不得高於 50% 的限制，並放寬外資持股的相關法令。

Fukuyama(1991, pp.102-3)指出，低度開發國家被說服採行的路線可以用亞洲經濟爲例，開發中國家的動態成長顚覆了依賴理論和新馬克斯主義的保護主義論調，亞洲經濟的繁榮證明資本主義是引導經濟成長的一條道路，Fukuyuma 並主張這對任何開發中國家都是可行的——只要政府遵循經濟自由化的政策。

但是應用自由市場原則並不會自動地引領製造業成長。智利在Pinochet的領導下，遵循台灣、新加坡發展出來的出口導向政策，雖然 1965 至 1985 年間 GNP 成長了兩倍以上，但是暴增的卻是農業出口，而非製造業，在 80 年代中期，工業出口總額也僅佔出口總額的 7%(Locke 1996)。低度開發國家的企業在與來自已開發國家的企業伙伴合作時，可能面臨嚴重的管理與技能問題。

## 15.3.1 組成國際合資的理由

組成 IJV 能使母公司分享利益，並給予雙方以下機會：

- 藉由結合資源塑造更大的市場力量；
- 藉由分擔風險而降低風險（分擔投資與生產的成本）；
- 獲得規模經濟(Economies of scale)的效果；
- 合作與避免競爭，競爭的成本可能比組成 IJV 的成本更高（IJV 是一種限制雙方自主行動的聯盟）；
- 共同對抗其他危險的競爭者。

然而，一般而言，大部份的 IJV 給予情況不同的母公司不同的機會，如某專案提供給國外母公司的可能是進入在地市場的機會，提供給在地母公司的則可能是進入國際市場的機會。1997 年兩家證券公司—泰國 Premier 集團與 SBC Warburg 組成合資企業，協議提供給 Warburg 泰國市場的訣竅，並提供給 Premier 進入國際市場的門徑。

以下是另一個母公司雙方利益不一致的例子。IJV 提供一方的母公司以下機會：獲取經驗作為接管該專案的第一步，並將之重建成子公司。這反映了集權的策略。

海外母公司必須符合地主國政府對外資的要求，例如，在地政府限制外國企業只有在股權與在地企業分享時始能於該國營運。IJV能給予外國母公司學習當地行銷實務的機會，並使其能獲得使用在地資源的門路，如生產設備、勞力、原料等，也使在地母公司獲得延伸至上游或下游產業的機會；例如，製造紙漿的IJV發展後鼓勵在地的合夥企業增購砍伐設備並投資於造紙。

在地政府也有機會因鼓勵國外投資而受益。外國母公司可能只被容許持有少數股權，而且必須履行僱用在地人、技術移轉、購買在地原料等要求。

技術水準較低的母公司有獲得技術移轉的機會，而管理較不完善的母公司則有建立新管理制度的機會；如Ford就曾經向Mazda學習管理經驗，當時Mazada的財務、控制經理人數僅Ford的五分之一。對於正在衰退的企業而言，IJV可能是重新取得競爭優勢的機會，例如Rover和Honda 、 Chrysler和Mitsubishi的合資，皆以贏回市場佔有率爲策略目標。

組成IJV也有象徵性的利益。和已開發國家裡聲譽卓著的企業合作將帶給己方更高的聲譽。一位印尼經理人解釋：

> 與外國企業組成聯盟為企業帶來的形象可能是，該企業即將走向國際化。本地的*P.T. Bimanta na*電信公司和*AT&T*組成*IJV*時，很快就獲得政府的信任，在鼎鼎大名的*AT&T*之光環下，政府官員認為批准此專案似乎蠻可靠的。

## 15.3.2 不加入國際合資的理由

以下是企業爲什麼選擇不加入IJV的理由——包含不進入特定國家或不與特定對象合作：

- （外國）企業對營運所在國缺乏經驗與知識；

- （外國）企業相信營運所在國的政治或經濟不穩定（風險因素同時適用於IJV和子公司的投資，詳見16.2）；
- 預測加入IJV的淨利將少於其他的替代方案——例如以獨資經營子公司的方式營運；
- 市場情況易改變——採行其他方案（如授權）能保有更多的安全感；
- 無法接受政府所提出的所有權或其他條件；
- 缺乏成功的必要因素——企業不相信它的合作伙伴，無法接受對方提出的條件；
- 企業害怕失去對於基本因素的控制——如行銷資料、原料來源、人力資源、技術；
- 企業已經是市場領導者，保持既有的競爭優勢才是當務之急（在這樣的情況下，建立獨資經營子公司是比較好的選擇）；
- 企業負擔不起必要的投資。

文化因素也會影響決策。在信任度低且擔心受外國影響的地方，一個外國企業的提議可能會被認爲是威脅，一位印尼經理人告訴我：

> 我們認為外國人會搶走我們的工作與地位，我公司裡就有過這樣的例子。有一次，我派遣手下的一名經理人離開公司，前往新成立的*IJV*任職（和一家美國企業共同組成）；當我第一次向他提起這件事時，他感到相當震驚以為我再也不喜歡他了。事實上轉調*IJV*，不但能承擔更多職責和我的信賴，還有更大的權力在那裡等著他。經過一番解釋之後，他終於了解。印尼人對於變化比較情緒化。

## 15.4 影響國際合資成敗的因素

企業越仰賴策略聯盟來實現自己的策略目標，便越願意投資於聯盟的成功。在IJV的案例中，這意謂著投資於尋找理想的合作伙伴需要時間與努力—如前言中的個案—公司賦予選擇過程的重要性越高，成功的機會也越大(Geringer 1991)。

Hung(1992)對於在東南亞地區營運的加拿大企業的研究發現，「最常被談到的困難是如何找對合作伙伴，對方應該有和己方相容的目標，而且必須值得信賴。」(p.353)

以下討論信賴的因素，信賴應該存在於：

母公司之間(15.4.1-2)
專案裡(15.4.3)
專案人員與母公司之間(15.4.4)
國外母公司與在地的環境(15.4.5)

### 15.4.1 母公司之間的信任

當合作雙方信賴對方有履行該專案的誠意，且將竭盡所能遵守彼此的協議時，該專案比較可能成功。

當合作伙伴越能彼此信賴時，他們越容易對以下內部的安排達成協議：

- 規劃時的策略考量；
- 管理風格與制度；
- 母公司之間、IJV與母公司之間、IJV內部、以及與外在環境的溝通系統(見15.7)；
- 與商業利益、目標、經濟規模的效果、時程表相關的因素(見

15.4.7-9)；

- IJV 成敗的評估：專案進行中和結束後的評估。

## 15.4.2 母公司之間的不信任與環境

不信任肇因於：

- 不夠充分的規劃；
- 母公司間的溝通問題；
- 母公司的國家文化與組織文化差異過大；
- 一方爲因應內部改變（如新策略、新總裁），對專案的態度起了變化；
- 一方爲因應商業環境的改變，對專案的態度起了變化。

最後一點須提及的是：母公司雙方分別在易變的環境裡營運，彼此的在地市場與競爭態勢不同，也面臨著不同的政治、經濟、與社會壓力，環境的差異使任何聯盟在本質上皆不太穩定。

假設合作對象所在國家的稅制突然改變，他們目前面臨必須在兩年內從聯盟身上獲利的壓力，而非原先雙方同意的五年。對方想重新協商這個問題以因應新的稅率因素，但是除非己方的環境也有類似的改變，否則己方極可能拒絕。

環境的不確定性是成立只著重於明確目標之短期聯盟的一個因素，合作雙方可能採行初期有限度的聯盟，以測試進一步投入更多的可能性並建立信任感。

這也有溝通上的含意。合作雙方皆應對己方所面臨的環境與對方溝通，並試圖了解對方的環境。

### 15.4.3 專案裡的信任

當專案裡的人員彼此信任，且來自雙方母公司的人員培養出綜效關係時，專案才算成功。在專案開始運作前，藉由將雙方母公司人員混合為同一個團隊，雙方會開始培養共享的組織文化，並交換非關鍵性的技術與營業資料。

在以下情形，將發生信任不足：

- 參加專案的人員忽視對方人員的需求與利益；
- 在地人員覺得自己受較強大的國外母公司之威脅；
- 人力資源與技術移轉政策方面的衝突（一方不願提供技術給對方）；
- 文化差異的矛盾。

### 15.4.4 專案人員與母公司之間的信任

當指派的人員有信心能得到總公司的支持時，專案才會成功。當允諾的支持無法兌現，或是員工覺得他們在公司裡的長期生涯展望不佳時，對公司將產生不信任的情形。

當高階經理人在組織內無法有效地傳達目標時，專案也可能受損害，部屬會認為他們的資源被抽離，而給予較少的注意力。

### 15.4.5 國外母公司與在地環境間的信任

IJV 必須與在地環境裡一系列的團體維持信任的關係，包含：

- 商會與工會；
- 消費者與消費者協會；

・股東；
・環保團體；
・供應商、配銷商、代理商；
・分析師與媒體；
・宗教團體；
・國家、省、市層級的政府與官僚。

一位外派胡志明市的經理人認爲：

> 越南市場相當有潛力，但是尋找可靠的在地合作伙伴共組合資企業、取得並評估資訊、協商合約與獲得政府許可都需要投入時間與努力……坊間對於在越南做生意有這樣的傳言：「政府為朋友解釋法律，卻對陌生人施行法律。」陌生人沒有在越南做生意的餘地。其外人投資法會根據政府對投資企業及其專案如何促進特定的經濟、社會目標等觀點而調整。[3]

## 15.4.6 類似的商業利益

前言中的個案清楚地指出，當潛在的合作伙伴與己方有密切相關的利益時，彼此的合作可能最有效。本節及後面幾節會分幾方面來解釋這一點：

・類似的商業利益
・互補與不衝突的目標(15.4.7)
・規模的一致性(15.4.8)
・時程表的一致性(15.4.9)

文化對 IJV 的影響，則於 15.5 討論。

假設你提煉石油，並計劃設立合資企業以發展工業用顏料，以下可能的合作伙伴中哪個最適合你的需求呢？

- 石油提煉廠
- 銀行
- 塑膠製造廠

和自己的利益正好一樣的競爭者結合通常沒什麼用處，銀行可以提供融資，但卻不具備相關的專業，而塑膠廠屬於相關產業，正好可以提供你所缺乏的技術與知識，雙方可以彼此學習。

成功的 IJV 之母公司應該有類似的利益，並從事類似或互補的事業，若雙方能貢獻所知，相互學習，彼此合作的收穫會比較大。當相同產業裡的企業希望藉由彼此在技術、制度與市場等差異獲得好處時，他們可能組成聯盟。

1993年，瑞士食品公司雀巢(Nestle)與其他企業共同組成了幾家合資企業，其中包含與可口可樂(罐裝咖啡和茶飲料)、General Mills(穀片)以及兩家中國大陸公司(一家是咖啡、奶精製造廠，一家是嬰兒調味乳、奶粉製造廠)的聯盟。[4]

## 15.4.7 互補和不衝突性的目標

當母公司與 IJV 有著互補性的目標，即這些目標不相互衝突時，合資較可能成功。

假如外國母公司希望 IJV 製造低成本的產品，並出口銷售至母國市場，而在地母公司則希望透過 IJV 提昇自己的產能，以開拓在地市場，這是沒有衝突的。然而，假如外國母公司後來決定採行新策略，將產品滲透至在地市場，因而形成與在地母公司競爭的態勢，衝突的條件就會產生。

### 15.4.8 規模的一致性

當一方欲憑藉著較好的資源能力，並以己方之利益主導專案時，母公司雙方的規模不一致會很重要。然而，網際網路與其他電子媒體商務的發展，使得企業有機會在極短的時間內拓展業務，而員工人數與實體資源的規模也不再是一家公司的財務與知識能力之精確指標。

在中國大陸一項針對「外國直接投資」議題的問卷調查結果顯示，中國官方所採取的態度受以下因素影響：投資者是否注重與政府的關係、IJV 的獲利、外國母公司的承諾程度、時間與地點、技術交換問題等；然而「投資者的規模大小似乎較不重要」(Thawley 1996, p.9)。

### 15.4.9 時程表的一致性

母公司必須有共同的時程表。假如母公司 A 和 B 雙方都準備投資五年的發展成本，專案相當順利，但是當母公司 A 在專案初期決定將利潤再投資，而母公司 B 卻要從它的投資裡獲得快速的收益時，矛盾便產生了。

## 15.5 文化影響國際合資的成敗

文化影響人們是否願意信賴潛在的合資伙伴。Shane(1993)針對 38 個國家裡美國分支企業對交易成本的認知，他發現證據顯示，低權力距離文化的成員較能信賴合資伙伴；但是在權力距離高、信賴度低的地方，人們需要更多的控制，擔心支付較高的交易成本，並且傾向於獨資。

### 15.5.1 與國家文化的一致性

文化也會影響人們對上述環境因素的認知。彼此商業利益是否相似（或衝突），目標是否能夠互補，規模的差異是否重要，以及該採用何種時程表呢？理論上，當雙方的文化較一致時，己方和合作伙伴對於這些事項較能夠取得共識。也就是說，由文化相近的合作伙伴組成的合資相較於文化不太相似的合資，較容易有成功的機會。

然而，並沒有兩個完全一致的文化。在某些方面類似的文化，在其他方面也可能有很大的差異—如 Hofstede(1991)的資料所顯示，芬蘭與瑞典文化規避不確定性的需求相似（分別排名 31/32 和 33），權力距離也相似（45 、 46 名），但是芬蘭文化的陽剛程度卻遠在瑞典之後（芬蘭排名 47 ，而瑞典則爲 4/5 名）。

Hofstede(1985)的假說指出，當兩個組織的文化能在陽剛與陰柔方面取得平衡，而權力距離與規避不確定性的構面接近時，組織之間才容易產生綜效(pp.355-6)，他引用英國與荷蘭的文化爲例（前者偏陽剛，後者偏陰柔，但其他特性相似）。組織構面相異的文化會出現最多的問題。因此，完全官僚文化（如法國、比利時）裡典型的公司與人員官僚文化（丹麥、紐西蘭、英國）的企業合作，相較於與韓國、薩爾瓦多等文化的企業合作，會面臨較大的問題；其中韓、薩兩國文化在權力距離與規避不確定性之需求兩方面相當接近法國和比利時，不過在其他方面差異頗大。

## 15.5.2 不同的組織文化

如果兩個母公司的組織文化相差極大，聯盟不太可能成功。當日本三菱(Mitsubishi)和德國賓士(Diamler-Benz) 專案進行策略聯盟的協商破裂時，媒體報導如下：

> 分析家指出，這項合作從一開始就承受壓力，因為兩家公司的結構根本上完全不同。賓士的企業規模比三菱小很多，傳統上具有相當嚴謹的管理結構，傾向於設定清楚的策略目標並穩步向前。而三菱則是由好幾個大公司組成的無一定方向之企業集團，內部派系對於較寬廣的政策時常意見不一致，使得他們的前進變得相當保守。[5]

兩家公司無法克服雙方在策略、結構與組織文化的差異。Fedor 與 Werther(1997)也談過類似的案例。

當組織文化相似時，母公司雙方指派參與專案的人員較能成功共事，這不表示他們的文化應該完全相同——這是不可能的情形。而是，他們必須對於對方如何處理事務感到舒服，有意願一起工作與學習，以及想尋求共同的解答。

## 15.5.3 國際合資如何影響母公司的文化

投入 IJV 專案可能經由產生新的國際觀而影響母公司的文化。當總部的員工因為新觀念與技術的匯入而受益，並對於環境所提供的機會培養出新的知識時，它的影響是有利的。

當人員外流至 IJV 而削弱內部凝聚力時，它的影響則是不利的。當員工對於未經訓練而無經驗的職責感到壓力沉重時，原本正面的文化可能因而式微，專案支持者將遭到孤立。

規劃與運作 IJV 會影響母公司的組織文化。為了回應參與 IJV 專案所產生的問題與機會，母公司必須重整並確認有效率的組織結構。Siddall 等人(1992)對英國石油公司(British Petroleum)個案之研究顯示，總部對於國際性參與的回應如下：

- 減少文書作業；
- 採用新的矩陣結構；
- 階層扁平化；
- 打破單位間的界線；
- 重新思考總部與國外單位之間的角色與關係。

國際性參與促使公司分權化，並發展出一種容易進入各單位及視個人知識為組織優先考量的組織結構。幕僚職位會減少，並簡化結構中相互依賴的程度。

## 15.6 由誰管理專案？派哪些人呢？

本節討論 IJV 的控制和管理問題。首先我們探討由誰管理專案，接著討論影響人員如何選擇的人力資源因素。

每個母公司都希望為了保護己方利益與達成目標，儘量行使必要的控制權。關鍵問題在於，如何在盡量減少干預 IJV 營運的情形下，達到必要的控制程度。

母公司之間在管理職責上的分配必須取得平衡。如果雙方皆試圖掌握每天所有的決策，衝突是必然的，因此每個母公司應該負責自己較強的領域。例如，一位在瑞士—美國合資企業工作的美籍經理人告訴我：

這個合作案一直相當好運，因為瑞士母公司肩負次要的角色，而美國母公司則願意且能夠擔任主要的角色。這對*IJV*的影響在於，所有訂貨、發貨、盤點、配銷、稅務與財務報表皆以美國的制度執行，而瑞士母公司的影響主要在產品走向的議題上。

高階管理人員應由哪個母公司負責？這取決於以下幾點：

- 一般而言，由資源能力最佳、最強大、資本投入最多的母公司；
- 視IJV的目標而定；由目標決定管理架構是相當典型的，著重行銷的IJV會由行銷人員率領，而著重研發的公司則以技術人員爲首(Lyons,1991)。

投入技術的母公司可能會認爲未保護的技術將被竊取，他們時常會擔心從另一個母公司來的經理人無法確保運轉和維修的正常。衝突發生在以下情形：

- 投入技術的母公司過度評價它的投入，且對於控制的範圍要求太多；
- 另一個母公司認爲這些技術投入過時或不重要；
- 投入技術的母公司轉移技術失敗；
- 保護行銷知識的需求（例如，在地母公司投入在地的行銷知識以平衡技術母公司的投入，然而隨著時間過去，當外國母公司開始自己接觸、建立資料來源時，在地母公司完全控制的優勢便減弱了）；
- 母公司及外部勞力市場之管理人才的可得性；
- 保障技術財產的需求：做較多技術投入的母公司可能要求高階管理的控制權，並且這些人員通常也配有股權(Blodgett, 1991)。

## 15.6.1 所有權和控制權能正好平衡嗎？

專案的CEO可能比較喜歡在母公司盡量少干預的情形下管理日常營運，即母公司只管制長期的策略議題。然而這在股權和管理職責以50/50的基礎分擔的情形下卻不太可能發生。

這種安排似乎很公平，但是當母公司意見不一時，可能導致僵局，使資源耗費在爭論表面議題與日常決策上。專案的CEO面臨相當大的壓力，他不能表現出對某個母公司特別偏愛。他不只必須管理專案，也必須管理母公司之間的關係。

## 15.6.2 專案人員具有異質性

專案成員可能來自好幾個來源。圖15.1提供了一個說明。外國母公司X位於P國，在地母公司Y與IJV專案則位於Q國。假設專案年限預計五年。

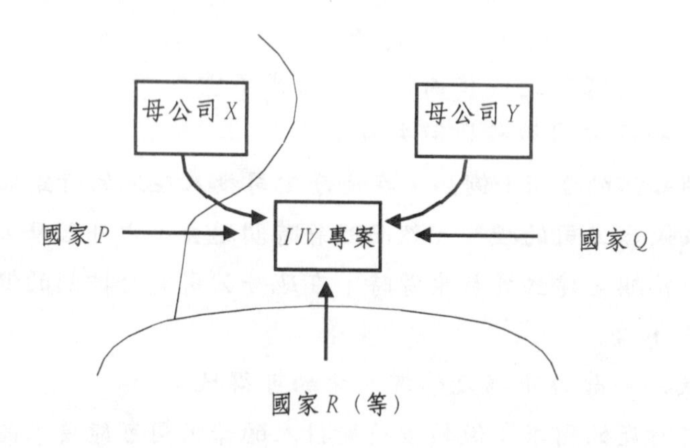


圖15.1 國際合資企業的人員選派

其 IJV 人員的選聘來自以下來源：

1 母公司 X 。五年後專案結束時，專案人員返回母公司 X 。
2 母公司 Y 。五年後專案結束時，專案人員返回母公司 Y 。
3 國家 P。專案人員由該專案僱用或母公司 X 僱用，僱用合約只限於專案存續期間。
4 國家 Q。專案人員由該專案僱用或母公司 Y 僱用，僱用合約只限於專案存續期間。
5 （第三國）國家 R 等。專案人員由該專案僱用或由母公司 X 或 Y 僱用，僱用合約只限於專案存續期間（見 15.6.3）。

人力來源越廣泛，誤解與衝突就越可能發生。

## 15.6.3 第三國的人民

爲什麼 IJV 要僱用與母公司沒有關聯的第三國人民（見上述第五點）呢？可能是因爲沒有一家母公司（及其母國）能夠以經濟的價格提供所需技術。Bjorkmanand Schaap(1994)注意到，在中國大陸的北歐企業比起北美企業更傾向於僱用第三國的人民，這也許是「因爲他們能招募具經驗的國際經理人才之來源較少」(p. 150)，不這麼做他們必須花費額外的尋找與僱用成本。

了解母公司雙方文化的第三國人民可以在中間扮演橋樑的角色，並擔任非正式的調停者。

重視（非母公司僱用的）第三國成員的 IJV 必須投資於激勵與獎賞他們。如果這類員工認爲他們和母公司來的人員在報酬分配上存在著差別待遇，他們表現出來的忠誠度會較低，任何指出他們是次等公民的暗示都會導致士氣低落。

### 15.6.4 當忠誠不協調時

員工有不同的組織與文化忠誠，不同的忠誠可能導致誤解與衝突。例如，如果母公司之間，或母公司X與IJV管理當局之間有糾紛存在，由母公司X派來的人員自然會傾向於將他們的利益置於專案的利益之上。他們希望專案結束後能返回母公司X，對於未來的僱用、升遷與退休金也都以母公司爲依靠。他們分享了母公司X的組織文化與價值觀，並認爲自己是P國的人民，屬於P國的文化。同樣地，暫時由母公司Y派來支援的人員也會站在他們公司的立場。

在母公司與專案有爭端的情況下，由母公司派來的人員會開始運作非正式的矩陣式結構，分別向IJV與母公司的經理人報告，這種非正式的雙重報告將逐漸損及專案CEO的權威。

直接由專案僱用的人員在專案存續期間內是獨立的，並未對其中一個母公司特別忠誠（除非他們希望被某家母公司僱用），他們的行爲主要受自己的生涯需求、國家文化以及專案裡逐漸形成的文化所影響。

這些團體的不同利益通常象徵著發生衝突的前兆，而專業、階級與文化等因素也使員工對於不同團體的忠誠更爲複雜。組織忠誠與文化忠誠度的競爭反映在：

- 員工之間的關係以及員工與專案管理當局之關係；
- 對專案目標有不同的詮釋；
- 對專案結果有不同的預期；
- 對適當的組織結構、管理制度與風格、工作規範與組織文化有不同的認知。

專案人員也屬於不同的專業團體，如果某種專業與某個文化團體有關聯，則專業之間的競爭可能被詮釋爲文化的衝突。

### 15.6.5 單一文化的解決方式

當所有IJV員工皆由同一來源引入時，衝突的危險將降低。如果所有員工都由在地母公司轉調過來，或是都由國外母公司轉調過來，他們的文化價值觀與經驗會較一致。

然而，在以下的條件下，此種情況不太可能發生：

- 母公司雙方都想控制某些營運，及試圖安排他們的人員在這些重點上；
- 在地政府堅持必須有一些在地的員工與技術移轉。

爲什麼IJV不採行單一文化的解決方式呢？較正面的理由是這提供了產生綜效(synergy)的可能性。

### 15.6.6 專案人事的均衡

人事的均衡並不表示由母公司X指派的行銷經理人必須與母公司Y所指派的行銷經理人達成均衡，反之，這可能意味著母公司X的技術經理人（反映母公司X保護其技術的需求）與母公司Y的行銷經理人（反映發展行銷能力的興趣）達成均衡。

使母公司、專案與專案人員等需求能夠均衡的人事安排有時候很難達成，以下是均衡的失敗造成母公司與專案內衝突的情況：

- 一家母公司試圖安排己方員工擔任所有重要職位來掌控局面；
- 一家母公司保留它最好的員工，將提供專門技術的責任丟給其他合作伙伴；
- 一家母公司試圖利用該專案來除去「朽木」與惹麻煩的人，或安插嚴格說來資格不符者(例如，母公司的總裁派資不夠完備的女婿擔任高階的職位）；

・一家母公司無法依約履行提供特定技術之義務。

不同母公司所處的國家，在技術與經濟發展上可能有顯著的差異，這個因素抑制了西方企業與中亞共和政體的企業合作——直到1991年，這些中亞國家仍與蘇聯緊密連繫在一起(Pomfret 1996)。這些國家缺少擁有基本行銷與會計能力、有經驗的經理人——在西方這些技能已經是常態，但在計劃經濟國家裡則否。

## 15.6.7 克服技術水準的不均衡

當母公司屬於不同技術與經濟水準的國家時，一家母公司可能無法提供必要的技術，這就會造成壓力。

當吉列(Gillette)和中國瀋陽的一家企業組成IJV時，中國的員工抱怨提高生產力的要求：

> 有些人辭職，甚至還有些人被解僱，這在中國是新鮮事。留下來的人報酬比在地企業的水準多出*25-50%*。此外，中國人敬老的觀念是一個問題，年長的員工不會聽年輕經理人的話。總經理曾說：「你必須選擇除掉經理人，或是除掉員工」。而解僱員工也需要與在地政權展開冗長的對話，他說：「你必須給他們一個很好的理由，而且他們會設法說服你不要這麼做。」[6]

較落後企業來的員工，在專案裡可能只是見習生，或擔任較強勢的母公司派來的有經驗同事之「跟隨者」，隨著時間過去，見習的員工才漸漸擔負起較重要的角色。

這種安排可以運作很好，只要各方（母公司、IJV管理當局與相關員工）：

- 有參與的動機；
- 事先規劃技術如何移轉，以及訓練活動應該如何執行；
- 對於執行的排程感到滿意。

第一點是關鍵，如果較落伍的母公司派來的員工認爲成爲見習生使其喪失地位，而且在專業上也沒有任何參與的理由，他們會缺乏投入的動機。例如，由政府機關轉調過來的員工因爲工作較有保障，免於競爭的衝擊，他們會認爲自己不需要提昇技能，在這種情形下，技能不易移轉。

## 15.6.8　激勵轉調的員工

由母公司轉調至專案裡的員工，在以下的情形將較有工作的動機：

- 有權選擇是否留在IJV；
- 認爲在IJV任職符合其專業生涯的利益。

Tretiak and Holzmann(1993)寫道，在中國大陸：

> 對於管理當局而言，讓在地經理人和職位差不多的外籍經理人得到相同的薪水是尊嚴上的問題，有時候中國的合作伙伴很難明白為什麼必須支付這麼豐厚的薪水來吸引有經驗的外國人。(*p.13*)

他們提議兩種解決方式：外國人以獨立的基礎支付報酬，避免以IJV的薪資支付；或由IJV支付他們薪水，外國母公司支付津貼與紅利，Chrysler、SmithKline、Beecham和Squibb皆以此種模式補償外派員工的薪資差異。其他解決方式還有：

- 由特別的安排中獲利：在前蘇聯解體之前，IJV的工作可以提供蘇聯人民到外國旅遊與賺取外匯的機會──除此之外，他們很難有這樣的機會(Rosten 1991)；
- 提供在職時的各種支持（見 18.4）；
- 適在地給予補償——報酬不公平導致員工憤怒是有害的。

## 15.7 母公司與 IJV 之間的溝通

規劃及實行 IJV 合約是否成功有相當大的程度取決於成功的溝通。溝通在下列領域需要管理：

- 在母公司之間；
- 在每個母公司和 IJV 之間；
- 在 IJV 內部；
- 在母公司（或 IJV）與外在環境之間（見 15.4.7）。

溝通有選擇性時最有效率，首先，這表示相關的團體應該避免

- 溝通不足
- 過度溝通

當不可缺少的重要資訊（其中包含技術）未被溝通時，IJV 的發展將受挫。當母公司害怕將技術引入 IJV 會爲別的母公司帶來優勢，因而拒絕傳遞技術資料時，容易導致專案的失敗。（實務上，母公司不太可能給予 IJV 自己最新的科技與最頂尖的技術人員）。

問題也會發生在各方過度溝通而溝通又不被優先處理時。在很多專案裡，往往犧牲資訊的品質來達成資訊流動的數量，然而越多不重要的資訊流入，經理人越不容易辨別，也越不容易果斷地根據這些資訊採取行動。溝通過程是昂貴的，直接與間接的溝通都需要成本（時間、精力）。

母公司對於專案裡發生的問題，時常藉由增加溝通次數的方式

來解決。當母公司覺得自己必須施加更大的控制時，經理人就會開始被電子或紙張的訊息所淹沒。然而，如果重大的困難沒有解決，溝通不但不能解決問題，甚至可能使問題惡化。

### 15.7.1 溝通計畫

**溝通計畫**定義了主要當事人之間的關係，並確定溝通責任的歸屬。以下三個參數取自基本溝通模式（表 7.1）：

- 誰（各母公司、IJV）負有與誰（各母公司、IJV）溝通的責任；
- 誰（各母公司、IJV）應該和誰（各母公司、IJV）溝通哪些主題；
- 訊息應該如何溝通（就形式而言，計劃必須指出適當的溝通細節；就媒介而言，在溝通時必須應用哪些具有橫向傳播的技術）。

就最後一點而言，能橫向傳播的技術能跨越組織界線（母公司之間、母公司與專案之間）來控制並整合資訊(Boynton 1993, p. 63)。但是此等技術的效果也可能被高估，Bartmess and Cerny (1993)指出：

> 實際上，電子郵件、傳真和電話溝通，只在初步關係已經建立之後，才能發揮良好的溝通效果，即使到了那個時候，這些方式仍然無法支援溝通所需要的豐富與持續等特性（以發展信賴關係）(*pp.94-5*)

溝通計畫也必須說明主要的當事人與環境之間的關係。即須詳細說明以下事項：

- 誰負有責任與外在環境的哪些團體溝通；

- 應該傳達何種訊息給環境裡的不同團體；
- 應該如何對外在環境傳達訊息。

溝通計畫會比較有效率，當它能：

- 建立信任關係；
- 有彈性，既能傳達例行的訊息，也能傳達複雜的訊息；
- 節省直接、間接的成本。

## 15.8 對經理人的涵義

以你的經驗而言，文化的價值觀對於IJV之規劃與執行的影響力有多大？和其他因素比起來，文化的重要性如何？根據你對於現有或已結束的IJV專案之認識，試回答以下問題：

1 為什麼母公司決定以合資的方式組成IJV？
- IJV的合資提供在地母公司哪些優勢與劣勢？
- IJV的合資提供國外母公司哪些優勢與劣勢？

2 為什麼該IJV專案會成功或失敗？
- 從在地母公司的觀點來看，有哪些因素影響著IJV合資的成敗？
- 從國外母公司的觀點來看，有哪些因素影響著IJV合資的成敗？
- 在簽約的階段透過更多的合作與更好的規劃能否避免失敗？
- 什麼文化因素會影響成敗？
- 還有哪些其他的環境因素有影響力？

3 根據以下項目，說明你對於專案中用人問題的看法。
(a)員工由在地母公司派遣；
(b)員工由國外母公司派遣；
(c)員工從在地母公司的所在國聘僱；
(d)員工從國外母公司的所在國聘僱；
(e)員工從第三國聘僱。

4 在專案裡，是否可以執行哪些培養人力資源、縮短員工文化差異的政策？

這些政策能夠多成功？為什麼呢？

5 試描述專案內部、母公司之間、母公司與專案之間、以及對外在環境的溝通情形。
溝通如何影響專案的成敗？

## 摘要

本章探討影響 IJV 之規劃與執行的因素。

15.2 列出幾種策略聯盟的替代方案，並指出許多 IJV 短期的財務績效時常是不成功的。15.3 討論爲什麼企業想要組成 IJV——即使困難重重。

15.4 討論影響 IJV 成敗的因素，其中包含相關團體之間的信任因素，以及組織控制範圍以外的因素與外在環境因素，其中一個相當顯著的環境因素：文化，並未在此節討論，另於 15.5 中探討。

15.6探討誰來控制與管理專案，並探討從母公司或其他來源尋找員工的問題，員工可能來自非常不同的文化。15.7 節說明溝通計畫如何縮短專案內部、母公司之間、母公司與專案之間、以及專案與環境之間的文化差異。

## 習題

本習題練習準備溝通計畫。

1 試檢討你對本書第十一章習題的解答——管理學院與 Acme Hotels 之間的協商情形。

2 假設 IJV 如預定計畫執行。

3 對以下情形，有哪些溝通上的涵義呢？

在專案內部？
母公司之間？
專案與各母公司之間？
與外在環境？

雙方有哪些溝通需求？你預測會發生哪些問題？

4 試準備一個能解決你預測到的問題之溝通計畫。

## NOTES


1 Roy Eales, "Partners for richer or for poorer," *Independent on Sunday*, March 18, 1990.

2 "German SMEs keen on JVs with India," *National Herald* (India), February 14–20, 1997.

3 Michael J. Scown, "Manager's journal: barstool advice for the Vietnam investor," *Asian Wall Street Journal*, July 15, 1993.

4 John Templeman et al., "Nestlé: a giant in a hurry," *Business Week*, March 22, 1993.

5 Richard E. Smith, "Daimler-Mitsubishi divorce?" *International Herald Tribune*, March 7, 1991.

6 "Smooth shave in a 'small' market," *Asiaweek*, January 18, 1991.

第十六章

# 總公司與子公司

前言
多國籍企業的風險
總公司與子公司的關係
跨國發展
外派或起用在地的經理人？
在地經理人
對經理人的涵義
摘要
習題

## 16.1 前言

德國藥廠拜耳(Bayer)第一次提議在台中港建化學廠時，官方的回應相當謹慎[1]，因爲從前杜邦(Du Pont)在鹿港建廠的計劃曾經導致在地居民史無前例的示威抗議，居民擔心工廠將破壞附近環境。台中是個小型的傳統型城市，政府要避免重蹈鹿港的覆轍。

拜耳決定他們應該和在地社區建立良好的關係，於是公司高層親自拜訪台中地區有影響力的領袖、耆老、與知名人士。他們表現出對於議會主席的尊敬，在傳統的中秋節，拜耳花了 10,000 美金到附近最有名的糕餅店購買月餅，當公司方面的代表拜訪在地居民並分發月餅時，他們也解釋公司的計劃、對環境預期的影響，以及對當地社區潛在的經濟利益。

這種方式是否能獲得初步的接受並建立持續的關係仍須觀察，然而，這在在說明了一個想在不熟悉的文化環境中建立良好關係的企業第一步應該採取哪些行動。

本章由討論多國籍企業須贏得在地的接納開始，接下來討論起用在地經理人或外派等相關問題，接著探討母公司致力於控制的一般性問題。

## 16.2 多國籍企業的風險

多國籍企業（Multinational Company）定義爲將總公司設在一個國家，並且在其他一個或多個國家中擁有或控制著從事生產或提供服務的子公司之企業。

一般而言，企業會選擇投資在報酬最高、風險最低的地方。

Shan(1991)發現，美國公司較可能投資於「感覺做生意的不確定性」最低的國家。(p.559)

以下因素對不確定性有明顯的影響：

- 潛在市場以及與市場的接近性
- 天然資源的可得性與成本
- 通訊設施與其他基礎建設：公用事業
- 熟悉在地的商業文化
- 鄰近新興市場
- 對於在當地營運的風險之認知
- 勞力
- 經濟與金融情勢及提供的誘因

在過去，是否能獲得便宜的勞力是優先考量，但近年來美國製造商漸漸投資於能提供國際生產水準的國家，即使這些可能是高薪資的經濟體。1995年Deloitte and Touche顧問公司的報告發現，瑞士是最受美國製造商青睞的地點，其次是巴西，再其次是英國。

金融情勢包含稅制、補貼和退稅；進駐低度開發地區發展的誘因；對於市場開發的一般建議；收入匯回國內的容易度；關稅；免於因法律差別待遇而受到損失的保障；以及免於被徵收的保障。

既不能提供保障又無誘因的國家，很難吸引外資。Schellekens(1991)列出某些企業不願投資在非洲許多地區的原因：

- 缺乏吸引力的投資氣氛
- 債務問題與經濟成長緩慢
- 對於其文化的負面認知
- 管理人才的供需差距
- 缺乏技術與對於國外投資的知識

上述清單中有多少是沒有根據的刻板印象呢？多國籍企業和政府的關係相當複雜，每一方都必須了解與回應對方獨特的特性，沒有人可以期望能在其他地方複製同樣的策略(Murtha and Lenway 1994)。

## 16.2.1 政府對風險的認知

政府通常比較喜歡保證提供技術移轉與訓練的投資計畫，在中國大陸就是如此(Woodward and Liu 1993)。投資者越大，並且對於持續的發展有相當的承諾，越可能得到特別的優待。

當地主國政府或子公司不能滿足某些條件時，關係也可能轉壞。在下述的情形裡，子公司將變成不受歡迎的外人：

- 威脅到國家的成長或國防
- 發展獨占地位，扼殺在地的競爭
- 攻擊影響力強大的的在地獨占者
- 不適當地將利潤匯回本國
- 從在地企業裡僱用有才能的在地人
- 對在地政治與法律發揮不正當的影響力
- 對在地文化發揮負面的影響力

最後，當子公司無法滿足合約的技術移轉條件時，信任也會瓦解。以馬來西亞政府於 1981 年開始推展的東向政策就是歷史上的實例，政府部門受到指示將合作重點由傳統的西方企業，轉移爲日本與韓國的投資者，因爲日韓企業能提供相當有利的稅率讓步與其他技術移轉、訓練馬來人民的合約。

這個政策只獲得有限的成功，只有次級的技術被移轉，到東亞受訓的工程師回去後抱怨他們被當作廉價勞工對待，日本企業和韓國企業都一樣冷淡。一家日本大學的調查顯示：

> 經理人給馬來西亞員工打的分數只有 *19%* 及格，而在「用心工作」的項目裡，他們只給 *5%* 的馬來西亞員工及格。在「調適環境改變之能力」的項目，沒有一個經理人給馬來西亞員工較好的分數(*Clad,1991* ， *p.63*)。

該政策也沒有達到預期的經濟利益，幾年來與日本的貿易逆差不降反升，馬來西亞 17 億的貿易逆差到 1985 年爲止已提高到 36 億(Clad 1991 ，p.62)。後來該政策漸漸被放棄，到了 1990 年，西方企業又重新獲得影響力。

政府與企業雙方對於自己與對方的利益都必須務實。不幸的，隨著時間過去，他們的利益可能重新修正。這些轉變也許來自內部的因素（如政府的改變或策略有新的優先順序），也許是回應環境的改變。當彼此的利益顯著分歧時，企業便不再受歡迎了(Akhter and Choudhry 1993)。

## 16.2.2 環境風險

內部風險曾在 5.2.8 討論過，在這裡我們探討**環境風險**。環境風險定義爲外在環境事件對企業執行策略、達成目標的能力產生不良影響的威脅。當政府採行以下措施時，將使企業遭受環境風險：

- 差別稅率
- 進出口管制
- 不適當的罰款
- 干預企業營運
- 法律訴訟
- 來自在地公共部門不公平的競爭

最壞的情況是子公司的資產被沒收，被迫撤離該國。只有一家或少數企業被沒收資本的情形稱爲徵收(expropriation)，而某個或數個產業中的所有企業皆受影響則稱爲國有化(nationalization)。只有一家或數家公司受懲罰的風險稱爲個體風險(micro-risk)——例如在1985年秘魯政府徵收Occidental和Belco兩家公司。一般的風險稱爲總體風險(macro-risk)；在伊朗革命裡，大部分的外國子公司都被收歸國有。

在曾有革命、恐怖行動、激進的政策改變歷史的國家裡，其政治風險最高，企業最不能信賴這些政府所保障的安全。Borner、Brunetti和Weder(1995)將政治可靠度劃分爲1-6級——其中1指的是完全可信賴、可預期的政府，他們在1981-90年間調查的10個政府之中，新加坡和馬來西亞被評量爲可信度最高的國家，而阿根廷與瓜地馬拉則最低。然而，Thawley(1996)主張，政治的信用評等與實際的民間投資和經濟成長並無關聯，他們忽略了對未來成長的預測。

## 16.3 總公司和子公司的關係

管理子公司的風險問題點出了總公司施加適當控制的必要性。Hari Bedi曾描述大部份多國籍企業的總公司將控制的概念解釋爲「北韓的『yuilsasang』(指意識形態的統一)或所有的心臟同一節奏地跳動」。然而，過度堅持一致性將限制創新的動機。在不穩定的產業裡，分權可能更好。

Stewart(1995)曾提出子公司自行管理的個案：

> 一家加拿大子公司的總裁提出這樣的看法：「問題在於分權式的賦權關係需要母國的管理當局有極大的自信和特定的心態，賦權不是一種管理風格，而是一種哲學觀。」(*p.69*)

當子公司有強烈的正向文化時，員工才有動機進行自我管理；以Stewart 的措詞來說，這表示他們有空間(Space)、憧憬(Vision)、價值觀(Values)和所有權(Ownership)的感覺——也就是組織成敗和自己有利害關係。

但是子公司不可能完全獨立自主，總公司總是會保留一些殘餘的控制力。策略自主的界線必須受到所有相關團體的同意、不時溝通與遵守；如果沒有被遵守，將有損於子公司的文化——例如，原本子公司被允許有自我管理的自由，但是當在地的主動創新造成總公司其他部分的問題時，子公司的行爲又會遭到壓制。

總公司的控制與子公司自我管理之間適當的平衡，受到以下因素的影響：

・產業因素(16.3.1)
・技術因素(16.3.2)
・文化(16.3.3)

## 16.3.1 產業因素

企業跨越市場界線銷售世界性的商品時（如可口可樂），規模經濟的機會將會迫使它趨於集權化。如果商品在每個地方都有一樣的特性，在地分公司的主動權必須加以限制；但是假如企業銷售不同的產品到不同的國家市場中，子公司比總公司更了解在地的需求，如果產品發展和行銷交由在地處理，子公司將能對在地的需求做更快速的回應，在這種情形下，總公司必須具體指出哪些產品發展和行銷的領域是子公司應該自我管理的，這相對於諸如資金通常由總公司統籌的集權管理。

## 16.3.2 技術因素

過去企業界的慣例是新技術在總公司裡發展，因應各地的消費需求並加以調整後，再傳給子公司。藉由集中控制技術，多國籍企業最能保障技術免於遭到竊取或濫用。

近年來情況漸漸改變；在競爭者流動率高、有許多競爭者進入與退出市場的產業裡，快速的回應很重要，子公司沒有時間等待總公司批准每一項決策。Asea-Brown Boveri 的每個子公司皆扮演著以技術爲重心的利潤中心。有些多國籍企業設立的海外據點之主要責任便是進行研發。Birkinshaw(1995)指出，在加拿大的全錄(Xerox Canada)分公司會根據命令將原料研發的結果應用到全公司的產品上，而不只針對在地產品，以及加拿大的 Black & Decker 分公司會主動發展 R&D 設備，並透過本身開創的努力去瞄準全球市場。

什麼因素造成這種政策的改變呢？首先，公司能節省耗費於推廣和調整的費用；其次，技術的生命週期縮短許多，在許多情況下，這使新技術的潛在價值變低，被竊取的潛在成本也變小；第三，沒有儘早將技術引入市場的成本也較低了。

Chiesa(1995)支持最後一點，他指出 R&D 的分權最常發生在須回應市場的壓力時，子公司藉由以在地爲基礎來發展技術，將能使評估在地的需求與回應變得更快。歐洲與日本的電信公司皆將軟體發展與工程單位盡可能設在距離主要的美國顧客最近的地方。決定 R&D 是否能夠在地化的因素包含是否能找到技術人員。

R&D 的分散對總公司有經濟上的吸引力，並且能對在地的技術人員有賦權的效果——這是 Malone(1997)提出的觀點。當子公司位於低度開發的經濟體時，這對於在地技術的成長將有強力的效果。

### 16.3.3 文化與控制

控制的需求明顯受國家文化的影響。Hofstede(1984a)的模式顯示，當總公司的國家文化具有高度規避不確定性之需求時，總公司對於子公司的獨立越沒有安全感，集權的傾向便越高。這可以解釋爲什麼日本子公司的外派人員比例高於歐洲或美國的子公司（見16.5.1）。

Rosenzweig與Singh(1991)根據Hofstede的模式發展出幾個假說，例如：

- **多國籍企業的子公司和地主國其他企業的文化之相似度，與總公司之國家文化對不確定性的容忍度呈正相關；**
- **對正式控制機制的依賴程度，與總公司及子公司之間的權力距離呈正相關。**

因此，當母國的人能容忍模糊的情形時，總公司會允許子公司擁有較高的自主權。當子公司能自由地回應在地的情勢時，它所培養出來的管理與行銷制度將顯示在地的優先考量優於總公司文化的優先考量，回應環境的方式幾乎和本土企業一樣。但是當總公司的文化反映出有高度的規避不確定性之需求時，將對子公司採取較高程度的控制。

### 16.3.4 官僚體系的控制與文化的控制

Jaeger(1983)將總公司控制子公司的風格區分爲二：

- **官僚控制**(Bureaucratic Control)
- **文化控制**(Cultural Control)

當總公司透過客觀的規定來管理選才、聘用、訓練、報酬、及約束個人的行爲與產出時，我們說它採用的是**官僚控制**。這類型的控制經常透過書面的手冊、指示和報告，訓練受限於教育這些手冊和特定的技術能力。美國、其他英語系文化以及西方企業較喜愛這種控制方式。

**文化控制**的目的在於子公司應該即時複製總公司的文化。文化控制透過內隱的規範來執行，這些內隱的規範能說服員工信奉組織的價值觀。手冊只被用來作爲訓練的工具，比較強調培養員工對組織規範與價值觀的體認，並藉著安排新員工與老員工的私人互動，將新人融入共有的文化裡。日本的多國籍企業傾向於使用此種控制方式。

塑造文化控制的辦法在子公司設立初期可能最爲劇烈，這些辦法包含：

- 大量的外派人員扮演楷模的角色；
- 員工社會化方案；
- 子公司與總公司相互參訪；
- 企業研討會；
- 社交活動（Yeh(1991)對於日本、美國企業的台灣子公司進行過研究，發現一起進餐、野餐、團體旅遊、團體運動等社交活動在日本的子公司較爲頻繁、有計劃）。

## 16.3.5 這些控制系統的優缺點

上述辦法指出施行文化控制的成本頗高，採行官僚式制度的企業則不須負擔這些成本，而且子公司有較大的自由可以配合在地的實務來做生意，也有較大的彈性使自己適應在地的法律與文化。

採文化控制的企業會致力於誘導員工在較深的心理與文化層次接受總公司的價值觀。當公司與在地社會的利益被認爲衝突時，可能造成在地員工的士氣降低，忠誠度因而下降。官僚式控制不會導致這樣的矛盾，因此也不會讓員工產生這樣的心理壓力。但是卻可能發生相反的問題，由遠方傳眞來的控制並不能在最重視主管與部屬之私人關係的集體主義文化中贏得忠誠。

## 16.3.6　控制系統和國家文化的關係

美國的多國籍企業採行官僚控制，而日本的多國籍企業則採行文化控制，這樣的發現並不令人意外。對於子公司獨自營運所產生的不確定性與壓力較能接受的總公司，會選擇官僚控制。在Hofstede的模式裡，這些特徵和較低的權力距離與較低的規避不確定性之需求有關——美國文化就具有這樣的特點。另一方面，日本人對於文化控制的需求，則反映出集體主義高度規避不確定性之需求與高度的背景脈絡等文化價值觀。然而，美國企業和官僚控制的相關性、以及日本企業與文化控制的相關性並不是永遠適用。

當總公司致力於控制技術與專業知識時，除了必須確保資源得到有效使用之外，亦須保護自己的智慧財產權。我們以一個反面的例子來說明技術的控制與文化之間的關係——在以下的個案裡，日本企業未擁有技術知識，因此也無法施行文化控制。在西元1989與1990年，新力(Sony)與松下電器(Matsushita)分別接管了兩家好萊塢電影公司，即哥倫比亞影業(Columbia Pictures)與MCA；新力只派遣一名經理人前往哥倫比亞，松下則未更換MCA的管理團隊，只派遣少數日本員工前往，而這些員工也不涉足攝影棚。

這兩家日本多國籍企業對於娛樂事業的經營具有相同的特性：

> 母公司對於該產業明顯不熟悉。當日本企業在國外經營一家工廠時，他們扮演的是老師的角色，帶來先進的製造方法；但是在娛樂業，情形就不同了，美國人是老師，日本人才是學生。新力和松下判斷如果他們要留在娛樂事

業，就必須以美國的方式來做事，不能管東管西，應給予美國經理人自由經營的權力——對於習慣於凡事親自掌控的日本老闆而言，這不是令人舒服的作法。

兩個併購案的結果都是悲慘的。新力的呆帳及五年內其他損失一共高達 32 億美元，而松下則於 1995 年 6 月出售 80%MCA 的股權給 Seagram。上述個案的寓意是，在學習他國的控管風格時，宜加倍謹慎，尤其當你不懂得如何應用時。

許多企業對於平衡己方的控管需求與在地的文化需求變得越來越有經驗。Yuen 與 Hui(1993)發現，日本子公司在新加坡採取的人力資源政策包含了不少新加坡的影響成分，企業保護自己面對陌生的地主國文化的方式是採行大規模的地方化策略（用在地的手段解決在地的問題，特別是與管理相關的問題）。

在避免工會的相關問題方面，他們將重點放在員工的滿意度與溝通上，先取得員工滿意，以避免組織裡發生工會運動。

另一方面，美國子公司所採取的政策則反映出人力資源管理(HRM)的勞動市場模式以及總公司較大的影響力，他們採用自己所熟悉的反工會政策及避免工會的形成。

## 16.3.7 溝通方案

官僚控制有一項涵義，即多國籍企業必須發展出一種標準化的溝通方案，以利總公司與子公司協商彼此對於目標、資源、外在環境與策略優先性之不同認知。如同國際合資所發展出來的溝通方案一般（見 15.7.1），此方案亦著重於關係與職責。我們採用基本溝通模式（表 7.1）的三個參數：

- 對於某個特定的主題，（在子公司／總公司裡）「誰」有責任和（總公司／子公司／其他子公司／環境）的「誰」溝通；

・什麼主題應該由誰傳達，對誰傳達；
・訊息應該如何溝通：用何種媒介較適當；何種程度的技術性細節較適當。

溝通方案的成效應該以哪些標準來衡量？方案必須能

・建立總公司和子公司之間的信任關係；
・當資訊屬於非例行性且較複雜時，溝通方案必須能夠傳達複雜的訊息，並且能包含感受與情緒，因此不能是標準化的形式；
・使子公司能彼此溝通（如同在跨國企業裡——見16.4）；
・節省直接與間接（如時間）的成本（多國籍企業必須避免溝通不足和過度溝通）；
・適當性——如同所有溝通的情形（適當性，在這個背景下，決定於母公司之控管需求與子公司之自我管理需求，以及產業、技術因素、以及文化所施加的影響）。

多國籍企業可以藉由訊息形式的標準化來促進溝通。Royal Dutch Shell跨越子公司的界線而建立策略規劃系統，將策略規劃的形式加以標準化，使跨越國界來溝通地方性的策略議題變得更容易。

## 16.4 跨國發展

上一節清楚說明了商業環境的快速改變使總公司和子公司之間的傳統關係產生改變。Bartlett and Goshal(1989)將海外營運的企業分為四類：全球企業(Global)、多國籍企業(Multinational)、國際企業(International)、和跨國企業(Transnational)。

・**全球企業**　如Kao與NEC等日本企業即為典型的例子，企業的主要功能集中於總公司—包含行銷和財務。總公司發展新技術並散播至子公司，透過規模經濟與全球規模的營運達到成本優勢。對效率和經濟規模的要求意味著，產品的開發會跨越國界，特殊的地方性需求往往遭到忽略。

- **多國籍企業**　總公司決定財務政策，除此之外容許子公司有相當大的自主權，自由決定其管理風格以及對於在地需求與市場的回應。例子有聯合利華(Unilever)和飛利浦(Philips)。
- **國際企業**　總公司對於子公司的管理制度和行銷策略保留相當大的控制權，但控制程度較全球企業低。為母國市場開發的產品與技術，會擴充至具有類似市場特色的其他國家，接著再散布到其他市場。總公司以儘可能有效率地管理產品生命週期為基礎，決定開發市場的優先順序。
- **跨國企業**　形成於1980年代，以因應環境壓力與對於全球效率、國家反應能力、及向全世界學習等要求。跨國模式結合了多國籍、全球、與國際模式的特性，將產品設計為具有全球性的競爭力，同時也兼顧產品的差異性，由各地市場加以調整以符合各地的需求。國際企業是在總公司開發產品，接著再傳到子公司，跨國企業的程序可能相反。透過子公司之間的相互依賴，會將資源加以分配與整合，包含技術和管理能力。

Bartlett and Goshal 精確地定義了這四個名詞，但是近年來在許多文獻裡，這些名詞的意義則含糊不清，「全球」有時候被用來指任何規劃的策略將用於一個國家以上，而「跨國」一詞則指「多國籍」。Eom(1994)將他的論文命名為「跨國管理制度：全球策略管理的新取向」。本章採用 Bartlett 和 Goshal 的定義，避免使用上的混淆，以下著重於跨國企業。

### 16.4.1 跨國企業的矛盾

跨國企業是爲了因應環境持續的改變而逐漸形成，它包含了在各地具有高度彈性的單位，同時這些單位也緊密地整合。這種明顯的矛盾是透過學習和調適的程序加以解決。

每個單位在在地中學習，接著設法使這些學到的知識爲整個公司所理解，同時各單位也有責任將從其他單位身上學得的東西加以運用；它們分享的不只是元件、成品與資本的流動，更包含從各地獲得的技術與知識。

16.3.2 描述的技術發展程序在此處相當重要。瑞士電訊巨人Ericsson曾經在澳洲的電訊市場中學習，並將經驗傳回母國，接著將之應用到全世界(Bartlett,1992， p.273)。該公司曾經發展出：

- 組織各單位之間資源與職責互相依賴的關係；
- 一套強烈的跨單位整合辦法；
- 強烈的企業認同與發展良好的世界性管理觀(Bartlett and Ghoshal 1988)。

在跨國企業裡，較少由總公司提出策略後再來與子公司協商，而是後者「建議，接著由中央協調、評論、與核准，進而提撥預算」(Trompenaars 1993， p.174)。這蘊涵著在這種新企業裡，經理人應扮演的角色。

### 16.4.2 跨國企業的子公司之經理人

子公司經理人的角色被重新定義。他們仍然負責在地的績效，但是現在也負有整合在地子公司與公司其他單位的責任，並且更爲關心企業整體的競爭地位(Roth and O'Donnell)，以及應提供在地的營運知識，以提昇總公司對於各地營運的整體知識。

松下電器(Matsushita)長久以來一直保有讓子公司的經理人親自飛到日本總公司來聯絡、與其他子公司經理人一起接受訓練的政策，但是到了 1990 年代早期，這些拜訪又多了一項新的功能：

> 公司每年開始從海外子公司調派 *100* 名外籍經理人到日本的辦公室與工廠，他們在那裡自然可以學到許多，但是主要的目的在於震撼眼界狹小的日本經理人，使他們學習如何與外國同事相處與處理外國議題。[5]

當企業建構成由廣泛的來源來匯集知識時，傳統的控制觀念由於是單向的程序，必須重新思考。

## 16.4.3 跨國企業的人力資源管理

在創造知識很重要的年代裡，人力資源經理人常被問到的老問題是「我們可以在哪裡找到執行 X 作業的人才？」，如今被問到的策略性問題則是「我們的人力資源能提供哪些策略性優勢？」和「我們應該規劃何種作業，才能最有效能地應用我們的人力？」這反映了以資源爲基礎的廠商理論，認爲跨國企業是子公司之間資源交流的網路。在實務上，「策略會決定資源如何在各個子單位之間交流分配。」(Taylor 等人， 1996 ， p.967)。

人力資源經理人現在身負在子公司之間分配這些人力資源的策略性功能。以 Welch 的話來說──見 16.2 節──跨國企業採取以全球爲中心來進行培訓與用人的策略，經理人必須能夠以整個公司爲舞台來施展專業技能，這有訓練上的意義，詳見第 19 章。

這些經理人必須具有彈性，並且應樂於參與規劃跨單位的職業生涯。Trompenaars(1993)評論道：

> 能成功調適集權與分權之矛盾的企業，將能學到如何

對員工進行國際性的調動（特別是高層級的員工）、如何在多語言的環境下運作、以及如何在全球多個地點上做成決策與散播影響力。(*p.171*)

## 16.5 外派或起用在地經理人？

上節說明了成功的風險管理與適當的控制有相當程度取決於人力資源的有效規劃。從宏觀的角度來看，無論企業屬於全球型、多國籍型、國際型或跨國型企業，總公司都是透過選擇子公司的高級管理人員來行使控制權。

底下我們將以外派或起用在地經理人擔任高階管理職位之影響因素來探討這個議題。

Welch(1994)曾劃分總公司對於子公司的幾種用人政策：

1 **母國中心政策(Ethnocentric Policy)** 指派總公司的經理人擔任重要職位。
2 **多中心政策(Polycentric Policy)** 指派在地經理人擔任重要職位。
3 **區域中心政策(Regiocentric Policy)** 使用區域的人員擔任遍及該區域的重要職位。
4 **全球中心政策(Geocentric Policy)** 以公司在世界各地最佳的員工來擔任世界各地之重要職位——包含總公司。

方案3、4特別適用於跨國企業的管理。方案1、2可以有更廣泛的應用，不過此處我們做此區分已足夠了。

## 16.5.1 派員模式

不同的文化對於外派或指派在地人員的偏好不同。美國和歐洲的多國籍企業和日本企業相比，在海外的子公司通常任命較多的在地經理人、較少的外派人員。Tung(1982)對於許多地區（非洲、加拿大、東歐、遠東、拉丁/南美洲、中/近東、美國和西歐）之人員調派分析發現，相較於歐洲企業（指派歐洲人）與美國企業（指派美國人），日本的多國籍企業較可能指派日本人或總公司所在國的公民擔任海外子公司的高層管理職務，。

日本人外派本國人擔任子公司職位的偏好可以從文化的觀點來解釋。日本經理人通常比美國經理人具有更高的不確定性之規避需求，因此他們常常選擇語言、價值觀與總公司相同、風險較小的本國經理人來管理子公司的營運，並不是什麼令人驚奇的事。

## 16.5.2 派員控制

以Tung的資料爲基礎，Kobrin(1988)認爲，美國人退出子公司的管理已達太過頭的程度；總公司較無法施行控制，而且外派人員的減少也有策略上的涵義：

> 首先，如果大部分的員工是在地人，那麼他們對於遍及世界的其他單位可能缺乏完整的認識與認同，對組織的目標也可能缺乏瞭解。其次，在許多多角化的多國籍企業裡，人事是總公司關鍵的策略性控制工具，因此外派人員實質上的減少對於控制會有負面的影響。最後，在許多美國企業裡，經理人已經有在海外工作的經驗，具有在國際化環境下工作的專業。(*p.64*)

第二點不只適用於美國企業，對任何國家的企業而言，海外管理的經驗越少，外派人員的管理技能也會越低。

實務上，並沒有適用於所有情況的一般化法則。對於任何企業而言，答案取決於與產業、市場、公司、總公司與子公司的文化有關之因素。如以下所述，決定性的問題在於：

- 在何種背景下，最需要總公司的控制？
- 在何種背景下，最不需要總公司的控制？
- 外派人員或總公司的人事政策能提供多少必要的控制？

換言之，嚴密的控制並不一定必要，以在地人來管理也可能較有效能且划算。接下來我們討論這些替代方案。

### 16.5.3 外派的優點與缺點

**外派總公司的經理人**去管理國外子公司的營運有何優缺點呢？以下是幾項潛在的**優點**：

- 總公司的控制較大；
- 總公司的組織文化較能傳播到子公司；
- 總公司人員能獲得更多的海外經驗（使總公司更爲國際化）；
- 總公司對在地的需求會較敏感；
- 總公司較能控制在地管理與技術等技能的水準；
- 總公司有較大的能力保護技術資產與確保營運水準；
- 藉由總公司人員的統籌管理，子公司之間可以有較緊密的聯繫；
- 總公司與子公司之間的溝通程度較高；
- 總公司較能在關鍵性的時刻控制子公司的營運——例如在子公

司草創或衰弱的階段。

潛在的缺點則有：

- 在地員工較沒有管理的機會；
- 當外派的經理人不了解在地的政治情勢時，政治風險可能因而增加；
- 外派人員需要時間去培養與在地的關係；
- 外派人員對於在地的市場較不敏感；
- 外派人員可能不精通在地的語言；
- 外派人員對於管理在地員工的經驗較少；
- 必須提供適應文化的訓練；
- 產生各種外派的成本；
- 外派人員可能需要較高的薪酬；
- 外派人員與在地人員薪酬不等可能讓在地員工有不好的感覺。

### 16.5.4 起用在地經理人的優缺點

起用在地的經理人來管理國外子公司的營運有何優缺點呢？潛在的優點有：

- 多國籍企業能「國際化」，特別是子公司經理人調回總公司時；
- 子公司獲得獨立控制的機會；
- 在地經理人受到栽培，並獲得管理的機會；
- 在地經理人有較好的在地關係；
- 由在地經理人與政府官員接觸，可降低政治風險；
- 在地人對於在地市場的經驗較豐富；
- 不需要提供適應文化的訓練；

- 避免外派的成本；
- 在地人可能只需較低的薪酬；
- 可以避免外派人員與在地人員薪酬不等讓在地員工產生不好的感覺。

潛在的缺點有：

- 總公司的控制減弱；
- 子公司比較可能發展出與總公司不同的組織文化；
- 總公司員工缺乏海外工作的機會（總公司較為地方性）；
- 總公司對在地的需求較不敏感；
- 總公司較不能控制在地的管理與技術等技能的水準；
- 總公司擁有較少的能力去保護技術資產與確保營運水準；
- 子公司（各由在地人管理）之間的聯繫較難維持；
- 總公司與子公司之間的溝通程度較低；
- 總公司較不能在關鍵性的時刻控制子公司的營運——例如在子公司草創或衰弱的階段。

### 16.5.5 何時外派或起用在地經理人會較好？

何時應該指派總公司的經理人去管理子公司？何時又應該起用在地的經理人呢？

這個問題並沒有適用於所有情形的正確解答。若總公司想要嚴密的控制，就必須準備負擔成本。以下是個假設的例子：有一家生產軟性飲料的公司，它的產品行銷至全世界，由於總公司想要維持一致的生產標準與行銷政策，因此在所有的子公司裡都外派總公司的經理人來管理。

然而，如果相對於成本而言，總公司的控制不能帶來更高的價値，那麼由在地人來管理會比較適合。以下是另一個假設的例子：某保險公司收購了一家電子零件製造商，該子公司的產品僅行銷在地市場，所有的專業技術都是在地發展的，總公司視該子公司爲一個利潤中心，並指派在地的經理人管理。

在快速發展的國家裡，外派經理人將使較有野心的在地員工感到挫折，尤其在他們不認爲外國人的素質比自己良好時。Hailey (1996)以東亞爲背景，引用坊間的看法說明外派對於在地員工之士氣的影響：

> 在在地的環境下，僅有少數的外籍員工擁有獨立運作的必要技能或經驗。另一位在地的經理人說：「當我懂得比外籍經理人更多，他反而必須依賴我時，這真是令人灰心。」(*p.32*)

在外籍經理人須仰賴在地人的同時，後者的技能知識會漸漸移轉給總公司。

更糟的是，外籍經理人的薪資通常比在地經理人高，尤其是必須貼補旅費與住宿費時。但是情況並不一定如此，勞動市場的因素也必須列入考慮。在高速成長的亞洲國家裡，逐漸培養出許多具競爭力的高階管理人才，因此，一位口說三國或多國語言、在西方與亞洲多國曾有管理經驗、並且擁有政經人脈的在地經理人，可能比外籍經理人的薪資還高。成本必須與附加價值比較，誰有較多的貢獻，就有可能獲得較高的報酬。

## 16.5.6 對外籍經理人的偏愛

當外籍經理人的報酬較在地人低廉時，亞洲企業通常偏好雇用外籍經理人。例如在1996年新加坡科技(Singapore Technologies)就在愛爾蘭時報(Irish Times)刊登求才廣告，招募愛爾蘭籍的工程師與經理人加入他們在東南亞新設立的半導體廠。[6]

Selmer(1996)對香港部屬的偏好之研究顯示，「外籍經理人的領導風格比在地主管更受喜愛」(p.172)，其中美國主管的風格最受歡迎，其次是英國經理人，再其次是日本與其他西方國家的經理人，而最不受喜愛的則是其他亞洲籍的經理人(p.172)。

這個發現讓不少亞洲經理人感到訝異，他們認爲當中有特殊的原因存在，香港並不是典型的亞洲地區（但是有哪個亞洲國家是典型的呢？），香港經理人總是謹愼地避免表達出任何不受西方精英歡迎的意見，而且部屬對於特定管理風格之偏好，並不一定表示這些經理人所扮演的角色會較有效能。

這些異議頗有道理。然而，該研究也有挑戰刻板印象的價值，它指出美國經理人可能較他們以往的評價更有效能，以及在職的時間長短可能不是重要因素（假設在香港工作的美國人、歐洲人與日本人之在職時間與在其他地方沒有顯著的不同）；同時它也導致我們懷疑亞洲籍經理人在中國大陸會較有效能的說法。

## 16.5.7　其他影響決策的因素

其他影響任用外籍／在地員工之決定因素如下：

- **產業因素**　資本與資源在全球基礎上快速流動的產業需要全球的經驗。例如，銀行之作業程序相當標準化，一家分行的經驗可以應用到其他地方(Boyacigiller 1990)。零售業的交易實務則是本土化的，在達拉斯經營百貨公司的經驗，到了漢城可能價值有限。
- **策略因素**　如果子公司負責在地市場，指派在地經理人可能較適合；如果子公司負責國際市場與子公司之間的整合，指派總公司的經理人可能較適合。分權策略指起用在地經理人；集權策略指外派總公司經理人；至於跨國選擇策略則是從第三國的子公司選出經理人。

- 技術　當總公司有強烈需求要保護總公司的技術免於外流時，將外派技術人員；而日常營運與維護之需求則可能動搖這樣的決定。
- 子公司之年齡與狀況　子公司在起步或合併階段時，較需要來自總公司的控制；當生產逐漸穩定時，可能逐漸由在地經理人接管。
- 總公司人才的可得性　總公司是否有適合外派的經理人？如果有，是否有另一位經理人能夠取代他在總公司的職位？（企業在國外的發展可能受限於缺乏有意願外派的經理人，1995年一項對於200家新加坡多國籍企業之調查顯示，他們需要外派的經理人與專業人員之數目至少是現在的1.3倍，這些企業目前之外派人員少於900名，在未來三年內，他們計劃再派遣1,165人[7]）。
- 地主國對於多國籍企業之用人實務所採取的政策。
- 在地人才的可得性　地主國是否有稱職的經理人？任用他們是否有利於總公司？評鑑標準包含語言能力，但是只以個人對於母國語言是否熟練為標準，可能是種錯誤，能在在地環境下有效地溝通與管理才是更重要的。
- 總公司的升遷標準　如果外派的經驗有利於個人在總公司內部的升遷，外派的機會可能較受歡迎。
- 勞動市場的因素　如果外派人員能提供在地缺乏的技術，或成本低於在地員工，則適合外派人員。反之，指派在地人員較有利。
- 在地市場對於管理技能的需求　如果在地經理人未來可能被在地的競爭者挖角，總公司會比較不願意拔擢他。在某些國家裡，多國籍企業時常會失去在地人才，因為在地員工將受雇於外籍企業的機會，視為是加入本土企業或自行創業的踏板。

- **地點**　Bartmess 和 Cerny(1993)指出，總公司與子公司的距離愈近，愈容易派遣人員作短期訪問與訓練。
- **溝通**　總公司與子公司之間的溝通很頻繁？或很複雜？
- **文化**　當母國文化較具種族優越感時，其成員會拒絕接觸其他文化，總公司員工可能不願意被外派至國外。

這些因素彼此相關，例如，成本、勞動市場的因素與人才的可得性、升遷策略等問題密切相關，而人才的可得性、升遷問題也反映出企業的策略與產業因素。決策是複雜的，並沒有絕對正確與錯誤的解答。

## 16.6 在地經理人

本節討論在地經理人的任用與訓練。

當多國籍企業採用適用於母國文化、卻不適用於地主國文化的標準與方式時，對於在地經理人之任用將產生問題。例如：

- 從不合適的來源招募人才；
- 採用不合適的招募方式（報紙廣告並非在所有背景下皆有效）；
- 採用不合適的遴選方式（為某文化設計的性向測驗，應用在其他地方可能不太精確）；
- 採用不合適的標準（只偏好符合總公司標準的行為）；
- 提供缺乏競爭力的薪資與報酬（在某個國家裡，任職於外商的多國籍企業是否較有社會地位？如果地位不高，多國籍企業可能必須支付較高的報酬，以跟在地企業競爭）。

## 16.6.1 勞動力的改變

對於婦女和少數民族的偏見，經常以他們不能勝任爲藉口。在1993年，美國十大武器製造商所提供的資料顯示，在2,612位高階經理人當中，女性佔5.3%，少數民族佔4.8%。他們的解釋是：

> 婦女或少數民族很少具備製造武器之工程或技術背景，因此能勝任管理職位的更少。[8]

新興開發中、甚至某些已開發國家皆缺乏立法保障少數民族與婦女之平等就業機會，在這些人受過訓練之後，將提供多國籍企業一個新的人才庫。

在日本（Hofstede認爲最陽剛的文化），性別歧視使婦女較不容易獲得管理職位。1988年，一項對於日本1,000大企業的研究顯示，只有150名婦女位居部門主管等級，職位高於這個等級的則不到20位[9]。但是有愈來愈多的女性大學畢業生加入勞動市場，她們因爲無法在日本企業中找到有挑戰性的工作而受到挫折，其中許多人選擇性別歧視較少的西方企業。同樣在1988年，據報導IBM是日本女學生在國內、外就業的第一、二個選擇。該企業強調不因性別而有差別待遇，日本IBM在1987年的新進員工裡就有24%是女性（但是相較於美國的35%仍低）[10]。Lansing和Ready(1988)建議西方多國籍企業鎖定日本女性，但也強調她們的管理才能可能需要訓練──日本企業的女性員工很少獲得這樣的訓練。

文化價值觀使日本男性較難接受外籍企業的工作，因爲外籍企業無法提供長期的工作保障，這給了多國籍企業另一個雇用女性的理由。

## 16.6.2 留住在地經理人

總公司培養在地經理人的方式有：

- 信任在地經理人的判斷，特別是對於在地的情況(若總公司在全球決策的程序中能聆聽子公司經理人的觀點，子公司的經理人——無論是否爲地主國國籍——較能感到滿意——Kim和Mauborgne 1993)；
- 根據他們對於全球化組織的貢獻以及對於在地市場的專業績效，給予獎勵與晉升；
- 賦予他們的職責相稱於他們在多國籍企業中的階級；
- 給予相當於總公司同等級者所得的報酬，並提供適當的福利；
- 提供適當的教育訓練；在設定培訓費用時，給予在地、外籍員工平等的考量；
- 人事主管在規劃在地、外籍員工的職業生涯時，必須給予相等的時間；
- 提供輪調總公司與其他子公司的機會。

應該避免歧視在地經理人的政策。如果在地經理人認爲外籍員工和自己同工不同酬，將導致績效下降、士氣低落，生產力因而受損，外籍員工也會受到在地同事的排擠。

## 16.2.3 訓練在地經理人

應該給在地經理人何種訓練？影響決定的首要因素在於他們的技術與專業需求。Vicere和Freeman(1990)認爲，在美國企業內的管理課程中最常教導的五項主題如下：

1 領導／激勵／溝通

2　一般性管理

3　人力資源管理

4　組織變革與發展

5　企業策略／事業部策略的發展

但是在其他的文化背景下，這些主題的選擇與順序可能不是如此，許多因素會干預人們的選擇。

前幾章我們已探討過文化價值觀如何影響領導、激勵和溝通的理想模式，適合A國的領導風格可能不適合B國。當國家開發的程度有明顯的差異時，移轉管理技能的問題可能會相當複雜。Yavas (1992)曾討論移植管理技能到低度開發國家的程序中所面臨的限制，例如，他提到：

> 非洲的許多組織對於權威仍然有排他性的傳統觀念，掌權者不願意分享管理權力與資訊(*pp.23-4*)。

**經濟與勞動市場因素**決定著人力資源管理技能的重要性。在低度開發國家裡，勞動人口衆多而且廉價，利用廉價勞力即可進行大量生產，低層次的人事管理技能就已足夠。但是在已開發國家裡，企業競逐有限的高科技人才，必須更用心於對有限資源做最有效的利用。

## 16.6.4　向地主國員工灌輸總公司的文化

選擇爲子公司服務的地主國經理人往往較能適應子公司的價值觀（無法調適的人很快就會辭職）。將子公司的員工輪調到總公司的目的在於：

- 培養他們的國際經驗
- 讓他們接觸企業運作的其他面向
- 加深他們對於企業文化的融入

然而，輪調的程序必須審慎處理。早在 1974 年，Perlmutter 和 Heenan 便警告，多國籍企業不應該試圖同化地主國的經理人。在美國：

> 種族優越感使美國企業產生一種傾向——接受那些願意被同化成「比美國人還像美國人」的人。最令人訝異的發展是，一位以熟悉歐洲而有名的外國人來到美國總公司之後，逐漸與歐洲疏遠，並且接受反映出總公司之種族中心主義的提案。(*p.126*)

密集對在地經理人教導總公司的價值觀將帶來風險，他們可能會過度認同總公司，因而失去對在地價值觀的承諾，喪失他們在在地的權力基礎。最好的在地經理人應該瞭解：

- 總公司對於目標、內部資源、外部環境、及策略的優先考量之認知；
- 子公司對於目標、內部資源、外部環境、及策略的優先考量之認知。

並且在子公司與總公司之間擔任溝通的橋樑。

實務上，當子公司不敢傳達在地的經驗與想法、害怕提出異見時，總公司的控制會更集權（無論這是否爲總公司的本意）。這抑制了表達出子公司的優先考量，將阻礙總公司對環境的直接認識(“Affilate’s Disease” by Professor F. Gerard Adams)。打破此種抑制的做法中，明白說出需要在地的意見回饋比無條件接受其提案更受歡迎，讓他們瞭解異見不但不會受到懲罰，反而會受到獎勵。

## 16.7 對經理人的涵義

1. 遴選子公司的高級主管時，你所屬的跨國企業採行何種政策？

    - 政策在哪些方面對所有的子公司都一樣？
    - 政策在哪些方面考慮到子公司、在地環境、及市場之間的差異？
    - 在不同的子公司裡，文化因素在哪些方面影響到子公司的政策？

2. 在你最熟悉的一家子公司裡：

    - 過去十年來，外籍經理人的數目是增加或減少（相對於子公司經理人的總數而言）？
    - 什麼因素造成這樣的改變？
    - 哪些在地的文化因素導致對於外籍員工的憤恨？哪些文化因素導致願意接納外籍員工？

3. 總公司對子公司施行何種控制？

    - 哪些職務或領域需要控制？
    - 如何行使控制？
    - 哪些職務或領域由各子公司採取主控權，不需要總公司指示？
    - 文化因素如何影響子公司內部對於自主權的需求？

## 摘要

本章探討子公司的管理與用人。16.2 節討論**多國籍企業**和地主國政府的關係，並說明企業如何保護自己、避免國外子公司面對的**風險**。企業應培養員工的責任感與正面的文化。

16.3節論及**總公司和子公司**的關係。總公司之控制與子公司之自我管理間的平衡點取決於產業、技術和文化等因素，並討論官僚控制與文化控制。

接下來探討跨國企業的發展（16.4 節）以及對於人力資源管理的涵義。16.5 節探討外派或起用在地經理人應考慮的因素。16.6 節檢視在地經理人的任用。

## 習題

本習題探討在子公司任用外籍或在地經理人的決策。學生們應分組進行討論。

Upanattem Universal(UU)是一家總公司位於 Ruritania 的多國籍企業，研發與製造嬰兒食品、玩具、童裝等嬰幼兒商品。在 Darana 的子公司裡（簡稱 UD），員工人數約 500 名，其管理架構如圖 16.1 所示，（R 表示該職位目前由來自 Ruritania 的外籍員工擔任，D 表示由 Darana 的在地員工擔任，數字代表該員工之年資）。

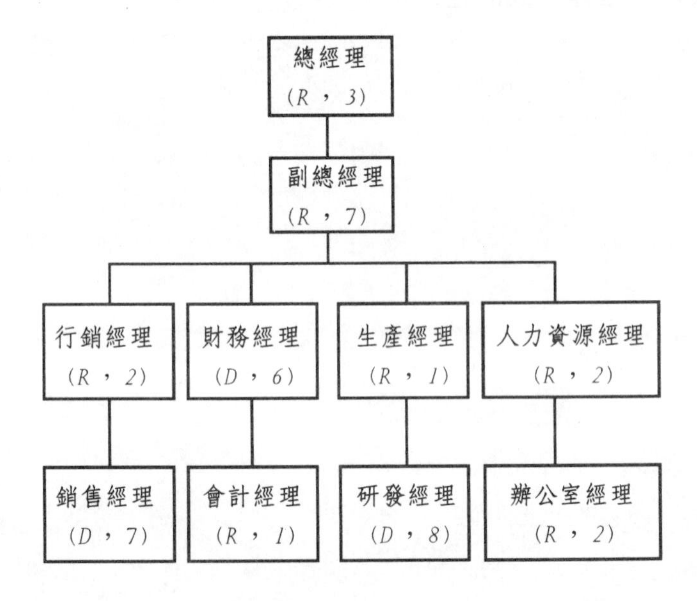


圖 16.1　Upanattem Darana 的管理結構

以下(a)-(d)各列出三項因素，試討論每項因素如何影響外派或起用在地員工的決策。對每一種情況而言，試決定誰應該調回母國、升遷或留任，並訂定空缺遞補的標準。

假設所有員工的表現均令人滿意，調回總公司的外派人員將晉級，調換的在地員工亦將轉任到極有發展潛力的合資專案。

(a) (i) Ruritania 文化的成員規避不確定性之需求低。

(ii) 在地市場的情況穩定；UD 在在地市場佔有主要的地位，沒有明顯的競爭者。

(iii) Darana 是低度開發國家，管理和科技人才短缺。

(b) (i) Ruritania 文化的成員規避不確定性之需求高。

(ii) 在地市場情況多變；UD 迄今在在地市場仍然佔有主要的地位，但是另有一家多國籍企業正在競逐市場佔有率。

(iii) UD 和在他國的子公司若能進行更多的溝通與資源交流，將使 UU 受益。

(c) (i) 外籍與在地員工之間的關係不好，UD 內的溝通不佳。

(ii) UD 與總公司之間的溝通良好。

(iii) Darana 是已開發國家；不缺乏管理和科技人才。

(d) (i) 依 UU 現行的政策，接受外派任務的總公司員工將受到獎勵。

(ii) Darana 的新法令提供任用本國人擔任管理職位的多國籍企業會有減稅優惠；若 UD 以在地人調換一位現任的外籍經理人，將獲得 10% 的減稅；若調換兩位，將獲得 20% 的減稅，以此類推。

(iii) Ruritania 文化的成員規避不確定性之需求高。

## NOTES

1 "Protests out of love," *Sinorama* (Taiwan), November 11, 1996.

2 Hari Bedi, "Management: the global neighbourhood," *Asiaweek*, February 19, 1988.

3 "Hooked by Hollywood," *The Economist*, September 21, 1991.

4 "Sony on the brink," *Fortune*, June 12, 1995.

5 "The glamour of gaijins," *The Economist*, September 21, 1991.

6 John Murray Brown, "'Paddy network' wires up world's computers," *Financial Times*, February 27, 1996.

7 Cherian George, "Firms 'need to double number of Singapore expats'," *Straits Times Weekly Edition*, November 11, 1995.

8 Calvin Sims, "Dire times for diversity in the weapons industry," *International Herald Tribune*, June 10, 1993.

9 "Japanese women," *The Economist*, May 14, 1988.

10 Amanda Bennett, "Managing: Japanese women as hidden resource," *The Wall Street Journal*, June 10, 1988.

第十七章

# 家族企業

前言
英美(Anglo)模式：其環境與文化
華人模式：其環境
華人模式：其文化
華人模式和改變
對經理人的涵義
摘要
習題

## 17.1 前言

至今，Rothschild 仍然是世界上最重要的家族銀行企業之一，其始祖 Mayer Anselm(1744-1812)於德國法蘭克福建立他的王朝。起初，他在法蘭克福猶太區以紅盾牌(Rothschild)為記，以貸款為業。當在地的貴族 Hesse-Cassel 於 1801 年任命 Mayer 為代理人時，他已表現出銀行家的天賦。

Mayer 身後遺留的重要規定、郵件，伴隨著深宮秘史，由家族後人妥善保管，女兒女婿們則被禁止擅動。Anselm 有十個孩子，他的五個兒子各自在維也納、倫敦、巴黎及那普勒斯建立分行，總行則設在法蘭克福。

Nathan Mayer von Rothschild(1777-1836)，倫敦分行的掌舵者，被認為是 Mayer 家族的財經天才。他會利用傳信鴿和快艇來掌握最佳的時機。他曾參與滑鐵盧之役(Battle of Waterloo)，並且在拿破崙戰敗的消息傳至倫敦的數小時之前，買進大量股票，獲利可觀。

1874 年，維也納分行的掌舵者 Anselm von Rothschild 在遺囑中將 Mayer 家族企業的精神總結如下：

> 我的責任是讓我親愛的孩子們能和諧地生活在一起……避免所有的紛爭、不愉快和法律訴訟……不要讓他們心懷怨恨……這些條件才能確保整個 *Rothschild* 家族的繁榮興盛。

這個實例有其一般性的涵義：傳統的家族企業之維繫取決於家人和睦的關係，而紛爭則是破敗的主因。外人一般不會被聘來擔任重要的職位。而其企業的成功是因為能對環境快速應變。本章將闡述這些論點。

在今日的商業世界中，家族企業需做出多大的調整才能生存？一方面，某些企業盡可能不做任何改變。相反的，某些企業在管理階層則晉用外人來取代家族成員，並且出售家族的股份。這兩種極端的做法皆不能擔保必然成功。幾乎沒有家族企業能傳衍三代一而且也只有少數企業能與 Rothschild 家族的長壽匹敵。

本章比較兩種形式的家族企業，一為典型的盎格魯・薩克遜文化──特別是在美國；另一為東南亞地區，由中國文化的價值觀主導。並非這兩種模式即代表了所有的家族企業。義大利模式提供了歐洲模式(義大利家族傾向於緊密的結合在一起，不像中國的家族散佈各處，跨國的網絡較寬廣。)當然，也沒有哪一種模式優於另一種。美洲模式在東南亞，也許也能像中國模式一樣有效。

為什麼跨國企業的商人需要知道中國的家族企業如何做成決策？在今日的商業世界中，三種資本主義在爭奪領導權：由大衆持股的多國企業所代表的西方模式、日本的製造商模式、海外華人家族所創造的「竹林網絡」模式。管理文獻似乎很少提到中國模式。

越來越多的家族企業之營運逐漸國際化，每一位跨國企業的經理人在其職業生涯中，往往有一段時間是在家族企業的旗下服務。因此，有必要了解家族企業的經營方式及其背後所反映的文化價值觀。

## 17.2 英美模式：其環境和文化

撇開賦稅與繼承權不談，英美的「家族企業」在商業文獻中不太引人注目，通常被視為小型企業的次類別。一般人對英美的家族企業總抱持著猜疑的態度，Bork(1986)的一篇文章標題點出這個看法：家族企業，危機企業一因為家族與企業兩種角色的重疊似乎必然會危及商業利益。書評家評論美國 Bingham 家族的沒落如下：

這些人將他們專業的交易私有化，將私人的關係專業化。他們最終會透過便條紙來溝通，影本則傳給其他親戚。對於不講情面的企業管理原則，他們總是有一些話要說。[1]

這段話意味著角色的重疊導致瓦解。亞洲的商人也認同，當這樣的事情發生在家族企業時，將會造成致命性的結果。但瓦解並非不可避免，通常角色的重疊也有很大的益處。東南亞的實業家藉由僱用自家的孩子或親戚，建立了由忠誠和信賴而結合的經營團隊，而且彼此間的溝通更快更有效率。

二十世紀末的數十年間，東南亞經濟的成就直指「家族企業」的概念必須依背景來解釋，一昧以刻板印象來回應並不恰當。皇親國戚(nepotism，依照字典的解釋爲：當權者提供職位或其他優惠給自己的親人)的概念在這些文化中並無負面的涵義。

### 17.2.1 英美模式及其文化

文化因素有助於解釋英美模式。依Hall(1976)的低度背景脈絡之文化模式，文化對英美之家族企業的影響如下：

- 個體之間(即使是家族成員之間)的關係相對上較有彈性；
- 特別當資深的管理者不願認同親情時，他們較少有共同持有的經驗和看法；精力往往耗費在意義的澄清上，減緩了溝通的效率；
- 家族成員和外人的分別不大(效忠家族的觀念薄弱，而且較能容忍外人例如員工和競爭對手——意思是說，家族成員在面對外在的威脅時較少攜手並進；與外在環境的關係比較不那麼緊繃)；
- 官僚制度的規範決定公司成員之間的關係，而非對家族和庇護關係的忠誠。

在英美文化中，理性的官僚規範掌控了大部分的管理理論，並且影響了所有組織，包括家族企業應如何運作的概念。

### 17.2.2 在英美模式中對家族成員的雇用

學術文獻警示企業主不要僱用家族成員，除非他們眞有過人的技能。Bork(1986, p.144)表示：

- 他們必須有適當的工作經驗，並且符合該職位所有的必要條件；
- 一經僱用，必須以對待該職位員工的態度來對待他們；
- 他們不該參與僱用其他家族成員的決策；
- 他們該支領適當的薪資；
- 工作表現決定他們的升遷、加薪或資遣。

上述的訊息顯示，影響決策的是與工作相關的因素，而非關係的因素。就算 Joe 是你的女婿或甚至是你的兒子，除非他眞能勝任，否則你也沒有理由僱用他。

一個發生在英國的實例顯示，官僚制度的價值觀也盛行於家族企業中。一對夫妻建立了一家企業，在丈夫過世後，太太將公司轉交給兩個兒子，並且繼續工作到她的兒子開除她。太太對於被兒子開除一事上訴到勞資糾紛法庭，控告她的兒子以不正當的理由解僱她，並且嘗試要求她：

> 改變其職稱及工作形式，成為領工資的辦事員，以禁止她在資方出席的會議上發言。〔她的大兒子對此回答說：「*Medley* 太太是唯一拒絕簽署員工合約的員工。她十分固執，並且時常濫用母子關係的特權。」

他承認*Medley*太太並沒有收到正式的裁員通知，他說：「我們不認為她無故遭到裁員，她會在親子間的鬥嘴之後就曠職走人。」

「他們在大庭廣衆之下爭執無數次。當*Medley*太太了解到兒子無須償還她投資在公司上的錢時，她變得十分不高興。」[3]

Medley太太後來贏得了賠償金——不過這是因爲在官僚制度下，她受到不公平的解僱，而非因爲親子間的關係。這反映出以不講情面的理性標準來決定僱用關係的商業文化。

### 17.2.3 英美模式與大環境的關係

在低度背景脈絡的英美文化中(Hall 1976)，個人主義高張並且規避不確定性的需求也較低(Hofstede 1991)，與環境的關係相對而言較不那麼緊綳。司法制度和政府機關較可能獲得信任。家族企業會與類似的公司加入貿易協會，分享市場機會和威脅等資訊。

### 17.2.4 在英美模式中對外人的雇用

除了僱用家族成員之外，另一個選擇便是聘僱擁有特殊技能的外人。在英美的商業史上，有許多聘請外人拯救公司成功的例子。許多今日的家族企業：

曾經靠著注入外來的新血而帶來新契機：在世紀輪替之際，*Samuel Courtauld*找進了兩個研發人造纖維的外人，使老邁的公司轉變為化學纖維的大帝國。

在英美文化傳統的認知中，董事會的組成至少要有家族成員以外的專業人士。Brandt(1982) 反對董事會的組成：

只有家族成員，包括其配偶和朋友。撇開法律因素不談，董事會的目的是：為了積極追求股東的利益，給予企業的執行長各種協助、支持、挑戰，並且於需要時予以替換……若執行長或業主只聽順耳的話……，他不可能獲得任何有用的忠言，包括家族成員中肯的意見。(*p.6*)

這項提議反映出西方的文化背景是：

- 假設董事會內部的爭論無法避免(當爭論根源於專業而非個人的差異時，則爭論所造成的傷害較不會持久)；
- (家族)所有權和(外人)管理議題應該而且可以界定清楚；
- 家族成員在分配利益時不可能大公無私——非家族成員的專業人員較能提供有效的領導。

然而，這項提議在東南亞便較不可行，因爲該地區的文化避免公開的衝突，所有權和管理權有必然的關聯，以及信任家族成員可以進行有效的領導。

## 17.2.5 英美模式的繼任議題

在美國，僅有10%的家族企業會在公司業主離職的數個月前，預先計劃繼任事宜。若公司的業主再婚數次並且仍未決定繼承人，那麼便會出現下列的問題：

- 誰能繼任控股業主的位置？
- 以少數股份取得控制權之家族業主的地位會如何？
- 對於前人的管理政策，新掌權者有哪些權利和義務？
- 只要舊的掌權者仍在世，他／她在介入公司的日常營運時擁有哪些權利？

通常會請教律師的意見，也要求法庭裁定這些問題。但是，訴諸法律的方法往往所費不貲，而且可能只會加深親戚間彼此的衝突。採用科層組織之管理原則、聘請非家族成員擔任董事的公司，便不會產生這些爭議。

## 17.2.6 英美模式的理論與實務

上面的章節敘述如何營運英美之家族企業的原則，然而實務並非總是如此清楚。

英國的玻璃製造商 Pilkington，對於家族成員要在公司內任職訂出標準。家族成員必須顯示他／她比外人更勝任；但是當家族成員與外人的實力相當時，會優先考慮家族成員。

Jardine Matheson 是一家以巴哈馬爲基地的企業集團，Keswick 家族透過少數股權而擁有控制權，非家族成員所持有的多數股則分得相當散。

非家族成員的專業員工往往不被信任。一位美國的經理人 Martha，受聘於明尼阿波里斯市(美國明尼蘇達州)經營某一家族的傢俱企業，原來的公司業主已於數年前過世，並且將公司留給他的遺孀。他們的兒子 Jim 太年輕而無法接管。一開始，Martha 和該家族良好的關係以及蒸蒸日上的業務讓他得心應手。

然而 18 個月後，她注意到公司的訊息不再像以往那麼公開。公司的決策逐漸由私下的利益主導，並將她的專業知識排除在外。某日公司不顧她的反對，逕自擴張一個破產客戶的信用。Martha 在抗議後辭職。

Martha事後回想才了解，由於她已開始知悉太多家族的機密交易，被認爲是個威脅。她發現前兩位前輩也是在兩年內相同的情況下被迫離職。這種短期更換業務主管的政策抑制了公司的發展，不過該家族寧願做這樣的決定，也不願冒著遭外人攫取過多控制權的風險。這樣的政策會持續執行直到 Jim 可承擔業務重任。

這個寡婦對於外來經理人的態度較類似典型的華人而非英美的家族企業。但這當中有個十分重要的差異。在明尼阿波里斯市的案例中，這位非家族成員的經理人於就任時懷著符合一般常理的期望：她可放手經營以產生利潤。寡婦的行爲在這個商業文化下則十分特異。但在東南亞，外來的經理人便不會抱著如此樂觀的期望。

在英國，反對僱用外人的刻板成見被認爲是導致企業經營不善的重要原因之一，以及爲什麼僅有 24% 的家族企業能發展到第二代，14% 存活到第三代：「雖然也許需要外來的專業人士，但接管企業的還是兒子們；而且他們往往掌權過久。」[4] 家族企業的衰敗必然還有其他的原因。在東南亞，類似的失敗率也逐漸攀升，大量僱用家族成員已成通則，至少直到目前仍是如此。

## 17.3 華人模式：其環境

家族企業所採取的策略，可就下列兩項來解釋：

- **企業所處的商業環境**
- **企業內部的文化**

這兩種因素都有其重要性。本節探討環境對華人的家族企業所造成的影響，17.4 則討論文化的影響。

### 17.3.1 成功的華人企業

華人並非東南亞唯一賺錢的企業家。我們不能忽視早期成功的阿拉伯人、印度的錫克教徒、Gujaratis ，以及後來的西方人和日本殖民主義者。非華裔的菲律賓人在美國及澳洲的發展也非常成功。印尼也有成功的實例，包括來自 Padang 西岸的蘇門答臘人及

Sulawesi 的 Buginese。檳榔市的馬來人對於檳榔島的商業之影響也很深遠。

Lim(1996)發現，海外華人和東南亞在地的商業實務僅有些微的差異。

> 相當多的相似點皆來自於為了適應相似的環境條件，特別是豐富的開創機會、人際網絡和關係的效用，以及自然演化的家族企業……(*p.67*)

不過華人仍然建立了自己的商業模式。儘管他們為在地的少數民族(約佔 6%)，除了新加坡接近 75% 之外，其餘皆少於一半。

### 17.3.2 華人的商業利益

根據一項分析亞洲華人經營的 500 大公開上市公司顯示，華人企業涉足最多的是土地和不動產的開發(在總數 119 家企業中)。其他的核心事業包括(依序遞減)：金融、飯店、營建工程、紡織、財務、電腦和半導體、食品業(East Asia Analytical Unit, p. 149)。例如華人在菲律賓的生財企業就包括：金融、椰子產品、食品加工、煙草、紡織、塑膠、及鞋子。

這些行業需要能正確預估價格、通路、時機，以及能快速回應市場動態變化等技能。這些市場的經營以短期為主，市場的切入與退出往往都須迅速。資深的管理團隊也許人數不多，而且限制為家族成員。華人的家族企業通常不會涉足長期的重工業專案。

### 17.3.3 東南亞的環境

東南亞的政府為了鼓勵國內外企業的投資，故實施自由貿易政策。對技工和新興技術的需求急速成長。政府並大規模推動公共建設，包括通訊系統。

這些國家誇耀擁有足夠的初等教育系統和快速改進的中等和高級教育系統。勞工的技能性持續增進，勞工市場的變通性強。婦女積極參與工作；在越南和泰國，男女勞工的比例爲 98 比 100 。工會組織薄弱。政府奉行有管制的自由主義政策(policy of regulatory liberalization)，並且保持生產要素(稅率、薪資、地租)比西方國家低廉。

## 17.3.4 華人企業的移民情形

移民團體爲了在備感威脅的環境中保留他們自身的文化認同，傾向更努力的對抗環境。這種凝聚力可成爲經濟力量的一項來源。

華人的社群同享孔子的價值觀和變動的歷史。中國在過去的兩個世紀裡，中央政權在大部分的時間裡不是不願意，就是因爲過於軟弱而無法保護自己的人民，造成了華人不信任政府和家族宗親以外的人。

雖然他們抱持相同的態度，但他們並未組織成一個龐大的團體。華人社群在不同的時間定居在不同的地區，而且和原住居民產生不同的互動歷史。地主國政府對華人和他們的產業，各施行不同的政策。這些公司的策略：「大部分受到在地經濟發展政策的形塑」(Limlingan 1994, pp. 159-160)，並且必須具有變通性；在不同的國家，採取不同的策略。

在泰國，華人社群一直受到鼓勵與泰人通婚一這也使得華人的人數難以計算。今日許多成功的大企業是由華僑所建立，他們從社會的底層白手起家，而且取了泰文的名字：

> 以 *Chuan Ratanarak* 為例，他出生於 *1920* 年中國的南方，六歲與家人一起來到泰國。二次世界大戰結束時，他在曼谷的碼頭當搬運工……今天他管理 *Ayudhya* 銀行和暹羅市水泥(*Siam City Cement*)，分別為泰國第五大銀行

和第二大的水泥製造商[5]。

在馬來西亞，馬來人(回教徒)和華人(非回教徒)通婚並不常見。雖然華人的產業建立了馬國的主流經濟，但政府在教育、工作和投資等政策較優惠馬來人。

1993年，印尼的前300大企業集團中有204個企業爲印裔華人所控管，佔了總資產額的80.1%——1988年爲191家(74.6%)(East Asia Analytical Unit 1995, p. 41)。但這並不能保護他們免於不忠的指控。1995年，總統蘇哈托的妹夫批評華裔商人控制了

> 約莫印尼85%的經濟活動……但是對於發展國家憲法推動的合作社卻毫無興趣。
>
> 他說：「他們從這個國家身上賺取財產，卻不願意花費少許來幫助本地的居民，在馬來西亞也是如此。」[6]

在菲律賓，菲裔華人與在地西班牙裔菲律賓人的競爭，獲得相當的成功。緬甸的華人於1963到1969年被迫大舉外移，當時大量的華人移居新加坡。最近幾年來，新加坡以緬甸主要投資者的姿態出現，並且爲其政權辯護。在新加坡，政府積極介入經濟的發展。香港於1997年回歸前適用特殊條例，殖民地政府則採取放任政策。

華人也會依照不同的社群作出區隔。在香港和台灣，他們說不同的話(廣東話和北京話)，最後得靠英文才能溝通。馬來西亞的華人包括幾種語言團體：閩南語(約34%)、客家話和廣東話(各佔約20%)、潮州話(12%)、海南話(5%)、廣西話、福州話、Henghua、Hockchia和其他的方言(少於2%)。

### 17.3.5 家族和宗族內的網絡

當生意建立在信任關係上時，交易所需的花費便不高。華人在東南亞能成功，部分是因為華人社群有很強的團結凝聚力。華人最信任直系血親。某些情況下他們生活在一起，提供了管理者之間方便快速的溝通管道。在南韓有個類似的模式：

> *Chung Ju-Young*，現代集團的創建者，每天早上和五個兒子一起在家吃早餐，他們都是現代集團的高級主管。早餐後他們會一起走路去他們各自位在現代辦公大樓的辦公室。(*Song 1990, p.194*)

大家庭提供了值得信賴的家族成員，而其他遠方的親戚則成為開拓其他市場大門的鑰匙。例如一個企業家僱用他的長子在香港的家族企業工作，他自己和洛杉磯的叔叔及新加坡的表兄弟從事進出口寶石生意，並且透過泰國的宗親投資房地產。他送較小的兒子去加拿大和澳洲唸書，在那裡他們可以找到居住處。女兒到阿姆斯特丹替表姐工作。最後這些小孩將回到總公司工作或建立自己的事業。

華人在家族、宗族和種族團體中形成網絡。海南島人基本上比較喜歡和海南島人做生意，潮州人則喜歡和潮州人。Brown(1995)提出一個歷史上的實例：

> *1920*年代，南越的客家米商試圖阻止買方賣方使用非客家的網絡。甚至法國商人都必須使用客家人的銷售系統。(*p.8*)

企業的成功部分來自跨越國界的網絡，以及在不同的國家投資其資本。網絡愈寬，則投資的資本愈安全且獲利愈高。

### 17.3.6 在更大環境中的網絡

17.3.3節告訴我們爲什麼公司的策略會受到環境因素的影響。對商場和政府政策之改變需快速回應的要求，顯示在這些地區擁有良好的網絡，是非常珍貴的。一個普通的美國人到緬甸拜訪，會因爲許多他在緬甸政府工作的朋友開始玩高爾夫而覺得困惑，直到他想起，華裔商人也打小白球。在華人和非華人的政府官員和企業首長間形成的人際網絡能提供商業交易、保護和特殊的資訊(流通於特權階級之間)。供應商、轉包商和消費者之間構成強力但非正式的關係。(Redding 1990, pp.205-6)

因爲華裔商人習慣依賴透過非正式網絡得到特殊的資訊，他們在不熟悉的環境中投資會處於劣勢。在西方，只有少數的市場可以透過人際關係和網絡進入，因爲市場消息較發展中的亞洲市場分布得更爲平均。

若華人試圖立即以設廠來建立海外企業，不像策略導向的西方企業那般循序漸進，問題會很多。西方企業發展的階段可能如下述：先直接出口、找妥在地代理商、建立業務子公司，最後才進行設廠生產。(Van Den Bulcke and Zhang,1995)

華人傳統的商業技巧讓他們在東南亞的環境中如魚得水，但當他們在西方開疆拓土時，這樣的技巧反而成了絆腳石。一如西方人在亞洲需要在地的事業夥伴一樣，亞洲人在西方投資也是如此。

### 17.3.7 貿易協會

一般典型的華人公司不願意加入政府資助的貿易協會一部分因爲對官方的行政機構不信任，特別是官方機構還會回報資料給課稅單位。在 1990 年馬來西亞暴增了 20,000 個小型企業，但僅有一個

協會組織，該組織只有兩個職員。(Chee,1990)

企業不喜水平聯繫的情形在中國大陸也被發現。Wu(1991)發現，在1981到1986年間，浙江省小型企業的數量從29,941增加到47,058家，但是爲了提昇研發和製造功能而組織的企業聯盟遭遇到困難，意味著鼓勵專業分工的努力徒勞無功。

企業憎惡連結的情形在亞洲其他文化中並不明顯。Chee(1990)發現，日本幾乎一半，即將近40,000家的小型企業屬於某個協會。韓國某一協會有16,000個會員。

## 17.4 華人模式：其文化

Wong(1986)解釋，香港企業家的動力來自結合文化價值觀和個人的事業：

> 「創業」(*Self-employment*)的定義由香港一個小實業家口中活靈活現地道出，據說他表示：「一個上海人在*40*歲時還未能擁有自己的事業就是失敗、無用之人……」不僅小型企業的實業家有這樣的偏見……我所面談的人當中，若可以在職業生涯的早期做選擇，幾乎有三分之二的人寧願自己管理一家小公司而不願擔任大企業的高級主管。(*p.311*)

類似的情形也發生在泰國，研究發現，超過一半的管理學院學生表示，計劃建立並管理自己的企業。(Mead et al.,1997)

## 17.4.1　文化和家族企業的策略

東南亞的華人企業所採取的策略同時反映出文化價值觀。權力距離大是一大特色。企業的當權者

> 在所有的情形下都十分具有影響力，無論他／她對於某項問題是否擁有相當的認知，無論事情發生在工作中、員工餐廳裡或回家的路上，或者甚至當其他人更了解如何解決該問題時。(*Trompenaars,1993, p.141*)

權力來自職位而非能力。當企業家不在時，較年長的孩子會暫時接收他／她的權力。

東南亞的家族企業反映了高度背景脈絡和集體主義(collectivist)的文化(可與英美家族企業的文化加以比較，見17.2.1節)：

- 彼此間的關係較長久；
- 家族成員之間期望彼此表現出集體主義的忠誠行爲(因爲他們共同分享對世界的看法、家族成員在每日例行的情況下能有效溝通)；
- 清楚區分自己人和外人(家族成員依靠忠心和團結來對抗政府、競爭對手和不忠誠的非家族員工所造成的威脅)；
- 對家族和庇護關係的忠誠決定成員之間的關係，而非科層組織的規範。

在傳統的華人企業中，這些文化因素對於策略性的決策能產生多大的影響？The East Asia Analytical Unit(1995)提供其典型策略的分類(摘自p.3)：

1. 高度中央集權的決策。

2. 將費用內部化，包括各種服務和其他無形的費用，像是法律、顧問、研發。
3. 藉由在華人的網絡中做生意來減少交易費用。
4. 在華人的網絡中進行財務性操作。Limlingan(1994)注意到，資本會儘可能經由「營業和成功的商業交易中所累積的利潤」來籌措。
5. 爲滲透市場而薄利多銷。
6. 爲了維持低資本投資和存貨週轉率，嚴格控管存貨。

第一點，高度中央集權的決策，表示會由企業家做成所有必要的決定。第二、三、四點反映出依賴家族或社群資源的偏好，和減少依賴不確定的環境。第五、六點將於 17.4.4 中討論。

若家族無法提供足夠的金援以資助企業的發展，傳統企業往往會轉而求助更大的宗族或社群。華人的家族企業於內心深處仍存在著對外人的不信任，許多公司仍無法轉型爲公開上市的股份有限公司，因爲這表示必須讓外來的投資人有機會檢視公司的名册、財務報表，這令人難以接受。結果，許多傳統企業募集不到足夠的資本，導致公司永遠無法發揮成長的潛能。華人企業近幾年來與西方和東亞合作夥伴的聯繫，是爲了利用他們的技術及行銷管道，以及獲得進入在地市場的機會。

## 17.4.2 華人企業的組織結構

傳統的華人公司之組織十分簡單：不是創始人掌握生殺大權，就是兩個階層的管理結構。The East Asia Analytical Unit(1995)注意到

> 根據一項針對 *150* 家華人企業的調查發現，*70%* 的公司組織仍以這兩種模式運作。(*p.141*)

圖 17.1 爲一虛構的公司。業主僱用親戚擔任所有的管理職位。

公司在最高管理階層以下的組織方式採強力的垂直基礎，不同的功能部門之間少有訊息交流；Wong 、Chung 和 Oi 彼此幾乎不認識。在功能性管理層次上——假設家族成員間的關係良好——資訊流通快速，有可能較英美模式中類似的公司還快。John Tan 和 Lee Tan 都未婚，和父親住在一起；L. K. Tan 和太太住，Amy 和先生 Henry Siew 住，他們分別居住在大宅院的不同房子裡。家族所有的成員共進晚餐是常見之事，這樣一來方便 Tan 先生蒐集資訊並能快速地做成決定，而且能有效率地邀請他們共商大計。

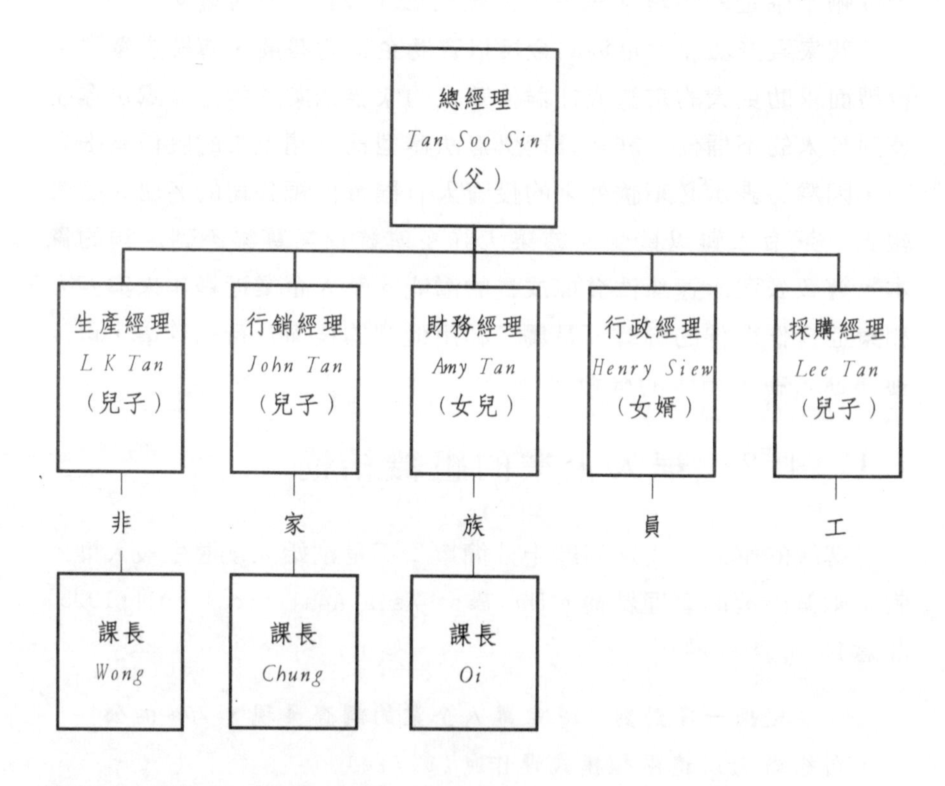


圖 17.1　譚姓(Tan)家族企業

### 17.4.3 非家族成員

我們已經了解，華人企業對外人的不信任如何影響企業與政府和產業協會間的關係。這也關係到用人政策。圖 17.1 中，非家族成員被排除在核心職位之外。Tan 先生憑什麼願意相信 Wong 、Chung 和 Oi ，並拔擢他們進入董事會，一旦他們各有自己的家族和宗族，各有效忠的對象呢？

在傳統的企業中，外來的員工(包括經理人)從未受到完全的信任。這顯示華人的集體主義：不是自己人，永遠要小心。公司擔心非家族成員的員工會：

- 離開然後建立自己的企業，並且成為競爭對手(這反映出創業的文化規範)；
- 被競爭對手挖角；
- 提供機密資料給競爭對手（例如：帳務資料、顧客和供應商名單、產品製造秘方)；
- 提供機密資訊給執政當局。

若該員工身懷在就業市場中有價值的技能，公司的恐懼則更加嚴重。這些顧慮使管理當局不敢完全信任員工或託付他們重要的責任。

這是為什麼外來員工必須受到嚴密的監控，以及公司期望並且強制要求他們形式上的服從。溝通通常是單方面的，而且是由上往下。某個經理人告訴我，在他的公司裡，一個適任的新進職員會被小心翼翼的培養，就像栽培自家人一般。透過金錢誘因加以「家族化」，以引發其忠誠和感激之心。[7] 總而言之，華人企業採行的政策是善用員工的勞動力，同時以慷慨的報酬建立員工的奉獻之心。(Chan and Chiang 1994, p.277)

## 17.4.4 儒家精神和華人模式

華人企業如何處理與外在環境的關係及內在的安排，通常會以儒家精神爲解答的參考。Hostede(1991)描寫儒家精神的原則如下：

- 社會的穩固建立於人民之間不平等的關係；
- 家庭爲所有社會組織的原型；
- 對待別人的行爲包括己所不欲、勿施於人等德行；
- 致力於受教育和學習技能、辛勤工作、節儉、忍耐、及不屈不撓構成一個人一生中需達成的道德任務。

家族內不平等的關係表示高度的權力距離和集體主義。強調忍耐和不屈不撓的精神也許可以從薄利多銷的策略看出(17.4.1 節第五點)；爲了保持低資本投資而嚴格控管存貨，可看出節儉的精神。(17.4.1 節第六點)

## 17.4.5 愼思儒家思想的涵義

Hostede(1991)認爲儒家思想有助於解釋東南亞景氣的繁榮。他自稱發現了「過去數十年內，某些儒家思想的價值觀和經濟成長之間的關聯」。(p.167) 然而由下列四點得知，我們應該更審愼地看待他的說法。

首先，近幾年來並非所有東南亞國家的景氣發展皆繁盛——像寮國、柬埔寨和緬甸，這些國家因爲某些在地的因素限制了經濟發展。近年來一些早期的領導人也經歷了挫敗——例如泰國於 1997 年底發生金融風暴。

再者，東南亞各國的文化差異頗大。民族性和次文化也須列入考量。Fukuyama(1995)指出：「西方人面對的儒家之挑戰並未統

一。」(p.97)

第三，Hofetede 所提到的儒家思想在其他地方也看得到。17 、18 世紀歐洲的新教徒資本主義也是以成功的家族企業爲基礎，家族單位緊密的結合在一起；家族領導人的地位不可質疑；努力工作學習適當的技能和受教育、力行節約皆是有德性的行爲。也許，當今亞洲經濟發展的成功不該解釋爲儒家精神的發揚光大所致，而是在特殊的經濟背景下，家族層級緊密的運轉。

最後，McVey(1992)提醒我們，馬克斯韋伯和其他社會學家曾於 19 世紀時利用儒家思想來解釋，爲什麼亞洲的經濟發展似乎不可能趕上西方：

> 「儒家文化」的論點中一直有一令人好奇的生涯，因為它目前的角色無法解釋為什麼東亞的資本家經營事業有成，反而支持相反的論點：為什麼華人不太可能成為成功的資本家。(*p. 9*)

只有在 1945 年之後，當亞洲經濟開始成長且與西方的發展模式不同時，學者們才提出儒家思想，說明是什麼讓亞洲人突飛猛進。所以在不同的時期，儒家思想被用來解釋亞洲發展的興盛和落後。

華人家族企業的成功並非只因爲儒家思想(和儒家文化)。華人企業的成功來自於各種文化和環境因素的相互影響，並非只有單方面的因素。

Redding’s(1990)將華人企業成功的基本要素做了總結。

> 他們的成功在於勤勉的工作、為追求公司最終的利益而奉獻心力、嚴格地管理員工、財務上的精明和有效地運用金錢、公司之間的結盟網路能有彈性的分攤義務與快速地迎合市場需求。(*p.228*)

除此之外，我們還要加上環境的因素(在不同的國家有不同的重要性)：政治的自由化和民主化、經濟的自由化、西方和日本的企業方法之影響、西方和日本的跨國公司之競爭、國際經濟因素。總而言之，當同時出現其他影響因素時，儒家思想對於東南亞經濟的發展具有正面的貢獻。

## 17.5　華人模式和改變

東南亞經濟的繁榮提供了華人家族企業發展的商機，但同時也帶來威脅。除非此等企業能將被競爭對手超越的風險以現代化的措施加以規避。競爭來自其他在地的企業和外來的跨國企業。

17.3 和 17.4 節已檢視有助於華人企業發展的環境和文化因素。但並非所有的企業皆如此成功──如並非所有英美的企業皆經營有成。本節我們將探討爲什麼許多企業會失敗，以及華人企業有哪些選擇可保護他們免於失敗，在變動的年代中仍能屹立不搖。

### 17.5.1　爲什麼華人企業經營不善？

華人企業失敗的原因和世界上其他小公司一樣，像是公司錯估了市場、沒有把握機會等。但仍有幾項影響因素只存在於這個特殊的文化背景中。

1. 與外在環境的關係(可於 17.3.6-7 得知負面的觀點)，
2. 繼任的困難(見 17.5.2)
3. 過度保守(見 17.5.3)
4. 缺乏技術和管理方面的專業技能(見 17.5.4)

## 17.5.2 繼任問題

中國有句諺語說：「富不過三代。」由此看來英美和華人的企業十分相似——僅有大約 15% 的家族企業能傳到第四代。也許企業第一代所建立的管理結構限制了後代的發展。華人企業傳到第二、三代時便不太穩定，其中一個原因是：

> 「權力結構的正統性遭到破壞，」香港大學的*Redding*教授說。誰是公司的所有人和誰代表父親的形象已經不再明確，他補充：「你的盟友可能是表哥、弟弟、叔叔、侄子、或某某人。家族的接合劑已經失靈。」[8]

某個泰國商人說這個階段的家族事業就像是一個：

> 「家族事業的聯盟」(*cousin's confederation*)，第三代的企業家互相合作來經營公司，即使他們在家族之外也許還有各自的事業。[9]

在過去的社會條件下較容易形成「家族事業的聯盟」。過去整個大家庭在慶祝傳統節日，像是中國的新年、中秋節時會聚集在一起。但現在，集體主義的逐步消失和較便利的交流性，意味著核心家庭取代了大家庭，自己過年過節。因此，大家庭中不同家戶的關係漸行漸遠。因爲下列兩個原因，使得維持對家族忠誠的困難度日益複雜：

- 複合家庭(Multiple Families)　當大家長娶了好幾個太太，而且每個太太都生下好幾個小孩時，繼承權的衝突就會產生。
- 世代衝突(generational conflicts)　過去父親和孩子可一起分享經驗和期望。但近年來，年輕的一代受到較好的教育—通常出國留學—而且，那些具有管理資格的人不太能接受以經驗爲基礎的政策。

## 17.5.3 解決繼承問題

17.2.5節提到，英美家族企業的繼承問題往往由不講情面、法律的方式來解決。

華人的家族企業也會遇到同樣的問題。若有可能，他們寧願透過家族或宗族的管道來解決，而不是將家醜暴露在陽光下。對公權力的不信任包括對司法制度的不信任。但是當家族的忠誠度因爲集體主義之價值觀式微而減低時，傷害更難以遏止。

企業家如何保護公司不受家族失和的影響？一種方法是劃分責任區，這樣一來，沒有一個家族成員能完全了解組織獲利和運作策略的全貌。這也許能在他／她的任期內維持企業的穩定，然而當下一代接棒時會更加混淆困惑。

另一種方法是，將家族資金分別投資在公司的不同事業中，這樣當其中某個公司生意失敗時，可將傷害減到最低。當沒有人需要替某個手足的失敗付出代價時，公司就會因爲兄弟姊妹間良好的關係而獲利。印尼的交叉持股(cross-holdings)提供了顯著的例子。Salim 集團在許多國家中，有數以百計的子公司分布在許多國家的不同市場內。

## 17.5.4 過度保守

過度保守可能會危害公司，當影響到

- 公司結構(company structure) 例如公司已發展新的生意，但企業主拒絕改變舊有的結構。17.4.2 節顯示公司的企業主仍然比較喜歡簡單的結構，但是當員工人數增加至數百人，且研發出新的技術時，簡單的結構似乎不再那麼恰當。

- 管理作風(manager style) 例如公司業主不恰在地專制獨裁，堅持由上往下的單向溝通風格並且做成所有的決定，即使下屬比自己更專業。
- 薪酬制度(reward system) 過去，企業的利潤由家族成員分享。漸漸地，如何決定家族成員的薪資以及如何評估他們的工作，便成了極待解決的重要問題。低估家族成員的工作價值(當成廉價勞工的來源)會導致優良員工出走、留下劣質員工。這些問題更會因爲爭論該支付具有技能的外人多少薪資而更加複雜。

### 17.5.5 缺乏專業技能：訓練家族成員

東南亞一般的小型企業如今爲了在強敵環伺(本土公司和跨國企業的猛烈攻擊)的情況下生存，必須發展新技能。這樣的情況強迫企業必須在繼續依靠受過新技能訓練的家族成員和僱用身懷技能的外人之間做出困難的抉擇。

注重訓練反映出儒家思想中和學習技能／受教育有關的價值觀。一家公司若處於穩定的產業中，則可以在公司內舉辦經理人訓練。但若處於快速變動的產業和市場中，公司就可能將下一代領導人送到外面接受技術或管理方面的訓練。

和大多數的西方國家一樣(德國和日本除外)，東南亞的國家比較偏好將企業管理碩士(MBA)資格當作管理技能的培養。年輕一輩的亞洲人會進入在地的學校或出國修習 MBA 課程。

根據一位華裔經理人(從美國學校畢業的企業管理碩士)的說法，亞洲的 MBA 從西方學習並帶回家族企業的重要面向如下：

- 經由管理來分散所有權(有個新加坡人曾開了間餐廳，自己掌廚；現在他買下好幾間餐廳，並且替每間餐廳僱用一個廚師，由他來掌管監督)；

- 公平的員工績效評估制度；
- 非集權式的管理風格；
- 僱用有才幹的專業經理人；
- 適當的會計制度。

## 17.5.6 MBA 訓練是一把雙刃劍

正如許多傳統家族企業的考量，對 MBA 的選擇有其正反兩面。在東南亞，企業的繁榮部分是因爲對專業的投入、開創精神、社群共同體、和對家族忠誠的文化。

雖然家族企業可經由 MBA 獲得寶貴的技能，特別是在金融財務方面，但 MBA 訓練的其他面向並不相關。在芝加哥、倫敦或紐約所學的行銷學或人力資源管理並不適用於曼谷或雅加達。

再說，訓練的內容並未教導如何因應各地的產業環境。發明 MBA 課程是爲了訓練一批中階或高階的經理人進入相當官僚化的企業，這些企業所處的經濟環境已發展成熟(像美國)，每年的成長率很少超過 4%。這些因素皆不適合應用在東南亞的「猛虎」經濟中。

另外，MBA 學生並不是訓練來管理某產業裡的公司，而是許多產業中的公司，並在產業間移動。

一個華裔的 MBA 學生告訴我說，爲什麼她不願意回到家族企業中。

> 「我知道我父親非常保守而且犯下許多錯，而且他在他的後半輩子仍會繼續經營公司。我不想在往後的 30 年受到挫敗，所以我決定進入西方的跨國企業工作。」

MBA 在專業和地域上的流動性，很可能減低他們對地方商業文化的認同，及降低對家族的忠誠。

這些觀點並非全盤否定MBA的成效；它的確教導學生重要的技能。然而也顯示訓練弔詭的地方。傳統的公司決定要提昇公司的技能，俾與其他在地公司及外商企業競爭，所以投資MBA的教育訓練。但這樣的訓練可能導致公司的變化，使家族企業不再是當初投入訓練時所欲加以保護的公司了。

## 17.5.7 缺乏專業技術與知識：僱用外人

即使家族成員能接受適當的訓練，仍有個問題存在。公司若抗拒僱用外人，便無法成長超過家族員工原有人數的規模以及引進外人帶來的技能：

> *Shui On* 公司，香港建設集團，其總裁 *Vincent Lo* 先生說：「當企業擴充超過你已經沒有親戚可以用來當經理人時，你該怎麼辦？」當家族企業成長到跨國企業，管理的工作日益複雜時，這些限制便逐漸成為嚴重的問題。[10]

雖然家族企業決定聘用具有新技能的外人，可以增加本身的競爭力，但是也會危及到內部的凝聚力。在某些情況下，恐懼外人介入造成分化是有道理的。

然而，家族企業僱用外人的實務正在擴散。愈來愈多西化的企業僱用華人及非華人(雇用外籍人士的優點在於他們不會轉而效忠與其競爭的華人企業)。但頂尖的外籍人士則有可能被在地的跨國企業挖角。

香港的Korn/Ferry國際分公司在1997年時發現一個趨勢：香港、新加坡、馬來西亞和印尼等亞洲的家族企業會僱用外人擔任總裁或財務長。[11] 當企業須上市上櫃並建立國際化經營模式時，企業主了解到他們需要高階的專業經理人。這是一個新趨勢；過去公司僅重視跨國企業內部的需求。

### 17.5.8 從傳統風格轉變爲西式風格

The East Asia Analytical Unit(1995, p. 144)曾列出傳統的華人公司轉變爲西化公司的步驟，茲摘錄如下：

- 僱用家族以外的專家，但仍需爲同宗族的人；
- 僱用一至二位中階經理人來緩衝最高管理當局的控制；
- 從銀行募集資金；
- 重組公司，使公司更簡化、人員更精簡；
- 讓公司股票上市，從國際債券市場中募集資金；
- 賣掉家族所擁有的一些股份，變成佔有多數的純持股人。

資本主義的華人模式在過去數十年來之相對成功，證明華人企業能有智慧地考量自己的文化背景，而非無條件的採用西方模式。其中的因素包括企業自身特殊的因素(包括文化、規模、歷史、營運範圍、目標)與外在的商業環境，以及公司如何管理這些變化。

## 17.6 對經理人的涵義

就你所知的家族企業，國家文化會如何影響此等企業的經營策略？

當中並請比較兩家家族企業：

- 屬於你的文化之典型的家族企業；
- 其他你所知道的文化之典型的家族企業。

1. 這兩家公司
   - 是否僱用家族成員？
     (a) 若回答是肯定，他們擔任哪些職位？
     (b) 是以何種標準來指派他們？
   - 非家族成員擔任哪些職位？
   - 家族成員間的關係如何影響彼此間的溝通和決策程序？
   - 家族和非家族成員會出現何種爭執？
   - 是否隸屬某個中小企業協會？
     (c) 從協會身上獲得哪些好處？
   - 政府的政策如何影響其成長？
2. 哪些環境因素可以用來解釋上述的答案？
3. 比較你對兩家公司的分析：
   - 你觀察到哪些重要的差異？
   - 你如何解釋這些差異？
4. 這兩家公司屬於哪種模式？
   英美家族企業？
   華人家族企業？

5. 華人的家族企業成功的因素包括？

- 與環境緊密互動
- 利用非正式的網絡
- 高度集權的決策
- 爲了滲透市場而採行薄利多銷策略

這些因素適用在這兩家公司身上嗎？

## 摘要

本章的焦點放在兩種類型的家族企業，即典型的英美文化家族企業和東南亞的華人家族企業。

17.2 節檢視英美模式。受到文化因素的影響，英美模式顧慮家族關係與專業關係的混淆，並且依賴官僚化的科層組織。17.3 節則由上述觀點來檢視華人的家族企業以及它與環境的關係；17.4 節探討華人模式和華人文化，並檢視儒家思想的衝擊，認為儒家思想對於華人企業的成功及東南亞的經濟只能提供部分的解釋。17.5 節討論在當今的商業世界中，哪些問題困擾著華人的家族企業，並討論改變的策略。內文中有許多焦點是放在員工訓練的選擇方案上。

## 習題

本習題顯示產業和文化因素如何影響家族企業所實施的制度。

1. A家族企業爲一家替速食業做紙杯的公司。杯子由事先印好的紙張上裁下，再用黏膠糊起來。當這家公司在：

   (a) 美國

   (b) 香港

   時，它在：

   - 人員招募
   - 員工訓練
   - 工作場所的管理
   - 與環境的關係

   等方面的做法會如何？

2. B家族企業是一家爲太空研究提供雷射技術的公司。當這家公司在

   (a)美國

   (b)香港

   時，它在(與第一題相同)等方面的作法會如何？

## NOTES

1 Troy Segal, "In this old Kentucky home, a viper's nest" [book review], *Business Week*, April 11, 1988.

2 "Sons must pay their mother for unfair sacking," *Daily Telegraph*, September 21, 1995.

3 "Splits, and survival," *The Economist*, October 31, 1992.

4 "Splits, and survival," *The Economist*, October 31, 1992.

5 "Empires in the east," *The Economist*, January 26, 1991.

6 "'Local businessmen of foreign descent are less nationalistic'," *Jakarta Post*, July 25, 1995.

7 I am grateful to Mr Pan Shan-ling for this point.

8 Dan Biers and Jeremy Mark, "Succession battles shake Asia's family businesses," *Asian Wall Street Journal*, June 1, 1995.

9 K. I. Woo, "Family businesses remain the backbone of the country's economy," *The Nation* (Bangkok), April 15, 1996.

10 John Rissing, "The family in the frame," *Financial Times*, October 28, 1996.

11 Erik Guyot, "Headhunters in Asia try to help companies owned by families," *Wall Street Journal*, February 24, 1997.

# 第三部　個案

## 内部配置
## 如何影響策略

# 第十三章　變革的規劃

## 個案：規劃一套扭轉措施

〔本個案探討在危機中的規劃〕

露西是巴西一位重要企業家的女兒。她在歐洲及美國唸完幾年書後，要求父親給她一份工作。企業家建議女兒接下眾多家族事業中的一家法國小公司。

這家公司主要是製造肥皂與洗髮精。企業家說：「看看你能不能讓這家公司起死回生，若是妳運氣不佳，我們就把它賣掉。」家族中的成員沒有人對這家公司有興趣；不但獲利低，而且公司也開始賠錢。

露西先參觀工廠，她發現機器設備維修不佳，屋頂也在漏水。總經理將她介紹給八十名員工，他們的士氣都很低落。較年長的員工似乎等著退休；該地區的失業率很高，所以大部分的人不太可能找到其他的工作。

在離開的路上，某個年輕的員工靠近她，跟她聊天。這名員工說：「其實公司以前不是這個樣子，我們曾經做出全法國最好的香皂，而且我們一定可以再做到。問題是，業務人員不了解他們的工作。」

「回到你的崗位上。」總經理說，這讓露西大吃一驚，年輕人乖乖地回去。

「彼得很熱心。」總經理解釋說。

「但是他對業務人員的看法是否正確？」

總經理辯解道：「我確信業務人員都很盡力，真正的問題出在我們的供應商，我們的問題愈嚴重，他們就變得愈不可靠。當然，銀行也是個問題，他們說目前的情況如果不改善，他們不願意再借我們錢了。」

露西回到她下塌的飯店後思索著。她可以回家然後建議賣掉，這樣至少可以減少一部分的損失，但會壞了她在家族中的名聲。或是她可以規劃一套扭轉的措施。

## 問題

1. 執行一項變革計畫的哪些條件已經出現？

## 決策

2. 如果你是露西，你會如何改善變革的條件？

# 第十四章　策略規劃

## 個案：葬禮的花圈

〔本個案探討非西方文化背景的策略概念〕

羅先生在台灣有間自己的公司，數年來，他從美國和荷蘭進口焊接工具，然後賣給在地的建設公司。台灣的經濟正在起飛，其中的利潤十分可觀。

公司常態下僱用十二位員工，包括一位秘書、一位倉儲管理人員、快遞小姐、四位業務代表和五個工人。羅先生並沒有僱用任何經理人，大小事都由他做決定，而且也沒有家族成員協助他。

快遞小姐對插花很有興趣，而且也十分有天份。某天，羅先生在稱讚她的創作巧思之際，突然靈光一現。「辛蒂，你想不想拿薪水做插花的工作？假設我們能找到我們客戶中有人需要花盆花籃來裝飾，甚至葬禮的花圈，你願意幫我們做造型花嗎？當然，你還是保有你原本管理快遞的工作。」辛蒂一聽，便很開心的答應了。

在晚上閒暇之餘，辛蒂會追求她的嗜好，並賺點額外的零用錢。除了她以外，公司裡沒有其他人參與花卉的工作。羅先生還不打算公佈這個新生意，但是他告訴業務代表們說，當他們拜訪客戶時——特別是新客戶——他們應該提醒客戶：「對了，敝公司還提供花卉裝飾及殯葬花籃，假如貴公司有這方面的需求，請跟我們聯絡。」

與進口貿易年年高成長的利潤比起來，公司新生意的利潤可就低得多。但正如羅先生所說的：「每個人都稱讚辛蒂的手藝，公司的業務又很穩定，遲早有一天，我們的客戶會需要花圈的。」

## 問題

1. 羅先生在發展新生意方面表達出多少西方策略規劃的概念？
2. 這項發展又反映了多少在地的文化？

## 決策

3. 你在台灣有家小公司，羅先生正是你的競爭對手，若你能做點什麼，你該如何做來抵制羅先生明顯的優勢？

# 第十五章　國際合資

## 個案：兩個故事

〔這兩個個案探討國際合資企業中資源分配的問題〕

### 故事 A

一位女士給了她的兩個小孫子一個蛋糕，告訴他們自己分配。小女孩拿了刀將蛋糕切一半說：「這一半是我的。」

「你的太大了，」她哥哥說著便從妹妹的蛋糕切了一小塊下來。

「不，你的蛋糕上水果比我的還多，」妹妹說，然後分了一塊哥哥的蛋糕。

「現在你的蛋糕上巧克力又比我的多。」

當一塊大蛋糕被切得零零碎碎(兩個人都不願意吃蛋糕屑)，他們的奶奶說，既然沒有人能決定這些蛋糕屑歸誰，那就由她帶回去自己吃，不過「下次在我給你們蛋糕之前，先說好誰來分蛋糕，誰來選蛋糕。這是我的規定，只能一個人切蛋糕，另一個人選。」

### 故事 B

兩家拉丁美洲國家的航空公司合資，A 國的 AlbaAir 航空和 B 國的 BalbaAir 航空。合資的目的在於發展出能加惠兩國經濟的空運服務。

基於國家尊嚴申明沒有誰可以佔誰便宜，於是小心翼翼地複製出雙份的職權和職責。兩家公司各出50%的資金，各自派遣同樣數目的工作人員。雙方同意人員的配置如下：

聯合總經理：AlbaAir 派任
聯合總經理：BalbaAir 派任
聯合行銷經理：AlbaAir 派任
聯合行銷經理：BalbaAir 派任
聯合貨運經理：AlbaAir 派任
聯合貨運經理：BalbaAir 派任

由AlbaAir 派任的聯合總經理將會在BalbaAir 服務；由BalbaAir 派任的聯合總經理則在 AlbaAir 。其他所有的經理會在 A 國和 B 國各待半年。

雙方簽署此份同意書的數週後，AlbaAir 的總裁助理告訴總裁說：「老闆，我看過所有的文件後，發現一個很嚴重的問題。你記得我們派至 B 國就任的聯合總經理人選 Pau Lo X 以及他們派過來的代表Claudio Y？我們的Pau Lo 可是十分適任，他有MBA 學位及工程師資格，還有飛行員執照和十年的工作經驗。但是他們的Claudio 可就差遠了，他不是 MBA ，而且拿的學位也不熱門，僅有六年的工作經驗之外，也沒有飛行員執照。這是很明顯的差別。」

總裁立刻撥電話給他的朋友，BalbaAir 的總裁。幾分鐘後他放下電話，面有愁容的看著他的助理：「他們也在抱怨，他們認爲他們的人選比我們的還好。我們兩邊都想讓每件事公平，但我們似乎遇上麻煩了，我不知道我們該怎麼辦。」

## 問題

1. 故事 A 中，爲什麼老奶奶的規定可以預防問題再發生？
   你的答案可成爲解答故事 B 中問題的線索。

2. 在AlbaAir-BalbaAir合資的企業中為什麼會出現問題？

3. 合資企業該如何組織才能避免這些問題？

## 決策

4. 你是一個顧問，這兩家公司（AlbaAir和BalbaAir)僱用你就他們該如何拯救這個專案方面提出建議。你會提出什麼建議？

# 第十六章 總公司和子公司

## 個案：牙買加分公司

〔本個案探討企業總部在設立分公司時所面臨的問題〕

你是一家跨國企業的執行長，總公司建立在你的國家，你收到一封由牙買加分公司的人事經理寄到你家的信。

親愛的____先生

你還記得我嗎？我是 Sylvia S.，你在牙買加 Kingston 的人事經理。有個問題我已經擔心很久，現在決定告訴你。

你應該還記得 18 個月前你指派來自巴拿馬分公司的 F 先生擔任這裡的人事部主管。我必須告訴你，自從他來了以後，我們的合作並不愉快。原因是 F 先生是行銷經理 D 先生的好友（D 先生是牙買加人），他們在 F 先生來這之前就已經是朋友了。

D 先生常常會告訴 F 先生說：「你應該升任這個人或那個人，因為他們對我很忠心。」F 先生就照著 D 先生的話去做。但 D 先生的人往往對公司並無正面的幫助，其中一個 H 先生曾經做過六個月的牢（我不認為 F 先生知道 H 先生曾做過牢）。這造成許多人才流失，因為他們對於未能晉升感到不滿。

我知道 F 先生曾報告過員工高離職率的原因，他說他們之中的某些人並不適任，或是太貪心，或是要求參加高成本的訓練。有時候我必須在這些報告上簽名，但我知道真正的原因是什麼，我覺得很慚愧。

現在你讀完了我的信，你可能覺得我在找麻煩。但這不是事實，我只是想替公司服務，即使你開除我，我也知道我已經盡力了。

敬祝 安康

*Sylvia S.*

你去過Kingston分公司很多次，你十分了解Sylvia。十幾年來她從整理檔案的職員一直做到現在的位置。她是一個誠實的人，讓你印象深刻，而且對公司十分忠心。你不認爲她向你報告這件事會沒有好理由－但是，你也不敢百分之百確定。假如這件事是眞的，對於子公司的獲利必然造成嚴重的影響。

**問題**

1. 你還需要哪些更進一步的資料？你會問些什麼問題？你會問誰？

**決策**

2. 必須做出哪些決定？假設更進一步的資料皆證明Sylvia所言，你會做何種決定？假設資料並不支持Sylvia的抱怨，你又會如何做？

# 第十七章 家族企業

## 個案：Littlewoods*

〔本個案探討文化對家族企業的決策有多大的影響力〕

Littlewoods是英國最大的民營公司，32名家族成員擁有該公司的股份，他們皆未擔任執行長，但各自在母公司或子公司的的董事會中扮演重要的推手。家族成員之間的關係、家族成員和專業經理人之間的關係數年來一直十分緊繃，他們之間的爭吵摩擦一直危害著公司的利益。

1995年Barry Dale於擔任執行長時被開除，之後他意圖以12億英鎊買下該公司，但並未成功。1996年Littlewoods公開的稅前盈餘下降16%，Leonard Van Geest於該年的四月上任執行長，他繼續執行Dale的政策。公司宣佈五月的年度大會將投票表決非執行董事James Ross的任命案，以及改變公司的組織條款和其他關於公司管理的相關議題。

Van Geest因為缺乏實權和清楚的責任歸屬一直感到沮喪。這些改變將導致所有權和管理權能劃分得清清楚楚，並且調整了董事會的結構和董事所肩負的責任。大家期待Littlewoods的家族成員能減少參與對公司的管理。

James Ross表示：「現在管理權的問題已經解決了，接下來我們有舞台來改善公司的投資報酬率了。」

問題

1. 假設你是一家總公司設立在新加坡之公司的顧問，你的工作在於處理華人家族企業的問題。這個案例的哪些面向使你感到奇怪？又有哪些面向使你感到熟悉？

決策

2. 你是新加坡一家家族企業的顧問，該企業的家族成員與專業經理人的關係變得很緊繃。考量這個案例及新加坡本身的文化背景，你會提出哪些建議？

* 故事的資料來源爲：Jon Ashworth "Littlewoods chairman to quit at AGM" 1996年4月25日；*時代周刊*；Roland Gribben "Littlewoods truce as new chairman posted" 1996年4月25日；*每日電訊*；Roderick Oram "Former C&W chief to head Littlewoods" 1996年4月25日；*財經時代*。

# 第四部

# 執行策略：人力資源管理議題

## 簡介　第四部

企業之所以須擬定與執行人力資源政策，是為了滿足公司的國際化營運對用人之需求。因此，企業的策略對人力資源規劃會有直接的影響。

第四部探討第三部所討論的議題，並闡述人力資源之涵義。

## 第十八章　跨國用人政策

為什麼我該在那裡工作？

公司策略上的需要及員工赴國外工作的意願，這兩者決定了員工外派政策。本章探討可能提高外派成功率的各種因素，並聚焦在人員的選擇和支援的提供上。

## 第十九章　外派員工的訓練

我該如何在那裡工作？

當外派員工受過如何在國外工作與生活的訓練之後，外派任務對公司與員工來說會更有價值。經理人的配偶和親屬若也能接受適當的訓練，將有利於外派任務。

第十八章

# 跨國用人政策

前言
外派員工的成功與失敗
解決方法：人員遴選
解決方法：提供支援
文化衝擊及反向文化衝擊
知識導向型組織和外派人員
對經理人的涵義
摘要
習題

## 18.1 前言

Mary 是一個美籍工程師，她嫁給 John。John 被他的公司選上去管理在沙烏地阿拉伯的子公司。Mary 同意與先生一同赴任，這也意味著她必須放棄她的工作。到達之後 Mary 發現，該地不允許婦女從事工程師方面的工作。她留在家中整理家務、照顧小孩。她的挫折感愈來愈重，進而向她的先生發洩她的不滿，他們之間的關係逐漸惡化，John 的工作也受到影響。

這樣的禁令同樣也套在 Aiesha 身上，她的先生 Latif 也在同一家子公司工作。他們來自巴基斯坦，巴國女性的工作機會少，很少有人能發展自己的事業。因此，這個禁令對 Aiesha 的影響不大，他們兩個適應得很愉快。

外派人員的文化背景和在地文化是否相近，會影響外派人員的家人適應的情形。家屬能否輕易適應在地文化，也會影響經理人的工作。本章的重點放在外派人員的調適、選擇和支援上。(下一章將會討論人員訓練的相關主題)這對於下列幾種身份的人十分重要：

- 外派經理人及其家屬；
- 總公司的人力資源部門，及其他負責外派人員及其家屬之安置支援的相關員工；
- 子公司及合資企業的經理人，及負責外派人員及其家屬之安置支援的相關員工。

## 18.2 員工外派的成功與失敗

大部分的外派計劃是成功的，也因此跨國企業、經理人和其家屬皆能從此一寶貴的經驗中獲益。然而，事情並非永遠如此順利。當經理人在海外國家的表現不佳，因而被解僱、召回或自己辭職時，就代表這項任務失敗。

**失敗的代價**(cost of failure)非常沉重，這意味著經理人的自尊心和聲望會受損，失去升遷的機會不說、甚至可能失去他／她的事業。跨國企業賠上的直接成本，據 Caudron(1992)估計，依員工的薪水、工作地點及家屬人數而異，約在二十五萬至一百萬美元之間。

**家屬**(dependents)的定義是跟經理人一同赴任的親人，若經理人未被外派，則他們不會遷移至國外居住，他們也依賴經理人部分的收入。家屬包括配偶或伴侶一理論上來說非男性即女性，但實際上以女性居多。其他的家屬包括孩子及父母。近年來有些公司發現，像蘋果電腦(Apple Computer)，只有當公司同意支付外派人員的長輩之生活開銷時，這些經理人才願意接受外調的工作。[1]

**失敗數目**(numbers of failure)的估計各國企業不同。依照 Black 、 Mendenhall 和 Oddou(1991)的調查發現，美國的外派人員不適任率為 16% 到 40% 。Tung(1987)調查美國、西歐和日本的跨國企業，得知 50% 以上的美國公司之失敗率為 10% 到 20% ，7% 的失敗率為 30% 。歐洲和日本企業的失敗率較低， 59% 的歐洲企業召回他們 5% 的員工，僅有 3% 的公司召回 11 到 15%；76% 的日本企業僅有 5% 以下的失敗率。

## 18.2.1 爲什麼外派人員會不適任？

爲什麼他們無法成功地完成工作？管理和技術上的能力可能並不是最主要的原因。早期的調查報告顯示，少於三分之一的工作人員在熟悉工作之前即被遣返。文化的適應過程通常是成功與否的關鍵因素。Tung(1987)列出導致美國的跨國企業之外派人員表現不佳的原因，依照重要性遞減如下：

1. 經理人的配偶無法適應不同的居住環境或文化。
2. 經理人無法適應不同的居住環境或文化。
3. 其他與家庭相關的問題。
4. 經理人的人格或 EQ 不成熟。
5. 經理人無法應付海外工作的重責大任。
6. 經理人缺乏技術上的能力。
7. 經理人缺乏至海外工作的動機。

Tung 從對跨國企業之管理部門的問卷調查中，蒐集了她的數據。值得注意的發現是，配偶對新環境無法適應是影響經理人自身的適應能力及其表現最重要的原因。下面我們將會再談到。

## 18.2.2 配偶對新環境的適應

Black 和 Stephens(1989)曾研究美籍外派經理人和他們的配偶(女性)對新環境的感受。他們以日本、韓國、台灣及香港這些國家爲主，以 Hofstede 的權力距離及個人主義這兩個構面而言，這些國家與美國的差異頗大。他們發現：

- 配偶的適應能力與她們的先生，即外派經理人之適應能力有密切的關係；

• 當配偶對於赴海外工作的感覺較正面時，她們較能適應。

以第二項條件而言，很少公司在這方面努力。這個研究同時也顯示：

> 僅有 30% 的公司在外派時尋求員工配偶的意見。研究樣本中 90% 以上的公司並沒有提供配偶們海外的訓練。即使將近一半的配偶之前曾任職於跨國企業，但超過 90% 的公司並沒有提供她們在謀職方面的協助。(p. 541)

若配偶們初期即參與外派安排，她們很可能會決定預先接受關於在地文化的訓練(Black 和 Gregerson 1991a)。其他影響配偶是否能順利適應在地文化的因素包括：

• 外派人員之社群的大小，這表示是否有足夠的機會提供文化和社交上的支援；
• 在地工作人員和外派人員這兩個社群間的關係；
• 在地社會和外派人員之社群在經濟上的差距(能否適應新經濟環境的現實面)；
• 文化價值觀的差異；
• 工作機會(或就學機會)(對外派人員的家屬來說，有些國家就業機會較多；但有些國家特殊部門的工作機會會爲了保護本國人民而設有限制；另有某些國家的文化不能接受外籍的女性員工—例如沙烏地阿拉伯大多數的就業部門)。

### 18.2.3 文化差異的認知

有些專家認爲，某些文化就本質而言，對於經理人及其家屬本來就較難適應。Bonvillain 和 Nowlin(1994)注意到

> 地點的影響。根據調查發現，儘管有 18% 的外派員工

至倫敦工作覺得不適任，但在東京卻有 *36%* ，沙烏地阿拉伯有 *68%* 。(*p. 44*)

然而，文化本質上的差異無法度量。上述學者沒有說明清楚的是，18% 的「美籍」外派員工在倫敦無法適應，68% 的「美籍員工」在沙烏地阿拉伯無法適應，但並非所有外派員工的 18% 和 68% 在倫敦與沙烏地阿拉伯會無法適應。換句話說，其他阿拉伯國家的經理人和其配偶，比起美國人，較能適應在沙烏地阿拉伯工作和生活。這對於外派人員的遴選有其涵義，見 18.3.5 節。

Stening 和 Hammer’s(1992)曾調查在日本的美籍經理人、在美國的日籍經理人、以及在泰國的美籍和日籍經理人，他們發現這些人員以不同的方式適應新環境。外派人員自身的文化背景似乎比派駐國的文化，對其適應能力有較大的影響。

### 18.2.4 文化對外派成敗的影響：日本

經理人的文化背景之重要性可以從在美國工作的日籍經理人受到壓力的因素清單(未依重要性排序)，得到進一步的明示。包括：

- 因爲離開他們的同期會(dou-ki-kai)或同事組成的小團體，日籍經理人會覺得沒有安全感；
- 擔心妻子與社會脫節；
- 擔心孩子在返國後的教育機會；
- 缺乏親友的支持；
- 文化錯亂(dislocation)；
- 與美籍下屬相處受到的挫折感。[2]

同期會是由同期進入公司的員工所組成。這種團體反映出在公司中工作團體的重要性及長期的僱用關係。同期會的成員期望一起工作，直到一起退休爲止。

一位日本經理 Yoshi 被公司派駐到印尼一個小分行擔任顧問。Yoshi 與一個美國人 Francis 共用一間辦公室。他在牆上掛了一幅圖表，寫滿同期會的夥伴名字以及他們目前的職位。每天早上他會打電話、發電子郵件給他們，然後更新圖表上的資料。Francis 說：

> 「在美國就沒有這樣的事。我根本不知道誰跟我同一時期進公司，更別説保持聯絡了。人們來來去去，要在工作的環境中交友是不可能的事。」

日本經理人憂心，他的孩子在回國後是否有足夠的機會接受教育，這表示他將學校當成傳遞日本文化的方法之一。教育機會對美國的經理人來說並非考量的因素，這或許是因爲英語學校在世界各地皆很完善。

兩種典型文化之溝通方式的差異，解釋了爲什麼日籍經理人在美國分公司工作時會感到折敗。有個*新聞周刊*報導的故事是這樣：

> 日籍老闆在管理美國分公司時通常會覺得，比起管理日籍員工需要花費更大力氣，因為美籍員工總是憑直覺來猜測老闆要什麼。[3]

高度背景脈絡文化的日籍老闆期望他的屬下能試著推繹出他的需要，而不是由他來清楚地告訴他們。但是在低度背景脈絡的美國文化中，清楚地表達意見和傳遞訊息是理所當然的事。

## 18.2.5 進一步的差異證據

其他國家的研究報告明確顯示，文化會影響外派人員對工作的看法。在 1995 年，一份調查 200 名新加坡跨國企業經理人的報告顯示：

> 家庭因素，特別是關於孩子的就學問題，為外派員工最重要的考量。他們也擔心，遠離總公司會危害他們的職業生涯。[4]

就學問題反映出儒家重視教育的精神。新加坡的員工比起日籍同行來說，較少擁有長期僱用的保障。

Hamill’s(1989)研究英國外派人員所面臨的問題後發現，與家庭相關的因素會導致失敗：

> - 與家庭相關的問題，包括家屬無法適應新環境；
> - 不適當的遴選招募準則一準則強調技術性技能而非文化同理心；
> - 外派前不適當的工作說明；
> - 草率規劃的補償配套措施；
> - 對於員工重回總公司缺少事前的規劃；
> - 遠離總公司與失去原有的身分地位。(p. 24)

## 18.2.6 從誰的觀點來看待失敗？

18.2節談到，Tung’s(1987)對於導致失敗所列出的因素，來自公司的數據及看法。我們可以預期這些「失敗的」經理人會提出不同的解釋。他／她不可能會承認自己的「人格及EQ不成熟」，反而會抱怨公司的訓練不當、支持不足、獎勵不夠。

即使將公司的偏見也考量進來，Tung所列的因素清單也指出，遴選過程的鬆散爲原因之一；爲什麼公司將人員外派後，才知道他們在人格及動機上的障礙會影響工作？另一方面，Hamill的原因清單則反映外派人員的看法而非公司的觀點；請注意關於工作說明、配套措施、及遠離總公司等原因。

這兩份原因清單顯示不同的利益觀點，因此無法逐一比較。但是，有個觀點則很清楚；許多跨國企業在人員選擇、訓練方面不夠嚴謹，以及未提供足夠的支援，導致外派任務失敗。在第 18.3 和 18.4 節中我們會討論人員的遴選和支援；下一章會討論人員的訓練。

## 18.2.7 任期的長短和績效評估

任何海外工作的評估必須將任期納入考量。該經理人上任多久？他／她是否有足夠的時間學習在地的文化，進而發展出最理想的狀態？家屬是否有足夠的適應時間？

在美國的跨國企業中，外派人員的任期通常爲兩年。歐洲和日本的公司則傾向更長的時間一根據調查顯示，日本外派人員的平均任期爲 4.67 年。[5]

爲了延長外派的時間，日本公司在進行績效評估之前，會提供外派人員更長的時間去學習新工作。這裡有個例子。Otsuka Pharmaceuticals 公司的政策爲，外派經理人上任的前六個月不予評估，在這段期間該經理人的表現，則列入其前任者的工作績效。這造成

- 較年長的經理人在就任的最後階段仍會維持水準以上的表現(就算是最後幾個月也不敢鬆懈)；
- 較年長的經理人會將其成功適應新環境的心得完全傳授下去；
- 新的經理人有半年的時間可以去學習新工作，而不用過分擔心考績評估。

在這六個月的期間，總公司有經驗的指導員(mentor)會拜訪新經理人至少兩次。每次的拜訪至少會停留一個星期，並且提供他的建議、解答經理人的疑惑以及嘗試解決問題一但並不做考績評估。

## 18.2.8 關於任期的解釋

爲什麼美籍的經理人上任時間這麼短暫？有個說法是，因爲許多美國的跨國企業發現，經常輪調外派的職位比讓員工留在同一個職位可以創造出更高的價值。

另一個說法是，美國的跨國企業無法說服員工做出長期的承諾。經理人只願意接受短期的外派職務，因爲他們擔心無法升遷，或回國後沒有工作。這對於日本的跨國企業來說根本不是問題，因爲他們孕育出一個長期安定的工作文化，並且擁有員工的忠誠。

不論美國的跨國公司之外派人員任期爲何如此短暫，此種政策有其負面的影響。首先，員工在新環境中僅有少許的時間學習如何順利工作。往往在家屬還未有適當機會適應新文化時，便已遣返回國。(Sullivan and Snodgrass【1991】發現，美國的跨國企業在處理低層次的問題方面，往往比不上日本公司—雖然在處理嚴重的問題方面較好。

公司的政策若是要求外派人員從就任開始就以總部的標準來表現，這是不切實際的。某個跨國公司的經理人建議：「非常聰明的員工也許可以在六個月內就適應新環境，大部分的人至少需要一年。」即使是這樣的預估都太過樂觀。一個完整的文化衝擊，從接觸開始到完全適應，據估計需要 50 個月以上。(見 18.5 節)

## 18.2.9 評估的標準

何種標準才能評估外派人員的表現呢？策略性的因素也許爲決定性的指標。高度集權的公司會採總公司的評估標準。跨國公司或是對子公司賦權的公司，則會採子公司的評估標準。

當總公司和子公司所考量的因素不一致時，在極端的情況下會造成經理人的挫折。外派人員不知道該如何詮釋他／她的工作說明書。若在地的經理人認爲他們之中也有人可以勝任外派經理人的工作時──以他們的標準來看──那麼在地的經理人的士氣就會低落。

不同的團體（包括經理人、總公司、子公司、合資公司等）所共同認定的評估標準則可解決這個困擾。切於實際的標準會同時顧及總公司和子公司的觀點，同時也會考量：

- 經理人及其家屬適應新環境的能力；
- 本國文化及在地文化的差距，及適應在地文化的困難度；
- 角色的差距；經理人之前所扮演的角色和新角色之間的差異──角色差異愈大，則適應的時間愈長；
- 任期的長短。

## 18.3 解決的方法：人員遴選

我們將由本節來了解企業如何克服外派人員不適任的問題，以及創造出成功的條件。本節的重點放在人員的遴選與對外派經理人及其家屬的支援等政策上。這些政策須同時考量

- 在在地文化中工作的需求
- 在在地文化中生活的需求

### 18.3.1 人員遴選

遴選的準則會考量評估外派人員之績效的標準。在第18.2.9節已陳述過此一觀點。

企業爲協助員工家屬解決適應的問題，應儘早安排相關事宜。

首先，這意味著員工與公司雙方同意工作安排及補償的方式。再來，安排配偶和其他家屬接受訓練，增加他們對外派工作的興趣，讓他們為新生活做好準備。

## 18.3.2 遴選標準

經理人必須具備技術上和管理上的專業技能。他／她必須

- 能勝任管理上的例行工作。
- 能夠將其工作技能轉化與應用在不同的商業環境中(Moran 1993)；能夠處理新的機會和威脅。
- 快速地解決問題。
- 和來自不同文化的員工相處愉快。
- 能夠激勵他人。
- 將外派的經驗當作職業生涯必要的成長訓練，藉此激勵自己。
- 是個成功的協調者。

當經理人可實際地預期將獲得下列項目時，他／她會因此而受到鼓舞：

- 適當的訓練；
- 職務上的支援；
- 公平的補償措施；
- 於任務結束後，可再回到總公司，或許還可獲得升遷。

若經理人無法預期可獲得適當的就職訓練，並且對公司所提供的支援與往後的工作毫無信心，則會缺乏承接新工作的動力。

美國企業在選擇外派員工時，仍會將重點放在專業技能上。然而，由第 18.2.1 節中，我們了解到專業技能並非外派人員無法達成任務的主要原因。這是否意味著，在挑選人員的過程中，已經成

功地排除能力不適者？還是企業挑選人才的標準有問題？

### 18.3.3 心理與精神上的標準

**全球本位**(geocentric)的外派人員能以全世界的觀點思考，並且因爲文化差異所帶來的機會而感到振奮，這樣的外派人員往往表現出色。**民族本位**(ethnocentric)的外派人員則無法充分融入新環境，因爲他們往往以自身文化的價值觀來評判其他的文化，以爲自身文化的價值觀可以放諸四海皆準，並且認爲文化差異只會是威脅。

經理人及其家屬在心理與精神層面上，必須具備良好的適應與調整能力。他們必須

- 受到鼓舞(be motivated)而樂於在在地的文化中工作與生活。
- 情緒上足夠成熟(maturity)，可以處理新環境中的事物與忍受生活中的不確定性(uncertainty)。
- 願意從經驗中學習(learn)，並能改變自己融入別人、有自信、容易變通，以及對文化的差異十分敏感。
- 具有溝通(communication)與社交技巧。願意且迫切想要與在地人溝通，有能力與在地人培養長久的友誼。
- 對其他文化的回應態度爲不判斷(non-judgmental)、不批評。他們必須能避免對其他文化的刻板印象。

### 18.3.4 遴選標準的經驗談

外派人員過去的海外經驗，其價值受到爭議。在西非成功的實例並不一定適用於在日本的經理人。有海外居住經驗的人(特別是任務派駐的國家)或許較能適應。但是，過去任期的長短並非影響要素，在國外待過的時間愈長並不表示適應新環境會更輕鬆。

Black(1988)發現，外派人員過去海外的工作經驗與跟新環境互動的適應能力之間，並無顯著的關聯性；角色的差距與與工作的適應能力之間也毫無關係。

某些外派人員在海外工作和生活上的經驗並不能通用於每個地方。但無疑地，過去成功的海外工作經驗可以提升自信心。

企業應該擬定的政策是，一方面能獎勵成功的外派人員(使其應用外派經驗獲得的專家知識以及鼓勵他們應徵新的外派工作)；另一方面能提供無經驗的經理人赴海外工作的機會，以培養新血。

## 18.3.5 以民族認同爲遴選的標準

第18.2.3節中我們了解到，自身文化與外地文化明顯的差距，會造成適應上的問題。這提醒我們，企業應選擇對派駐地文化具有民族認同的經理人。

一家西方公司若要在中國大陸營運，應該選擇來自香港或台灣的經理人，或家人是從中國大陸遷移出來的經理人。Bjorkman and Scheep(1994)調查中國大陸36家合資企業發現，其中13家公司至少都僱用一位華人。這種作法有時可以搭起文化間的橋樑。但也可能造成誤解。

在地人也許會以不同於對待純外國經理人的標準來衡量具有雙重民族認同的外派人員。他們會假定對方與他們同樣對其文化忠誠，並且期待對方能支持他們的喜好。假設外派人員認同自己移居的國家，那麼這樣的期待往往會令在地人失望。

## 18.3.6 遴選女性員工

大部分的美國公司對於選擇女性職員出任國際任務，往往抱持偏見。報紙曾報導一份由紐約某顧問公司所做的調查；在美國的企

業中，

> *80%* 認為派遣女性員工至國外工作對公司不利。「客户不願意和女性代表做生意，」某家公司的發言人說。另外一家則解釋：「理想的外派人員為三十多歲，有學齡前小孩的男性。這是為了突顯我們的形象為一秉持良好企業倫理的保守公司……我們許多有潛能的女性外派人員都是單身，單身放蕩並非良好的公司形象。」[6]

### 18.3.7 人員遴選與國內的勞務市場

一家加拿大的工程公司計劃派遣一位經理人至印尼的國際合資企業，擔任爲期一年的顧問。僅有一位候選人申請；他接受文化適性測驗，拿到人力資源部有史以來的最低分。但是公司決定，它們無法承擔不派遣人員的後果，所以該候選人就上路了。果不其然，後來他因爲表現不佳被公司召回。

這引出遴選人才的程序問題。公司應該捫心自問，爲什麼衆多經理人當中只有一位有意願應徵此份工作？是否其他**潛在的候選人**對公司的職前訓練與支援沒有信心？他們是否對於調回總公司後，不確定是否仍有工作機會而感到不安？公司是否未能促銷其中提供的專業機會與個人機會？

外派人員是否會獲得補償？一份 1995 年的報告顯示，新加坡的公司有時除了零用金之外，還提供新加坡幣 10,000 元(大約 7,140 美元)以上的現金誘因，以吸引員工接下海外的工作。[7]

## 18.4　解決的方法：提供支援

跨國公司協助其經理人及家屬成功達成外派目標，可經由提供下列支援：

- 在在地文化中工作與準備重返總公司
- 在在地文化中生活

這些協助提供的時間點爲：

- 經理人就任前
- 經理人就任時
- 經理人重返總公司時

支援的功能在於，促進經理人在外派職位與重返總公司之間的移動，以及提昇他／她外派期間之生產力。

### 18.4.1　工作上的支援

工作上的支援如下：

- 訓練(見下一章)；
- 在子公司或合資企業中，提供專業上和技術上的支援；
- 總公司方面提供專業上和技術上的支援，包括協助其與總公司幕僚人員之間的聯繫；
- 與總公司溝通順暢(溝通的內容包括總公司每日的例行事務——以及內部發生的八卦——以避免經理人感覺自己被屏棄在外。總公司發行的內部刊物也需提供給外派人員。)

當經理人覺得他／她在總公司的權益受到保障，並且外派工作對其職業生涯有助益時，便會願意投注更多心力在海外工作上。

他／她的權益包括：

- 任期(duration of post) 任期長短若無法確定，則會影響個人、家庭及生涯規劃，此爲造成工作士氣低落的主要原因。
- 工作保障(guaranteed career security)。某些美國公司會提供返國工作的書面保證，例如Honeywell與 Minnesota Mining& Manufacturing 等公司會提供外派員工一份書面保證，載明當他／她成功達成外派任務回來時，可獲得相當於從前的工作，或更優的職位。[8]
- 職業生涯規劃(career planning)。在經理人接受外派任務之前，總公司的員工(例如人事經理)會協助他／她開始規劃其返國後之職業生涯。當經理人於休假中返回總公司時，他／她便有機會與總公司的幕僚人員更新其生涯規劃。
- 返國工作有升遷機會(promotion chances)。
- 在返國前或返國後立刻接受訓練(training)以重回總公司。

## 18.4.2 總公司的指導人員

某些企業以指派一位總公司的「牧羊人」或指導者的方式，支援海外工作人員（Wright and Werther 1991）。指導人通常較年長，他／她提供建議，並且以多年來的經驗協助外派人員，並且負責：

- 保障外派經理人在總公司中的專業生涯權益（career interest)。
- 使經理人隨時獲知總公司最新的變化(headquarters changes)及發展，包括公司政策的變更。
- 確保總公司兑現所有和外派人員之間的協議(agreement)。
- 確保提供返職諮商（repatriation counseling)。

• 返回公司工作時重新介紹(reintroducing)經理人。

Minnesota Mining and Manufacturing 公司對每位外派人員都指派一位「重返公司協助人」[9] 但這並非普遍的情形。根據一份 1995 年調查新加坡公司的報告指出：

> 僅有 *19%* 的外商公司及 *12%* 的在地公司，擬定海外員工的生涯發展計畫。僅有三分之一的公司，於員工重返總公司時提供重新適應的訓練。[10]

不管如何，人員的流動會增加指導人制度執行上的困難度。當總公司的員工流動率大時，外派人員無法安心工作，因為當他們返回總公司時，他／她的指導人可能早就離職了。

### 18.4.3　生活上的支援

公司同時也應提供外派人員及其家屬，有關在在地文化中生活的支援。(家屬可能比經理人更需要相關的簡報說明。)公司可協助下列幾項：

• 協助定居及提供適當的房屋(housing)津貼。
• 安排適當的醫療設施(medical facilities)及其他的社會服務。
• 替小孩在海外的工作地點或國內尋找適當的教育機構(educational facilities)，若經理人選擇讓孩子在國內接受教育，則公司應指派一位「叔叔／阿姨」，負責處理小朋友在家中發生緊急事故時應提供的救助。
• 告知購物處所(shopping facilities)及各種服務等細節，包括水電。
• 告知關稅(customs)的管制和程序及進口管制(例如汽車)等細

節。

- 安排適當的保險(insurance)。
- 為新赴任人員組織支援團體(supporting group)。
- 提供文化上的支援(culture supporting)，例如協助其家族成員得知國內當下發生的事情。(在某些地方，大使館人員會提供在在地工作的本國人員各種資訊)。
- 安排社交活動(social events)，例如電影欣賞、國慶慶典、運動俱樂部、宴會、野餐郊遊等。
- 提供在地語言及文化(language/culture)方面的訓練。
- 協助配偶找到全職或兼職的工作(Employment)，或是提供想要建立自己事業的家屬進修的機會。(在Thornton and Thornton (1995)的書中有個簡短的實例，家屬的事業也許因此而開展。其中包括學術生涯的延續。(p. 63))
- 安排定期的休假(leave)並提供休假給付。

在配偶適應環境的重要因素中，能提供工作機會相當重要。但工作也需恰當，某位專家指出：

> 為來公司拜訪的高級官員舉辦宴會或擔任招待，稱不上是能有成就感的工作。
>
> 公司應考慮與配偶簽立兼職工作或研究的契約。假如太太想要在在地進修或通訊進修，以增進自己的技能，則公司應支付這筆費用。公司也可以仿效採配偶優先任用政策的政府機關或學院，在北京，大部分的西方大使館皆僱用大使的配偶。[11]

在外派人員就職前所提供的資訊必需最新且實用。經理人及家屬到任時，若發現他們所獲得的資訊早已不合時宜、不正確或過時，他們立刻會覺得洩氣。

理想的情況是，經理人和家屬在就任前先由公司派送至該地參觀，提供他們機會視察在地的機構和檢視他們所需的資訊。

### 18.4.4 支援的變通性

爲了包容下列不同的要素，支援政策應具有變通性：

- 個體差異(individual differences)。意思是説，須考量經理人和其家屬的個人特徵，例如心理上、經驗上、年齡上等等。
- 家族 (family)的特徵。
- 經理人職業生涯的階段(stage)。
- 經理人的職責(responsibilities)與身分。
- 外派任務的背景(context)。
- 對經理人自身的文化與在地文化間之文化(culture)差異的認知。

## 18.5 文化衝擊和反向文化衝擊

文化衝擊令人強烈不安，例如：

> 巴黎對日本人來説根本是地獄。某個日本的精神學家描述「巴黎症候群」的症狀包括產生幻覺、低潮沮喪、妄想症、及神經系統受到震撼。

Hiroaki Ota 說：「法國人比較情緒化，前一分鐘他們還很和藹可親，下一分鐘就變得非常暴躁……日本人在自己的國家中已經習慣人與人之間的行爲有可預測性，所以他們因爲法國人態度快速轉變而遭受打擊。」[12]

若外派經理人就職的頭一個月遭遇到負面的文化衝擊，則他／她面對新文化的態度會產生根本上的改變。若外派人員未受過類似的訓練，那麼他／她的生產力可能會嚴重下降，比不上在本國的表現。

文化衝擊是面對新的文化經驗時產生的自然反應。文化衝擊或許可定義爲，當人們遷移至一個與自身環境不同的新環境時，大多數人在精神上所承受的一種迷失感。外來的經理人在回應在地人的行爲與培養彼此關係時，他無法依賴過去在無意識的情況下所能使用的線索。在地人對現實事物的優先考量與經理人不同。（比較你曾經走過的城市，當你第一次駕車經過時，熟悉的地標似乎很重要，但新的地標又出現了，你被迫用不同的觀點來評估該城市各項首要的表徵。）

第七章告訴我們，成功的溝通靠各個參與者了解什麼是對方所熟悉的，什麼是新與不尋常的資訊而須詮釋。外來者對於這些人們已有默契的經驗無法做任何假設，而且無法得知：

- 如何與上司、同事和下屬適在地溝通；
- 如何提出或要求他人提出意見；
- 如何辨別建設性的反對意見何時會演變成破壞性的衝突；以及如何消弭衝突；
- 如何談判；
- 如何激勵他人。

你在溝通中若無法掌握這些會導致心神不寧。當新文化在表面上與你自身的文化很類似，這樣的不安可能也不會減少。當你愈預期每件事物都一樣時，些微的差距都會讓你大吃一驚。

一位印度人被芝加哥的總公司指派到泰國執行專案。在他離開泰國機場的沿路上，他看到牛群在曼谷的街道上行走、路邊攤、小販叫賣商品。每件事都讓他想起印度首都德里，他覺得好像回到家一樣。當晚他決定試試一家在地的餐廳。但是當他推開大門時，一陣驚恐朝他侵襲而來。他不知道是否該自己找位子或像在美國一樣，等服務生帶位。他拿起菜單卻一個字也看不懂。他逃回飯店，兩天都沒出門。

當在你的文化中從未發生過的事發生時，或是發生一樣的事卻有不同的意義時，你開始意識到文化上的錯亂。你也許會因為預期應發生但未發生的行為感到驚訝；例如，英美人士認為直接地表達反對的意見是理所當然的事，但在日本這會讓人十分困窘。

### 18.5.1 文化衝擊的特徵

文化衝擊來自一連串小事件的累積，但意識到文化衝擊卻可能非常突然。文化衝擊和酒精可能會產生相似的愉快效應——一種不真實的感覺。然而通常卻伴隨著不愉快的效應：

- **緊張和挫折感**　你的精力減弱，無法像平常一樣快速地做決定。
- **疏離感**　你覺得犯了思鄉病，並且對在地的文化充滿敵意。你拒絕學習或使用他們的語言，而且只和屬於你的文化的成員交往。
- **尋求自處的需求**　你只從事個人獨自進行的活動，包括喝酒。
- **沮喪**。

文化衝擊的循環有四個階段(見 Torbiorn 1892)：

1. **蜜月期**。你興奮地展開你的海外工作，迎接新奇、不尋常的事物。一開始，不了解怎麼回事或被誤解讓你覺得很有趣，但挫折感卻接踵而來。
2. **易怒和敵意**。你一開始的熱情已經消耗殆盡。你注意到文化差異比你本來預估的要大得多。你無法分辨什麼是小問題，什麼是大問題；所有文化上的差異似乎都會造成同樣嚴重的問題。你懷疑自己的溝通能力。(在Black(1988)對外派日本的美籍經理人之分析中，他指出大部分的人在到達的六個月後會經歷適應的低潮。)

3. **逐步適應**。你開始克服你的疏離感，並能成功地遵循新文化的行爲準則。你可以辨別大小問題，並能解決小問題。
4. **完全適應**。你克服了精神上的迷失感，並能在新文化中成功地運作與溝通。

Black and Mendenhall(1991b)回顧研究文獻後指出，整個循環從蜜月期到完全適應可能拉長到50個月。

某些人經歷不只一次的文化衝擊循環，而且第二個循環可能更激烈。料想不到的事件可能將你推入一個不確定的新狀態，而且假如你認爲你已經學到所有關於新環境所需知道的事，這可能會危害到你的自尊心。你必須時時提醒自己，學無止境。

## 18.5.2 處理文化衝擊

經理人或許無法避免文化衝擊，但卻可以經由訓練來克服最嚴重的影響。經理人最好

- 預期將經歷文化衝擊。對成人來說，這是面對新奇事物時產生的自然反應。將文化衝擊當作一種疾病或是心理狀態不平衡的警訊，只會使情況變得更糟。
- 去了解文化衝擊發生的原因與學習其徵兆。
- 接受在新環境中生活必須重新學習。視爲一種學習是適應文化的不二心法。在這方面，社會學習理論所提供的理論架構，有助於促進適應的達成。(Black and Mendenhall 1991b)
- 著手探索赴任的國家及其文化和歷史。在經理人出國前即應開

始學習。

- 拉寬各種商業和社交範疇的接觸面，以超越經理人自身文化的標準融入在地的文化。
- 藉由與在地人打交道來瞭解在地文化。
- 對新文化保持開放的心態。經理人不要太早判斷(當然也不能以在機場的經驗來判斷)。第四章曾提到在在地文化中克服刻板印象的技巧。
- 檢視何種溝通方式最恰當。經理人應詢問在地人及來自本身文化、有經驗的外來人士。何時必須用姓稱呼對方？何種禮物、在何種場合、該如何拿出來最恰當？如何表示同意或相反的意見？當在地人說「對，大概吧。」「明天。」時，他們指的到底是什麼意思？

有經驗的旅人會發展出自己的一套方法，來處理最糟的情況。有個經理人赴任前先細查新城市的地圖，接著利用數天的時間走過大街小巷，將理論上對新文化的理解，轉化成實際的經驗。你應檢視自己對文化衝擊的反應，並調整上述的技巧來滿足你的需求。

### 18.5.3 反向文化衝擊

當經理人回國時，反向文化衝擊便會發生。即使外派人員對於重返總公司工作的信心十足，反向文化衝擊仍是痛苦的經驗。重返工作的人員需要適應：

- 財務優惠削減。外派工作的誘因包括生活津貼，回國後便無法繼續支領，這可能會造成生活水準的下降。
- 權力減少。外派的資深人員會發現重回總公司工作後困難重重。總公司的工作多爲例行公事，能主動發揮創意的機會較少。

- **工作疏離感**。一種與總公司在技術上和人事上失去聯繫的感覺。（某位跨國公司經理人抱怨道：「第一天當我走進辦公室時，裡面的人我一個都不認識。老同事都離職了，一切又得重新開始。」）
- **生活支出增加**。當外派工作在低度開發國家，而總公司在已開發國家時可能會發生。
- **較簡陋的住屋品質**。許多公司提供外派人員住屋津貼。
- **家務協助減少**。在許多低開發國家中，較容易僱用到家務事的幫傭，而且也較便宜。
- **社交生活的步調不同**。在外派人員較少的國家中，跨文化的經理人和他們的家人擁有較緊密的社交生活。回到母國，社交活動可能無法像過去那麼集中。（孩子離開他們在海外學校中交到的朋友，必須重新適應母國的學校）
- **與母國的同事、好友、家屬交流海外工作的經驗**。

## 18.5.4　文化和反向文化衝擊

在 18.2.2-18.2.4 節中，我們瞭解經理人和其家屬自身的文化背景如何影響他們對外派工作的認知和工作表現的成功與否。同樣地，他們的文化也會影響到經理人及其家屬返國工作能否適應。

日本企業提供了一些例子。日本的經理人從美國回來時遭遇到許多問題：[13]

- 經理人及其家屬逐漸適應較個人主義的生活方式，發現較不容易返回集體主義的文化中。
- 經理人對於總公司的相關工作缺乏挑戰性感到厭倦。
- 女性職員，或許因爲在海外受到特別對待，對於重返女性不受重視的社會感到沮喪。

- 那些跟隨家人至個人主義、鼓勵直接表達的文化中就學的孩子，無法融入日本的學校。

解決的方法包括，爲孩子與母親開立諮商與訓練課程。

Black and Gregerson(1991b)發現，當重返美國的人員爲下列幾類時，他們會有最大的麻煩：

- 比較年輕
- 在海外待得較久
- 在本國的居住環境較差
- 返國無明確的工作

外派人員若與上述的情況相反，則問題較少。

這個研究對於如何協助員工，對公司提出三項建議，但每項建議皆引發反對的論點：

- 公司應縮短外派人員的任期(但經理人需要足夠的時間才能適應)；
- 公司應減少外派人員的優惠措施(但優渥的措施對於吸引經理人願意遠赴海外工作是必要的)；
- 公司應該更明確地定義工作的內容(但劃分愈清楚，則變通性愈小，而且限制了經理人主動開創的機會)。

下列是更進一步的建議。公司可以：

- 執行第 18.4.2 節中提及之指導人(Mentoring)方案。
- 執行第 18.4.3 節中提到的生活支援(Support-for-living)方案。
- 提供給經理人有關總公司在技術上和組織變動方面最新的(Update)資料。
- 將經理人及其家屬介紹(Introduce)給其他返國工作者所組成

之支援團體。

- 對經理人及其家屬簡報(Brief)母國發生的事件及改變。
- 在經理人返國後，就任新職前提出關於其新工作的簡報(Brief)。
- 聽取經理人和其家屬在海外工作和生活情形的簡報(Debrief)。

最後一點，聽取經理人及其家屬的簡報，具有兩個功用。一方面提供了返國經理人及其家屬談論在海外生活與工作的機會，並且向他們保證這樣的經驗對公司頗具價值。這樣能激勵返國人員，協助他們克服反向文化衝擊的問題，同時也增廣總公司對海外的認識。至於企業如何發展海外運作的知識，將在下一節討論。

## 18.6 知識導向型的組織和外派人員

跨國企業爲了提昇競爭優勢，逐漸依賴**知識**(knowledge)。知識的定義不同於資訊(information)。Krause(1997)區別出基礎性知識、策略性知識及戰術性知識三種。知識在此被定義爲，選擇相關資訊及了解如何運用此等資訊的能力。

知識包括：

- 對企業內部(Internal)人事如何安排的知識。(Sligo(1996)發現，紐西蘭企業的員工利用人際關係和書面/電腦資源，來獲得管理階層如何做成決策，以及員工如何融入整個組織的知識)。
- 對外部(External)環境的知識。

本節的重點在第二項。這樣的知識來自員工本身的技能、經驗及策略聯盟與海外營運的記憶。下面有個例子。

某家石油公司聽說美國將要拍賣墨西哥灣油田的出租契約，便即刻著手規劃一次昂貴的地震調查。[14]執行前的最後一刻，公司的某位主管想起來公司之前已經調查過這個地區，甚至在還給政府前還鑽了一些不確定的油井。這位主管憑其記憶力拯救了公司，免於犯一次昂貴的錯誤。

當公司逐漸意識到員工代表知識的資產時，他們便找尋方法將之轉化成經濟的資產。Neste(芬蘭的石油和化學公司)、Dow Chemical，和瑞典的金融服務公司Skandiaru，都是良好的例子，他們利用不同的程序來分類與審核公司在知識上的資產。許多大型的顧問公司會任命「知識官」，以發展和組織公司的智庫。

學習的公司有自己的企業文化。公司不斷再造，「擴充自己的能力以創造公司的未來」(Senge 1990)。企業可以從本身的活動中學習一不論成功或失敗。這樣的學習存在於工作中，透過專案、指導人，和聽取簡報(Aubrey and Cohen 1995)。

## 18.6.1 聽取返回公司之外派人員簡報

返回總公司的外派人員，擁有對於外派國家及其國內公司的專家知識。經理人及其家屬所擁有的專業知識包括：

- **外派的工作** 績效的要求、限制、機會、任職的條件等。
- **子公司／國際合資公司／海外公司夥件** 歷史、營運範圍、資源、內部的各種做法、策略等。
- **商業環境** 市場趨勢、競爭者行為、機會和威脅等。
- **政經環境**。
- **文化背景** 限制和機會等。

若跨國公司認真看待外派人員所簡報的困難，則這些人員所累積的知識可應用於政策決定和執行的各種層面上；例如：

- 規劃策略；
- 向協商者簡報；
- 分析在地公司的需求和興趣之所在；
- 選擇、訓練，並提供簡報給外派職位的繼任者(及其配偶)，或給公司或海外的其他外派員工。
- 了解外派人員和在地員工的需求。

Selmer(1987)曾研究在新加坡之瑞典分公司工作的瑞典高階經理人，發現他們對於哪些價值觀與重點事項能激勵在地中階經理人所知有限。Selmer 並注意到，雖然因爲政策上的考量，許多瑞典跨國公司每隔三、四年便會輪流派任經理人至新加坡或其他地方工作，但經理人往往對在地的情況不甚了解。他認爲，瑞典的經理人赴海外公司執行任務之前，並未聽取前任經理人關於在地工作情形的系統化簡報。(p. 87)

總而言之，許多公司擁有外派經理人潛在的寶貴資訊。但這些資訊往往未加以利用和轉成有用的知識，因爲他們未聽取返國人員的簡報、將資訊系統化、以及使這些資訊在公司內垂手可得。公司需發展出一套聽取返國人員簡報及利用其中資訊的技術。當企業內的文化積極、而且總公司的人員認爲經理人的經驗頗具價值時，外派人員會更願意貢獻自己的經驗心得。

## 18.7 對經理人的涵義

試檢視你的公司在外派人員方面所遵循的政策及其結果。

1. 跨國企業如何評估不同的外派職務之成敗？

    - 總公司訂立哪些成功的績效準則？
    - 子公司訂立哪些成功的績效準則？
    - 總公司如何解釋成功和失敗？
    - 子公司如何解釋成功和失敗？
    - 經理人如何解釋成功或失敗？

2. 總公司和子公司所訂的準則是否適當？若不適當，該如何修改？
3. 經理人的配偶在適應上的失敗，對經理人的失敗會產生多重要的影響？貴公司如何讓家屬涉入外派任務的決定？
4. 在挑選人員的過程中，總公司的需求有多重要？子公司的需求又有多重要？
5. 貴公司提供經理人及其家屬哪些支援？經理人在工作上獲得哪些支援？經理人和其家屬在生活上獲得哪些支援？
6. 經理人及其家屬在回到總公司之後，如何傳承他們的經驗？他們的經驗心得有哪些功用？
7. 當經理人及其家屬返回總公司時，通常會遭遇哪些問題？總公司能提供經理人及其家屬何種支援？
8. 試檢視上面的答案，並評論該如何改進這些用人的程序？

## 摘要

本章討論外派職務，以及經理人與公司如何克服問題，使成功的條件更完備。

第 18.2 節探討海外職務成功或失敗的原因，大部分的工作皆能成功完成，但失敗仍然常見，且耗費資源。配偶能否適應是外派人員成功與否的主要影響因素之一。對成功和失敗的認知皆受到文化的影響。18.3 節檢視人員遴選的準則。18.4 節探討提供給經理人及其家屬在工作上和生活上的支援。18.5 節討論文化衝擊和外派人員返回總公司時的反向文化衝擊。文化衝擊爲赴任頭六個月失敗的原因。返國的經理人經由聽取與提出具有同理心的簡報而能獲得幫助。經驗的傳授與發展公司智庫的其他一連串功能有關，包含關於外派職位和在地文化的認識。

## 習題

試練習規劃一項具有變通性的支援計劃。

假設你的公司為一跨國企業的子公司，總公司在下列其中一個國家中(若你的國家也在裡面，請不要挑選)：

日本；荷蘭；巴西；香港；瑞典

總公司決定派遣一名經理人去管理貴地的子公司。假設這位經理人為一名 37 歲的男性，因其身分和專長而獲選。他將帶著妻子和兩個小孩就任。

1. 試撰寫他的工作說明書，其中考慮下列因素
   - 經理人的角色：包括管理上、專業技術上、相關經驗上等要求；
   - 文化差異的認知；
   - 總公司須能掌控子公司；
   - 子公司須和總公司保持溝通。
2. 試設計一套支援計劃，以協助他們適應。考量下列的因素：經理人曾有兩年的工作經驗，是在與總公司和你選擇的國家之文化完全不同的文化背景中工作；
   - 太太為會計師，從前並無外派經驗；
   - 她希望能繼續從事兼職的工作；
   - 女兒 14 歲，兒子 10 歲；
   - 小孩們需要就學，儘可能安排到以其母語教學的學校；
   - 所有的家族成員可能都不會說在地的語言，但他們準備學習。

3. 現在，假設總公司在名單上的其他國家(請勿選擇你的國家)，必要時請修正你在第一題和第二題中的答案。

## NOTES


1 Judith H. Dobrzynski, "As America ages, recruiters find they must help relocate 'trailing parents'," *International Herald Tribune*, January 2, 1996.

2 John Schwartz, Jeanne Gordon, Mark Veverka, "The 'Salaryman' Blues," *Newsweek*, May 9, 1988; and Brian O'Reilly, "Japan's Uneasy US Managers," *Fortune*, April 25, 1988.

3 John Schwartz, Jeanne Gordon, Mark Veverka, "The 'Salaryman' Blues," *Newsweek*, May 9, 1988.

4 Cherian George, "Firms 'need to double number of Singapore expats'," *Straits Times Weekly Edition*, November 11, 1995.

5 A 1982 survey by the *Japan Economic News*, cited by Tung (1987).

6 Jolie Solomon, "Women, Minorities and Foreign Postings," *Wall Street Journal*, June 2, 1989.

7 Tan Yong Meng, "Firms offering $10,000 in cash to entice staff to work overseas," *Straits Times Weekly Edition*, January 6, 1996.

8 Joann S. Lublin, "Warning to expats: maybe you can't go home again," *Asian Wall Street Journal*, August 27–28, 1993.

9 Joann S. Lublin, "Warning to expats: maybe you can't go home again," *Asian Wall Street Journal*, August 27–28, 1993.

10 Cherian George, "Firms 'need to double number of Singapore expats'," *Straits Times Weekly Edition*, November 11, 1995.

11 Robin Pascoe, "Employers forsake expatriate spouses at their own peril," *Asian Wall Street Journal*, February 27, 1992.

12 "Not where *they* go when they die" (Agence France Presse), *International Herald Tribune*, October 30, 1991.

13 E. S. Browning, "Unhappy returns," *Wall Street Journal*, May 6, 1986.

14 Tom Lester, "Accounting for knowledge assets," *Financial Times*, February 21, 1996.

第十九章

# 外派人員的訓練

## 19.1 前言

美國人 Ed 正準備被外派到台灣分公司工作。因爲他需要建立在地的網絡，所以公司提供的準備訓練中包含了中文訓練，他接受了密集的廣東話課程。然而一到了台灣，他發現大部分他所接觸的人只會講北京話，一點也不懂廣東話。

這個案例告訴我們，企業在人員外派前投資了語言訓練，但提供的並非所需。這樣的錯誤不但浪費公司資源，而且 Ed 的工作生產力也無法表現得一如預期。跨文化的訓練要有用，訓練的課程必須十分恰當。

跨文化訓練是挑選、支援經理人及其家屬之程序中的單一環節。其他的議題我們已在前面的章節中討論過。本章將集中在長期外派經理人及其家屬就外派職務而言所需接受的訓練。

## 19.2 訓練的考量

業務發展培訓一詞指在總公司與子公司中訓練經理人，使其能勝任跨國企業在世界各地的職位(Welch 1994)。經理人必須具備

- 多樣的專業技能，並且能將它們應用在跨國企業中；
- 在跨國企業中發展人際關係的能力；
- 良好的溝通技巧；
- 以跨國企業內部聯繫之角度來思考的能力；
- 應用經驗與創造知識的能力。

新進經理人的訓練將著重在跨文化的技能上，使其能在不同的單位之間有彈性地工作，因爲他們可能在世界上任何一處工作。曾

有人指出強調彈性意味著跨國企業應著重文化的中立，跨文化的技能因此是多餘的。反面的意見則符合實際。跨國企業應認清、放大、及應用文化的多元性(Bartlett 1992)。由於經理人強烈地受到母國文化的制約，有了這些訓練才能有足夠的信心與技能與來自不同國家的員工共事相處。

### 19.2.1 面對訓練的態度

跨文化訓練的價值並未受到普遍的認定。根據一份調查顯示，在 51% 的美國跨國公司中，僅有 12% 的受訪者曾參與關於跨文化差異及海外工作的研習會(Callahan 1989)。其他的研究估計，65% 的美國跨國企業在派送他們的經理人出國就任前，並未提供訓練(根據 Mendenhall, Punnet and Ricks 1995, p. 440 的報告)。

**時間**　企業主所提供的訓練往往太短。Baker(1984)曾調查1000家美國最大的工業跨國企業，發現大部分的課程只有五天或更短。一項針對外派至中國大陸和巴西的德國經理人之研究發現，16 家公司中，僅有一家提供「由專家設計的」兩年籌備訓練(Domsch and Lichtenberger 1991, p. 50)。18% 最多提供 16 個月的訓練；18% 提供的訓練少於 2 個月；而「提供給業務經理人的準備時間往往限制在 2 週以內」。

**內容**　當訓練由公司內部的幕僚人員規劃，但他們不具備與目標文化有直接接觸的經驗時，這樣的訓練常常會造成誤導。Baker(1984)發現，不到一半的管理高層受訪者認為語言能力非常重要，但僅有 20% 的外派職位要求語言能力。不管如何，36% 的外派人員相信語言是重要的必備工具，而且超過 43% 的人會說在地的語言。

Domsch 和 Lichtenberger(1991)提出證據顯示，外派人員對訓練經驗的需求和總公司的認知往往有落差。他們研究在中國大陸及巴西工作的德國人發現：

> 比起外派經理人，公司反而較不確定哪些對海外職位會是有效而適當的訓練組合(*P. 43*)

這有兩點涵義，即總公司的幕僚人員若不是不願意聽取外派經理人的建議，就是他們並沒有適當的制度來紀錄和應用經理人的建議。這強調出聽取返國外派人員簡報的必要性。另外也指出總公司負責人員遴選、支援和訓練的幕僚人員須具備外派的經驗。

## 19.2.2 不提供訓練的原因

為什麼總公司總是忽略在派送經理人至海外工作前，先提供適當的訓練？

Black 和 Mendenhall(1991b)檢視研究文獻後在總結中指出，美國企業普遍的理由是，管理高層不認為跨文化訓練有其必要。不需要訓練的原因似乎基於：

> 相同的假設，導致美國企業在挑選外派經理候選人時，只注意到他們在國內的紀錄而忽視跨文化的相關技能。
>
> 這個假設是，好的管理就是好的管理，因此，在紐約或洛杉磯表現良好的經理人，在香港或東京也能有相同的表現(*Tung 1982*)。

然而，本書所提出的資料證明，事實正好相反。管理的價值觀和實務並非在世界各地都相同。了解甲文化之需求和價值觀的經理人，並非一定能辨別或回應乙文化的需求和價值觀。經理人在國內的紀錄並不能成為預測他／她在海外工作之績效的指標。

美國公司對於忽略跨文化訓練的缺失，提出很多的理由(Tung 1992)：

### 任務的期限

任務的期限影響訓練課程的期間與組合。但每一位外派人員，不論任期多短，都可從訓練中獲益。當經理人步下飛機時，可立刻用在地的語言向接機者打招呼時，他已經領先其他無法做到的競爭者一步一不論其任務只有一天或是好幾年。

### 懷疑跨文化的訓練課程是否有效

這樣的懷疑或許反映出過去的訓練課程規劃不當。但課程設計的變化很大，有些方法和素材可以滿足你的需求，有些則並非十分恰當。為外派至乙文化的經理人設計的應用課程，在甲文化的經理人身上可能無效。

### 缺乏時間

因為從接到通知到就任這段時間的長短不同，經理人有多少時間可接受訓練也不同。時間愈足夠，則接受有效訓練的機會愈多。提供足夠時間的重要性往往被大部分的跨國企業所忽略。若時間愈長，則企業本身的獲益反而愈大。

### 雇用在地人的趨勢

但是對於外派人員的需求也持續提高。訓練愈好，海外工作的附加價值愈大。在這個跨國培訓的年代裡，大部分的訓練皆在子公司中進行。

## 19.2.3 投資

外派任務之訓練的附加價值要依投資來計算，這些成本包含需求分析、教學大綱設計、教材製作、授課、支援、設備和能源。間接成本包括經理人的時間，以及找人代替其例行工作的成本。

更進一步的間接成本則發生在勞務市場。一家公司愈努力訓練其員工，他們在市場上付出的價格就愈高。為了防止他們訓練的員工跳槽到競爭對手處，公司必須支付他們更高的薪資。當員工真的跳槽了，公司又得付出招募新員工的成本以彌補空缺。因此企業面臨一個抉擇：訓練員工使其更有生產力，但必須付出較高的薪資，或是不提供訓練，遷就生產力較差的員工。

### 19.2.4 組織對訓練的支持

跨國組織的員工發展策略，須顧及遴選及訓練對組織之人力資源的長期重要性。這使得公司資深的訓練經理人須涉入最高層次的決策。某位擔任香港飛機維修公司 HAECO 的高階主管表示，訓練經理人

> 「必須有能力與管理當局談論關於未來十年內公司要做些什麼，並且於談話中吸引管理階層在此一層次上思考。」

企業對訓練的支持愈大，則訓練本身愈能達成它的目標。若最高管理階層並未提供支援，則投資的資源可能會白費。

訓練經理人經由遊說及與下列人士溝通後，可建立起組織對訓練的支援：

- 高階主管及策略企劃人員
- 負責外派人員的經理人
- 受訓者及其家屬
- 返國人員及已參加過訓練課程的人員
- 其他相關的課程參與者，包括訓練幕僚

訓練經理人須確認高階主管完全支持訓練外派人員及其家屬的計畫。實務上這表示：

- 高級主管傳達出他們支持所有參與人員(訓練者、受訓者)的訊息；
- 包括經濟上的資源已獲得使用許可；
- 訓練被認定是受訓者部份的固定工作，並且在上班時間進行；
- 受訓者接受訓練時也支領薪酬(未受到激勵的受訓者學得較少)；
- 訓練課程不能被干擾(意思是說，課程進行中不能因為電話、留言等因素而被打斷)；
- 訓練能真正滿足受訓者所需；
- 利用適當的時間進行訓練；
- 維持標準：組織承諾提供完整而嚴格的訓練。

## 19.2.5 訓練其他人員

前面的章節著重在外派人員及其家屬所需的訓練。其他人也能因國際性和跨文化的訓練而獲益良多。這些人員的類別包括

- 總公司負責遴選及外派任務的人員；
- 總公司中對跨國公司海外業務有興趣的員工，例如行銷人員；
- 總公司中負責短期任務指派的人員；
- 總公司負責管理來自其他文化背景之員工的人員(英美工廠在邁阿密的經理人須學習西班牙文，因為他們必須和古巴的移民溝通)；
- 受雇於合資企業或在地子公司的人員(下一節將討論)。

### 19.2.6　在地員工的跨文化訓練

在地員工若接受跨文化訓練，可使他們在處理與國外客戶、總公司外派人員，以及來自其他子公司員工的相關事宜時，能產生最大的作業效率。例如，一家在雅加達的公司被日本跨國企業併購後，在地的印尼經理人接受日本文化的訓練以便與新來的管理團隊有效地互動。若在地員工不了解外派人員的文化背景，並且沒有準備好要接受新的管理文化時，結果往往導致外派人員嚴重的失敗。

在招募在地經理人時，子公司通常明確要求應徵者須具備水準以上的多國語文與／或英文能力。而應徵者在選擇時，傾向選擇優先認同的外國雇主；意思是說，經理人往往選擇美國公司，因爲他們對美國文化有優先的認同感。但這無法保證對文化的了解，因此跨國企業應以總公司的文化及語言提供在地經理人更進一步的訓練。這樣的訓練由在地的子公司提供，或在地經理人輪流至總公司學習。

訓練在地的經理人學習總公司的語言和文化，或許一開始比訓練外派經理人學習在地的語言及文化較能節省成本，但是，這會造成間接的成本。在地的經理人習得的技能愈多，他們在國際人力市場的價值就愈高，而且他們在競爭對手的公司中找到工作的機會也愈高。

## 19.3　訓練的領域

廣義地說，對任何外派經理人及其家屬而言，適當的訓練可分爲下列兩類：

- 訓練在新文化中工作
- 訓練在新文化中生活

外派經理人能適應新的工作環境，不一定就能適應在新文化中生活，反之亦然。最好的訓練則是可以同時滿足這兩種要求。

家屬若無法適應新文化可能會限制他們的人際關係，進而造成經理人工作的失敗。訓練經理人及其家屬，無論採用何種方法，能協助他們適應新環境才是重要的。通常會在適當的地方一起訓練經理人及其家屬；專業的訓練則另當別論。

狹義的訓練是指訓練外派人員及其家屬能在某特定的外派國家中工作及生活。本章前言中提到的案例顯示，訓練必須十分精確。

下列四個類別或許需要訓練。第一、二類僅與在新文化中工作有關；三、四類則與工作及生活有關：

1. 技術上的訓練(19.3.1 節)
2. 管理上的訓練(19.3.2 節)
3. 跨文化的訓練(19.3.3 節)
4. 語言的訓練(19.5 節會有詳細的討論)

爲了在不同的文化中生活，準備工作包括先前章節所提過的兩種簡報：

- 簡報在地的醫療及其他機構、支援團體、文化協助等。(完整的細項參見 18.4.3 節)
- 簡報如何處理文化衝擊(見 18.5 節)

### 19.3.1　技術上的訓練

經理人在這方面接受的訓練包括：

- 子公司或合資企業使用的技術，且經理人目前並不熟悉者，包括替代性的技術；
- 在地工作人員對技術移轉和創新技術的態度；
- 技術移轉及創新的機會；
- 在地採用新技術的限制；
- 文化對於技術的移轉、創新、及採用的限制。

### 19.3.2　管理上的訓練

管理上的訓練係針對當事人在子公司或合資企業的職位而施予訓練。經理人接受的訓練包括：

- 職位上的行政職責。
- 總公司的策略，以及子公司(或合資企業)的策略。
- 組織結構和各種系統；推動變革的策略和機會；控制與溝通的機制；規劃、激勵、及解決衝突的機制；企業文化；非正式的系統。
- 投資與理財等重點因素，包括會計與稽核程序、資金、投資上的承諾、資產的保護。
- 與總公司的關係；控制溝通的機制。
- 與其他子公司的關係。
- 在地的商業環境。
- 在地的風險因素。
- 人力資源議題；人力市場及人員招募；勞工關係與政策；與工

會的關係；薪酬結構；員工訓練的資源與政策。

・關於種族議題的政策。

總公司的功能別經理人若派任至海外擔任總經理的角色，則需要對總公司的各個單位有更深入的了解。他／她需要：

・了解每個單位的利益與能耐

・與各單位的資深主管建立個人的關係

・這表示他／她在外派前，先接觸總公司各個單位會很有用。

## 19.3.3 跨文化的訓練

成功的跨文化訓練根基於社會學習理論，並由三個主要階段組成：

・注意(Attention) 學習者接觸到教導的行為。

・保持(Retention) 行為以「認知地圖」的形式嵌入學習者的記憶中。

・再生(Reproduction) 學習者能夠複製習得的行為，並且以楷模為基準來檢視自己的表現。

跨文化的訓練針對達成三項互有關聯的目標而設計(Blacks and Mendenhall 1990)，包括：

1. 關於其他文化。訓練教導經理人：

・ 在其他的文化中，哪些價值觀很重要；

・ 文化如何反映在重要的歷史、政治及經濟等資料中；

・ 文化的價值觀如何經由行為而表現出來。

2. 如何適應其他文化。訓練中應教導經理人：

・ 對其他文化抱持不批判的態度；

- 當文化爲影響行爲的一項因素時，須訓練預測行爲的技能；
- 相對於影響行爲的其他因素，判別文化所佔的份量有多重之技能；
- 超越楷模，將其行爲概括化並應用到新的情境之技能。

3. 在其他文化中，與工作表現相關的因素：

- 文化如何影響對工作的態度，例如：績效標準、參與及控制、激勵、職責與職權、衝突與解決方法，以及組織氣候；
- 文化如何影響對特定任務的態度；
- 文化如何影響正式的互動，例如：組織結構和各種系統——角色和關係、溝通系統；
- 文化如何影響策略考量的優先順序以及對總公司之優先考量的態度；
- 文化如何影響公司和環境的關係。

考量第一點和第二點時，外派經理人的配偶往往比外派經理人更需接受訓練。經理人通常只需貫徹總公司的指示行事，並與總公司其他外派人員或已接受過企業文化訓練的在地員工一起工作，與在地文化的接觸管道受到限制。但是當配偶必須與家裡的僕人和店裡的小販交涉時，就被迫必須接觸更寬廣的整體文化。

配偶或許需要了解一些海外企業的營運範圍、經理人負責的領域，以及自己在社交中的表現會如何影響經理人的績效。

## 19.4 訓練的技術

本節檢視整合訓練課程的技術。跨國企業的選擇如下：

- 將跨文化的訓練外包給顧問公司——如語言教學；
- 將此設定公司內部之訓練部門的職責。

不論是哪種情況，跨國企業的人力資源經理必須注意整個訓練的程序。訓練必須與公司的經營策略和政策一致。無法反映公司策略目標的訓練實際上會浪費公司的資源，並且造成受訓人員的混淆和士氣問題。其間的關係簡述如下：

**策略性的目標 ——→ 訓練課程的目標**

然而，雖然訓練課程的目標代表策略性目標，但是往往過於廣泛，無法以教學(或學習)課程的形式來詮釋。因此訓練課程的目標需由訓練課程的設計程序來精製與表達。

**訓練課程的目標 ——→ 訓練課程的設計程序**

訓練課程的設計程序如圖 19.1 所示，並且討論如下：

### 19.4.1 研究和發展

研發程序包含四項任務。研究的首要任務為明確定義**訓練的目標**(Goals)為何？為什麼總公司支援這項訓練課程？為什麼子公司(或合資企業)支援這項訓練課程？訓練的目標如何反映出跨國企業的策略？

第二個任務為**需求分析**(Needs Analysis)：分別以總公司與子公司的角度來陳述在該文化中生活及工作，需要哪些技能？

第三個任務是明確定義出在發展和執行訓練課程時需要哪些資

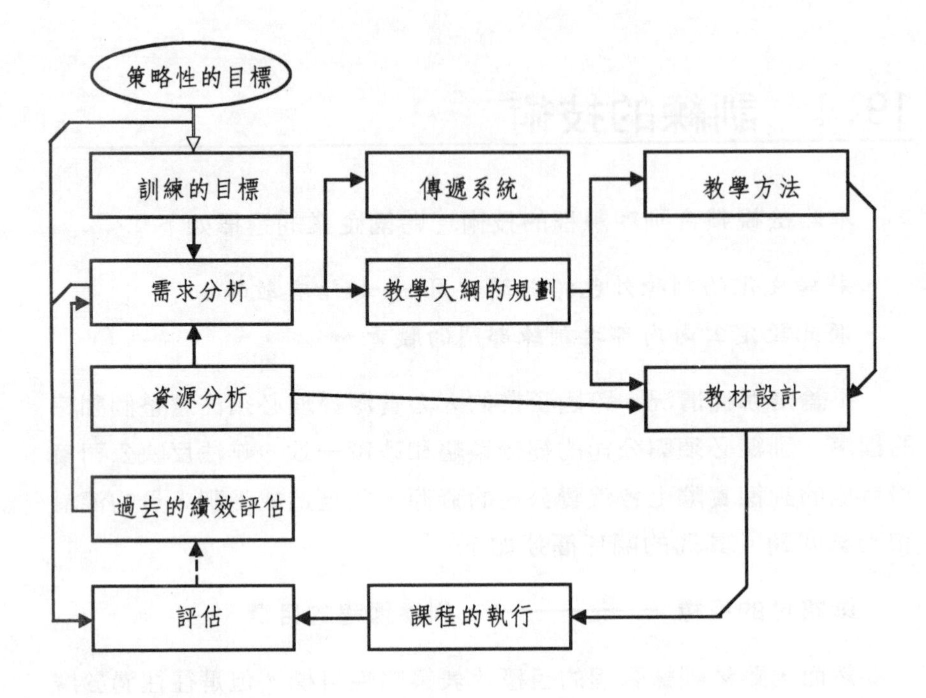


圖 19.1 課程設計程序

源(Resources)？哪些資源現成可用，哪些必須取得及花費是多少？早期只能約略估計；隨著研發程序正式啓動後加以修正。資源包括：

- 財源；
- 員工(研究人員和顧問、近期返國的外派人員、課程設計人員、教材編撰人員、簡報人員、秘書和助理等)；
- 上課場所和教室等；
- 設備和技術；
- 時間(訓練課程的發展；分配給訓練的時間)。

第四項任務爲**檢視**(Review)及在適合之處應用**評估**(Evaluation)先前課程得到的成果。從中學到什麼？可避免哪些錯誤，以及哪些已規劃與未規劃的益處可應用在新的課程中？這個任務常會被錯誤地忽略；只要將課程評估所獲得的知識應用在後續的課程發展上，將會是極具價值的資產。

## 19.4.2 需求分析

詳細的需求分析可以明確指出受訓者(經理人和家屬)的標的行爲。第一步爲明確定義角色、技能、以及爲了使工作執行順利而須精通的知識。角色包括規範性角色(受訓者應扮演的角色)及描述性角色(受訓者實際扮演的角色)。

下面有個實際的案例顯示這兩種角色明顯牴觸。某員工被任命爲一家合資企業的顧問，扮演顧問及訓練人員的角色——此爲規範性的角色。然而實際上，因缺乏在地的工作經驗，他必須控管部分的製造程序。然而這個管理角色是非公開的；在地的政府不允許外籍人員管理公司。此時於是應用兩個描述性的角色；顧問身分的經理人和顧問身分的外交人員——以處理角色混淆產生的困擾。若只提供其中一種角色的訓練課程，在這個情形下是不夠的。

第二步爲區分哪些是經理人及其家屬已經學會的技能，哪些是必須重新學習的技能。教學大綱針對的就是那些須學會的核心技能。第三個步驟爲(與上述兩個步驟同時進行)蒐集可應用至訓練課程之標的行爲的例子與示範。

分析需求時必須針對下面某位經理人所列的議題提出解答：

(a) 經理人在新的文化環境中工作／生活時必須應用到哪些角色、技能、和知識？
(b) 對角色、技能等等的要求有哪些標準？
(c) 哪些準則可用以評估績效和知識？
(d) 不同的角色(及技能)之權重爲何？
(e) 應用各種角色／技能時會影響哪些人？

(f)應用各種角色／技能時會產生哪些預期的結果？

這份議題清單可適用於每個訓練的領域，包括：

1. 技術上的訓練
2. 管理上的訓練
3. 跨文化的訓練
4. 語言的訓練

例如，(a)——上列第一項——可應用如下：

(a1) 哪些技術上的角色／技能經理人可應用於新文化中工作與生活？

(a2) 哪些管理上的角色／技能經理人可應用於新文化中工作與生活？

(a3) 哪些文化上的角色／技能經理人可應用於新文化中工作與生活？

(a4) 哪些語言上的角色／技能經理人可應用於新文化中工作與生活？(語言的需求分析見第 19.5 節的例示)

考量家屬的需求時，(a)可以重新陳述爲「哪些角色／技能家屬可應用於在新文化中生活？」接著(b)到(g)也依此類推，所有這些問題的答案可應用至相關的訓練領域。

需求的澄清需要同時考慮總公司和子公司的看法。他們各自的優先考慮正反映出：

- 總公司和子公司的策略目標以及兩者的策略關係；
- 總公司施加控制的工具，例如傾向以組織結構或組織文化來控制；
- 子公司管理自身事務的自由度；

在跨國公司中，子公司在特定的功能、技能和知識領域會有較大的主控權。然而在高度集中管理的公司中，大多由總公司決定。

### 19.4.3　傳遞系統

傳遞系統的選擇及下一階段——教學大綱的規劃——是同時進行。實際上，其中之一的決定會影響另一項的決定。

管理訓練通常在教室中傳授——可參考Siddons(1997)編撰的手冊，其內容包括一對一、團體、發展活動、以及其他方面的訓練/學習。其他的選擇是遠距教學，包括使用以教科書爲主的教材、錄影帶、電視、和電腦互動。Schank(1997)也曾談到虛擬學習。基於方便起見，本章其餘部分將僅限於討論課堂教學，不過其他的選擇讀者也應緊記在心。

傳遞系統的選擇(不同系統的組合通常較具多樣性也更有效)受到所能獲得的資源之影響。這同時也會與教學大綱之規劃互相影響。某些技能採特定的系統會較其他系統經濟；例如語言技能在課堂中教授。系統的選擇會影響到技能的選擇、彼此的順序、及授課的方式。

### 19.4.4　教學大綱的設計

課程大綱表達出課程的目的，其涵蓋的主題來自研究和需求分析。然而，其程序並不直接，在將課程大綱編成教材之前，有其他的問題須先解決。

首先，按受訓者自身的情況(或找出團體中典型的情況)，將需求分析的發現排出優先順序。相關的特徵包括：

- 專業資格；
- 特定技能已達到的標準；
- 個人因素，包括性向和受到的激勵；

- 過去的受訓經驗和學位資格；
- 在其他文化中工作和生活的經驗——包括職位的特殊性；
- 個人的需求和期望。

排優先順序的需求分析會產生一份可納入教學大綱內的主題清單。接下來的問題是，研習的順序爲何，並一併考慮傳遞系統。順序的選擇基礎包括：

- 依照容易教導的程度；
- 依照容易學習的程度；
- 依照對重要性的認知(從最重要到最不重要，或相反的順序)；
- 依照與目前的營運之相關性；
- 由訓練者或受訓者在課程進行中隨意地選擇。

19.4.1節所提到的資源也要在本階段的規劃中一併考量。若以「時間」這個資源爲例，則教學大綱設計受到的限制就包括

- 教學大綱設計和教材製作可用的時間；
- 教學和學習可用的時間(這對於主題的選擇上和順序會產生哪些限制？如何分配時間給每個主題？)；
- 密集式或鬆散式教學：每週二次、每次上兩小時，一共上五週和密集式教學(集中三天上完)的課程安排不同；個案研究的素材、專案習題和語言課程也會因上述的選擇之不同而不同。

在此一階段最後兩個考量因素爲：

- 受訓人員的組成(教學大綱若針對大型的團體設計，其中包括不同的能力、經驗、專長、動機等受訓者，必然不同於爲某個人量身訂做的教學大綱)；
- 執行設計時所採用的教學法。

### 19.4.5 跨文化訓練的教學法

教學方法會受到傳遞系統和教學大綱的影響。

為了描述上的方便，假設跨文化的訓練在教室中進行，那麼適當的方法包括：

- 文件的研讀，透過教本和影像素材來學習某國的歷史、經濟和文化
- 文化上的同化物：有系統地讓受訓者接觸關於新文化的特定事件（見 Edge and Keys 1990）；
- 案例素材一見 Brislin et al(1986)所撰一百個簡短的案例；
- 田野經驗；
- 敏感度訓練：Earley (1987)發現田野經驗和敏感度訓練一樣有效；
- 語言訓練。

最後一個會影響教學方法的因素為文化。在低度權力距離的文化中，互動式研習較適合，訓練者擔任教育資源的提供者。若在訓練者有較高地位的文化背景中，且預期他會去掌控學習過程，而非只是參與，則傳統的關係或許必須注意──除非有時間教導參與學習的方法。個案研究在英美文化中比起某些文化的人們習慣被「告知」問題的答案，則較為適用。

商業出版業者不斷出版實用手冊，目的在於教導在某些國家和地區工作的實務操作技巧；這方面可參見如Lawrence(1992)披露歐洲文化和管理發展的著作。

教學方法(以及訓練)的準則是它應該能夠：

- 教導有用的技能和知識，且能應用在真實的情境中；
- 教導其他方式無法順利獲得的技能和知識；

- 使行爲產生有意義的改變；
- 激勵受訓者學習，並在訓練中獲得內在的報酬，對於「我爲什麼要學這個？」等問題有明確的答案。

因爲有不同層級的員工參與，所以**團體訓練**(Group Training)有特殊的文化限制。資深和資淺的員工之權力距離若愈大，則讓他們一起接受訓練所產生的問題會愈多。資深員工或許會覺得和屬下一起受訓很沒面子，因此他們可能較能接受訓練者與他們的年紀相差不多，並採一對一的教學方式。在集體主義的文化中，類似的問題或許會造成團體訓練中產生小圈圈。在泰國所做的質性研究中發現，這些問題發生在公司嘗試介紹新資訊技術給員工時 (Hughes 1991)。

## 19.4.6 課程效果的評估

評估訓練可使公司了解訂定的目標是否恰當、是否實際、以及是否可藉此課程達到目標(見Easterby-Smith 1994)。這告訴了公司是否善用訓練資源、需改善的地方、以及解決其中的不確定性。對訓練的評估可應用在所有的階段。

訓練課程的評估及所需的資源，在課程發展的早期規劃中即需考量。所有對訓練課程的評估有以下的功能：

- 指出與比較訓練課程的目標與成果；
- 顯示訓練課程的成果在提供的資源下是否達成課程的目標；
- 評量受訓者、訓練者及其他相關人員的表現；
- 顯示訓練課程的實際(金錢)價值；
- 提供回饋，可用於未來課程的發展規劃。

### 19.4.7 誰來評估？

評估人員的挑選來自幾處：

- 總公司
- 子公司或合資企業
- 公司外的顧問

人員的選擇會受到跨國企業的策略、企業文化、國家文化等因素的影響。

以高度權力距離的文化背景來看，不能要求屬下去評估上司的工作。在高度集體主義的文化，若企業的部門間有對立的情況，則由某一單位的人員去評估其他單位所進行的訓練會出現麻煩。

內部可能的評估人員包括：課程發展人員和訓練人員、人力資源的幕僚人員、子公司的經理人、外派人員(可能接受過早期的訓練課程)。公司以外的評估人員較客觀，但缺乏對公司內部動態的了解。有效能的評估小組應包括部分內部的員工及外界的人士。

### 19.4.8 何時該評估？

圖 19.1 顯示訓練課程執行後即可開始評估。評估是必要的。在實務上，通常在每個階段執行後就進行某種評估，往往助益良多(見 Applegarth 1991)。這些階段包括**研究**、**需求分析**、**教學大綱規劃**、**及教材設計**，其重點在於：

- 訓練課程的目標
- 訓練課程的發展
- 需要與可供使用的資源
- 預算

• 後續的評估計畫

若評估的時間點在**執行訓練課程時**，則重點應放在受訓者學到什麼，以及確認哪些是協助和阻撓學習的因素。檢查費用的支出也是評估的一環。訓練中期的評估包括檢視已完成的階段，顯示訓練的進行是否按原定的計畫，並向受訓者和訓練者提示進度，以提高學習動機。

若評估的時間點在**執行課程之後**，訓練課程結束時，則可提供回饋顯示訓練的成果是否達到既定的目標，讓訓練者及受訓者了解學到什麼。哪個部分的訓練有效、哪部分無效(以及爲什麼)可供進一步研究，並應用於未來的訓練課程規劃。此一評估也可提供回饋給管理階層使其對課程價值有所了解。(所以在這個階段，會計人員或許也需要加入評估小組)。

於訓練課程執行後，受訓者出任外派職務時可進行週期性的評估，以便長期考核受訓人員的表現是否達成課程的目標，並顯示短期和長期的效果如何。評估大多是摘要式的總結，但對於發展未來的訓練課程有結構上的影響。由過去接受過訓練課程的員工來評論訓練對於其外派工作及生活的價值，不失爲協助評估的方法。若由子公司的經理人來評估外派人員適應工作及新環境的能力表現，也可以側面了解訓練課程的功效。

## 19.4.9 如何評估？

評估進行的方式包括測驗、調查、面談、觀察、控制組測試及財務會計數據。

評估工具的選擇受到下列因素的影響：

• 課程的目標；
• 評估的目的；

- 訓練中所使用的方法；
- 誰負責評估以及何時評估；
- 文化因素；
- 公司內的限制——包括是否有資料提供者、及進行評估的預算。

## 19.5 語言訓練

本節爲前面章節的延伸敘述，更深入的探討跨文化訓練中的語言訓練。

外派人員可經由了解在地的語言而獲益——外派經理人十分了解這方面的需求。Domsch 和 Lichtenberger(1991)的研究發現，德國經理人在訓練課程中獲得較長期、較密集的語言訓練，而且爲訓練的首要課程。大部分的跨國企業仍然不重視語言訓練。

跨國企業不提供語言訓練的原因和答案是——除了19.2.1節所列之外——還包括企業相信，與其他語言的使用者溝通最好透過翻譯人員。

雖然經理人經過數百小時的訓練還無法進入流暢應用外語的窄門，但有一些認識仍是十分有價值的。首先，在地的員工因爲你的興趣而受到鼓舞。你會更受到大家的信任。再者，這可幫助你確認翻譯人員的準確性。第三，在談判的過程中，若對方知道你了解一些他們的語言，你在旁邊時會阻止他們討論你的提議。

跨國企業不願投資在語言課程的藉口包括，他們認爲總公司使用的語言爲「國際性的」語言，經理人不需學習其他「單一國家的」語言。

國際性的語言指一個以上的國家所使用的第一或第二語言，包括阿拉伯語、中文(廣東話和北京話)、英文、法文、馬來文、葡萄牙文、俄文、及西班牙文。歐盟國家使用英文、法文和德文爲溝通的語言。

這或許意味著「國際性」語言的使用者不需學習「單一國家的」語言，以及在地的經理人和生意協商對象必須負起學習外派經理人的語言之義務。這看起來對於以英語爲母語的人員和使用英語爲工作語言的跨國企業來說是件好事，但事實並非如此。就許多面向來說，其他的母語使用者佔了劣勢，但是這已成爲過去。

在殖民地時代，殖民者使用國際性語言而享有優勢：

> 在他的領土上，殖民者以不變的指導手册協助販售令人厭惡的貨品，及鞏固殖民者對殖民地的權力。他大聲地用英文敘述，話語具有權威。他們以印度話輕聲回答，卻毫無作用。但在今日醜惡的廣告對抗賽中，消費者才是勝負的關鍵。你以英文編撰廣告詞，消費者輕聲地用韓文討論：這個人在夢遊，我們帶他到乾洗店吧。當你努力地對他們播送時，他們囁嚅著不相關的事[2]。(譯注：消費者根本不懂你在說什麼，更別說購買你的產品了。)

跨國公司不能再負擔如此昂貴的錯誤了。會說英文和至少一種其他語言(他／她自己的母語或第二外語)的跨國經理人，遠較只限制在英語的經理人優秀。

### 19.5.1 語言訓練的需求

設計、規劃、和整合經理人的語言訓練課程是個十分複雜的問題(Mead 1990)。下列事項該列入考量：

- 你可能無法投資學習至流暢使用的地步，但是工作能力卻能因語言技能的提昇而增進；

- 流暢地使用語言有幾個選擇，包括雇用翻譯人員、安排在地的經理人學習你使用的語言(若這樣的安排可行)；
- 語言需求的分析定出經理人及其家屬所需的溝通技能(需求分析的結果會影響課程大綱的設計——在初學者的層次上，所有的學習者很可能會被要求具備基本文法和單字的基礎)。

需求分析所區分的項目如下：

- 製造(Productive)技能(會話和/或寫作方面)以及接收(Receptive)技能(理解和/或閱讀方面)；例如經理人或許會發現他僅需要能閱讀即可。
- 工作上(Occupational)和社交上(Social)的需求，例如，你或許會決定將工作上和專業上的溝通委託翻譯人員，而專注於學習足夠的社交用語，以創造你和在地經理人及協商對象的良好關係。
- 溝通的(Communicative)功能，例如，問候、歡迎、說服、告知等。
- 語言能力的標準(Standards) (以及若你替其他人員規劃教學課程，你也許需要指出接受課程訓練前和訓練及格後的標準)。

## 19.5.2 組織語言訓練課程

語言訓練課程的規劃最好交由專業的應用語言學家負責。他必須

- 進行需求分析；
- 指出學員受訓前和受訓及格的標準；
- 設計教學大綱；
- 設計教學和測驗素材；

- 招募和管理教學人員；
- 管理測驗並告知你測驗的分數如何評估外派人員是否適用；
- 設計評估課程的工具，並能修改課程內容供未來的學員使用。

應用語言學家不必一定須是標的語言的母語使用者，但若雇用業餘人士則必須注意。每位母語使用者都具有流暢的使用能力，但不能保證在教學上、課程設計和教材編寫上也同樣如此。

假設所需要的語言技能可在外派國獲得，則某些教學應該在當地進行。這樣的做法有好有壞。一方面因爲就職的頭幾個月，外派人員及其家屬正受到文化衝擊的折磨，並且專注於調適自己，這樣的情況下便無法專心學習語言。另一方面，在外語的文化背景中教學，受訓者有機會即刻在眞實的環境中練習。事實上最令人滿意的方法爲折衷的組合：在離開總公司前先打根基，就任時接受額外的訓練。

經理人及其家屬都需要具備初學者的能力。除此之外，因爲他們在工作和生活上的不同，所以他們需要學習不同的單字，甚至可能是不同的文法形式。

## 19.5.3 分析語言的需求

經理人及其家屬對語言的需求，可以應用 19.4.2 節的分析項目：

(a) 經理人在新的文化環境中工作／生活時必須應用到哪些角色、技能、和知識？
(b) 對角色、技能的要求有哪些標準？
(c) 哪些準則可用以評估績效和知識？
(d) 不同的角色(及技能)之權重爲何？
(e) 應用各種角色／技能時會影響哪些人？

(f)應用各種角色/技能時會產生哪些預期的結果?

(家屬的情形應做適當的修改)

語言需求分析不同於技術、管理、和跨文化等三種技能類別的需求分析。一般是針對製造技能和接收技能而各分成三種能力等級:

- 寫作:高級/中級/初級
- 會話:高級/中級/初級
- 閱讀:高級/中級/初級
- 理解:高級/中級/初級

接著,需求分析會指出標的溝通功能(這些又可納入製造技能及接收技能的分析),例如:

- 接待、自我介紹、非正式的簡短談話、協商
- 下達口語的指令、提供意見等
- 了解口語/書寫的指令與意見等
- 閱讀/撰寫報告/備忘錄、傳真等

最後,需求分析依照每項溝通功能的需求,清楚定義出文法和單字上的需要。接著透過傳遞系統和教學大綱,並利用適當的教學方法,培育所需的語言能力。

## 19.6 對經理人的涵義

試評估你的企業對外派經理人及其家屬的訓練課程。

1. 考量下列人員：

   (a) 執行長
   (b) 部門首長
   (c) 問題解決專家和短期顧問人員
   (d) 作業人員
   (e) (a)到(d)項的家屬

2. 針對上述人員類別各提供了哪些訓練課程？
3. 各類人員的訓練目標為何？
4. 在訓練課程中使用哪些資源？試參考圖 19.1 的各個階段。
5. 針對第一題所列出的人員，訓練是否成功？請考量

   目標

   訓練課程所使用的資源

6. 針對上述人員，可以如何改進訓練課程？

## 摘要

本章討論針對跨文化職位而設計的訓練課程。19.2 節討論影響跨文化訓練課程的決定因素。此等訓練的重要性總是被低估。訓練的領域(19.3節)必須包括在新環境中工作與生活的技能；針對經理人及其家屬的訓練一兩者有不同的需求；以及技術、管理、跨文化、及語言等訓練。

19.4節檢視訓練的技巧。公司所定的目標反映策略上的思考。上述目標接著轉化爲訓練課程設計；課程設計的主要階段爲研究發展、傳遞系統、課程大綱規劃、執行、及評估。19.5 節檢視語言訓練的細節，同時也探討反對語言訓練的論點。設計和組織語言課程的問題也一併檢視。

## 習題

本習題要求你分析你在工作中執行的功能所需之技能，並應用至訓練課程的設計上。

1. 假設你必須對你的職位繼任者交接你現在的(或之前的)工作。顧及工作效能，你必須告訴他／她哪些資訊？假設他／她
   - 和你來自同一個文化背景
   - 與你一開始上任時擁有相同程度的技能和管理能力

   請依照重要性列出五項主題

2. 假設你被派至下列國家擔任類似的職位(需要相同的管理能力和技能)：

   瑞士
   奈及利亞
   澳洲
   或某個你之前從未去過的國家
   你需要你的前輩提供你哪些資訊？試列出五項。

3. 依照第一題你所列的項目，至少選擇兩項，準備一個簡短的報告(五到十分鐘)。你的目的是交接給你的職位繼任者。試解釋你所描述的行爲並提供範例。若有需要的話，準備輔助的視覺和文字素材以協助說明。

## NOTES

1 "Look within for expertise," *Asian Business*, January 1995, pp. 34–6, p. 35.

2 "Lingua franca, lingua dolorosa," *Economist*, August 24, 1991.

# 第四部　個案

# 人力資源管理議題

# 第十八章 跨國用人政策

## 個案：經理人的家庭

〔本個案探討企業對外派經理人的家庭須負起的責任〕

John住在芝加哥，並在一家跨國的化學公司中工作。他的太太Mary是一位工程師。某晚，John回家帶著公司新發佈的消息，他被任命爲某個貧窮的中美洲國家的地區經理。因爲最近公司政策的改變，所以這項委派命令在短時間內即須執行。沒人懷疑John的工作能力。公司計畫一個月內便派他上任。

公司並未詢問他的太太Mary這項決定。但Mary覺得她不能阻撓John的事業，所以她放棄了自己的工作，安排好兩個就學的孩子，計畫與John一起上任。

就任期間，Mary發現該國文化不允許婦女在「男性」的專業領域中工作，像是工程師。此外，配偶也無法獲得工作許可權。

當John早上去上班時，Mary便送兩個孩子上學，與在地不會說英文的僕人溝通(Mary具有西班牙文的基本程度)，以及在市場購物。

其他方面她無事可做，而且覺得無聊沮喪。她的社交圈被限制在先生同事的太太中。晚上他們的社交生活受到商業因素的限制，基本上她被排除在主要的話題——公司——之外。某晚她知道她喝太多了，也知道她的低潮困擾著John，使他無法在工作上有好的表現。一個熟人告訴他，在地的員工開始懷疑John的工作能力，並詢問爲什麼John可以成爲該職位的優先人選。

John和Mary發生激烈的爭執，使得家中每個成員都不好過。

在短短的一年內，John 就辭去這份工作。

## 問題

假設你是在地子公司的人力資源經理。

1. 在這一家人上任後，你可以做什麼(若有的話)來改善他們的情形？

## 決定

2. 總公司要求你提出外派人員的新標準，你會提出哪些建議？

# 第十九章　外派人員的訓練

## 案例：泰國秘書

〔本個案探討如何適在地執行跨國的文化訓練〕

數年前，Bill 代表美國的跨國企業至亞洲擔任地區經理。他會定期視察曼谷的子公司。在地的經理人 Charnvit ，來自一個傳統的泰國家庭。

Bill 喜歡視察，但他一直無法適應 Charnvit 的秘書——Malinee ——的行爲。當她詢問 Bill 是否需要咖啡並端出來時，Malinee 會將咖啡放在自己的膝蓋上。Charnvit 解釋在泰國傳統的文化中，這代表屬下對上司的尊敬。但 Bill 仍然嘲笑他有「東方的君權思想」，而 Charnvit 也逐漸對 Bill 善意的玩笑感到厭煩。所以當公司開設「適當的行爲舉止」課程時，他安排 Malinee 參加。

Bill 再度來訪時，他對於 Malinee 的改變感到吃驚。Malinee 繞過桌子並詢問 Bill 是否需要咖啡。Bill 恭喜 Charnvit 的決定使得 Malinee 進入了現代化的商業世界。但她送來咖啡時一仍然放在膝蓋上。

### 問題

1. Malinee 學到什麼？她沒有學到什麼？
2. 對跨文化的訓練課程來說，這個例子有什麼涵義？
3. Bill 和 Charnvit 是否都可以從這個跨文化的訓練中獲益？爲什麼？

## 決定

1. 請替 Malinee 設計一個訓練大綱，顯示所需學習的主要項目。

# 參考書目


Abdoolcarim, Z. 1995: Executive stress a company killer, *Asian Business*, August, 22–7.

Abudu, F. 1986: Work attitudes of Africans, with special reference to Nigeria, *International Studies of Management and Organizations*, **16**(2), 17–23.

Adedaji, A. 1995: The challenge of pluralism, democracy, governance and development, *The Courier*, March–April, EU, Brussels, 93–5.

Adler, N. J. 1986: *Internal Dimensions of Organizational Behavior*, Kent, Boston, MA.

Adler, N. J., Campbell, N. C., and Laurent, A. 1989: In search of appropriate methodology: from outside the People's Republic of China looking, *Journal of International Business Studies*, Spring, 61–74.

Aiken, M. and Bacharach, S. B. 1979: Culture and organizational structure and processes: a comparative study of local government administrative bureaucracies in the Walloon and Flemish regions of Belgium. In Lammers, C. J. and Hichson, D. J. (eds): *Organizations Alike and Unlike: International and Institutional Studies of the Sociology of Organizations*, Routledge and Kegan Paul, 215–303.

Akhter, S. H. and Choudhry, Y. A. 1993: Forced withdrawal from a country market: managing political risk, *Business Horizons*, **36**(3), 47–54.

Albrecht, K. 1990: *Service Within: Solving the Middle Management Leadership Crisis*, Irwin, Homewood.

Allaire, Y. and Firsirotu, M. 1990: Strategic plans as contracts, *Long Range Planning*, **23**(1), 102–15.

Applegarth, M. 1991: *How to Take a Training Audit*, Kogan Page.

Aubrey, R. and Cohen, P. 1995: *Working Wisdom*, Jossey-Bass.

Badaracco, J. L., Jr. 1995: Business ethics: a view from the trenches, *California Management Review*, **37**(2), 8–28.

Badr, H. A., Gray, E. R., and Kedia, B. L. 1982: Personal values and managerial decision making: evidence from two cultures, *Management International Review*, **22**, 65–73.

Baetz, M. and Bart, C. 1996: Developing mission statements which work, *Long Range Planning*, **29**(4), 526–33.

Baker, J. 1984: Foreign language and pre-departure orientation training in US multinational industrial firms, *Personnel Administrator*, **29**, 68–70.

Bartlett, C. A. 1992: Christopher Bartlett on transnationals: an interview, *European Management Journal*, **10**(3), 271–6.

Bartlett, C. A. and Ghoshal, S. 1988: Organizing for worldwide effectiveness: the transnational solution, *California Management Review*, Fall, 54–73.

Bartlett, C. A. and Ghoshal, S. 1989: *Managing Across Borders: The Transnational Solution*, Hutchinson Business Books.

Bartlett, C. A. and Ghoshal, S. 1995a: Changing the role of top management: beyond systems to people, *Harvard Business Review*, May–June, 132–42.

Bartlett, C. A. and Ghoshal, S. 1995b: Rebuilding behavioral context: turn process reengineering into people rejuvenation, *Sloan Management Review*, **37**(1), 11–24.

Bartness, A. and Cerny, K. 1993: Building competitive advantage: a capability-centred approach, *California Management Review*, **35**(2), 78–103.
Beamish, P. W. and Calof, J. L. 1989: International business education: a corporate view, *Journal of International Business Studies*, Fall, 553–64.
Beamish, P. W. and Wang, H. Y. 1989: Investing in China via joint ventures, *Management International Review*, **29**(1), 57–63.
Beaver, W. 1995: Levi's is leaving China, *Business Horizons*, March–April, 35–40.
Becker, H. and Fritzsche, D. 1987: Business ethics: a cross-cultural comparison of managers' attitudes, *Journal of Business Ethics*, **6**, 289–95.
Behrman, J. and Zheng, Z. 1995: Gender issues and employment in Asia, *Asian Development Review*, **13**(2), 1–49.
Benkoff, B. 1996: Catching up on competitors: how organizations can motivate employees to work harder: evidence from a German case study, *International Journal of Human Resource Management*, **7**(3), 736–52.
Berger, M. 1996: *Cross-cultural Team Building*, McGraw-Hill.
Berry, J. W., Poortinga, Y. H., Segall, M. H., and Dasen, P. R. 1992: *Cross-cultural Psychology*, Cambridge University Press.
Bigelow, J. D. 1994: International skills for managers: integrating international and managerial skill learning, *Asia Pacific Journal of Human Resources*, **32**(1), 1–12.
Birkinshaw, J. 1995: Encouraging entrepreneurial activity in multinational corporations, *Business Horizons*, May–June, 32–8.
Björkman, I. and Schaap, A. 1994: Outsiders in the Middle Kingdom: expatriate managers in Chinese–Western joint ventures, *European Management Journal*, **12**(2), 147–53.
Black, B. 1994: Culture and effort: British and Irish work related values and attitudes, *International Journal of Human Resource Management*, **5**(4), 875–92.
Black, J. S. 1988: Workrole transitions: a study of American expatriate managers in Japan, *Journal of International Business Studies*, **19**(2), 277–94.
Black, J. S. and Gregerson, H. B. 1991a: The other half of the picture: antecedents of spouse cross-cultural adjustment, *Journal of International Business Studies*, third quarter, 461–77.
Black, J. S. and Gregerson, H. B. 1991b: When Yankee comes home: factors related to expatriate and spouse repatriation adjustment, *Journal of International Business Studies*, fourth quarter, 671–94.
Black, J. S. and Mendenhall, M. 1990: Cross-culture training effectiveness: a review and theoretical framework for future research, *Academy of Management Review*, **15**, 113–36.
Black, J. S. and Mendenhall, M. 1991a: A practical but theory-based framework for selecting cross-cultural methods. In Mendenhall, M. and Oddou, G. (eds), 1991: *International Human Resource Management*, PWS-Kent, Boston, 177–204.
Black, J. S. and Mendenhall, M. 1991b: The U-curve adjustment hypothesis revisited: a review and theoretical framework, *Journal of International Business Studies*, second quarter, 225–47.
Black, J. S. and Mendenhall, M. 1993: Resolving conflicts with the Japanese: mission impossible? *Sloan Management Review*, Spring, 49–59.
Black, J. S., Mendenhall, M., and Oddou, G. 1991: Towards a comprehensive model of international adjustment: an integration of multiple theoretical perspectives, *Academy of Management Review*, **16**(2), 291–317.
Black, J. S. and Porter, L. W. 1991: Managerial behaviors and job performance: a successful manager in Los Angeles may not succeed in Hong Kong, *Journal of International Business Studies*, first Quarter, 99–113.
Black, J. S. and Stephens, G. K. 1989: The influence of the spouse on American expatriate adjustments and intent to stay in Pacific Rim overseas assignments, *Journal of Management*, **15**(4), 529–44.
Blau, P. M. 1968: The hierarchy of authority in organizations, *American Journal of Sociology*, **73**, 453–67.
Blodgett, L. L. 1991: Partner contributions as predictors of equity share in international joint ventures, *Journal of International Business Studies*, **22**(1), 63–78.
Bonvillain, G. and Nowlin, W. A. 1994: Cultural awareness: an essential element of doing business abroad, *Business Horizons*, November–December, 44–50.
Bork, D. 1986: *Family Business, Risky Business*, American Management Association, New York.
Borner, S., Brunetti, A., and Weder, B. 1995: *Political Credibility and Economic Development*, St. Martin's Press, New York.
Boyacigiller, N. 1990: The role of expatriates in the management of interdependence, complexity and risk in multinational corporations, *Journal of International Business Studies*, third quarter, 357–81.
Boynton, A. C. 1993: Achieving dynamic stability through information technology, *California Management Review*, **35**(2), 58–77.
Brandt, S. C. 1982: *Entrepreneuring: The Ten Commandments for Building a Growth Company*, Addison-Wesley, Reading, MA.
Brislin, R. W., Cushner, K., Cherrie, C., and Yong, M. 1986: *Intercultural Interactions: A Practical Guide*, Sage.
Brown, R. A. 1995: Introduction: Chinese business in an institutional and historical perspective. In Brown, R. A.: *Chinese Business Enterprise in Asia*, Routledge, 1–26.
Brummelhuis, H. T. 1984: Abundance and avoidance: an interpretation of Thai individualism. In Brummelhuis, H. T. and Kemp, J. (eds): *Strategies and Structures*

*in Thai Society*, Antropologisch-Sociologisch Centrum, Universiteit van Amsterdam, 39–54.

Buera, A. and Glueck, W. 1979: The needs satisfactions of managers in Libya, *Management International Review*, **19**(1), 113–21.

Burack, E. 1991: Changing the company culture – the role of human resource development, *Long Range Planning*, **24**(1), 88–95.

Burdett, J. O. 1994: TQM and re-engineering: the battle for the organization of tomorrow, *The TQM Magazine*, **6**(2), 7–13.

Bush, J. B. Jr. and Frohman, A. L. 1991: Communication in a "network" organization, *Organizational Dynamics*, Autumn, 23–35.

Callahan, M. R. 1989: Preparing the new global manager, *Training and Development Journal*, March, 28–32.

Campbell, A. 1991: Brief case: strategy and intuition – a conversation with Henry Mintzberg, *Long Range Planning*, **24**(2),108–10.

Case, J. 1995a: The open-book revolution, INC, June, 26–43.

Case, J. 1995b: *Open-book Management: The Business Revolution*, HarperBusiness.

Caudron, S. 1992: Preparing managers for overseas assignments, *World Executive Digest*, November, 72–3.

Chan, K. B. and Chiang, C. S. 1994: *Stepping Out: The Making of Chinese Entrepreneurs*, Singapore: Centre for Advanced Studies.

Chee, P. L. 1990: *Development of Small-scale Businesses in Developing Asian Countries*, International Department, Institute of Small Business, University of Göttingen.

Chew, I. K. H. and Lim, C. 1995: A Confucian perspective on conflict resolution, *International Journal of Human Resource Management*, **6**(1), 143–57.

Chiesa, V. 1995: Globalizing R&D around centres of excellence, *Long Range Planning*, **28**(6), 19–28.

Child, J. 1981: Culture, contingency and capitalism in the cross-national study of organizations. In Cummings, L. L. and Straw, B. M. (eds) *Research in Organizational Behavior*, J.A.I Press.

Child, J. 1987: Information technology, organization, and the response to strategic challenges, *California Management Review*, Fall, 33–49.

Child, J. 1994: *Management in China During the Age of Reform*, Cambridge University Press.

Chow, C. K.-W. 1996: Entry and exit process of small businesses in China's retail sector, *International Small Business Journal*, **15**(1), 41–58.

Chow, I. H.-S. 1988: Work related values of middle managers in the private and public sectors, *Proceedings of the 1988 Academy of International Business Southeast Asia Regional Conference*, Bangkok, A14–25.

Christensen, H. K. 1988: *Diagnosis for General Managers* (ms.), the Kellogg School, Northwestern University, IL.

Christensen, H. K. 1994: Corporate strategy: managing a set of businesses. In Fahey, L. and Randall, R. M. (eds), *The Portable MBA in Strategy*, Wiley, New York, 53–83.

Clad, J. 1991: *Behind the Myth: Business, Money and Power in Southeast Asia*, Graftonbooks, London.

Collis, D. J. and Montgomery, C. A. 1995: Competing on resources: strategy in the 1990s, *Harvard Business Review*, July–August, 118–28.

Contractor, F. J. and Lorange, P. 1988: Competition vs. cooperation: a benefit/cost framework for choosing between fully-owned investments and cooperative relationships, *Management International Review*, **28**, 5–18.

Coulthard, R. 1991: *An Introduction to Discourse Analysis*, Longman.

Cox, T. H. Jr., Lobel, S. A., and McLeod, P. L. 1991: Effects of ethnic group cultural differences on cooperative and competitive behavior in a group task, *Academy of Management Journal*, **34**(4), 827–47.

Crozier, M. 1964: *The Bureaucratic Phenomenon*, University of Chicago Press.

Czarniawska, B. 1986: The management of meaning in the Polish crisis, *Journal of Management Studies*, **23**(3), 313–31.

Daniels, T. D. and Spiker, B. K. 1991: *Perspectives on Organizational Communication*. Wm. C. Brown, IA.

Das, T. K. 1991: Time: the hidden dimension in strategic planning, *Long Range Planning*, **24**(3), 49–57.

David, F. R. 1993: *Concepts of Strategic Management*, Macmillan Publishing Company, New York.

Davis, T. R. V. 1997: Open-book management: its promise and pitfalls, *Organizational Dynamics*, Winter, 7–19.

Dean, J. W. Jr. and Sharfman, M. 1996: Does decision process matter? A study of strategic decision-making effectiveness, *Academy of Management Journal*, **39**(2), 368–96.

Denison, D. 1996: What IS the difference between organizational culture and organizational climate? A native's point of view on a decade of paradigm wars, *Academy of Management Review*, **21**(3), 619–54.

DiPrete, T. A. 1987: Horizontal and vertical mobility in organizations, *Administrative Science Quarterly*, **32**, 433–44.

Domsch, M. and Lichtenberger, B. 1991: Managing the global manager: predeparture training and development for German expatriates in China and Brazil, *Journal of Management Development*, **10**(7), 41–52.

Douma, S. 1991: Success and failure in new ventures, *Long Range Planning*, **24**(2), 54–60.

Dubinsky, A. J., Jolson, M. A., Kotabe, M., and Lim, C. U. 1991: A cross-national investigation of industrial salespeople's ethical perceptions, *Journal of International Business Studies*, fourth quarter, 651–70.

Dupont, C. 1990: The channel tunnel negotiations, 1984–1986: some aspects of the process and its outcome, *Negotiation Journal*, **6**(1), 71–80.

Dutton, J. E. and Duncan, R. B. 1987: The creation of momentum for change through the process of strategic issue diagnosis, *Strategic Management Journal*, **8**(3), 279–95.

Earley, P. C. 1987: Intercultural training for managers: a comparison of documentary and interpersonal methods, *Academy of Management Journal*, **30**(4), 685–98.

Earley, P. C. 1989: Social loafing and collectivism: a comparison of the United States and the People's Republic of China, *Administrative Science Quarterly*, **34**, 565–81.

East Asia Analytical Unit, Department of Foreign Affairs and Trade, Australia, 1995: *Overseas Chinese Business Networks in Asia*, Canberra, Australia, Commonwealth of Australia.

Easterby-Smith, M. 1994: *Evaluating Management Development, Training and Education*, Gower.

Easterby-Smith, M., Malina, D., and Lu, Y. 1995: How culture-sensitive is HRM? A comparative analysis of practice in Chinese and UK companies, *International Journal of Human Resource Management*, **6**(1), 31–59.

Eisenhardt, K. M., Kahwajy, J. L., and Bourgeois, L. J. 1997: Conflict and strategic choice: how top management teams disagree, *California Management Review*, **39**(2), 42–62.

Elgström, O. 1990: Norms, culture and cognitive patterns in foreign aid negotiations, *Negotiations Journal*, **6**(2), 147–60.

Elsom, J. (forthcoming): *The Shaping of Experience.*

England, G. W. 1986: National work meanings and patterns – constraints on management action, *European Management Journal*, **4**(3), 176–84.

Eom, S. B. 1994: Transnational management systems: an emerging tool for global strategic management, *Sam Advanced Management Journal*, Spring, 22–7.

Evans, S. 1992: Conflict can be positive, HR *Magazine*, **37**(5), 49–51.

Fedor, K. and Werther, W. B. Jr. 1995: Making sense of cultural factors in international alliances, *Organizational Dynamics*, 33–48.

Fedor, K. and Werther, W. B. Jr. 1997: The fourth dimension: creating culturally responsive international alliances, *Organizational Dynamics*, Autumn, 39–51.

Ferris, S. P., Joshi, Y. P., and Makhija, A. K. 1995: Valuing an East European Company, *Long Range Planning*, **28**(6), 48–60.

Finlayson, I. 1993: *Tangier: City of the Dream*, Flamingo.

First Asia Analytical Unit, 1995: *Overseas Chinese Business Networks in Asia*, Department of Foreign Affairs and Trade, Commonwealth of Australia.

Fisher, R. and Ury, W. 1997: *Getting to Yes*, Arrow.

Ford, M. 1996: Why friends in high places can be a mixed blessing, *Institutional Investor*, International edition: November, 28J–N.

Francis, J. N. 1991: When in Rome? The effects of cultural adaptation on intercultural business negotiations, *Journal of International Business Studies*, **22**(3), 404–28.

Franko, L. 1971: *Joint Ventures Survival in Multinational Corporations*, Praeger, New York.

Frankenstein, J. 1986: Trends in Chinese business practice: changes in the Beijing Wind, *California Management Review*, **29**(1), 148–60.

Fujita, A. 1990: Creating new corporate culture through organizational fusion process in overseas operations, *Review of Economics and Business*, **18**(2), Kansai University, 65–88.

Fukuyama, F. 1991: *The End of History and the Last Man*, Hamish Hamilton, London.

Fukuyama, F. 1995: Social capital and the global economy, *Foreign Affairs*, Sept.–Oct., 89–103.

Gan, S. K. 1988: Comparative analysis of the effect of organization structure and personnel management practices on bank employee job satisfaction, *Proceedings of the 1988 Academy of International Business Southeast Asia Regional Conference*, A72–100.

Geringer, J. M. 1991: Strategic determinants of partner selection criteria in international joint ventures, *Journal of International Business Studies*, **22**(1), 41–62.

Geringer, J. M. and Hebert, L. 1991: Measuring performance of international joint ventures, *Journal of International Business Studies*, **22**(2), 249–63.

Ghauri, P. N. 1988: Negotiating with firms in developing countries: two case studies, *Industrial Marketing Management*, **17**, 49–53.

Glenn, E. S., Witmeyer, D., and Stevenson, K. A. 1984: Cultural styles of persuasion, *International Journal of Intercultural Relations*, Summer, 11–22.

Glenny, M. 1990: *The Rebirth of History: Eastern Europe in the Age of Democracy*, Penguin.

Goldstein, S. G. 1988: Cultural fit or structural fit: the case of quality circles, *Proceedings of the 1988 Academy of International Business Southeast Asia Regional Conference*, E366–70.

Goold, M. and Quinn, J. J. 1993: *Strategic Control: Establishing Milestones for Long-term Performance*, The Economist Intelligence Unit/Addison-Wesley.

Gordon, G. G. 1991: Industry determinants of organizational culture, *Academy of Management Review*, **16**(2), 396–415.

Graham, J. L. 1985: The influence of culture on the process of business negotiations: an exploratory study, *Journal of International Business Studies*, Spring, 81–96.

Graham, J. L. and Herberger, R. A. 1983: Negotiators abroad – don't shoot from the hip, *Harvard Business Review*, July–Aug., 160–8.

Gratton, L. 1996: Implementing a strategic vision – key factors in success, *Long Range Planning*, **29**(3), 290–303.

Gulati, R. 1995: Does familiarity breed trust? The implications of repeated ties for contractual choice

in alliances, *Academy of Management Journal*, **38**(1), 85–112.
Gundling, E. 1991: Ethics and working with the Japanese: the entrepreneur and the "elite course", *California Management Review*, Spring, 25–39.
Hailey, J. 1996: Breaking through the glass ceiling, *People Management*, July 11, 32–4.
Haines, W. R. 1988: Making corporate planning work in developing countries, *Long Range Planning*, **21**(2), 91–6.
Hall, E. T. 1959: *The Silent Language*, Doubleday.
Hall, E. T. 1976: *Beyond Culture*, Anchor Press/Doubleday.
Hall, E. T. 1983: *The Dance of Life*, Anchor Press/Doubleday.
Hall, E. T. 1987: *Hidden Differences*, Anchor Press/Doubleday.
Hall, E. T. and Whyte, W. F. 1961: Intercultural communication: a guide to men of action, *Human Organization*, **19**(1), 5–12.
Hallen, J., Johanson, J., and Mohamed, N. S. 1987: Relationship strength and stability in international and domestic industrial marketing, *Industrial Marketing and Purchasing*, **2**(3), 22–37.
Hamill, J. 1989: Expatriate policies in British multinationals, *Journal of General Management*, **14**(4), 18–33.
Hammer, M. 1996: *Beyond Reengineering*, HarperCollins.
Hammer, M. and Champy, J. 1993: *Reengineering the Corporation: A Manifesto for Business Revolution*, HarperBusiness.
Hampden-Turner, C. and Trompenaars, F. 1993: *The Seven Cultures of Capitalism*, Doubleday.
Hampden-Turner, C. and Trompenaars, F. 1997: *Mastering the Infinite Game: How East Asian Values are Transforming Business Practices*, Capstone.
Handy, C. 1985: *Understanding Organisations*, Penguin.
Handy, C. 1995: Trust and the virtual organization, *Harvard Business Review*, May–June, 40–50.
Harnett, D. L. and Cummings, L. L. 1980: *Bargaining Behavior: An International Study*, Dame Publications, TX.
Harpaz, I. 1990: The importance of work goals: an international perspective, *Journal of International Business Studies*, first quarter, 77–93.
Harung, H. S. and Dahl, T. 1995: Increased productivity and quality through management by values: a case study of Manpower Scandinavia, *The TQM Magazine*, **7**(2), 13–22.
Haworth, D. A. and Savage, G. T. 1989: A channel-ratio model of intercultural communication: the trains won't sell, fix them please, *Journal of Business Communication*, **26**(3), 231–54.
Hax, A. C. and Majluf, N. S. 1991: *The Strategy Concept and Process*, Prentice-Hall International Editions.
Herzberg, F. 1968: One more time: how do you motivate employees? *Harvard Business Review*, **46**, 53–62.
Herzberg, F., Mausner, B., and Snyderman, B. 1959: *The Motivation to Work*, Wiley.
Hess, M. 1996: Economic development and human resource management: a challenge for Indonesian managers, *Indonesian Quarterly*, **23**(2), 149–58.
Hill, T. and Westbrook, R. 1997: SWOT analysis: it's time for a product recall, *Long Range Planning*, **30**(1), 46–52.
Hilton, M. 1991: Sharing training: learning from Germany, *Monthly Labor Review*, **114**(3), 33–7.
Hoecklin, L. 1995: *Managing Cultural Differences: Strategies for Competitive Advantage*, The Economist Intelligence Unit/Addison Wesley.
Hofstede, G. 1980: *Culture's Consequences: International Differences in Work-related Values*, Sage.
Hofstede, G. 1983a: National cultures in four dimensions, *International Studies of Management and Organization*, **13**(1–2), 46–74.
Hofstede, G. 1983b: The cultural relativity of organizational practices and theories, *Journal of International Business Studies*, **14**, 75–89.
Hofstede, G. 1984a: *Culture's Consequences: International Differences in Work-related Values*, abridged edn, Sage, Beverly Hills.
Hofstede, G. 1984b: Cultural dimensions in management and planning, *Asia Pacific Journal of Management*, **1**(2), 81–99.
Hofstede, G. 1985: The interaction between national and organizational value systems, *Journal of Management Studies*, **22**(4), 347–57.
Hofstede, G. 1989: Cultural predictors of national negotiation styles. In Maunter-Markhof, F. (ed.), *Processes of International Negotiations*, Boulder, CO. 193–202.
Hofstede, G. 1991: *Cultures and Organizations: Software of the Mind*, McGraw-Hill.
Hofstede, G., Neuijen, B., Ohayv, D. D., and Sanders, G. 1990: Measuring organizational cultures: a qualitative and quantitative study across twenty cases, *Administrative Science Quarterly*, **35**, 286–316.
Holman, M. 1995: *African Deadlines*, M. Holman and H. Georgeson, UK.
Hosmer, L. T. 1994: Strategic planning as if ethics mattered, *Strategic Management Journal*, **15**, 17–34.
Huff, A. S. 1988: Politics and argument as a means of coping with ambiguity and change. In Pondy, L., Boland, R. J. Jr., and Thomas, H. (eds) *Managing Ambiguity and Change*, John Wiley, 79–90.
Hughes, G. C. 1991: *Culture and the Application of Information Technology* (ms.), Department of Management Sciences, University of Waterloo.
Hung, C. L. 1991: Canadian strategic business alliances in Southeast Asia: motives, problems, and performance, *Journal of Southeast Asia Business*, **7**(3), 46–57.
Hung, C. L. 1992: Canadian business alliances between Canada and the newly industrialized countries of

Pacific Asia, *Management International Review*, **32**(4), 345–61.
Huntington, S. 1996: *The Clash of Civilizations and the Remaking of the World Order*, Simon and Schuster.
Huo, Y. P. and Steers, R. M. 1993: Cultural influences on the design of incentive systems: the case of east Asia, *Asia Pacific Journal of Management*, **10**(1), 71–85.
Husted, B., Dozier, J. B., McMahon, J. T., and Kattan, M. W. 1996: The impact of cross-national carriers of business ethics on attitudes about questionable practices and form of moral reasoning, *Journal of International Business Studies*, **27**(2), 391–411.
Husted, B. 1996: Mexican small business negotiations with US companies: challenges and opportunities, *International Small Business Journal*, **14**(4), 45–54.
Imai, M. 1975: *Never Take Yes For an Answer*, Simul, Tokyo.
Inkpen, A. C. and Beamish, P. W. 1997: Knowledge, bargaining power, and the instability of international joint ventures, *Academy of Management Review*, **22**(1), 177–202.
Irwan, A. 1989: Business patronage, class struggle, and the manufacturing sector in South Korea, Indonesia and Thailand, *Journal of Contemporary Asia*, **19**(4), 398–434.
Ishizumi, K. 1990: *Acquiring Japanese Companies*, Blackwell.
Jaeger, A. M. 1983: The transfer of organizational culture overseas: an approach to control in the multinational corporation, *Journal of International Business Studies*, Fall, 91–114.
Jaeger, A. M. 1986: Organizational development and national culture: where's the fit? *Academy of Management Review*, **11**(1), 178–90.
Jenkins, M. 1997: *The Customer Centred Strategy*, Pitman.
Johnson, G. 1992: Managing strategic change – strategy, culture and action, *Long Range Planning*, **25**(1), 28–36.
Johnson, J. L., Sakano, T., and Onzo, N. 1990: Behavioral relations in across-culture distribution systems: influence, control and conflict in US–Japanese marketing channels, *Journal of International Business Studies*, **21**(4), 639–55.
Jones, C. J., Virameteekul, V., Chansarkar, B. A. 1992: Participation in the budgetary process in Thailand, *Occasional Paper*, 9, Middlesex Business School.
Jones, H. G. 1991: Motivation for higher performance at Volvo, *Long Range Planning*, **24**(5), 92–104.
Kanter, R. M. 1991a: Transcending business boundaries: 12,000 world managers view change, *Harvard Business Review*, May–June, 151–64.
Kanter, R. M. 1991b: In search of a single culture, *Business*, June, 58–66.
Kaosa-Ard, M., Rerkasem, K., and Roongruangsee, C. (eds) 1989: *Agricultural Information and Technological Change in Northern Thailand*, Thailand Development Research Institute Foundation, Thailand.
Kapuściński, R. 1984: *The Emperor*, Picador.
Keen, P. G. W. 1997: *The Process Edge*, Harvard Business School Press.
Kennedy, C. R. 1993: *Managing the International Business Environment*, Prentice-Hall.
Kent, D. H. 1991: Joint ventures vs. non-joint ventures: an empirical investigation, *Strategic Management Journal*, **12**, 387–93.
Kesboonchoo, K. 1996: Thai democratization: historical and theoretical perspectives, *South East Asia Research*, SOAS, London, 205–18.
Kim, W. C. and Mauborgne, R. A. 1993: Making global strategies work, *Sloan Management Review*, Spring, 11–27.
Kluckhohn, F. R. and Strodtbeck, F. L. 1961: *Variations in Value Orientations*, Peterson, New York.
Kobrin, S. J. 1988: Expatriate reduction and strategic control in American multinational corporations, *Human Resource Management*, **27**(1), 63–75.
Koh, T. T. B. 1990: The Paris conference on Cambodia: a multilateral negotiation that "failed", *Negotiation Journal*, **6**(1), 81–7.
Kono, T. 1988: *Corporate Culture Under Evolution*, Kodansha, Japan.
Kono, T. 1990: Corporate culture and long-range planning, *Long Range Planning*, **24**(4), 9–19.
Kovach, K. A. 1987: What motivates employees? Workers and supervisors give different answers, *Business Horizons*, Sept.–Oct., 58–65.
Krause, D. G. 1997: *The Way of The Leader*, Nicholas Brealey.
Kunio, Y. 1988: *The Rise of Ersatz Capitalism in South-east Asia*, Oxford University Press, Singapore.
Lacey, R. 1981: *The Kingdom*, Harcourt Brace Janovich, New York.
Langlois, C. 1993: National character in corporate philosophies: how different is Japan? *European Management Journal*, **11**(3), 313–20.
Lansing, P. and Ready, K. 1988: Hiring women managers in Japan: an alternative for foreign employers, *California Management Review*, Spring, 112–27.
Lasserre, P. and Putti, J. 1990: *Business Strategy and Management: Text and Cases for Managers in Asia*, Singapore Institute of Management.
Laurent, A. 1981: Matrix organizations and Latin cultures, *International Studies of Management and Organization*, 101–14.
Laurent, A. 1983: The cultural diversity of Western conceptions of management, *International Studies o, Management and Organization*, **13**(1–2), 75–96.
Laurent, A. 1986: The cross-cultural puzzle of inter national human resource management, *Human Resourc Management*, **25**(1), 91–102.
Lawrence, P. 1992: Management development in Europe a study in cultural contrasts, *Human Resources Manag ment Journal*, **3**(1), 11–23.

Lee, J. S. 1991: Managerial work in Chinese organizations in Singapore, *Human Organization*, **50**(2), 188–93.

Lee, J. S. and Akhtar, S. 1996: Determinants of employee willingness to use feedback for performance improvement: cultural and organizational interpretations, *International Journal of Human Resource Management*, **7**(4), 878–90.

Leung, K. 1988: Some determinants of conflict avoidance, *Journal of Cross-cultural Psychology*, **19**(1), 125–36.

Leuthesser, L. and Chiranjeev, K. 1997: Corporate identity: the role of mission statements, *Business Horizons*, May–June, 59–66.

Lim, L. Y. C. 1996: The evolution of Southeast Asian Business Systems, *Journal of Asian Business*, **12**(1), 51–74.

Limaye, M. R. 1997: Further conceptualization of explanation in negative messages, *Business Communication Quarterly*, **60**(2), 38–50.

Limlingan, V. 1994: *The Overseas Chinese in Asean: Business Management and Practices*, De La Salle University Press.

Lincoln, J. R. 1989: Employee work attitudes and management practice in the US and Japan: evidence from a large comparative survey, *California Management Review*, Fall, 89–106.

Locke, R. R. 1996: *The Collapse of the American Management Mystique*, Oxford University Press.

Long, C. and Vickers-Koch, M. 1995: Using core capabilities to create competitive advantage, *Organizational Dynamics*, Summer, 7–22.

Lorange, P. and Roos, J. 1991: Why some strategic alliances succeed and others fail, *Journal of Business Strategy*, Jan.–Feb., 25–30.

Lowe, S. 1996: Culture's Consequences for management in Hong Kong, *Asia Pacific Business Review*, **2**(1), 120–33.

Lyons, M. P. 1991: Joint ventures as strategic choice: a literature review, *Long Range Planning*, **24**(4), 130–44.

M. O. W. International Research Team 1986: *The Meaning of Working: An International Perspective*, Academic Press.

Mahoney, J. 1990: *Teaching Business Ethics in the UK, Europe and the USA*, Athlone Press.

Malone, T. W. 1997: Is empowerment just a fad? Control, decision making and IT, *Sloan Management Review*, Winter, 23–35.

Mann, L. 1989: *Beijing Jeep: The Short, Unhappy Romance of American Business in China*, Simon and Schuster.

Markides, C. 1997: Strategic innovation, *Sloan Management Review*, Spring, 9–23.

Maslow, A. H. 1954: *Motivation and Personality*, Harper and Brothers, New York.

McCann, R. M. 1992: *A Behavioral Pattern Analysis of Thai University Students Studying English as a Foreign Language*, Unpublished MA (TESL) dissertation, University of California, Los Angeles.

McClelland, D. C. 1965: Achievement motivation can be developed. *Harvard Business Review*. Nov.–Dec. Reprinted in *Motivation*: Part One, Harvard Business Review, 64–70.

McClelland, D. C. 1976: *The Achieving Society*, Irvington, New York.

McDonald, G. M. and Zepp, R. A. 1989: Business ethics: practical proposals, *Journal of Management Development*, **8**(1), 55–66.

McGuinness, N., Campbell, N. C., and Leontiades, J. 1991: Selling machinery to China: Chinese perceptions of strategies and relationships, *Journal of International Business Studies*, second quarter, 187–207.

McKenna, S. 1995: The cultural transferability of business and organizational re-engineering: examples from Southeast Asia, *The TQM Magazine*, **7**(3), 12–16.

McKissick, J. (no date): *Modern Management and Islam* (ms.). A case study prepared for "Science, technology and Islamic values: building ties into the 21st Century," Penn State University.

McNerney, D. J. 1995: The joy of sharing bad news, HR *Focus*, May, 3.

McVey, R. (ed.) 1992: Editorial, *Southeast Asian Capitalists*, Ithaca.

Mead, R. 1990: *Cross-cultural Management Communication*, John Wiley.

Mead, R., Jones, C. J., and Chansarkar, B. 1997: The management elite in Thailand: their long- and short-term career aspirations, *International Journal of Management*.

Mead, R. and Jones, C. J. (forthcoming): Transplanting business systems: the case of reengineering in Thailand.

Mendenhall, M. E., Punnett, B. J., and Ricks, D. 1995: *Global Management*, Blackwell.

Mercer, D. 1995: Scenarios made easy, *Long Range Planning*, **28**(4), 81–6.

Mintzberg, H. 1975: The manager's job: folklore and fact, *Harvard Business Review*, July–Aug., 4–16.

Mintzberg, H. 1994: *The Rise and Fall of Strategic Planning*, Prentice–Hall.

Moran, R. T. 1993: Making globalization work, *World Executive Digest*, **14**(1), 16–19.

Morley, D. D., Shockley-Zalabak, P., and Cesario, R. 1997: Organizational communication and culture: a study of 10 Italian high-technology companies, *Journal of Business Communication*, **34**(3), 253–68.

Murray, J. S. 1997: The Cairo stories: some reflections on conflict resolution in Egypt, *Negotiation Journal*, January, 39–60.

Murtha, T. and Lenway, S. 1994: Country capabilities and the strategic state: how national institutions affect multinational corporations' strategies, *Strategic Management Journal*, **15**, 113–29.

Naumann, E. 1993: Organizational predictions of expatriate job satisfaction, *Journal of International Business Studies*, **24**(1), 61–71.

Negandhi, A. R. 1979: Convergence in organizational practices: an empirical study of industrial enterprises in developing countries. In Lammers, C. J. and Hickson, D. J. (eds): *Organizations Alike and Unlike: International and Institutional Studies of the Sociology of Organizations*, Routledge and Kegan Paul, 323–45.

Negandhi, A. R. 1987: *International Management*, Allyn and Bacon, Boston.

Negandhi, A. R., Eshghi, G. S., and Yuen, E. C. 1985: The management practices of Japanese subsidiaries overseas. In Sheth, J. and Eshgi, G. S. (eds): *Global Human Resource Perspectives*, Southwestern Publishing Co., Cincinatti, 86–98.

Neu, J., Graham, J. L., and Gilly, M. C. 1988: The influence of gender in negotiation, *Journal of Retailing*, **64**(4), 427–52.

Nevis, E. C. 1983: Cultural assumptions and productivity: the United States and China, *Sloan Management Review*, Spring, 17–29.

Nobes, C. and Parker, R. 1995: *Comparative International Accounting*, Prentice-Hall International.

Nohria, N. and Ghoshal, S. 1994: Differentiated fit and shared values: managing headquarters–subsidiary relations, *Strategic Management Journal*, **15**, 491–502.

Oh, T. K. 1991: Understanding managerial values and behavior among the gang of four: South Korea, Taiwan, Singapore and Hong Kong, *Journal of Management Development*, **10**(2).

Oldham, G. R. and Cummings, A. 1996: Employee creativity: personal and contextual factors at work, *Academy of Management Journal*, **39**(3), 607–34.

Olekalns, M., Smith, P., and Walsh, T. 1996: The process of negotiating: strategy and timing as predictors of outcomes, *Organizational Behavior and Human Decision Processes*, **68**(1), 68–77.

Onedo, A. E. O. 1991: The motivation and need satisfaction of Papua New Guinea Managers, *Asia Pacific Journal of Management*, 8(1), 121–9.

Ong, A. 1987: *Spirits of Resistance and Capitalist Discipline*, State University of New York Press.

Pascale, R. T. 1990: *Managing on the Edge: How the Smartest Companies Use Conflict to Stay Ahead*, Simon and Schuster.

Perlmutter, H. V. and Heenan, D. A. 1974: How multinational should your top managers be? *Harvard Business Review*, Nov.–Dec., 121–32.

Plutarch, 1973: *The Age of Alexander*, translated by Scott-Kilvert, I., Penguin.

*Pocket World in Figures 1997*, Economist/Profile Books.

Pomfret, R. 1996: *Asian Economies in Transition: Reforming Centrally Planned Economies*, Edward Elgar.

Porter, M. E. 1990: *The Competitive Advantage of Nations*, Free Press, New York.

Porter M. E. 1996: What is strategy? *Harvard Business Review*, Nov.–Dec., 61–89.

Poterba, J. and Summers, L. 1991: *Time Horizons of American Firms: New Evidence From a Survey of CEOs* (unpublished ms.).

Puffer, S. M. and McCarthy, D. J. 1995: Finding the common ground in Russian and American business ethics, *California Management Review*, **27**(2), 29–46.

Pye, L. 1982: *Chinese Commercial Negotiating Style*, Rand/Air Force, Santa Monica.

Radnor, R. 1991: US–Japanese negotiation: an exploration in cross cultural conflict (unpublished ms.), Anthropology Department, Northwestern University.

Rajagopalan, N. and Datta, D. K. 1996: CEO characteristics: does industry matter? *Academy of Management Journal*, **39**(1), 197–215.

Rajan, M. N. and Graham, J. L. 1991: Understanding the Soviet commercial negotiation process, *California Management Review*, Spring, 40–57.

Ralston, D. A., Holt, D. H., Terpstra, R. H., and Yu K-C. 1997: The impact of national culture and economic ideology on managerial work values: a study of the United States, Russia, Japan, and China, *Journal of International Business Studies*, first quarter, 177–207.

Ray, C. A. 1986: Corporate culture: the last frontier of control? *Journal of Management Studies*, **23**(3), 287–95.

Redding, S. G. and Ng, M. 1983: The role of "face" in the organizational perceptions of Chinese managers, *International Studies of Management and Organization*, **13**(3), 92–123.

Redding, S. G. 1990: *The Spirit of Chinese Capitalism*, De Gruyter, New York.

Reddy, P. 1989: *Saadan er Dranskerne*, Grevas Forlag, Denmark. (English translation, *Danes Are Like That*.)

Reeves, E. B. 1990: *The Hidden Government: Ritual, Clientelism, and Legitimation in Northern Egypt*, University of Utah Press.

Reichheld, F. F. 1996: *The Loyalty Effect*, Bain and Co.

Revenaugh, D. L. 1994: Implementing major organizational change: can we really do it? *The TQM Magazine*, **6**(6), 38–48.

Rieger, F. and Wong-Rieger, D. 1990: A configuration model of national influence applied to Southeast Asian organizations, *Research Conference on Business in Southeast Asia: Proceedings*, Southeast Asia Business Program, University of Michigan, 1–31.

Rodrik, D. 1997: Has globalization gone too far? *California Management Review*, **39**(3), 29–53.

Ronen, B. 1995: Caution! Reengineering (unpublished ms.), Faculty of Management, Tel Aviv University, Israel.

Rosenzweig, P. M. and Singh, J. V. 1991: Organizational environments and the multinational enterprise, *Academy of Management Review*, **16**(2), 340–62.

Ross, H., Bouwmeesters, J., and Other Institute Staff, 1972: *Management in the Developing Countries*, UN Research Institute for Social Development, Geneva.

Rosten, K. A. 1991: Soviet–US joint ventures: pioneers on a new frontier, *California Management Review*, Winter, 88–108.

Roth, K. and O'Donnell, S. O. 1996: Foreign subsidiary compensation strategy: an agency theory perspective, *Academy of Management Journal*, **39**(3), 678–703.

Rousseau, D. 1989: Managing the change to an automated office: lessons from five case studies, *Office: Technology and People*, **4**, 31–52.

Ryan, L. V. (1994): Reflections on ethics in post-Communist Europe, *Organization Development Journal*, **12**(2), 67–70.

Salacuse, J. W. and Rubin, J. Z. 1990: Your place or mine? *Negotiations Journal*, **6**(1), 5–10.

Schank, R. 1997: *Virtual Learning*, McGrawHill.

Schein, E. H. 1981: Does Japanese management style have a message for American managers? *Sloan Management Review*, Fall, 55–68.

Schein, E. H. 1987: *Organizational Culture and Leadership*, Jossey-Bass, CA.

Schein, E. H. 1996: Three cultures of management: the key to organizational learning, *Sloan Management Review*, **38**(1), 9–20.

Schellekens, L. 1991: Foreign direct investments, transnational corporations and management training options in Africa, *Management Education and Development*, **22**(1), 31–45.

Schiffman, H. F. 1992: "Resisting arrest" in status planning: structural and covert impediments to status change, *Language and Communication*, **12**(1), 1–15.

Schneider, S. C. 1988: National vs. corporate culture: implications for human resource management, *Human Resource Management*, **27**(2), 231–46.

Schoemaker, P. 1995: Scenario planning: a tool for strategic thinking, *Sloan Management Review*, Winter, 25–40.

Schrage, M. 1989: A Japanese giant rethinks globalization: an interview with Yoshihisa Tabuchi, *Harvard Business Review*, July–Aug., 70–6.

Schwab, B. 1996: A note on ethics and strategy: do good ethics always make for good business? *Strategic Management Journal*, **17**(6), 499–500.

Scott, I. and Bull, F. 1994: Water talk, *Oasis*, Spring/Summer, 14–15.

Selbourne, D. 1994: *The Principle of Duty*, Sinclair-Stevenson, London.

Selmer, J. 1987: Swedish managers' perceptions of Singaporean work related values, *Asia Pacific Journal of Management*, **5**(1), 80–8.

Selmer, J. 1996: Expatriate or local boss? HCN subordinates' preferences in leadership behaviour, *International Journal of Human Resource Management*, **7**(1), 59–81.

Semler, R. 1991: *Maverick!* Century, UK; Warner Books, USA.

Senge, P. 1990: *The Fifth Discipline: The Art and Practice of the Learning Organization*, Doubleday.

Shadur, M. A. 1995: Total quality – systems survive, cultures change, *Long Range Planning*, **28**(2), 115–25.

Shan, W. 1991: Environmental risks and joint venture sharing arrangements, *Journal of International Business Studies*, **22**(4), 555–78.

Shane, S. 1993: The effect of cultural differences in perceptions of transactions costs on national differences in the preference for international joint ventures, *Asia Pacific Journal of Management*, **10**(1), 57–69.

Shane, S. 1995: Uncertainty avoidance and the preference for innovation championing roles, *Journal of International Business Studies*, first quarter, 47–68.

Shenkar, O. and Zeira, Y. 1987: Human resources management in international joint ventures: directions for research, *Academy of Management Review*, **12**(3), 546–57.

Sherry, J. F. Jr. and Camargo, E. G. 1987: "May your life be marvellous:" English language labelling and the semiotics of Japanese promotion, *Journal of Consumer Research*, **14**, 174–88.

Siddall, P., Willey, K., and Tavares, J. 1992: Building a transnational organization for BP Oil, *Long Range Planning*, **25**(1), 37–45.

Siddons, S. 1997: *Delivering Training*, Institute of Personnel and Development, UK.

Simon, D. F. 1990: What is the future for foreign business in China? *California Management Review*, **32**(2), 106–23.

Sinclair, J. McH. 1980: Discourse in relation to language structure and semiotics. In Greenbaum, S., Leech, G., and Svartvik, J. (eds): *Studies in English Linguistics for Randolph Quirk*, Longman, 110–24.

Sligo, F. 1996: Disseminating knowledge to build a learning organization, *International Journal of Human Resource Management*, **7**(2), 508–20.

Smith, P. B., Dugan, S., and Trompenaars, F. 1996: National culture and the values of organizational employees: a dimensional analysis across 43 nations, *Journal of Cross-cultural Psychology*, **27**, 231–64.

Smith, P. B. 1994: National cultures and the values of organizational employees: time for another look (unpublished ms.), Workshop of the European Institute for the Advanced Study of Management, Henley Management College, 1–15.

Sondergaard, M. 1994: Research note: Hofstede's Consequences: a study of reviews, citations and replications, *Organizational Studies*, **15**(3), 447–56.

Song, B. N. 1990: *The Rise of the Korean Economy*, Oxford University Press.
Soon, H. W. 1995: Educational background and corporate culture: a case study of a South Korean business conglomerate, *Journal of Asian Business*, **11**(4), 51–68.
Spradley, J. P. 1979: *The Ethnographic Interview*, Holt, Rinehart and Winston.
Stark, A. 1993: What's the matter with business ethics? *Harvard Business Review*, May–June, 38–48.
Stening, B. W. and Hammer, M. R. 1992: Cultural baggage and the adaption of expatriate American and Japanese managers, *Management International Review*, **32**(1), 77–89.
Stewart, J. M. 1995: Empowering multinational subsidiaries, *Long Range Planning*, **28**(4), 63–73.
Strebel, P. 1996: Why do employees resist change? *Harvard Business Review*, May–June, 86–92.
Sullivan, J. J. and Nonaka, I. 1986: The application of organizational learning theory to Japanese and American management, *Journal of International Business Studies*, Fall, 127–47.
Sullivan, J. J. and Peterson, R. B. 1991: A test of theories underlying the Japanese lifetime employment system, *Journal of International Business Studies*, first quarter, 79–96.
Sullivan, J. J. and Snodgrass, C. 1991: Tolerance of executive failure in American and Japanese organizations, *Asia Pacific Journal of Management*, **8**(1), 15–34.
Suutari, V. 1996: Variation in the average leadership behaviour of managers across countries: Finnish expatriates' experiences from Germany, Sweden, France and Great Britain, *International Journal of Human Resource Management*, **7**(3), 640–56.
Taylor, B. 1995: The new strategic leadership – driving change, getting results, *Long Range Planning*, **28**(5), 71–81.
Taylor, S., Beechler, S., and Napier, N. 1996: Towards an integrative model of strategic international human resource management, *Academy of Management Review*, **21**(4), 959–85.
Thawley, S. 1996: Foreign direct investment and the regulatory environment in China (unpublished MA Dissertation), School of Oriental and African Studies, London University.
Thomas, K. W. 1983: Conflict and conflict management. In Dunnette, M. D. (ed.): *Handbook of Industrial and Organizational Psychology*, second edition, Wiley.
Thompson, A. 1996: Compliance with agreements in cross-cultural transactions: some analytical issues, *Journal of International Business Studies*, **27**(2), 375–90.
Thornton, R. L. and Thornton, M. K. 1995: Personnel problems in "carry the flag" missions in foreign assignments, *Business Horizons*, Jan.–Feb., 59–66.
Thucydides, 1972: *History of the Peloponnesian War*, translated by Warner, R., Penguin.
Tomasko, R. M. 1990: *Downsizing: Reshaping the Corporation for the Future*, Amacom.
Torrington, D. 1994: *International Human Resource Management: Think Globally, Act Locally*. Prentice-Hall International.
Townsend, A. M., Scott, K. D., and Markham, S. E. 1990: An examination of country and culture-based differences in compensation practices, *Journal of International Business Studies*, fourth quarter, 667–78.
Tretiak, L. D. and Holzmann, K. 1993: Operating joint ventures in China, *Crossborder*, Autumn, 10–13.
Trompenaars, F. 1993: *Riding the Waves of Culture*, Nicholas Brealey, London.
Tse, D. K., Francis, J., and Walls, J. 1994: Cultural differences in conducting extra- and inter-cultural negotiations: a Sino-Canadian comparison, *Journal of International Business Studies*, third quarter, 537–55.
Tung, R. L. 1982: Selection and training procedures of US, European and Japanese multinationals, *California Management Review*, **25**(1), 57–71.
Tung, R. L. 1987: Expatriate assignments: enhancing success and minimizing failure, *Academy of Management Executive*, **1**(2), 117–26.
Tung, R. L. 1991: Motivation in Chinese industrial enterprises. In Steers, R. and Porter, L. (eds): *Motivation and Work Behavior*, McGraw-Hill.
Tung, R. L. and Havlovic, S. 1996: Human resource management in transitional economies: the case of Poland and the Czech Republic, *International Journal of Human Resource Management*, **7**(1), 1–19.
Van Den Bulcke, D. and Zhang Hai-yen. 1995: Chinese family-owned multinationals in the Philippines and the internationalisation process. In Brown, R. A.: *Chinese Business Enterprise in Asia*, Routledge, 214–46.
Van Gerwen, J. 1994: Employers' and employees' rights and duties. In Harvey, B. (ed.): *Business Ethics: A European Approach*, Prentice-Hall International, 56–87.
Vicere, A. A. and Freeman, V. T. 1990: Executive education in major corporations: an international survey, *Journal of Management Development*, **9**(1).
Vogel, D. 1992: The globalization of business ethics: why America remains distinctive, *California Management Review*, Fall, 30–49.
Watson, T. 1994: Management "flavours of the month:" their role in managers' lives, *International Journal of Human Resource Management*, **5**(4), 893–909.
Watson, W. E., Kamalesh, K., and Michaelson, L. K. 1993: Cultural diversity's impact on interaction process and performance: comparing homogenous and diverse task groups, *Academy of Management Journal*, **36**(3), 590–602.
Weiss, S. E. 1994a: Negotiating with "Romans" – Part One, *Sloan Management Review*, Winter, 51–61.
Weiss, S. E. 1994b: Negotiating with "Romans" – Part Two, *Sloan Management Review*, Spring, 85–99.

Welch, D. 1994: HRM implications of globalization, *Journal of General Management*, **19**(4), 52–66.
Wertheim, W. F. 1965: *East–West Parallels*, Quadrangle Books, Chicago.
Whipple, T. W. and Swords, D. 1992: Business ethics judgements: a cross-cultural comparison, *Journal of Business Ethics*, **7**(9), 671–8.
Whitley, R. 1992: *Business Systems in East Asia: Firms, Markets and Societies*, Sage.
White, J. and Mazur, L. 1995: *Strategic Communications Management: Making Public Relations Work*, The Economist Intelligence Unit/Addison-Wesley.
Williams, J. E. and Best, D. L. 1982: *Measuring Sex Stereotypes: A Thirty Nation Study*, Sage.
Wilms, W. W., Hardcastle, A. J., and Zell, D. M. 1994: Cultural transformation at NUMMI, *Sloan Management Review*, Fall, 99–113.
Winiecki, J. 1988: *The Distorted World of Soviet-type Economics*, Routledge and Kegan Paul.
Wolfe, A. 1993: We've had enough business ethics, *Business Horizons*, **36**(3), 1–4.
Wolters, W. 1983: *Politics, Patronage and Class Conflict in Central Luzon*, Institute of Social Studies, The Hague.
Woodward, D. G. and Liu, B. C. F. 1993: Investing in China: guidelines for success, *Long Range Planning*, **26**(2), 83–9.
Woodworth, W. and Nelson, R. 1980: Information in Latin American organizations: some cautions, *Management International Review*, **20**(2), 61–9.
Wong, S.-L. 1986: Modernization and Chinese culture in Hong Kong, *China Quarterly*, **106**, 306–25.
Wright, L. 1992: A Comparison of Thai, Indonesian and Canadian perceptions of negotiating, Working paper 92–34, School of Business, Queen's University, Ontario.
Wright, R. G. and Werther, W. B. Jr. 1991: Mentors at work, *Journal of Management Development*, **10**(3), 25–32.
Wu, T. 1991: Technological transformation of small enterprises in Zhejiang Province, China. In Bhalla, A. (ed.): *Small and Medium Enterprises*, Greenwood Press, New York, 139–51.
Yavas, U. 1992: Constraints on the application of management know-how in the third world, *International Journal of Management*, **9**(1), 17–25.
Yeh, R.-S. 1991: Management practices of Taiwanese firms: as compared to those of American and Japanese subsidiaries in Taiwan, *Asia Pacific Journal of Management*, **8**(1), 1–14.
Yoshimori, M. 1995: Whose comnpany is it? The concept of the corporation in Japan and the West, *Long Range Planning*, **28**(4), 33–4.
Yoshimura, N. and Anderson, P. 1997: *Inside the Kaisha: Demystifying Japanese Business Behavior*, Harvard Business School Press.
Yuen, E. C. and Hui, T. K. 1993: Headquarters, host-culture and organizational influences on HRM policies and practices, *Management International Review*, **33**, 361–83.

國家圖書館出版品預行編目資料

國際管理 / Richard Mead 原著 ；李茂興譯.
-- 初版 -- 臺北市 ： 弘智文化， 2001 〔民 90〕
面 ； 公分
譯自： International Management : cross-culture dimensions
ISBN 957-0453-32-X（平裝）

1. 國際企業－管理 2. International business enterprises － Management-Social

494 90008810

# 國際管理 International Management : Cross-Culture Dimensions

【原　　著】Richard Mead
【校 閱 者】黃正雄
【譯　　者】李茂興
【執行編輯】黃彥儒
【出 版 者】弘智文化事業有限公司
【登 記 證】局版台業字第 6263 號
【地　　址】台北市丹陽街 39 號 1 樓
【 E-Mail 】hurngchi@ms39.hinet.net
【郵政劃撥】19467647　　戶名：馮玉蘭
【電　　話】( 02 ) 23959178 . 23671757
【傳　　眞】( 02 ) 23959913 . 23629917
【發 行 人】邱一文
【總 經 銷】旭昇圖書有限公司
【地　　址】台北縣中和市中山路 2 段 352 號 2 樓
【電　　話】( 02 ) 22451480
【傳　　眞】( 02 ) 22451479
【製　　版】信利印製有限公司
【版　　次】2001 年 9 月初版一刷
【定　　價】700 元（精裝）
ISBN 957-0453-32-X